U0291586

北京工人体育场复建关键创新技术

李　欣　王　猛　郭笑冰　严擒龙　李　飞◎编　著
陈硕晖　秦　杰◎主　审

中国建筑工业出版社

图书在版编目（CIP）数据

北京工人体育场复建关键创新技术 / 李欣等编著；陈硕晖，秦杰主审. — 北京：中国建筑工业出版社，2023.7

ISBN 978-7-112-28708-6

Ⅰ. ①北… Ⅱ. ①李… ②陈… ③秦… Ⅲ. ①体育场—复建工程—北京 Ⅳ. ①TU245.1

中国国家版本馆CIP数据核字（2023）第083694号

责任编辑：高 悦 张 磊 范业庶
责任校对：芦欣甜

北京工人体育场复建关键创新技术
李 欣 王 猛 郭笑冰 严擒龙 李 飞◎编 著
陈硕晖 秦 杰◎主 审

*

中国建筑工业出版社出版、发行（北京海淀三里河路9号）
各地新华书店、建筑书店经销
北京雅盈中佳图文设计公司制版
临西县阅读时光印刷有限公司印刷

*

开本：787毫米×1092毫米 1/16 印张：$18^{1}/_{4}$ 字数：453千字
2023年6月第一版 2023年6月第一次印刷
定价：**248.00**元

ISBN 978-7-112-28708-6
（41096）

体育场拆除前照片

24 号看台拆除

大雕塑挪移

大雕塑挪移

桩基施工

桩头处理

钢结构栈桥施工

钢结构栈桥施工完成

主体结构钢筋绑扎

结构混凝土浇筑

钢结构罩棚首段吊装

钢结构罩棚安装完成

清水混凝土大楼梯施工

清水混凝土外立面效果

看台座椅安装

体育场草坪施工

预制看台板安装

罩棚幕墙三角单元安装

幕墙金属导风翼安装

体育场罩棚灯光调试

首层西大厅装修完成

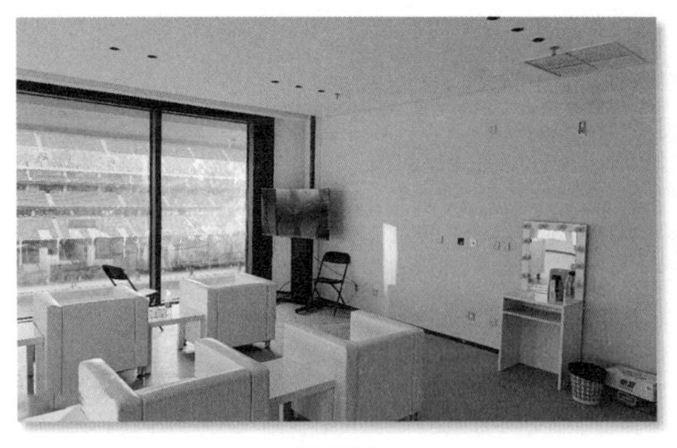

包厢装修

卫生间施工

2023 年跨年演出

（以上照片拍摄者：王建忠）

序

近年来，随着我国建筑业的飞速发展，大量结构复杂、形式新奇、造型美观、先进实用的体育设施不断涌现，给建筑施工企业带来崭新的发展机遇，同时也面临巨大的挑战。要在激烈的市场竞争中立于不败之地，保持健康稳定发展，就要求施工企业一方面必须加快转型升级，转变发展方式；另一方面则要求企业科技人员必须保持永恒的创新意识，不断学习创新，与时代同步。新陈代谢是宇宙间永恒不变的发展规律，科学技术更是永远不断发展、永无止境的。

我1952年大学毕业后，由国家第一批统一分配到北京工作，在那个百废待兴的年代，北京只有两三幢8层的建筑，百业待举。如今七十多年过去了，北京已成为世界瞩目的国际化大都市，高楼林立，四通八达，一派欣欣向荣。我能够亲身参与北京的建设，一路见证大国首都的崛起以及整个中国施工技术的发展历程，倍感荣幸。记得1980初，作为长城饭店工程建设技术负责人，我和技术人员发扬自主创新的精神解决了很多难题，使得这座国内第一个由美国人设计和监理的建筑顺利建成，入选了20世纪80年代“北京十大建筑”。1988年，上级领导将亚运工程——中央电视塔施工的技术工作交给了我，塔高405m，是当时世界第三、全亚洲第一高塔。为此，我们立项了十几个科技项目，包括高耸建筑预应力钢筋混凝土施工、钢结构塔楼施工等，最后又入选了20世纪90年代“北京十大建筑”。1993年，时任国务院总理李鹏为北京西客站工程奠基，该工程列入国家“八五”重点建设项目，其中钢结构门楼重达1800t，工程创新采用预应力钢桁架结构体系，且采用提升施工工艺进行安装，项目成立专项科研小组进行攻关，最终克服种种困难顺利完成难度最大的钢结构门楼施工，为我国钢结构特种安装技术闯出了一条新路。

北京工人体育场（老工体）是20世纪50年代评选的“国庆十周年十大建筑”，由北京建工五建公司进行建设。当时的朝外三里屯区域苇草丛生、阡陌交错，五建建设者以勇往直前的大无畏精神克服了工期紧、施工难度大、大量混凝土冬期施工等困难，用了不到12个月的时间就顺利实现工程交竣，使北京人民从此有了观看大型体育赛事和日常体育锻炼的场所——北京工人体育场。之后，老“工体”成功举办了多届全运会、亚运会、奥运会足球赛、香港回归演出以及中超联赛等大型赛事活动，圆满完成了历史使命。岁月不居，时节如流，六十余年，忽焉而至。2020年5月，北京市政府决定对北京工人体育场进行保护性改造复建。北京建工三建公司作为建工集团工程建设板块的排头兵，不畏艰险，勇担重任，又接过老一代北京建工人的接力棒，扛起了新工体涅槃重生的大旗，实现了工体建设的历史传承。特别是新一代建工人夜以继日、科学谋划、精细施工，在不到两年的时间里即圆满完成“新工体”建设任务。在此期间经历了新冠疫情袭扰的严峻时刻，克服了封闭管理、厂家封控、材料及人员难以进京等多重困难，成绩实属来之不易。

作为一直从事施工领域科学技术工作的老建筑人，我对新技术、新工艺、新材料的创新研究特别关注，今看到《北京工人体育场复建关键创新技术》书稿，感到非常欣喜。工体施工过程中应用了大量的BIM技术和智能建造技术，这些技术也是当前建筑业的发展方向，希望广大工程技术人员能够跟上时代步伐，将这些技术发扬光大。新一代北京建工人以匠心守初心，牢记使命，砥砺奋进，形成了一系列科技成果，既确保了工体特色元素的历史传承，又在工程建设过程中融入时代科技烙印，充分体现了建工集团在建筑施工领域不断超越，敢于创新争先，勇于追求卓越的精神风貌。相信本书会给读者带来诸多启发和帮助，让读者同行受益。

甲子足球圣殿，再续百年新篇！祝贺《北京工人体育场复建关键创新技术》欣然面世，祝愿“新工体”未来更加辉煌！

杨嗣信

2023年3月15日于北京

前　言

北京工人体育场是中华人民共和国成立10周年之际建成的重要建筑，也是我国第一批十大建筑，已列入首都近现代优秀建筑名录。北京工人体育场不仅见证了新中国体育事业的发展，更是承载着首都人民乃至全国人民的情感和记忆，在人们心中有着不可取代的地位。北京工人体育场先后进行了四次大规模结构加固和设备设施升级改造，2020年已满61年的工体已经超期服役，设施设备陈旧，相关功能老化，无法满足举办国际大型专业足球赛事的功能要求，亟须进行改造复建。

北京工人体育场改造复建项目（一期）位列国家“十四五”开局之年北京市重点文化体育项目首位。在北京市委、市政府的高度重视和大力支持下，改造复建后的新工人体育场设计总座席数约6.8万，建设面积为38.5万m^2，于2022年12月8日竣工交付使用，成为一座科技含量高、专业属性强的世界顶级专业足球场。本书对北京工人体育场改造复建过程中应用的关键创新技术进行了详细介绍，还原了项目在传承历史文化风貌，保留建筑城市记忆的同时，打造智慧、低碳，并且集体育、文化、商业于一身的国际顶级城市综合体的过程。

本书共分为9章，第1章施工综述部分对原工体的设计概况、复建前的状况、复建要求以及新工体的基本概况进行了总体介绍，并提出项目应用的创新技术，由李欣、鞠竹执笔；第2章对工人体育场保护性拆除中的施工关键技术和建筑垃圾零排放及再利用技术进行了详细介绍，重点介绍了历史记忆构件保护性挪移与原貌复现技术，由李欣、庄宝潼执笔；第3章详细介绍了清水混凝土关键技术，重点阐述了清水混凝土模板数字化加工和安装技术，由王猛、庄宝潼执笔；第4章详细介绍了集成式高精度预制清水混凝土弧形看台板深化设计、制作与安装中的关键技术，并对看台板进行了动力性能和静载试验研究，由王猛、卫赵斌、万征执笔；第5章对大开口单层拱壳钢结构屋盖施工技术进行了介绍，重点介绍了钢结构屋盖安装技术和钢结构数字化应用技术，并对高强钢材厚板低温焊接性能进行了研究，由严擒龙、鞠竹执笔；第6章对机电设备在体育场中的应用技术进行了介绍，主要包括大口径弧形管道加工技术、装配式机房安装技术，以及冷雾降温系统和寒带体育场保温加热措施，由郭笑冰、陈奇执笔；第7章详细介绍了屋面幕墙系统建造技术，重点介绍了聚碳酸酯（PC）波形板定尺加工与三角板块安装技术、BIPV光伏幕墙建筑一体化技术，并对幕墙系统抗风揭、吸声、防渗漏等性能进行了研究，由李飞、王文婷执笔；第8章对绿色与低碳建造技术进行了介绍，重点介绍了防尘降噪、隔声围挡等绿色施工专项技术以及钢结构栈桥的安装与监测技术，由王猛、卫赵斌执笔；第9章详细介绍了锚固草坪施工的工艺原理和流程以及草坪养护的重点工作，介绍了大倾角端屏安装的工艺流程及操作要点，由李欣、鞠竹、江培华执笔。全书由陈硕晖、秦杰主审。

随着人民生活水平和文化需求越来越高，大量结构复杂、形式新奇、造型美观的体育场馆会不断出现。希望本书提出的北京工人体育场复建关键创新技术，能为类似工程提供参考和借鉴。由于时间仓促，书中难免存在不足之处，敬请各位同仁批评指正。

目　录

第1章 施工综述

1.1 项目背景

1.1.1 原工人体育场设计情况

工人体育场位于北京市朝阳区东二环外三里屯地区，总用地规模约32.8万m^2。工人体育场是中华人民共和国成立10周年北京“十大建筑”之一，是北京优秀的近现代建筑。工人体育场是第一届全国运动会等大型体育赛事的举办地，也是北京市足球运动的主要承载地，见证了新中国成立以来中国体育事业发展的历程，承载着首都人民乃至全国人民的情感和记忆。

工人体育场1959年建成投入使用，是可容纳8万观众席位的综合运动场，是北京东部地区最大的综合性体育场。工人体育场设有标准足球场、400m橡胶跑道及田赛场地，占地14.6万m^2、建筑10.3万m^2，其中体育场占地4.3万m^2，建筑面积6万m^2，外围（扣除西北角区域）占地10.3万m^2，建筑4.3万m^2。整个体育场为椭圆形混凝土框架混合结构，南北长282m，东西宽208m，有24个看台，周长774m，占地面积46000m^2，地面至灯架最高处高度为40m。

工人体育场原设计在“适用、经济、在可能条件下注意美观”的建筑方针指导下，做到了展现体育事业蓬勃发展、体现体育建筑简洁、开朗、明快的建筑效果。在色彩选择上，设计选用轻松明快的乳白、浅沙等色彩。建筑墙身采用了现代建筑经典的框架构图—轻快有力的柱子，上挑下空的有机配合，赋予了立面庄重典雅、简洁明快的建筑风貌，工人体育场旧貌如图1.1–1所示。

图1.1–1 工人体育场旧貌

1.1.2 复建前工体情况

工体项目目前安全隐患突出、设备陈旧、设计标准落后，已无法满足国际大型专业足球赛事要求。自20世纪90年代以来，工人体育场先后进行了三次结构加固和一次设施改造。为承办2008年北京奥运会，工人体育场按照7级抗震设防的标准进行了全面的结构加固，使用年限为12年，2020年已达到使用年限。

1.1.3 复建要求

结合实际情况，2020 年 7 月，由首都规划建设委员会牵头，组织完成“北京工人体育场改造重建规划设计方案”并上报中央；2020 年 10 月 23 日，北京市规划和自然委员会批复“关于北京工人体育场改造复建项目（一期）设计方案审查意见的函”，确认了项目一期设计方案及基本指标，保留“北京十大建筑”元素不变，将工人体育场改造成为符合国际足球赛事标准的专业足球场；同时建议抓住此次改造契机，将工体园区打造为符合北京市规划要求的国际体育文化交流综合体，实现体育 + 多业态产业链融合发展的愿景。工人体育场改造复建总规划图和效果图如图 1.1–2、图 1.1–3 所示。

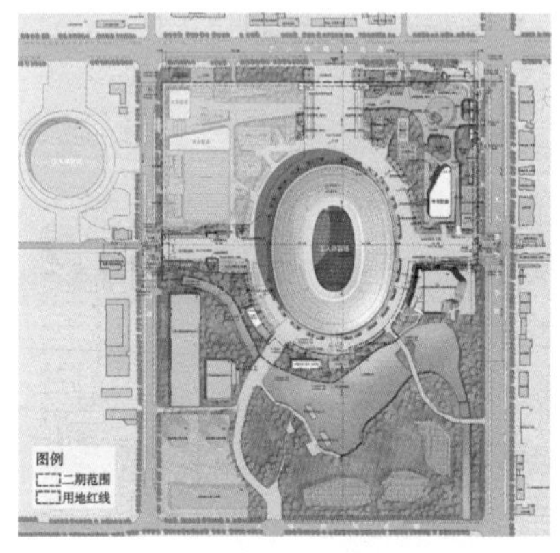

图 1.1–2　工人体育场改造复建总规划图

图 1.1–3　工人体育场改造复建后效果图

1.2 工程介绍

1.2.1 设计概况

工人体育场改造复建项目位于现状北京市朝阳区工人体育场内，土地坐落于工人体育场北路。东至工人体育场东路，南至工人体育场南路，西至工人体育场西路，北至工人体育场北路。项目建设用地为自有用地，土地使用者为北京职工体育服务中心，土地用途为文、体、娱。土地使用权面积约 28.60 万 m^2，现状工体主体建筑约 6.4 万 m^2，改造后建筑总规模为 38.5 万 m^2。抗震设防烈度为 8 度，建筑抗震设防类别为重点设防类，建筑结构设计基准期为 50 年，建筑结构使用年限为 100 年。

体育场主要功能为专业足球场，东西长 215m，南北长 280m，主体结构为现浇混凝土结构，外围墙主要采用清水混凝土，将混凝土的原始感、力量感、意境感充分表达，体育场立面效果如图 1.2–1 所示。体育场采用球场下沉式设计方案，位于首层大厅的主要观众可从中间位置分流组织到达上、中、下看台，很大程度上缩短了观众的路径长度；整体采用看台碗设计，其视线设计完全满足国际足联标准，其效果不仅增加了距离球场较近的看台排数，还设有独立的包厢层，极大地提升了球迷观赛的体验感，内部效果如图 1.2–2 所示。北侧特别为铁杆球迷设置了死忠看台，增加了视觉冲击效果。为满足高等级足球比赛观赛舒适性的需求，同时有利于足球场草坪采光通风，体育场上方增设完全遮蔽观众席且中部开口的罩棚，如图 1.2–3 所示。

体育场地上 6 层，地下 2 层，局部 3 层，采用桩筏基础。地下主要为体育配套建筑，功能为商业、停车、设备用房和生活设施等，如图 1.2–4 所示。统筹考虑大型赛事人员集散、场馆运营和交通组织等功能需求，形成上下连通的地下空间，提高对大型活动和日常群众文体活动的保障能力。

图 1.2–1　工人体育场立面效果图

图 1.2–2　工人体育场内部效果图

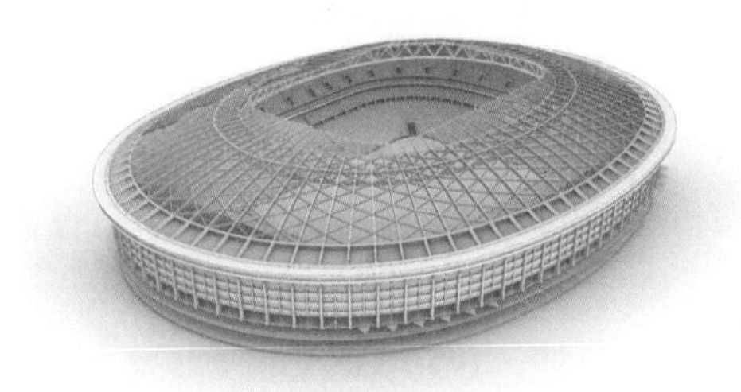

图 1.2–3　主体结构三维示意图

图 1.2–4　工人体育场地下空间布局

1.2.2　清水混凝土看台设计

改造后的北京工人体育场与之前最大的不同是增加了低区地下看台，原有的 2 层“盘形”看台，变成了 4 层“碗形”看台，参照欧洲顶尖专业球场进行设计，采用了主流的四层看台设计方案，整个看台分为低区、中区和高区看台，除了常规看台之外，还增加了包厢层、Club 层等，以满足不同消费群体的多样化需求，如图 1.2–5、图 1.2–6 所示。

体育场每层都有不同的用途，设计要求不同需要分别考虑：

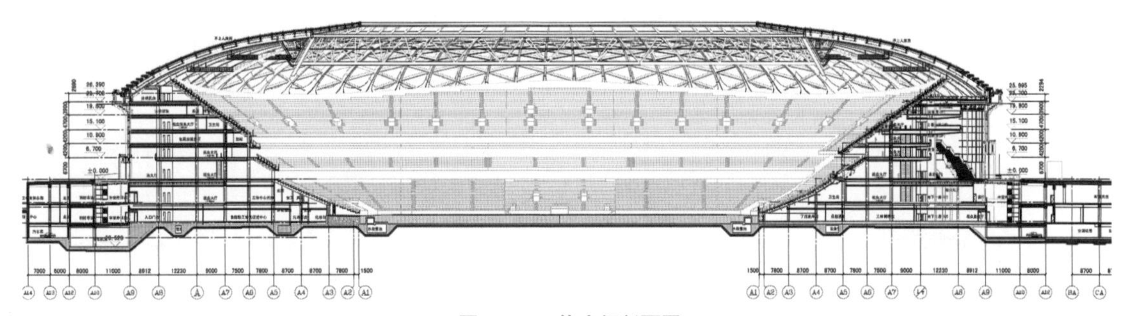

图 1.2–5　体育场剖面图

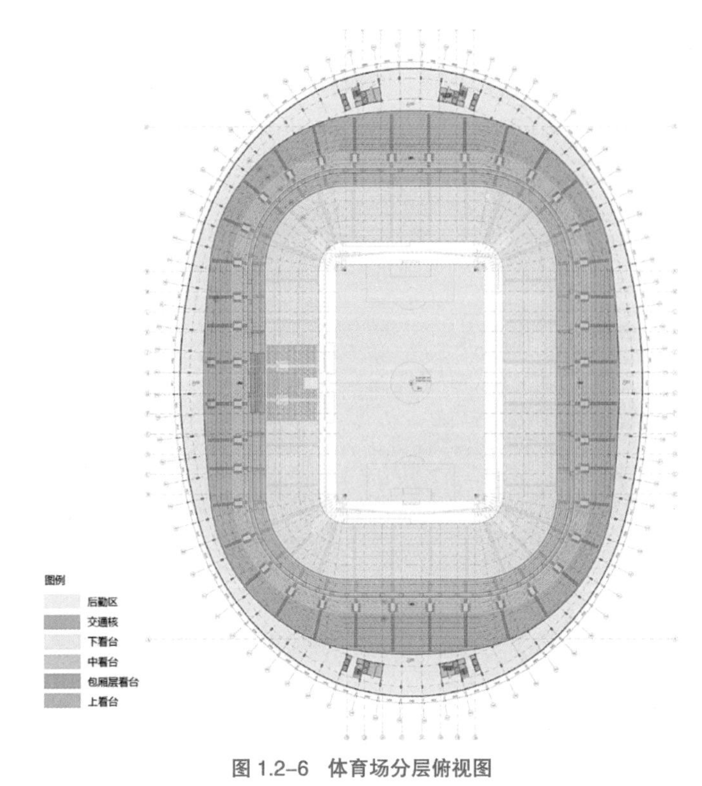

图 1.2–6　体育场分层俯视图

1. 地下 2 层：运动员、媒体、官员等体育比赛功能用房、机房、下看台；

2. 地下 1 层：VIP/VVIP 用房、体育比赛功能用房、中心厨房、机房、下看台；

3. 1 层：体育比赛功能用房、接待用房、首层观众厅；

4. 2 层：体育比赛配套卫生设施、主席台、中看台观众层；

5. 3 层：体育比赛配套卫生设施、包厢层、包厢层看台；

6. 4 层：体育比赛配套卫生设施、接待用房、上看台观众层；

7. 5 层：体育比赛媒体、管理用房、北京职工体育服务中心办公；

8. 6 层：（设备层）体育场设备机房。

为了保障不同位置观众都有合理的视角，对观赛坡度进行设计，看台视线分析如图 1.2–7 所示。增大看台坡度，使观众视野更加宽阔，将全场座席总数增加到近 6.8 万个。

1.2.3　钢结构罩棚设计

根据建筑造型、空间使用功能和视觉美观要求，结合结构受力特点，体育场屋顶罩棚钢结构采用了大开口单层拱壳结构，结构平面长轴 271m，短轴 205m，最大悬挑跨度约 74m，屋盖投影覆盖所有低区看台，给观众提供一个舒适、视野开阔的文体盛宴平台。拱顶标高为 46.000m，拱底标高为 25.290m，在拱壳的顶部留有 125m 长、85m 宽的矩形洞口，如图 1.2–8 所示。

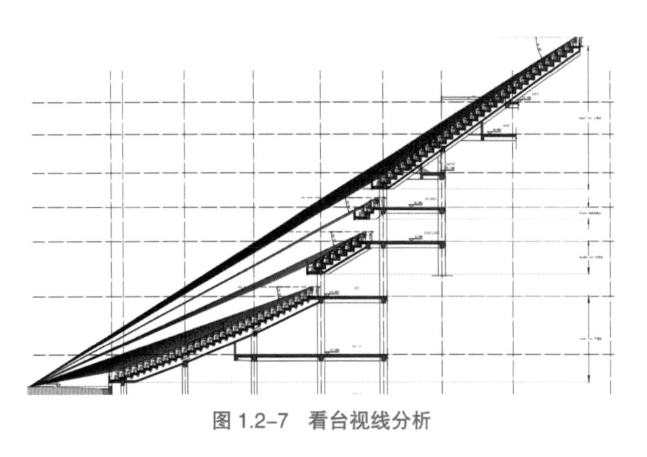

图 1.2–7　看台视线分析

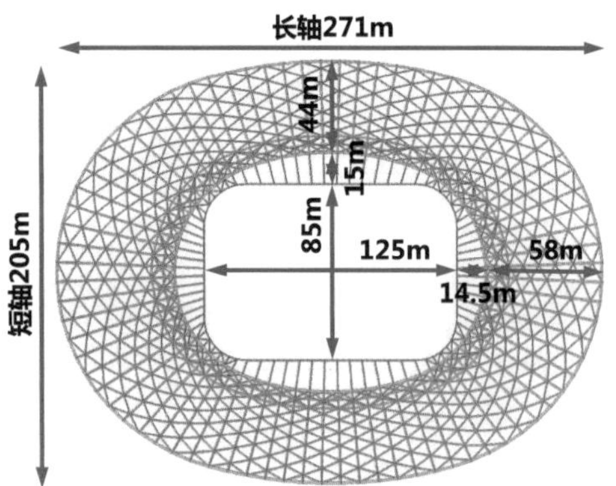

图 1.2–8　屋盖平面尺寸示意图

屋顶罩棚钢结构经过多次方案比较，最终采用突出主拱肋、三角形布置的单层拱壳结构体系，该体系包括外环梁、内环梁、主拱肋、交叉斜撑以及内悬挑钢梁等，如图 1.2–9 所示。外环梁受拉、内环梁受压，主拱肋呈现放射状排布以保证竖向力能直接沿较短路径传递给支座（图 1.2–10），交叉斜撑（面内双向斜向交织支撑）与主拱肋刚接，一方面为主拱肋提供侧向支撑并防止主拱肋扭转，另一方面协调不同榀主拱肋间的轴力传递差异，使屋面受力更加均匀。

按材料类型，屋盖构件可分为两类：Q460GJC 钢材应用于内环梁、外环梁；Q355C 和 Q345GJC（当构件板厚≥ 40mm 时）钢材应用于其余部位。按构件截面类型，屋盖构件可分为矩形和圆形两类。其中马道腹杆及下弦杆为 D630 及 D800 的圆形，其余构件为矩形（为腹板局部稳定，部分构件加 1 ~ 2 道纵向加劲肋）。各主要构件的形状及主要截面规格如图 1.2–11 ~ 图 1.2–14 所示，屋盖其余构件截面、材质及分布见表 1.2–1。

屋盖受压构件的板件高厚比和宽厚比需按规范要求进行验算。其中，钢构件均为箱形构件或圆形构件，除悬挑梁、封边梁等少数构件外，大部分以承受轴力为主，依据《钢结构设计标准（附条文说明）》GB 50017—2017 中压弯构件要求进行判别。

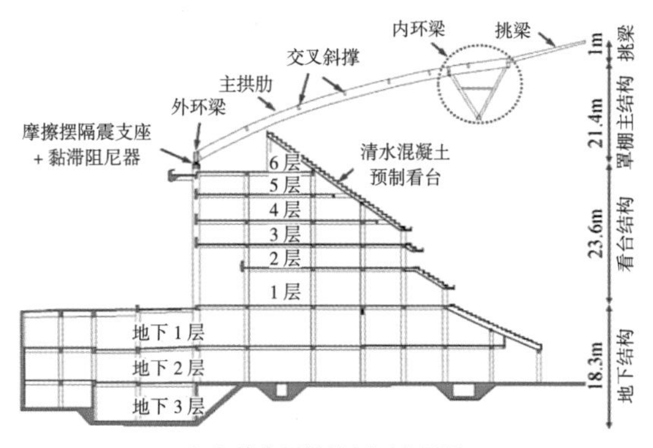

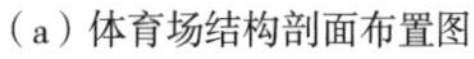
（a）体育场结构剖面布置图

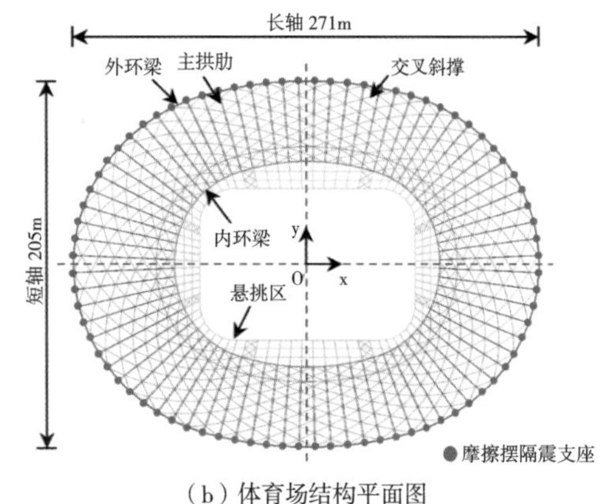

（b）体育场结构平面图

图 1.2–9　体育场屋盖结构图

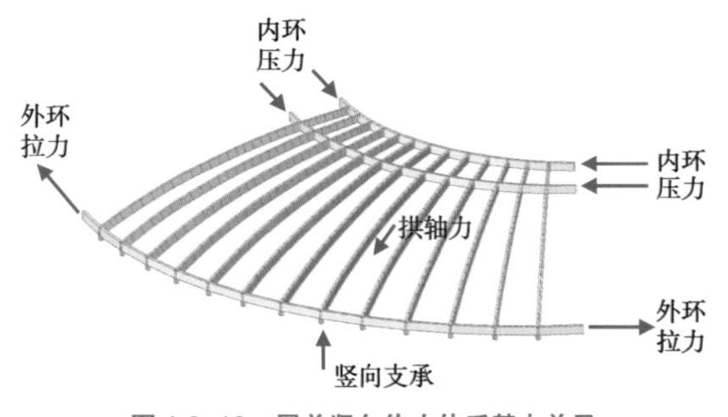

图 1.2–10　屋盖竖向传力体系基本单元

表 1.2–1　屋盖其余构件截面、材质及分布

构件		材料	截面	分布位置
内环梁	腹杆	Q355C	P600 × 25	内环梁长边侧
	腹杆	Q355C	P600 × 20	内环梁短边侧
	下弦杆	Q345GJC	P1000 × 40	内环梁长边侧
	下弦杆	Q355C	P1000 × 30	内环梁短边侧
内环悬挑	悬挑梁	Q355C	□（800 ~ 500）× 300	ETFE 区域悬挑梁
	连系梁		□ 300 × 200 × 10 × 10	ETFE 区域中部环向
	封边梁	Q355C	□ 300 × 200 × 10 × 10	ETFE 区域内边侧
	斜拉杆	不锈钢棒	D50	ETFE 区域斜向

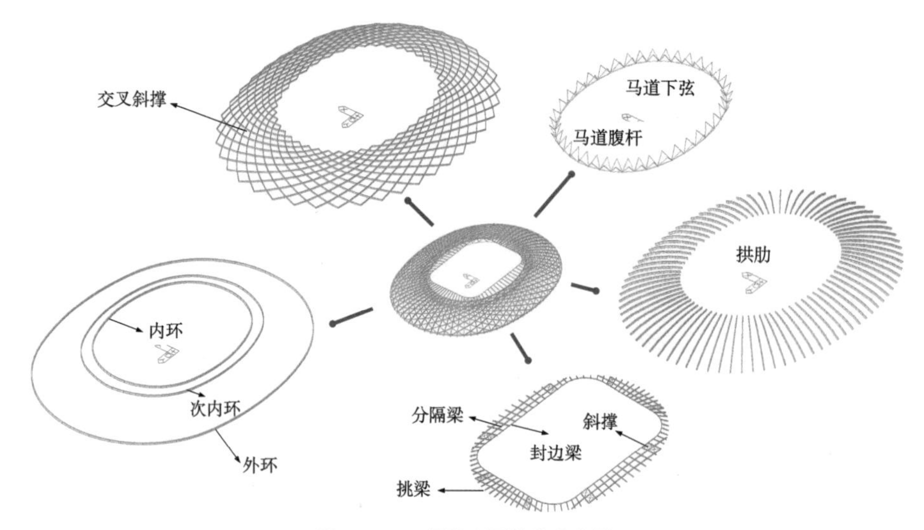

图 1.2-11　屋盖主要构件分布图

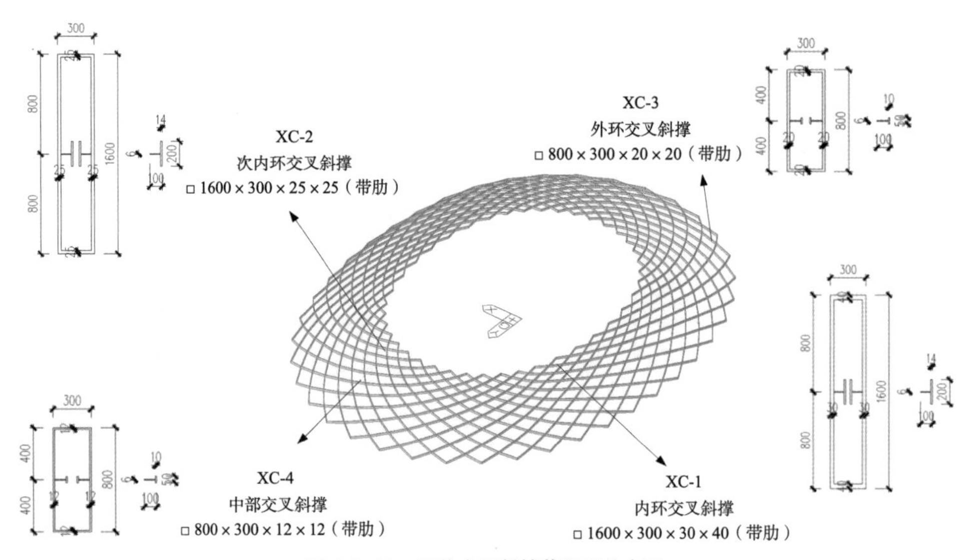

图 1.2-12　屋盖交叉斜撑截面及分布图

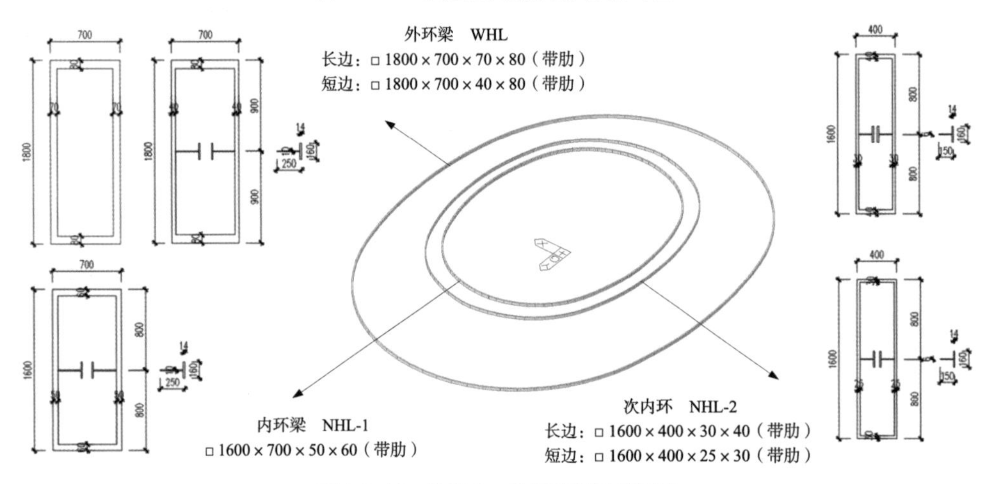

图 1.2-13　屋盖内、外环截面及分布图

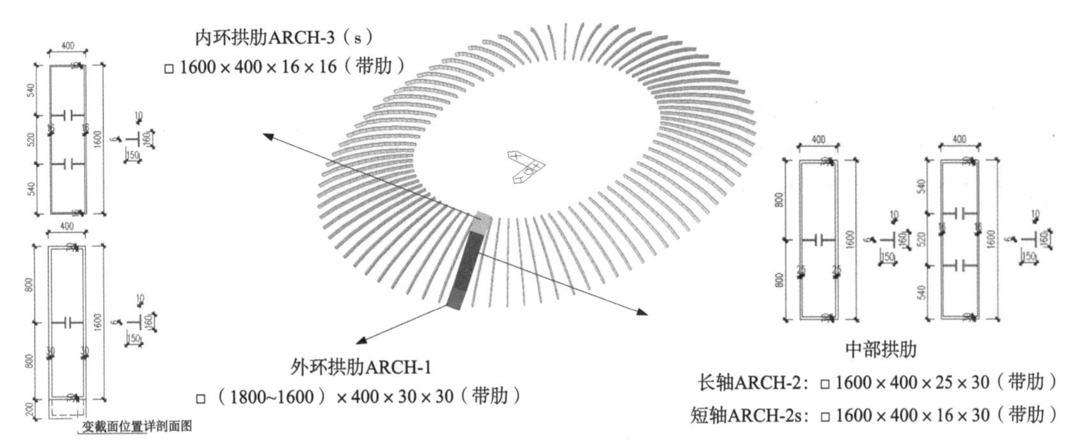

图 1.2-14　拱肋截面及分布图

屋顶罩棚通过摩擦摆支座将上部钢结构与下部钢筋混凝土看台联系在一起，为控制大震下屋盖结构水平位移，沿外环梁环向设置黏滞阻尼器。阻尼器一端与从环梁底部下伸的牛腿进行连接，另一端连接于下支墩侧面靠上位置的预埋件上。阻尼器在同一跨范围内对称布置，并沿屋盖外环梁隔跨布置。

1.2.4　屋面设计

工人体育场改造复建项目屋面幕墙系统设计理念是在保留原有样式基础上，结合故宫宫殿门窗窗花“三交六椀”菱花样式图案（图 1.2-15），实现建筑与天、地、人相互结合的关系。道家思想：“道生一，一生二，二生三，三生万物”衍生出“三交六椀”，象征了天地相交、万物生长、一片牛机、国泰民安、前景光明的一片盛景。“三交六椀”内涵天地，寓意四方，是寓意天地之交而生万物的一种符号。屋顶罩棚采用该种设计，更好地体现出中国传统建筑“三交六椀”的神韵，如图 1.2-16、图 1.2-17 所示。

屋顶罩棚钢结构桁架间距为 7 ~ 9m，要求主梁安装后两榀间距误差控制在 20mm 以内，同一高度，高低差控制在 30mm 以内，以满足幕墙龙骨的要求。

图 1.2-15　设计理念借鉴古建筑

图 1.2-16　北京工人体育场改造复建后场内效果图

图 1.2–17　北京工人体育场屋顶构造示意图

图 1.2–18　主体幕墙三维示意图

新增的球场罩棚是设计亮点之一。作为专业足球场标配的罩棚，可以让新工体极大提升极端天气下的办赛能力和观众的观赛体验，满足亚洲杯及未来更高等级国际足球赛事的办赛要求。罩棚屋面幕墙创新设计了超大通风金属装饰翼板块，融合了光伏发电系统，实现了 BIPV 与建筑幕墙一体化发展；为适应主体大跨度钢构需要，创新设计了最大边长 9m × 9m 的三角单元板块，其中融合了面板材料、吸声格栅、灯光、融雪等系统。屋面幕墙系统主要内容有屋面排水沟系统、屋面吸声系统、屋面光伏发电系统、屋面防坠系统、屋面融雪系统、屋面泛光照明与建筑防雷接地系统等，如图 1.2–18 所示。

1.3　项目创新

工体复建改造在传承历史文化风貌、保留建筑城市记忆的同时，还借助先进的数字建造技术，打造智慧、低碳的现代化场馆，如图 1.3–1 所示。

1. 新工体首创应用科技，设置了超精细水喷雾降温系统，可实现最低能耗的物理降温，改善不利天气条件下的观赛体验。在特殊需要时，冷雾系统可被医疗部门用于防疫消毒。

2. 通过开发三点摵弯加工方法，研制出高精度弧形大口径金属管道，解决了行业内大口径弧形管预制和装配精度的控制问题，通过自制大口径弧形管预制加工设备，实现工厂化预制、工业化批量生产，从而提高了生产效率，建成了国内民用建筑首例大口径弧形管道装配式预制机房。

3. 新工体采用智慧运维系统，运营方通过大屏“一张图”实时、清晰、全面掌控整个场馆的运行情况，对设备维护、能耗管理、灾害疏散等科学决策提供依据。

图 1.3–1　打造现代化新场馆

4. 绿色低碳方面，新工体外观在保留原有色调基础上，采用清水混凝土工艺建设，相比普通混凝土，省去二次外檐装修等工序，大幅减少建筑垃圾。同时，清水混凝土模板创新性采用数字化加工技术，保证混凝土成型外观的美观性和工艺性。

5. 新工体罩棚周圈装备光伏发电系统，将为足球场及地下配套车库等区域提供部分电力。据估算，每年可节约标准煤约 300t。此外，罩棚采用先进控制技术，让对草生长有利的可见光进入场地，最大程度降低草坪补光能耗。

第 2 章　北京工人体育场保护性拆除

2.1　大型体育场馆拆除施工与方案优化

拆除工程主要包括主体结构、钢结构、灯架、挑棚、大小看台及座椅、显示屏、操场跑道、足球场等拆除以及除北京工人体育场主场馆外其余东北侧和南侧区域内配楼拆除，其中主体结构钢筋混凝土总量约为 14000 万 m^3、砖砌体约为 28000m^3；配楼多为框架结构，个别为剪力墙结构，总量约为 24000m^3。

图 2.1–1　拆除区域示意图

现场拆除分为三个区域，1 区为主场馆及主场馆周边建筑拆除，2 区为 16 个单体建筑拆除，3 区为 11 个单体建筑拆除，如图 2.1–1 所示，总拆除工期 60 日历天。

2.1.1　体育场重要部位建筑材料性能研究

项目在拆除施工之前，对重要部位混凝土结构进行钻芯取样，如图 2.1–2 所示，抗压试验结果见表 2.1–1 ~ 表 2.1–3。

图 2.1–2　重要部位混凝土钻芯取样

表 2.1-1　看台混凝土抗压试验结果

部位	高（mm）	直径（mm）	压力（kN）	混凝土强度（MPa）
看台 1	52.8	48.7	80	42.97
看台 2	52.5	48.5	69	37.37
看台 3	52.4	48.6	67	36.14
看台 4	52.4	48.7	42	22.56
看台 5	52.4	48.7	58	31.15
看台 6	52.5	48.6	42	22.65
看台 7	52.5	48.7	39	20.95
看台 8	52.2	48.7	58	31.15
看台 9	52.7	48.7	32	17.19
看台 10	52.6	48.7	33	17.73

表 2.1-2　楼梯混凝土抗压试验结果

部位	高（mm）	直径（mm）	压力（kN）	混凝土强度（MPa）
楼梯 1	72.4	74.9	289	65.62
楼梯 2	72.4	75	247	55.94
楼梯 3	72.5	75	242	54.81
楼梯 4	72.3	75	246	55.71
楼梯 5	72.6	74.7	303	69.17
楼梯 6	72.4	74.9	251	57.00
楼梯 7	72.5	74.9	270	61.31
楼梯 8	72.5	75	213	48.24
楼梯 9	72.4	75	267	60.47
楼梯 10	72.3	75	199	45.07

表 2.1-3　柱混凝土抗压试验结果

部位	高（mm）	直径（mm）	压力（kN）	混凝土强度（MPa）
柱 1	72.4	75.6	161	35.88
柱 2	72.5	75.5	104	23.24
柱 3	72.7	75.5	148	33.07
柱 4	72.3	75.6	99	22.07
柱 5	72.1	75.5	132	29.50
柱 6	72.1	75.5	156	34.86
柱 7	72.6	75.3	145	32.58
柱 8	72.6	75.4	117	26.22
柱 9	72.6	75.7	173	38.46
柱 10	72.1	75.5	119	26.59

根据表 2.1-1 ~ 表 2.1-3 中抗压试验结果，对 1 区主体结构混凝土性能进行分析：

看台：混凝土强度共测试 10 组，数值范围 17.19 ~ 42.97MPa，平均值为 27.99MPa，中位值为 26.90MPa，除一组数据外均在 40MPa 以下。

楼梯：混凝土强度共测试 10 组，数值范围 45.07 ~ 69.17MPa，平均值为 57.33MPa，中位值为 56.47MPa，全部数据均在 40MPa 以上。

柱：混凝土强度共测试 10 组，数值范围 22.07 ~ 38.46MPa，平均值为 30.24MPa，中位值为 31.04MPa，全部数据均在 40MPa 以下。

考虑到看台和柱混凝土强度测试值相近，且基本均在 C40 以下，将两者一并拆除，均作为低强度混凝土类建筑垃圾。而楼梯部分相对独立，且混凝土强度明显较看台和柱高，均在 C40 以上，因此拆除时单独将其作为高强度混凝土类建筑垃圾堆存。

另外 1 区主体结构规模大，其内管线及其他附属物预先分类拆除，可作为钢材、玻璃、塑料等可回收物纳入既有资源化回收体系；主体结构剩余砖砌体内杂物较少，作为低含杂砖瓦类建筑垃圾。而 2 区、3 区其他配楼规模较小，以满足工期计划和经济性为前提，进行适度分类拆除，剩余大部分可作为高含杂砖瓦类建筑垃圾。

综上，根据拆除工程量和工期安排而进行的适度分类拆除，除预先分离的可回收物外，可将建筑垃圾分为高强度与低强度混凝土类、高含杂与低含杂砖瓦类等四类建筑垃圾，为后续的分类处置与再利用提供研究基础。

2.1.2　拆除工况模型模拟分析

2.1.2.1　模型建立

利用有限元软件 Midas Gen 对拆除施工过程进行静力计算。整个体育场为椭圆形混凝土框架混合结构，南北长 282m，东西宽 208m，体育场主体由 24 个伸缩缝分割成 24 个各自独立的区域，每个区域 4 跨；共 96 排柱子，每排柱子 3 ~ 6 个，由内到外高度分别为 2m、4.7m、10m、14m、22.4m。模型的建立主要有梁、柱和板，看台通过板单元模拟，柱截面为 550mm × 550mm、600mm × 600mm、600mm × 800mm、600mm × 1000mm，梁截面为 180mm × 600mm、180mm × 700mm、250mm × 700mm、300mm × 700mm，悬挑梁截面为 180mm × 500mm、220mm × 600mm、300mm × 700mm。混凝土强度等级为 C30，楼板厚度 100mm，看台板厚度 200mm。所建模型为地上部分，图 2.1-3 所示为整体模型，图 2.1-4 为单台 4 跨模型。

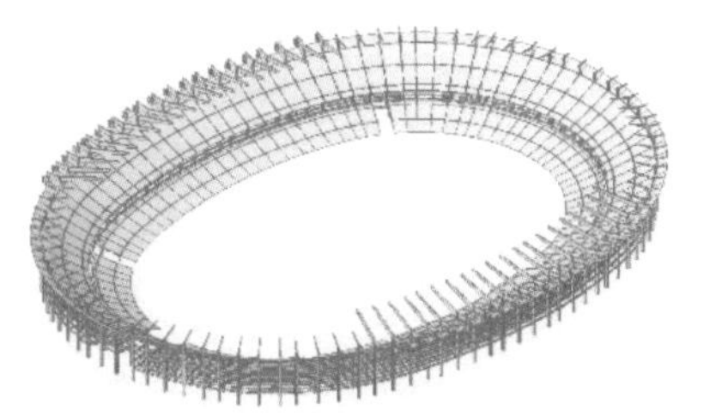

图 2.1-3　体育场整体模型

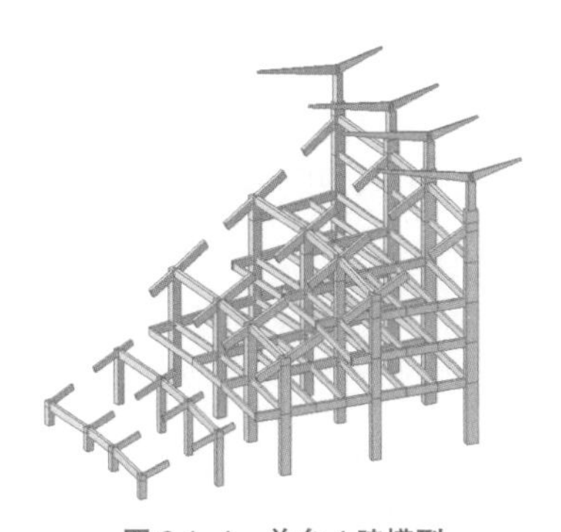

图 2.1-4　单台 4 跨模型

2.1.2.2 模拟方法确定

体育场为对称结构，24 个看台互为独立结构，拆除按照分区及结构伸缩缝跳仓作业，取其中 1 个看台对拆除钢结构及挑檐的主体结构进行模拟计算。由于小看台与大看台互相独立，对其分别进行模拟计算。采取移除构件的方法进行模拟计算，对移除构件后的结构进行静力分析，当最大应力或内力大于允许值时，最大变形大于允许值时，认为该构件或结构发生破坏。

针对大看台，采取 3 种不同顺序的拆除方法进行模拟计算。工况一（图 2.1–5），采取从内至外，先逐跨拆除内侧低区看台，再从上至下逐层拆除外侧高区看台；工况二（图 2.1–6），采取从内至外，从上至下，逐跨拆除；工况三（图 2.1–7），采取从外至内，从上至下逐层拆除。

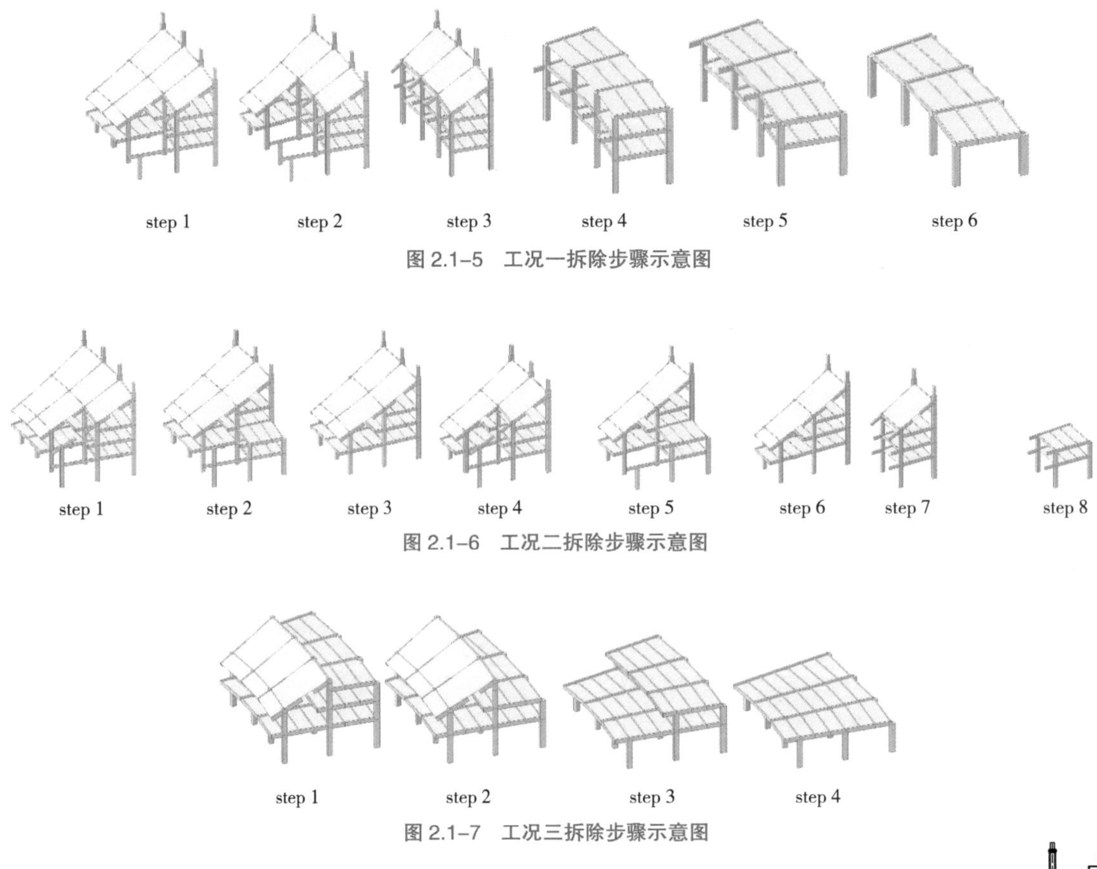

图 2.1–5 工况一拆除步骤示意图

图 2.1–6 工况二拆除步骤示意图

图 2.1–7 工况三拆除步骤示意图

2.1.2.3 结果分析

取边跨和中跨的柱底的应力和径向主梁的应力和挠度对比分析，柱标号分别为 BZ1 ~ BZ3，ZZ1 ~ ZZ3；梁标号分别为 BL1 ~ BL3，ZL1 ~ ZL3（图 2.1–8）。

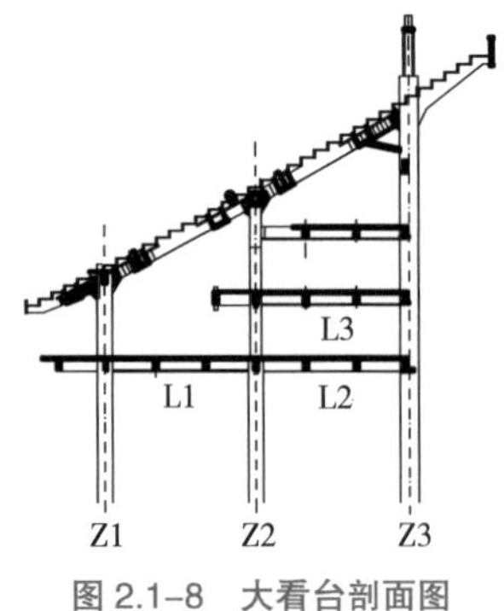

图 2.1–8 大看台剖面图

表 2.1–4、表 2.1–5 分别为拆除前柱应力和梁应力，最大柱应力在

ZZ3 为 2.9MPa，最大梁应力在 ZL3 为 8.37MPa；BL1 ~ BL3 梁的长度 l_0 为 8.2m，ZL1 ~ ZL3 梁的长度 l_0 为 8m，拆除前梁最大挠度在 ZL3 为 2.10mm（表 2.1–6）；表 2.1–7 ~ 表 2.1–9 为工况一拆除过程柱、梁应力和梁挠度，柱应力在前 5 步均逐级递减，但在第 6 步拆除时均有大幅增大；BL2、ZL2 的梁应力则在第 5 步拆除时有增大；梁挠度整体保持递减的趋势。

表 2.1–4　拆除前柱应力（MPa）

BZ1	BZ2	BZ3	ZZ1	ZZ2	ZZ3
1.35	1.90	1.94	1.84	2.75	2.9

表 2.1–5　拆除前梁应力（MPa）

BL1	BL2	BL3	ZL1	ZL2	ZL3
4.46	4.97	5.19	7.04	8.15	8.37

表 2.1–6　拆除前梁挠度（mm）

构件	BL1	BL2	BL3	ZL1	ZL2	ZL3
实值	0.96	1.17	1.26	1.61	2.02	2.10
限值（l_0/300）	26.7	27.3	27.3	26.7	27.3	27.3

表 2.1–7　工况一拆除过程柱应力（MPa）

步骤	BZ1	BZ2	BZ3	ZZ1	ZZ2	ZZ3
step 1	1.24	1.99	1.63	1.79	2.73	2.42
step 2	1.18	1.86	1.59	1.22	2.48	2.36
step 3		1.63	1.48		2.48	2.22
step 4		1.26	1.06		1.92	1.62
step 5		0.91	0.77		1.38	1.18
step 6		1.74	1.26		2.59	1.95

表 2.1–8　工况一拆除过程梁应力（MPa）

步骤	BL1	BL2	BL3	ZL1	ZL2	ZL3
step 1	4.55	4.91	4.95	7.11	7.97	7.96
step 2	4.41	4.73	4.73	4.25	7.64	7.64
step 3		4.09	4.17		7.12	7.21
step 4		4.16	4.38		7.18	7.45
step 5		4.71	4.20		7.33	7.10
step 6		4.58			6.63	

表 2.1–9　工况一拆除过程梁挠度（mm）

步骤	BL1	BL2	BL3	ZL1	ZL2	ZL3
step 1	0.95	1.14	1.23	1.62	1.95	2.03

续表

步骤	BL1	BL2	BL3	ZL1	ZL2	ZL3
step 2	0.96	1.12	1.21	0.98	1.94	2.00
step 3		1.04	1.15		1.93	1.95
step 4		1.04	1.03		1.84	1.77
step 5		0.98	1.06		1.75	1.85
step 6		1.08			1.94	

表2.1-10～表2.1-12为工况二拆除过程柱、梁应力和梁挠度，工况二每3步拆除一跨，其柱、梁应力和梁挠度在拆除一跨时，基本保持稳定，仅有极小的波动幅度。

表 2.1-10　　工况二拆除过程柱应力（MPa）

步骤	BZ1	BZ2	BZ3	ZZ1	ZZ2	ZZ3
step 1	1.24	1.99	1.63	1.79	2.73	2.42
step 2	1. 5	1.99	1.64	1.78	2.75	2.42
step 3	1.27	1.96	1.65	1.76	2.78	2.42
step 4	1.16	1.86	1.59	1.22	2.48	2.38
step 5	1.19	1.87	1.58	1.20	2.19	2.06
step 6	1.22	1.85	1.65	1.23	1.90	1.61
step 7		1.45	1.52		1.47	1.48
step 8		0.85	0.81		0.89	0.78

表 2.1-11　　工况二拆除过程梁应力（MPa）

步骤	BL1	BL2	BL3	ZL1	ZL2	ZL3
step 1	4.55	4.91	4.95	7.11	7.97	7.96
step 2	4.53	4.91	4.95	7.14	7.97	7.99
step 3	4.50	4.86	4.93	7.18	8.17	8.18
step 4	4.41	4.72	4.73	4.24	7.78	7.80
step 5	4.42	4.72	4.78	4.30	7.84	7.81
step 6	4.40	4.84	4.89	4.43	4.90	4.92
step 7		4.70	4.33		4.94	4.37
step 8		4.78	4.35			

表 2.1-12　　工况二拆除过程梁挠度（mm）

步骤	BL1	BL2	BL3	ZL1	ZL2	ZL3
step 1	0.95	1.14	1.23	1.62	1.95	2.03
step 2	0.95	1.14	1.23	1.62	1.95	2.03
step 3	0.95	1.14	1.22	1.62	1.99	2.06
step 4	0.96	1.12	1.21	0.98	1.98	2.03

续表

步骤	BL1	BL2	BL3	ZL1	ZL2	ZL3
step 5	0.97	1.12	1.21	0.94	1.92	1.97
step 6	0.98	1.17	1.35	0.99	1.19	1.36
step 7		1.13	1.19		1.15	1.19
step 8		1.01	1.10		1.03	1.11

表 2.1-13 ~ 表 2.1-15 为工况三拆除过程柱、梁应力和梁挠度，其柱、梁应力表现为先增大后减小，梁挠度变化较为稳定。从 3 种工况的结果可以看出，采取工况二逐跨逐间的拆除方式，结构相对更加稳定，拆除施工过程更加可控。

表 2.1-13　　工况三拆除过程柱应力（MPa）

步骤	BZ1	BZ2	BZ3	ZZ1	ZZ2	ZZ3
step 1	1.31	1.84	1.24	1.80	2.48	1.83
step 2	1.35	1.68	0.99	1.84	2.17	1.45
step 3	1.11	1.09	1.05	1.19	1.43	1.52
step 4	1.02	1.11	1.14	1.10	1.23	1.78

表 2.1-14　　工况三拆除过程梁应力（MPa）

步骤	BL1	BL2	BL3	ZL1	ZL2	ZL3
step 1	4.72	5.00	5.29	7.28	8.17	8.42
step 2	4.79	5.12	5.21	7.35	8.33	8.29
step 3	4.20	5.01	5.15	6.85	8.25	8.23
step 4	3.55	4.65		6.55	7.93	

表 2.1-15　　工况三拆除过程梁挠度（mm）

步骤	BL1	BL2	BL3	ZL1	ZL2	ZL3
step 1	0.92	1.09	1.12	1.55	1.88	1.88
step 2	0.92	1.05	1.16	1.54	1.81	1.94
step 3	0.89	1.01	1.12	1.47	1.76	1.89
step 4	0.75	1.02		1.29	1.82	

2.1.2.4　仿真优化

提取工况二 step 2、step 4、step 7 拆除过程，对其分别进行拆除构件后的倒塌分析。step 2 拆除内侧 2 根柱后，根据应力云图（图 2.1-9）显示，在径向主梁处最大应力为 31.2MPa，大于其破坏强度，表明此处发生破坏，移除该构件后再进行下一次计算（图 2.1-10），结构最大应力为 15.6MPa，均小于破坏强度。再移除外侧柱，根据结果（图 2.1-11）对破坏构件再进行移除直至

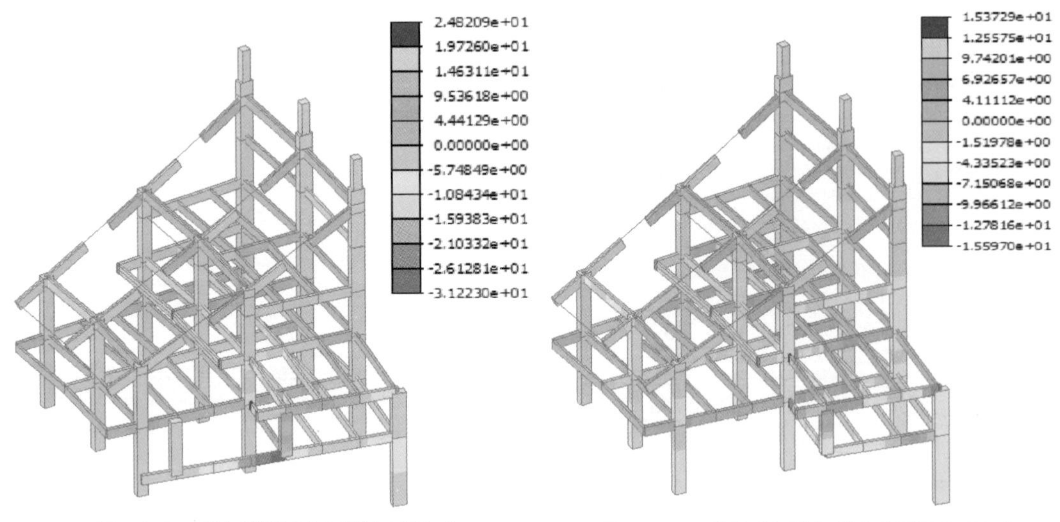

图 2.1-9　拆内侧柱后应力云图（MPa）

图 2.1-10　移除破坏构件后应力云图（MPa）

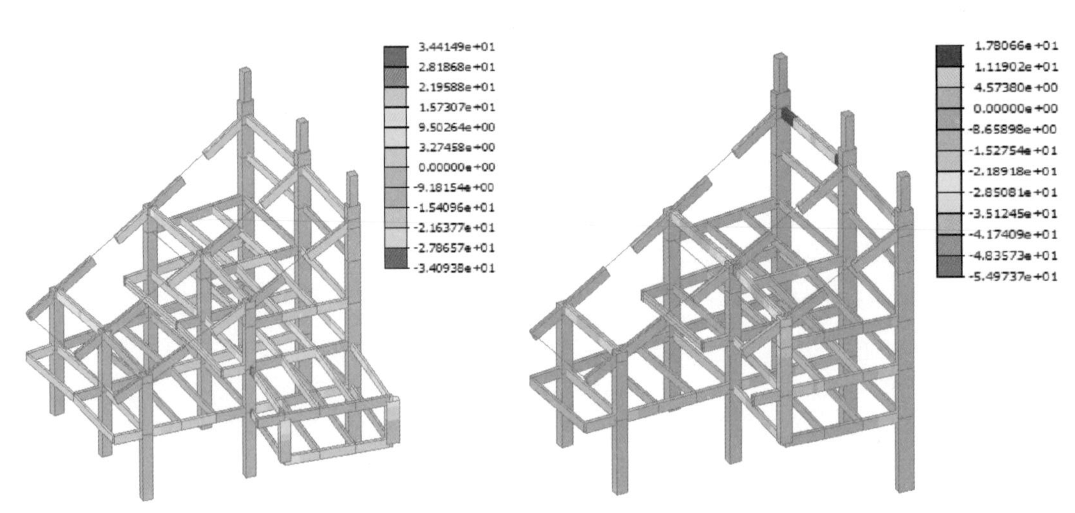

图 2.1-11　拆外侧柱后应力云图（MPa）

图 2.1-12　拆内侧柱后应力云图（MPa）

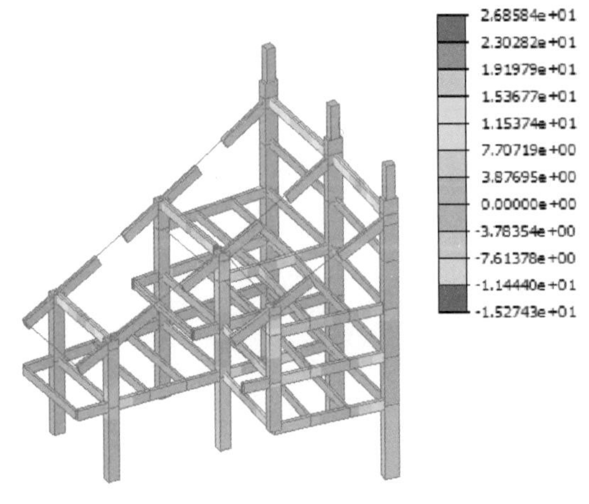

图 2.1-13　拆破坏构件后应力云图（MPa）

结构各构件应力均满足在破坏强度以内。经过数次迭代计算，最终结果表明该跨待拆除构件均已全部破坏，但对相邻的两跨影响较小。

step 4 拆除内侧 2 根柱后结果如图 2.1-12 所示，对破坏构件进行拆除后结果如图 2.1-13 所示，各构件应力均小于破坏强度，移除外侧柱，经过迭代计算，结果表明（图 2.1-14）该跨待拆除构件均发生破坏，相邻一跨部分梁、柱也受影响发生破坏，由于该跨结构上部较为完整，该拆除方法倒塌不可控因素大，对结构影响大，不适合直接拆除底柱。

step 7 拆除内侧一柱后，结果如图 2.1–15 所示，最大应力为 63.56MPa，拆除内侧 2 柱后，从图 2.1–16 可以看出，外侧底柱应力为 43MPa，已发生破坏，位移云图（图 2.1–17）表明，结构内侧竖向位移最大，即结构整体向内侧发生倒塌。

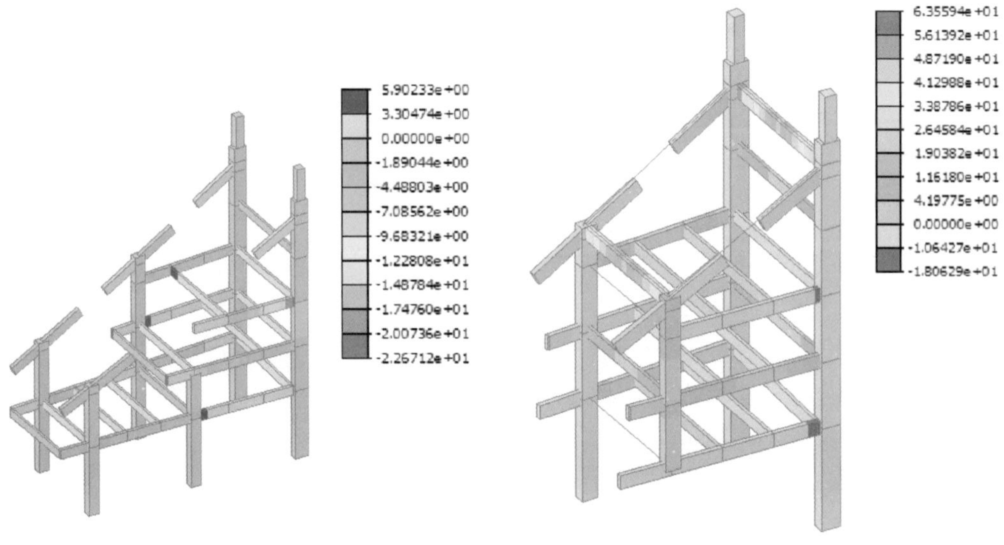

图 2.1–14　拆外侧柱后应力云图（MPa）

图 2.1–15　拆内侧 1 柱后应力云图（MPa）

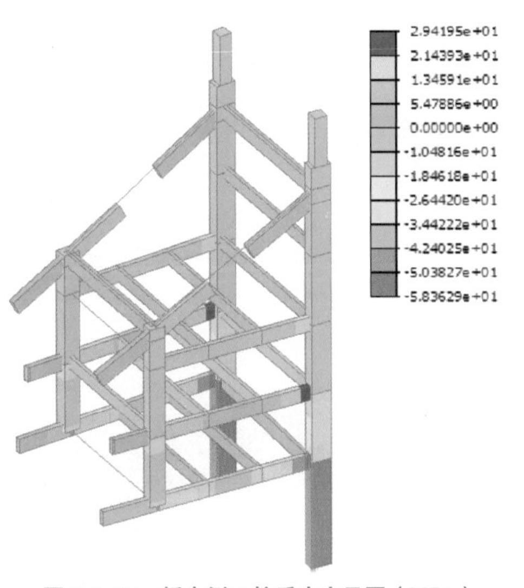

图 2.1–16　拆内侧 2 柱后应力云图（MPa）

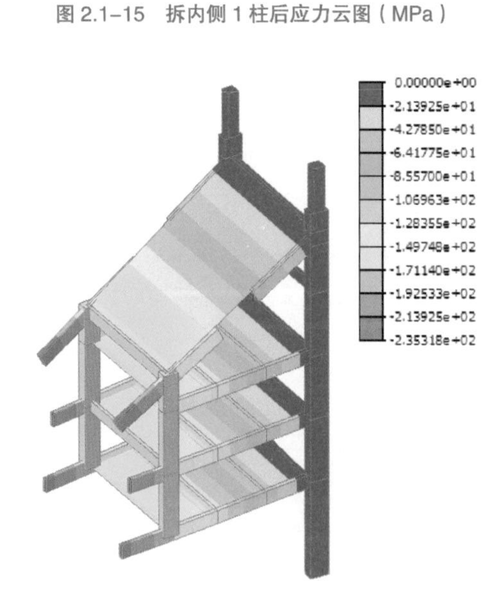

图 2.1–17　拆内侧 2 柱位移云图（mm）

2.1.3　拆除施工

2.1.3.1　施工部署

施工部署示意图见图 2.1–18。

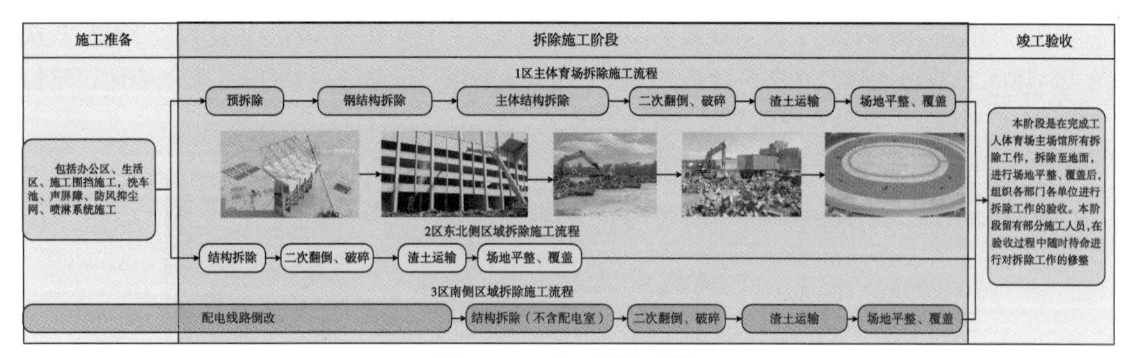

图 2.1-18　施工部署示意图

机械拆除是将结构建造和加固实施的稳定体系整体或切块拆除的方法，这样可以充分保证结构在机械拆除过程中受力合理，同时保证过程的安全可靠。

根据体育场特点，拆除阶段分为预拆除、灯架拆除、大挑棚拆除、挑檐拆除、大看台拆除、小看台拆除、二次破碎、渣土清运；共分为预拆除、钢结构和土建三个施工队伍进行施工；预拆除、钢结构和土建施工队配合施工，按照分区及结构伸缩缝跳仓作业。

预拆除阶段：4 个施工队同时进行 4 个段预拆除施工，包括座椅、草坪、显示屏、室内外管线、设备等，图 2.1-19 为草皮、座椅拆除照片。

主体结构拆除包括钢结构和混凝土结构两个阶段，钢结构拆除阶段采用汽车起重机进行吊运；混凝土结构拆除阶段采用液压剪拆除，4 个段内分别安排 1 台长臂液压剪、1 台液压剪在段内跳仓进行拆除施工。

二次破碎阶段：4 个段内分别安排 3 台破碎炮进行二次破碎，将破碎物分类堆放至足球场内渣土堆放区，破碎至直径小于 500mm 时拉到建筑垃圾资源处置中心进行处理。

根据伸缩缝及挑棚分布位置进行分区，划分为四个施工区域，如表 2.1-16、图 2.1-20 所示。1 区：59 轴 ~ 86 轴，2 区：86 轴 ~ 96 轴、1 轴 ~ 11 轴，3 区：11 轴 ~ 38 轴，4 区：38 轴 ~ 59 轴。施工时，主场馆划分为四个施工流水段，钢结构拆除和土建拆除分开进行施工，禁止土建专业和

图 2.1-19　草皮、座椅拆除照片

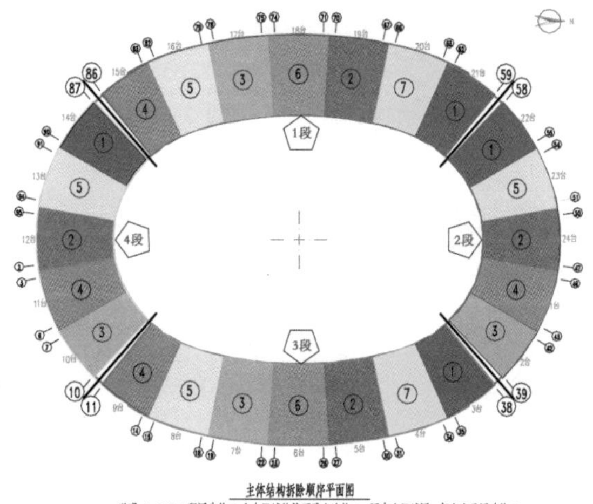

图 2.1-20　施工段划分图

钢结构专业在同一垂直工作面上施工，防止上部钢结构拆除与下部土建拆除时引起的振动造成物体掉落发生安全事故。

表 2.1-16　　施工区域段分配表

施工段划分	看台分布	
1 段	包含 7 个看台	15 看台、16 看台、17 看台、18 看台、19 看台、20 看台、21 看台
2 段	包含 5 个看台	22 看台、23 看台、24 看台、1 看台、2 看台
3 段	包含 7 个看台	3 看台、4 看台、5 看台、6 看台、7 看台、8 看台、9 看台
4 段	包含 5 个看台	10 看台、11 看台、12 看台、13 看台、14 看台

2.1.3.2　主体结构拆除

1. 钢结构拆除

北京工人体育场钢结构主要包括梭形灯架及钢结构挑梁两类。灯架结构采用预应力索支梭形柱钢结构，如图 2.1-21、图 2.1-22 所示，分布在大挑棚和小挑棚上。大挑棚上灯架结构分为两个区域，分别位于 17 轴 ~ 32 轴、65 轴 ~ 80 轴之间。小挑棚上灯架结构分为四个区域，分别位于 7 轴 ~ 10 轴、39 轴 ~ 42 轴、55 轴 ~ 58 轴、87 轴 ~ 90 轴之间。

图 2.1-21　挑棚及灯架照片

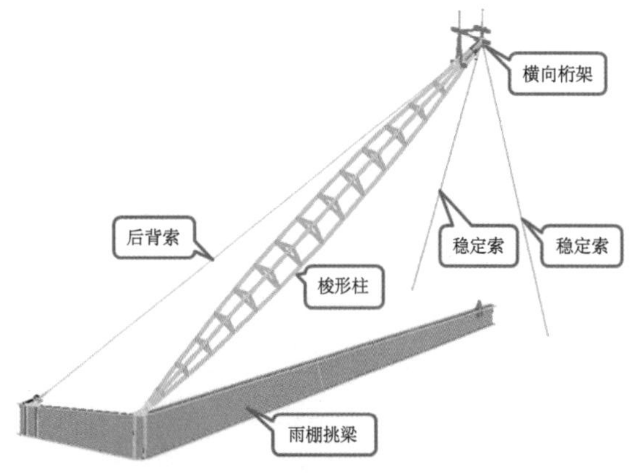

图 2.1-22　单榀钢结构示意图

1）灯架拆除施工

主要构件重量见表 2.1-17。

表 2.1-17　　主要构件重量

构件名称	预估重量
小灯架梭形梁重量 + 索重量	2000kg
小灯架梭形梁之间单个联系桁架	1250kg
大灯架梭形梁重量 + 索重量	3000kg
大灯架梭形梁之间单个联系桁架	1100kg

小灯架由4个灯架梭形柱组成，拆除方式采取整体拆除吊运，如图2.1–23所示；大灯架由16个灯架梭形柱组成，拆除时2个梭形柱为一个整体，按顺序进行流水拆除，如图2.1–24所示。

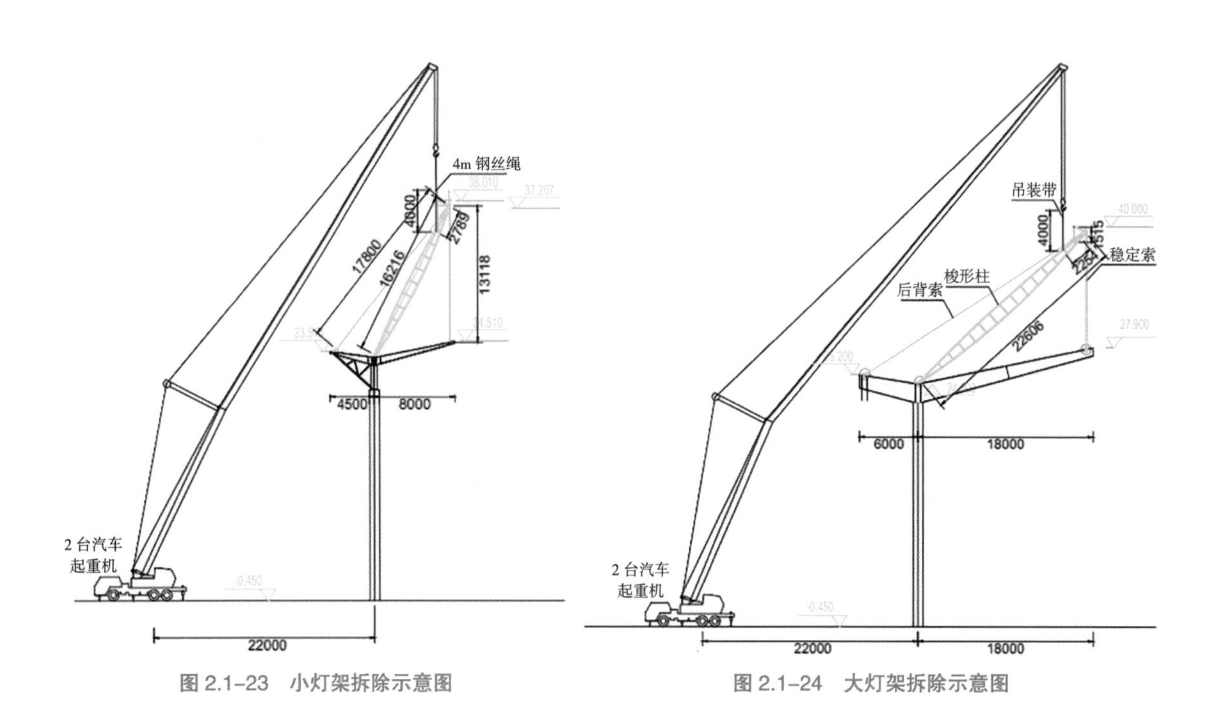

图 2.1–23　小灯架拆除示意图

图 2.1–24　大灯架拆除示意图

灯架结构拆除前先拆除灯架上的灯、线缆和所有相关设备，采用两台汽车起重机到达场外指定地点并调试；吊车距梭形柱吊点投影距离40m，如图2.1–25所示，两台汽车起重机吊装带（或钢丝绳）分别固定灯架梭形柱下圆盘。两台汽车起重机启动，吊带（或钢丝绳）开始受力，采用捯链拉紧稳定索，从中间两个梭形柱稳定索向两边稳定索依次卸掉稳定索力，然后松掉销轴（或电焊切割），汽车起重机抬臂，吊带（或钢丝绳）完全受力，使背索逐步卸力，从中间两个索形柱向两边依次松掉梭形柱背索销轴（或电焊切割），汽车起重机抬臂，使得梭形柱竖直，松掉梭形柱柱脚销轴（或电焊切割）。两台汽车起重机同时吊起小灯架和拉索，缓慢吊装至地面指定位置，如图2.1–26所示。

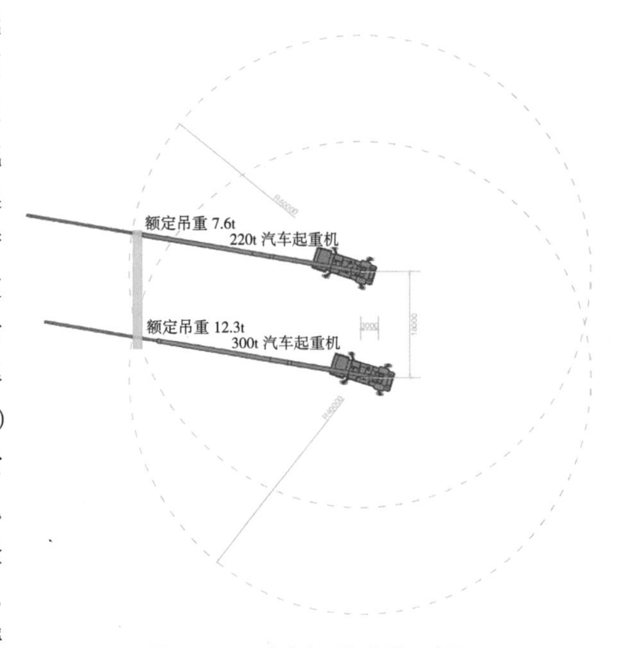

图 2.1–25　汽车起重机布置示意图

图 2.1-26　灯架拆除照片

2）挑棚拆除施工

屋面板拆除面积约 12194.2m^2。挑梁为悬臂梁结构，大挑梁长约 18.3m，宽约 0.5m，最大跨间距约 8m，小挑梁长约 7.9m，最大跨间距约 7.9m，宽约 0.5m。最大单梁最重约 18t，钢结构挑梁拆除量约 1250t，如图 2.1-27 所示。

图 2.1-27　大挑棚位置图

挑棚拆除首先清除屋面板上面零星钢构件，安装钢梁防护装置（用于工人切割挂钩），然后开始拆除屋面板，由一侧向另一侧逐序拆除，待屋面板拆除后，跳梁切割次梁，将主梁与混凝土结构分离，吊运主梁，如图 2.1-28 所示。

钢梁防护（图 2.1-29）采用在钢梁端头及柱端钢管立柱连通钢板焊接，防护绳采用钢丝绳由花篮螺栓连接立杆，中间立杆通过安全卡绳延环向进行拉结。

挑棚拆除（图 2.1-30）使用 300t 和 220t 汽车起重机进行吊运。屋面板上矮灯架、避雷针等钢构件，由工人上至屋面，使用电焊切割，小构件打捆集中收集，使用汽车起重机运至地面。屋

图 2.1-28　挑棚拆除照片

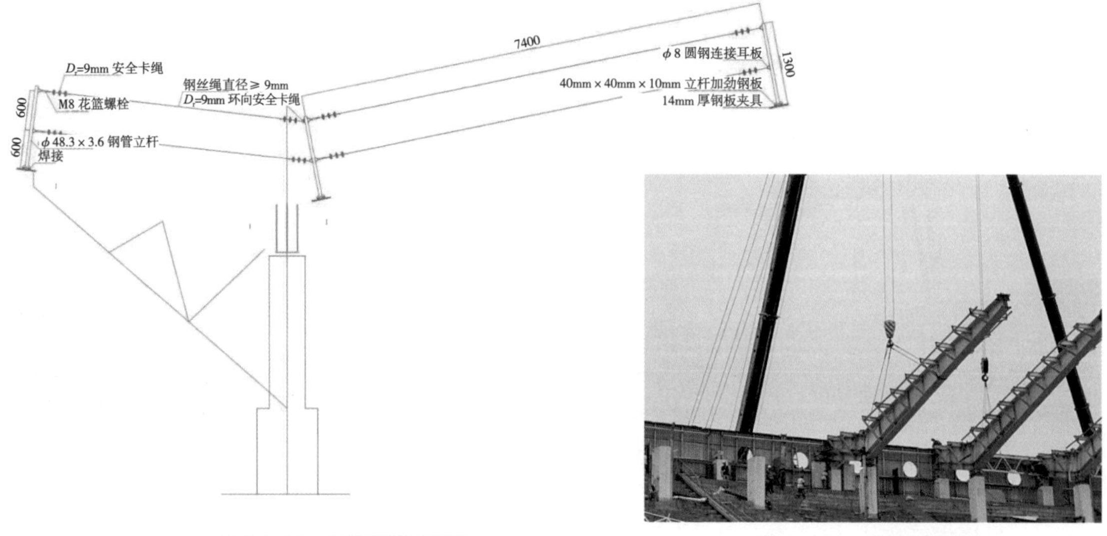

图 2.1-29　钢梁防护示意图

图 2.1-30　挑梁拆除照片

面使用电钻或角磨机对屋面板的固定螺钉进行拆除，将主梁进行钢梁防护安装（用于工人切割挂钩）。而后拆除屋面板，沿同一方向推进拆除，屋面板打捆并使用汽车起重机运至地面。带横檩条（次梁）的挑梁，使用电焊切断。主梁拆除前，在主梁上设置 2 处吊装孔，工人系安全带，使用电焊进行打孔。吊孔第一个位置在距主梁长端头三分之一范围内，第二个吊孔在短端靠近柱头节点处，使用吊装带穿入吊装孔（大挑梁两辆，小挑梁 1 辆汽车起重机），汽车起重机抬臂，主梁吊装带绷紧受力，汽车起重机吊运主梁至地面，使用电焊对地面上的主梁、次梁进行二次切割。大挑梁、小挑梁拆除如图 2.1-31、图 2.1-32 所示。

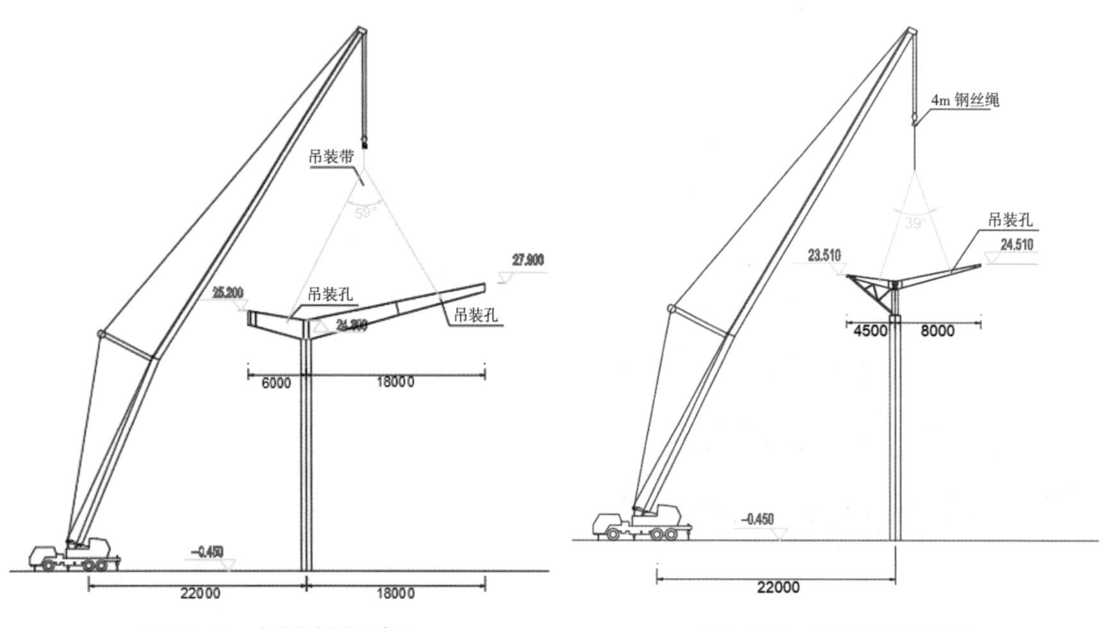

图 2.1-31　大挑梁拆除示意图

图 2.1-32　小挑梁拆除示意图

3）显示屏

小显示屏钢结构长约 17.7m，高约 8.3m，厚度约 2.1m，距外侧挑檐距离约 7.9m，距外侧围挡距离约 34.3m，下端距地面高度约 28.8m。大显示屏钢结构，长约 44.4m，高约 10.8m，厚约 4.8m，距离北大门约 258.5m，距离地面高度约 19.4m，体积较大。

大显示屏根据显示屏的分格分块，首先在背面骨架上安排专业拆除人员拆除背板，然后拆除超大显示屏的管线及插头，最后对超大屏幕外挂屏幕进行拆除，拆除时对大显示屏使用气割对屏幕的钢架分块，均分切成 3 份，如图 2.1-33 所示。

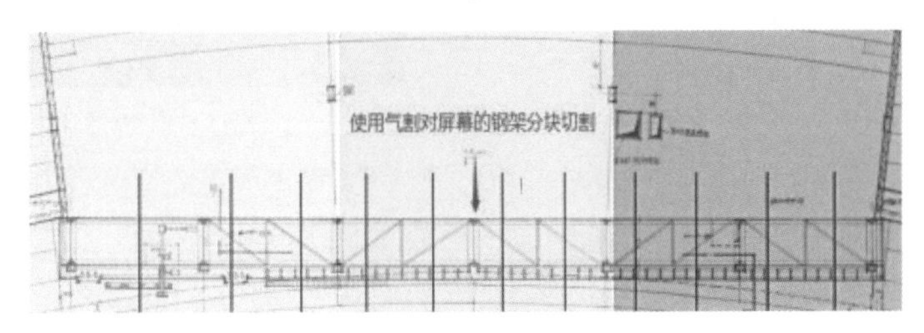

图 2.1-33　显示屏拆除分割图

使用汽车起重机连接分块的角钢钢架，设置两个吊点，吊至指定位置。

4）看台斜梁体外预应力钢结构加固拆除

使用液压剪拆除看台（结构内）斜梁体外预应力钢结构，如图 2.1-34 所示。

使用液压剪和长臂液压剪拆除看台（结构外立面）斜梁体外预应力钢结构，如图 2.1-35 所示。

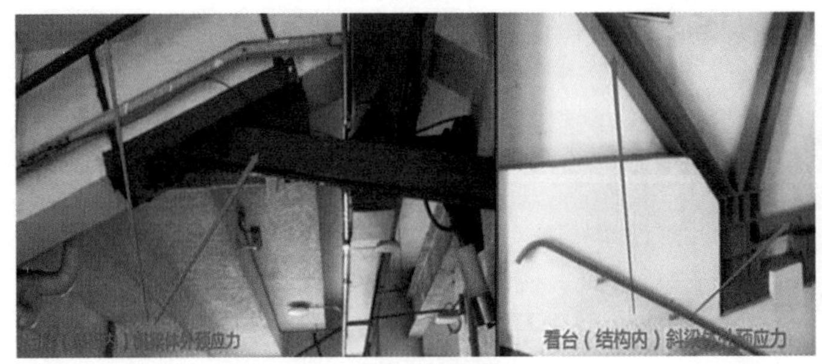

图 2.1-34　预应力钢结构加固拆除

图 2.1-35　结构外立面斜梁体外预应力钢结构拆除

2. 混凝土结构拆除

混凝土结构拆除采取自上而下，先拆板，再拆梁，最后拆柱子和墙的原则进行施工。先拆除需要保留的历史记忆构件（窗花、浮雕），再进行全面拆除的原则，保证安全施工。拆除同时，随时洒水，以降低粉尘污染，达到拆除中的环保施工要求。加长臂液压剪拆除施工中遵循“先非承重，后承重”的原则，从高到低，逐跨逐间拆除，从上至下先内后外原则，拆除纵向一跨间后将外墙向内处理一层外墙，确保拆除外墙时，没有碎渣石溅出施工围挡。

本阶段是在专业拆除及钢结构拆除后提供工作面的前提下进行的。

1）小看台拆除

拆除小看台：采用液压剪拆除，如图 2.1-36 所示，将主体结构拆除至地面。

（a）小看台拆除三维演示图

（b）小看台拆除现场图

图 2.1–36　小看台拆除

2）大看台拆除

采用长臂液压剪拆除大看台上部及外围的墙、柱、楼梯，长臂液压剪站在看台两侧作业；采用长臂液压剪拆除外檐，长臂液压剪站在外侧道路作业，如图 2.1–37 所示；采用长臂液压剪拆除大看台，长臂液压剪站在外侧道路作业，如图 2.1–38 所示。

3）二次破碎、分拣、归类

原地二次破碎后（图 2.1–39），用挖掘机进行渣土分拣、归堆、装载渣土外运，如图 2.1–40 所示。拆除所产生的建筑垃圾，座椅、管线、钢材等由厂家进行回收，混凝土、砖砌块等进行资源化处理。

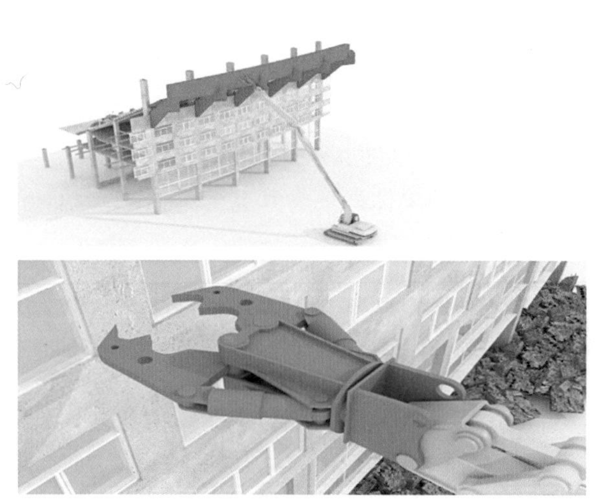

图 2.1–37　外檐拆除

图 2.1–38　大看台上部及外围的墙、柱、楼梯拆除照片

图 2.1–39　原地二次破碎照片

图 2.1–40　拆除建筑垃圾分类装车外运

2.2　建筑垃圾零排放及再利用技术

2.2.1　建筑垃圾零排放技术

2.2.1.1　建筑垃圾分类处置研究

针对北京工人体育场拆除项目，对其拆除施工方案进行研究，基于对待拆除主体结构各部位混凝土强度与配楼结构形式的分析，面向大型体育场馆建设需求，应用多项建筑垃圾资源化处置技术，提出了基于建筑垃圾零排放的分类处置与再利用技术路线，详见图 2.2–1。

1. 砖瓦类垃圾精细化分选功能化利用

针对主体结构及配楼短期大量集中产出且成分复杂的砖瓦类建筑垃圾，采用了原料适应性强、处置能力大、资源化水平高、产品含杂率低的建筑垃圾综合处置成套技术，通过既有综合处置设施进行异位处置。应用了主体结构砖砌体低含杂垃圾与配楼高含杂垃圾分质分流的生产模式，以低含杂垃圾粗分选与高混杂垃圾精分选的差异化处置，实现经济效益的最优化。

针对主体结构内大体积的砖砌体部分，对其产出的砖瓦类低含杂垃圾利用综合处置设施进行粗分选。经研究，砖瓦类再生骨料在水质净化过程中对水体中各主要污染物的去除效果均与沸石、石灰石等传统滤料差别不大，因此可替代传统净水滤料用于北京工人体育场周边水体及其他园林水务工程的应用中。

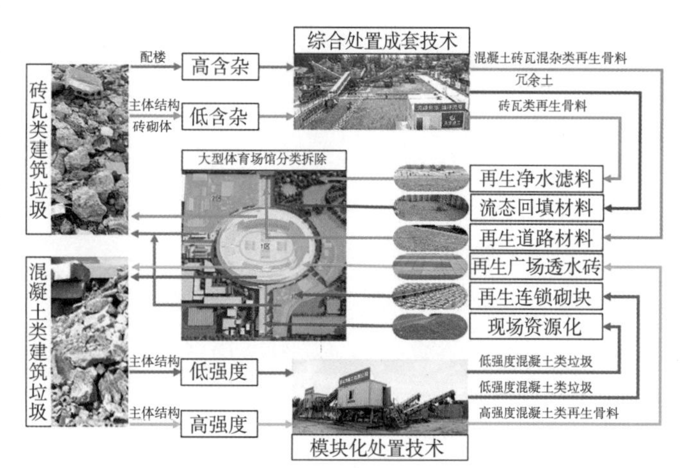

图 2.2–1　北京工人体育场建筑垃圾零排放技术路线图

以满足工期计划和经济性为前提，对框架结构、剪力墙结构等小规模配楼产出的砖瓦类高混杂垃圾利用综合处置设施进行预除土和精分选。分选出的冗余土用于制备具有回填强度高、流动性好、施工速度快、抗渗性强等特点的预拌流态回填材料，可应用于北京工人体育场肥槽及其他沟槽等回填工程中。预拌流态回填材料可满足泵送及狭窄异形空间的自流平、自密实的回填需求，其流动性优于混凝土；同时可满足 0.4 ~ 1.0MPa 的强度要求。经分选后的混杂类再生骨料可用于制备道路用再生无机混合料，用于周边道路的建设中。

2. 混凝土类垃圾分级处置高值化利用

基于主体结构产生混凝土类建筑垃圾成分较为单一、杂物含量较少的特征，采用了机动灵活、安装达产迅速、处置成本低、占地面积小、场地适应性强的模块化处置技术，通过模块化处置装备进行现场和异位处置，部分低强度混凝土实现了现场快速制备再生骨料并直接用于临时道路和场地填垫，其余部分通过异位分类分时处置实现了高、低强度再生骨料的分批制备与高值化利用。

根据看台、梁柱、楼梯等主要结构构件混凝土强度检测数据，对其产出的混凝土类垃圾按 C40 强度进行分级模块化处置，部分低强度级直接用于施工现场填垫，其他按强度分别用于再生骨料广场透水砖和再生骨料连锁砌块的制备。再生骨料广场透水砖耐磨性和防滑性好，产品性能满足国家标准《透水路面砖和透水路面板》GB/T 25993—2010 的技术要求，劈裂抗拉强度大于 4.0MPa，抗压强度大于 40MPa，透水性可达到 2.0×10^{-2}cm/s，满足 A 级透水要求，抗冻性满足 D50 标准，保水性较好。再生骨料连锁砌块产品性能满足国家标准《轻集料混凝土小型空心砌块》GB/T 15229—2011 的技术要求，抗压强度大于 5.0MPa，干燥收缩率、抗冻性、软化碳化系数、吸水率等指标均满足标准要求，密度等级满足 900 级密度等级要求，放射性符合 A 类建筑材料要求。上述再生产品均可用于北京工人体育场广场及周边建筑设施的建设。

预先拆除的钢材、玻璃、塑料等其他分类拆除可回收物纳入既有资源化回收体系。

综上，通过构建多维度的建筑垃圾分类分级资源化处置模式，最终实现了北京工人体育场拆除工程产生建筑垃圾的零排放。

2.2.1.2 综合处置成套技术与装备的研究

建筑垃圾零排放关键在于专用装备与工艺技术的研发，一方面确保除杂后的再生材料满足制备再生产品的需求；另一方面使其具备经济可行性，可复制推广。

通过以北京、上海、河北、江苏等地为代表的全国多地区多类型城镇进行调研，充分掌握各典型产生源建筑垃圾特性、处置需求及现状问题，并针对集成建筑垃圾分选装备，研发技术可行、经济合理的处置工艺。图 2.2-2 为典型砖瓦类建筑垃圾粒径组成。

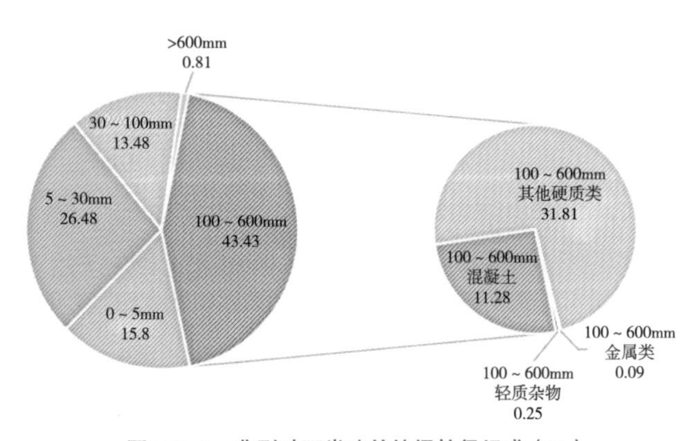

图 2.2-2 典型砖瓦类建筑垃圾粒径组成（%）

针对短期大量产出且成分复杂建筑垃

圾的集中拆除场景，现阶段国内多采用移动式破碎装备实施就近处置，其普遍存在的问题是对原料的适应性差，大部分处置线只能处理纯净混凝土块。但混凝土块在建筑垃圾中的含量一般不足 20%。经此种方法处置的建筑垃圾仍有大部分需要二次消纳，仍需长距离运输，资源化率极低，且前端挑拣混凝土类块料还需耗费大量人力物力。若以固定式全流程处置，则需远距离运输，经济效益差。

针对上述问题，基于振动风选机，研发了原料适应性强、处置能力大的建筑垃圾综合处置工艺，并建设了多个临时性处置设施。

建筑垃圾综合处置工艺流程详见图 2.2–3。

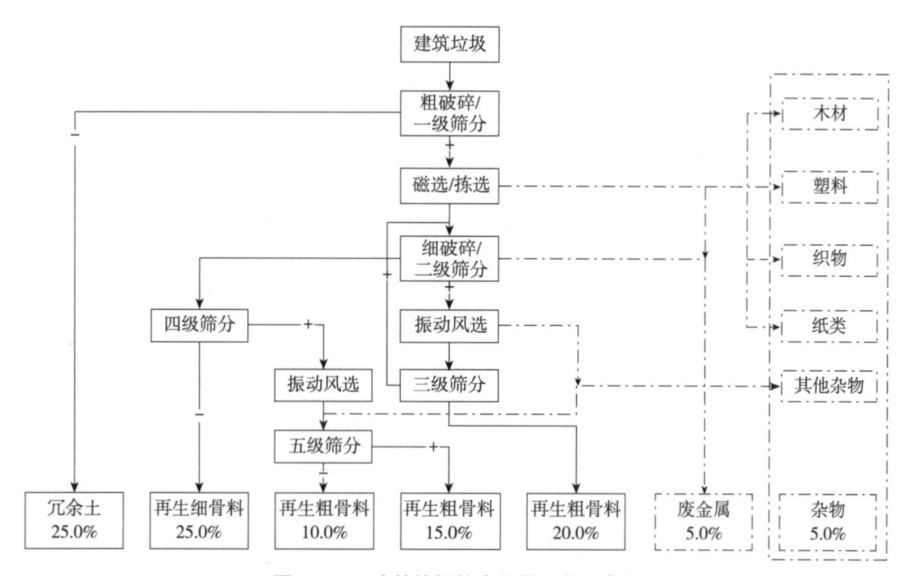

图 2.2–3　建筑垃圾综合处置工艺示意图

2.2.1.3　模块化处置技术与装备的研究

针对小规模、组分较为纯净的混凝土类建筑垃圾，需要处置工艺具备场地适应性强、达产迅速等特点，据此研发的建筑垃圾模块化处置技术与装备，可为大型体育场馆拆除产生的混凝土类建筑垃圾零排放提供技术支撑。

零散拆除场景，其产出建筑垃圾成分较为单一、杂物含量较少。目前针对该场景多采用轮胎式或履带式移动破碎站，该技术存在以下问题：一体式装备导致工艺流程固化，难以满足多元应用场景下再生产品性能需求；缺少杂物拣选环节，建筑垃圾中杂物无法有效去除，产品仅可用于低品质再利用。

针对上述问题，研发机动灵活、转场便捷、安装迅速、占地面积小、场地适应性强的建筑垃圾模块化处置工艺，并将其拆解为多个满足相应技术标准的独立功能单元，为后续其模块化设计提供基础。其中除土给料单元采用具备筛分功能的振动给料形式，可将建筑垃圾中渣土进行预先分离，同时均匀给入破碎单元。破碎单元后均配置磁选及拣选单元，实现废铁类和其他类杂物的有效去除，并给入筛分单元。筛分单元根据产品粒径需求控制超粒径及级配，生产合格再生骨料。详见图 2.2–4。

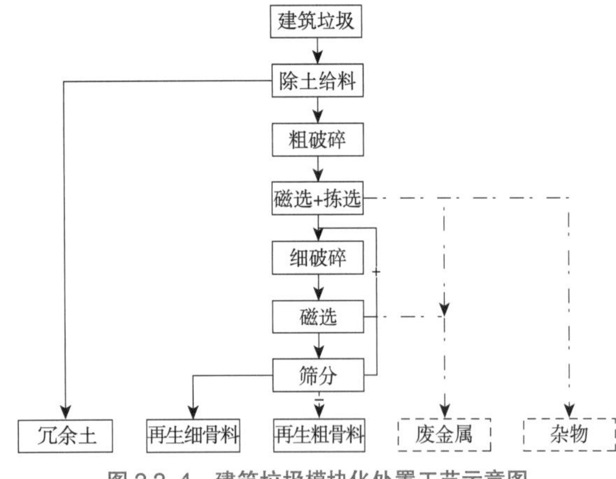

图 2.2-4　建筑垃圾模块化处置工艺示意图

通过研究我国类似的建筑垃圾组分特征，形成基于高品质、规模化消纳需求的“除土给料 + 两级破碎 + 磁选 + 拣选 + 筛分”的处置工艺，并将其拆解为多个满足相应技术标准的独立功能单元，为后续其模块化设计提供基础。

将各功能单元进行模块化和小型化设计，包括粗碎模块（除土给料 + 一级破碎 + 磁选）、拣选模块、细碎模块（二级破碎 + 磁选）、筛分模块、输送模块、控制模块和附属模块（环保、安全等）。建筑垃圾模块化处置系统各功能模块详见图 2.2-5。

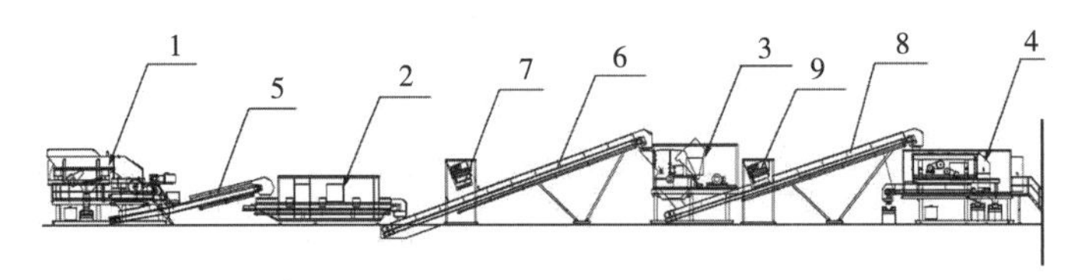

图 2.2-5　建筑垃圾模块化处置各功能模块简图

1—粗碎模块；2—拣选模块；3—细碎模块；4—筛分模块；5—第一转载带式输送机；6—第二转载带式输送机；7—第一除铁器；8—第三转载带式输送机；9—第二除铁器

（1）粗碎模块匹配除土给料、一级破碎、磁选工艺单元，具备均料、除土、粗碎、除铁等功能，可将粗大粒径原料初步处理，分离出渣土、废铁等，并均化料流，便于后续环节处理。

（2）拣选模块匹配拣选工艺单元，配备专用拣选设施保证生产效率，并以全封闭式设计实现室内的环境调节。成分单纯的建筑垃圾经此环节后可基本满足再生产品品质的要求。

（3）细碎模块匹配二级破碎、磁选工艺单元，具备破碎、除铁等功能，可将大粒径物料破碎至市场需求粒径，另在后端设计闭路循环，经筛分模块检查筛分后的超粒径物料返回细碎模块继续破碎。

（4）筛分模块匹配筛分工艺单元，具备剔除超粒径物料，并对中细粒径物料按市场需求进行分级，且匹配相应的粒径组成要求。

（5）其他模块。

控制模块具备集中控制、设备检测保护、一键启停机等功能。

附属模块具备抑尘、除尘、降振、隔噪等环保功能。

此外还增设了隔声、密封、喷淋、旋风及布袋除尘等多重降噪除尘设计。在保证生产线处理能力的同时，将各设备单元进行模块化和小型化设计，包括粗碎模块、拣选模块、细碎模块、筛分模块、输送模块、自动控制模块和附属模块。

2.2.1.4　大型场馆拆除建筑垃圾处置模式研究

该模式以建筑垃圾综合处置成套技术为基础，介于固定式处置模式和移动式装备处置模式中间，具有前者处置工艺完备、资源化率高的特点，也具备后者建设周期短、快速形成产能的特点，可针对性解决城镇棚户区、城中村和危房改造过程中集中产生的大量建筑垃圾，适用于一定区域内大规模拆迁、建筑垃圾产生量大、处置任务集中的情况。

基于该模式建设的综合处置设施具有以下特点：通常建在拆除现场附近，辐射半径 5 ~ 10km，可有效降低运输成本；其建设周期短，在 4 个月内即可形成产能；处置周期较长（一般为 3 ~ 5 年），处置能力可达 50 ~ 70 万 t；处置场所采用租赁形式，审批手续简单建设过程不需要复杂的规划、评审批复手续；处置完成后设备可整体搬迁，快速将场地还原，实现灵活转场，不影响土地的利用与开发。

该模式以建筑垃圾模块化处置技术为基础，是对固定式处置模式、移动式装备处置模式、原位处置模式的补充，实现对建筑垃圾的多梯度处置、最大程度地减少建筑垃圾运距和处置成本，适用于场地小、建筑垃圾产生后处置迫切、临时堆存场、产能补充等情况。

模块化处置装备可提供便捷可移动、模块化的建筑垃圾处置服务，并最大程度兼顾处理能力与环保除尘、降噪的要求。

根据前述分析，北京工人体育场分类拆除后产生建筑垃圾整体含杂率不高，采用固定式处置模式，难以实现最大的经济效益，且需与固定式处置设施的产能安排协调。而采用移动式装备处置模式，配套粉尘、噪声等污染防治措施不完善，难以适应北京工人体育场周边极高的环保要求。

综上所述，提出了分类分级资源化处置模式，即少量低品质混凝土类建筑垃圾场地内模块化处置，直接回用项目建设；其余建筑垃圾全部运往朝阳区东坝建筑垃圾资源化处置临时设施，分别利用设施内一条综合处置线和一套模块化处置装备对其进行分类处置。朝阳区东坝建筑垃圾资源化处置临时设施概况如图 2.2-6 所示。

设施占地约 107 亩，计划运营周期为 3 年，厂区功能主要区分为：建筑垃圾存储区、建筑垃圾处置区、再生骨料和还原土存储区；项目设计年处置能力为 70 万 t，配有一条综合处置线 50 万 t/ 年，一套模块化处置装备 20 万 t/ 年。该临时设施项目配套建设一条再生道路材料生产线（生产规模 50 万 t/ 年），一条再生砖生产线。以再生骨料、混凝土骨料为原材料，生产再生产品应用于朝阳区的工程建设中，形成朝阳区域内建筑垃圾资源循环利用的闭环，资源化率可达 95% 以上。

图 2.2-6　朝阳区东坝建筑垃圾资源化处置临时设施示意图

2.2.2　建筑垃圾再生产品研究

2.2.2.1　再生骨料作为功能性材料的研究与应用

北京工人体育场拆除工程中产生量较大的是砖瓦类建筑垃圾，其主要成分是废红砖、废混凝

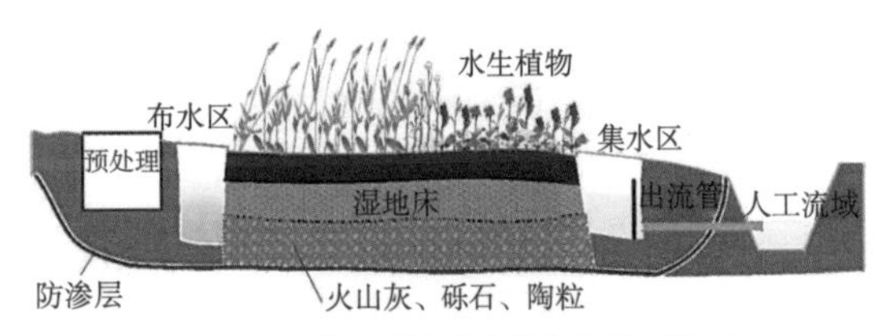

图 2.2-7　人工湿地污水处理系统示意图

土、废砂浆等，难以用于高强度建材产品的生产。而该类再生骨料具有丰富的多孔结构，且孔径大、孔隙率高、开口孔多，表面粗糙而比表面积大，富含铁、铝元素及火山灰组分，具有较好的吸附性能。因此，将砖瓦类再生骨料用作水处理吸附剂具备一定的可行性。

人工湿地污水处理系统具有投资低、能耗小、抗冲击力强、操作简单、出水水质稳定等特点，还兼具生态景观效益，将污水处理和生态环境有机结合，是一种经济有效的生态处理技术，如图 2.2-7 所示。该系统应用广泛，一般采用传统石灰石、火山岩、沸石等水处理滤料，消耗量大，若能实现以再生骨料替代，可取得良好效果。

在实验室条件下研究砖瓦类再生骨料对污染物的去除效果和与不同天然滤料的对比，探讨将其用于人工湿地污水处理系统中的可行性，并为砖瓦类再生骨料用于人工湿地污水处理系统，提供一定的理论依据和数据支撑。

北京工人体育场南侧人工湖（图 2.2-8），占地面积 70000m^2，实施原位微生物处理工程。采用“载体固化微生物 + 曝气 + 生物坝”的处理工艺，从根本上解决黑臭水体，并确保处理后河道断面水质达标。氨氮去除率超过 60%，总磷去除率达到 68%，CODcr 去除率达到 70%，处理后的河水水质达到地表Ⅳ类标准。

图 2.2-8　南侧人工湖工程应用照片

2.2.2.2　流态回填材料的技术研究与应用

北京工人体育场拆除过程中难以避免部分渣土混入建筑垃圾中，同时在建筑垃圾的资源化处置过程中，也会产出冗余土。冗余土由于成分复杂、含土量高、杂质含量较高等原因，仅可在场地回填、堆山造景等工程中得到有限使用，其应用范围窄、应用价值低。

通过对北京工人体育场拆除建筑垃圾处置后产生的冗余土进行筛分试验，了解冗余土的粒径范围，见表 2.2-1、图 2.2-9。

表 2.2-1　　冗余土筛分试验表

筛孔径（mm）	样品 1			样品 2		
	筛余量（g）	分级筛余	累计筛余	筛余量（g）	分级筛余	累计筛余
9.5	538.7	19.21%	19.21%	756.1	24.89%	24.89%
4.75	265.5	9.47%	28.68%	247.3	8.14%	33.04%
2.36	294.2	10.49%	39.17%	279.2	9.19%	42.23%
1.18	204.6	7.30%	46.47%	198.2	6.53%	48.75%
0.6	220.1	7.85%	54.32%	212.4	6.99%	55.75%
0.3	219.5	7.83%	62.15%	206.4	6.80%	62.54%
0.15	387.2	13.81%	75.96%	370.9	12.21%	74.75%
筛底	674.1	24.04%	100.00%	766.8	25.25%	100.00%
含水率	7.52%			7.33%		

目前，基坑、肥槽回填工程的传统工艺多采用素土或者灰土分层使用小型夯实设备进行施工，施工难度较大、回填工期较长、回填的质量还难以控制，因此多数工程为确保回填质量只好采用素混凝土进行回填。采用素混凝土回填造价较高，同时也因其强度较大给后期的维修、维护带来了难题。而研发一种既易于施工、保证质量，又以冗余土制备、造价低廉的预拌流态回填材料很有必要。

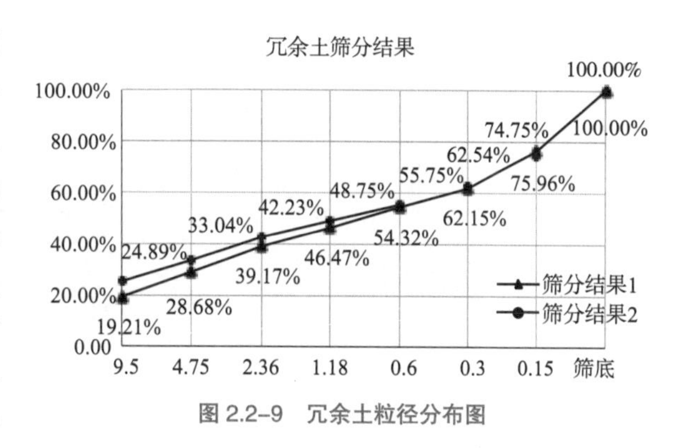

图 2.2-9　冗余土粒径分布图

土的固化是一个广义的概念，路基工程、地基工程、搅拌桩、地基换填、回填工程很多都涉及土的固化，在这类工程中常用的固化剂包括水泥、石灰等。土的固化最重要的是土和固化剂的匹配性，对于巨粒土和粗粒土，土的固化和水泥混凝土本质上是一样的，水泥熟料水化生成水化硅酸钙等各种水化产物，将砂石等骨料胶结成整体，逐渐产生强度。骨料是不参加反应的，与之相反，细粒土是一种复杂的多相分散体系，它不仅包含原生矿物，如石英、正长石、白云母等，而且含有较多的次生黏土矿物，如呈层状的铝硅酸盐的高岭石、伊利石、蒙脱石等和结晶或胶膜状态的氧化硅、氧化铝等氧化物。由于这些次生黏土矿物具有很大的比表面积和表面能，其理化特性、水理性质活跃，不仅对土的物理力学性质产生重要的影响，而且与固化剂之间也发生各种物理化学反应，所以水泥基土壤固化剂加固细粒土的机制远较混凝土的复杂。

固化剂一般有两大类，固化剂和固化外加剂。固化剂是用于岩土固化的胶凝材料，固化外加剂是用于岩土固化的功能性助剂（液体、非胶凝材料）。最传统的固化剂是水泥，水泥来源广、稳定、通用，适用于固化粗粒土、砂土、粉砂土，不适用于固化粉土、黏土、泥浆、高含水率状态下的土壤固化。固化外加剂是用于岩土固化的功能性助剂（非胶凝材料），液体，一般为离子型固化剂，通过电化学原理改变黏土颗粒表面的双电层结构，将土颗粒之间的亲水性改变为疏水性。

通过分析，冗余土作为细砂性土，流态回填料作为含水率高的材料，首先考虑粉体固化剂体系，水泥具有通用性、易获得性、稳定性。

流态回填材料替代素土或者二八灰土，用于地基狭窄空间的回填。素土或二八回填在施工过程中，通过控制压实度，达到硬化的目的，一般压实度满足 90% 要求，其承载力可达到 160kPa 以上。按照流态回填材料标准及施工应用的要求，流态回填材料 28d 设计强度达到 0.4MPa 即可满足工程应用要求，为了满足不同工程的应用需求，有必要建立不同强度的流态回填材料配合比体系，流态回填材料生产线如图 2.2–10 所示。

北京工人体育场改造复建使用流态回填材料作为肥槽回填材料，采用泵送方式施工，由管道输送至地下三层。通过使用流态回填材料作为回填材料，实现快速施工，节约工期近 3 个月。另外流态回填材料可以自密实，回填质量有保证，同时无需进行人工夯实，安全性有保障。由图 2.2–11 可见，施工后表面未干，无分层上层积水，均匀状态较好。

图 2.2–10　流态回填材料生产线

图 2.2–11　北京工人体育场改造复建应用照片

2.2.2.3　再生混凝土制品的开发及生产研究

1. 高强度混凝土类制备透水砖研究

透水砖的种类按照胶凝材料不同分为水泥透水砖、砂基透水砖、陶瓷透水砖。水泥透水砖：以无机非金属材料为主要原料，经成型等工艺处理后制成，具有较大水渗透性能的铺地板。砂基透水砖：以硅砂为主要原料或面层骨料，以有机胶粘剂为主要粘结材料，经免烧结成型工艺后制成，具有透水功能的路面砖。砂基透水砖分同体型砂基透水砖：以硅砂为全部骨料的砂基透水砖和复合型砂基透水砖：以硅砂为面层骨料，以细石为底层骨料而成的砂基透水砖。陶瓷透水砖是由固体工业废料制成，经破碎、成型、高温精制而成的建筑装饰材料，称之为陶瓷透水砖。砂基透水砖和陶瓷透水砖价格相对较高，水泥透水砖价格低。

当前国内透水砖生产所采用的骨料均为天然砂石，而天然砂石资源的过度开采，不但破坏自然环境，更导致不可逆转的生态损伤。随着人们对环境和环保的重视，矿山资源被限制开采，天然砂石日渐紧缺，价格飞涨，导致天然砂石在透水砖中使用的成本造价也不断增高。因此，研究以高强度混凝土类再生骨料制备再生透水砖具有重要意义。

海绵城市建设中应用较为广泛的是再生景观透水砖，它是以再生骨料、水泥等为主要原料，加入适量的外加剂、颜料、加水搅拌后压制成型，经自然养护或蒸汽养护而成的具有较强透水性能的铺地砖。其次是以再生骨料为基础进行的各种铺装、垫层的使用，包括市政公共区域绿化广场及居住区景观营造中的透水景观铺装；市政公共区域绿化广场、公园内可透水道路、居住区可透水道路；可透水停车场；公共区域绿化广场；公园内的绿地、公园水系；各级市政道路等。再生骨料海绵体透水性强的特点在上述应用实例中得到充分发挥。

在体育场主体结构外围铺装区采用透水砖，详见图 2.2-12。

图 2.2-12　北京工人体育场透水铺装照片

2. 低强度混凝土类再生骨料制备连锁砌块研究

连锁砌块又分为轻集料连锁砌块、免抹灰连锁砌块，抗压强度 MU2.5、MU3.5、MU5.0、MU7.5、MU10.0 五个等级，轻集料砌块还有密度的要求，密度从 700 ~ 1400kg/m^3 分为 8 个等级。对于低强度混凝土类再生骨料制备连锁砌块，开发的目标是最常见的 MU3.5、MU5.0 两个强度等级的连锁砌块。

连锁砌块水泥掺量偏高，建议降低；连锁砌块外观质量主要由细骨掺量决定，建议考虑骨料仅使用 0 ~ 5mm 的再生砖瓦细骨料进一步调整配合比。建议在合适加水量范围内，尽量增大加水量，但不可过量，有助于提高产品强度和外观质量。

通过综合对比，要想得到外观质量很好，抗压强度满足 MU3.5 和 MU5.0 的再生连锁砌块，考虑水泥掺量为 8% ~ 10%，粉煤灰掺量为 3% 左右，再生微粉掺量为 10% ~ 15%，砖瓦骨料掺量 77% 左右，砖块生产如图 2.2-13 所示。

图 2.2-13　生产砖块照片

生产再生连锁砌块用于北京工人体育场照片详见图 2.2–14。

图 2.2–14　北京工人体育场连锁砌块应用照片

2.2.2.4　再生道路材料的开发及生产应用

北京工人体育场拆除建筑垃圾中砖瓦类占比较大，且因其性能与天然材料相去甚远，因此主要再生利用方向为用量较大且强度要求不高的道路用无机混合料。

基于对混凝土砖瓦混杂类再生骨料与冗余土的性能分析，突破其压碎值高、吸水率大等再利用难点，进行了此类再生骨料制备再生道路材料及其生产应用技术的研究，并开展了多路段的再利用示范与评价分析，如图 2.2–15 所示，理清了再生道路材料性能衰减规律。

图 2.2–15　再生道路无机混合料应用

再生道路无机混合料流程：

（1）再生骨料分为 0 ~ 5mm、5 ~ 10mm、10 ~ 25mm、25 ~ 31.5mm 四种粒径规格，将四种骨料和粉煤灰分别经装载机运至相对应的骨料仓和粉煤灰仓堆存。骨料和粉煤灰经过定量给料机给入相应带式输送机转运至搅拌机，同时散装的水泥或石灰经螺旋输送机运至中间存储仓存储，经调速定量给料机给入搅拌机中。

（2）搅拌机中按照计量添加生产用水，四种骨料、散装水泥或石灰等原料在搅拌机中充分搅拌混合均匀后产品经带式输送机运至拌合料仓存储，可直接装车过地衡后运出。

道路用无机混合料用于北京工人体育场照片详见图 2.2–16。

图 2.2–16　北京工人体育场应用照片

2.3　历史记忆构件保护性挪移与原貌复现技术

作为北京市极具代表性的地标之一，北京工人体育场经历了 60 年风雨，举办过数千场赛事及演艺活动。因此，在改造重建施工过程中一项十分重要的任务是对承载着人民群众美好记忆的历史构件进行保留或原貌复现。其中需要保留的构件分为功能性构件与历史记忆构件。功能性构件指的是在旧体育馆中具有特定功能且可以在重建后的新体育馆继续使用的构件，如看台座椅、看台大屏幕、监控设备、电气设备、循环设备、消防设备、灯光音响设备等；历史记忆构件指的是旧体育馆中具有人文与艺术价值且主要起装饰性作用的构件，包括旧体育馆外墙窗花、浮雕以及场馆外围雕塑等。对于功能性构件，在拆除及保留过程中的要求是维护其基本功能的正常使用，主要方式是整体拆除后通过吊车及升降机挪移到库房中储存，对于构件的整体外形的完整性及构件原貌的恢复性没有要求。而对于历史记忆构件则需要满足《文物运输包装规范》GB/T 23862—2009 的要求，对于在重建施工过程中可以直接拆除的历史性构件，除了要保证拆除和储运过程中构件整体外观的完整性，还要在拆除前记录好构件的原貌及朝向位置等信息；对于重建施工过程中无法保留的历史记忆构件，则需要利用技术手段记录其原貌，并在重建过程中对这一类构件实现完整复现。对于历史记忆构件原貌信息的记录，依托目前技术手段的进步，可以通过三维激光扫描技术实现；而对于无法在重建施工中保留的历史记忆构件的重现，则需要在三维激光扫描模型的基础上利用 3D 打印技术实现构件在新建体育馆结构上的重建。

2.3.1　雕塑拆除及保护性挪移

北京工人体育场重建施工过程中需要挪移的历史记忆构件包括体育场馆外围道路侧共九座雕塑，为 1958 年建设北京工人体育场时设立的，反映了我国当时的雕塑水准与文化风貌，承载了六十多年来人民群众的工体记忆。

2.3.1.1　雕塑尺寸及体积测量

1. 1 号雕塑为女篮运动员雕塑，如图 2.3-1 所示，本组雕塑人像高 2800mm，雕塑下部有 2 步混凝土底台，上层底台尺寸为：2620mm × 2620mm × 170mm，下层底台尺寸为：2770mm × 2770mm × 170mm。基础尺寸为长 3000mm × 宽 3000mm × 高 1750mm。

2. 2 号雕塑为男足运动员雕塑，如图 2.3-2 所示，本组雕塑人像高 2939mm，雕塑下部有 2 步混凝土底台，上层底台尺寸为：2400mm × 2400mm × 150mm，下层底台尺寸为：2600mm × 2600mm × 160mm。基础尺寸为长 3150mm × 宽 3051mm × 高 2900mm。

3. 3 号雕塑为标枪运动员雕塑，如图 2.3-3 所示，本组雕塑人像高 3700mm，雕塑下部有 2 步混凝土底台，上层底台尺寸为：2800mm × 1150mm × 185mm，下层底台尺寸为：3000mm × 1300mm × 230mm。基础尺寸为长 3330mm × 宽 1550mm × 高 1680mm。

4. 4 号雕塑为铁饼运动员雕塑，如图 2.3-4 所示，本组雕塑人像高 3150mm，雕塑下部有 2 步混凝土底台，上层底台为圆形，直径为 1450mm，高 180mm，下层底台尺寸为：1740mm ×

图 2.3-1　女篮雕塑形象图

图 2.3-2　男足雕塑形象图

图 2.3-3　标枪雕塑形象图

图 2.3-4　铁饼雕塑形象图

1500mm × 190mm。基础尺寸为长 1940mm × 宽 1700mm × 高 1730mm。

5. 5 号雕塑为武术运动员雕塑，如图 2.3-5 所示，本组雕塑人像高 3600mm，雕塑下部有 2 步混凝土底台，上层底台为椭圆形，尺寸为：2150mm（长轴）× 1400mm（短轴）× 190mm（高），下层底台为多边形，边长尺寸为：1519mm、1400mm、522mm、509mm；高度：190mm。基础边长尺寸：2950mm、2200mm、900mm、1950mm。

6. 6 号雕塑为体操运动员雕塑，如图 2.3-6 所示，本组雕塑人像高 3500mm，雕塑下部有 2 步混凝土底台，上层底台尺寸为：2530mm × 1360mm × 200mm，下层底台尺寸为：2650mm × 1480mm × 170mm。基础尺寸为长 2770mm × 宽 1600mm × 高 1820mm。

图 2.3-5　武术雕塑形象图

图 2.3-6　体操雕塑形象图

7. 7 号雕塑为健美运动员雕塑，如图 2.3–7 所示，本组雕塑人像高 3600mm，雕塑下部有 2 步混凝土底台，上层底台为椭圆形，尺寸为：1160mm × 760mm × 150mm，下层底台尺寸为：2020mm × 1620mm × 130mm。基础尺寸为长 2280mm × 宽 1880mm × 高 1700mm。

8. 8 号雕塑为球体操运动员雕塑，如图 2.3–8 所示，本组雕塑人像高 3600mm，雕塑下部有 2 步混凝土底台，上层底台为椭圆形，尺寸为：1560mm × 1160mm × 150mm，下层底台尺寸为：2020mm × 1620mm × 130mm。基础尺寸为长 2280mm × 宽 1880mm × 高 1700mm。

图 2.3–7　健美雕塑形象图

图 2.3–8　球体操雕塑形象图

9. 9 号雕塑为群像雕塑，如图 2.3–9 所示，本组雕塑人像高 8360mm，雕塑下部有 1 步混凝土底台，底台为多边形，尺寸为：3600mm × 3850mm × 250mm。基础尺寸为长 5350mm × 宽 3850mm × 高 2490mm。

在北京工人体育场的重建施工过程中，使用 Trimble TX5 手持三维激光扫描仪对体育馆外雕塑进行了扫描，并制作了相应的数字模型。Trimble TX5 为便携性三维激光扫描仪，最大扫描距离 120m，精度可达 2mm，能够以 976000 点每秒的速度进行测量，同时还集成了彩色相机，可以与扫描形成的数字模型合并贴图得到三维彩色模型，三维扫描仪外形见图 2.3–10。

图 2.3–9　群像雕塑形象图

图 2.3–10　Trimble TX5 三维激光扫描仪

三维激光扫描的主要步骤是首先对扫描对象及周边整体环境进行清理，减少周边因为行人、汽车等运动物体对生成的模型产生的额外噪影；之后从各个角度将整体对象及周边环境进行扫描，得到原始模型；最后对生成的原始模型进行区域划分及噪影去除，保留扫描的主体结构。三维激光扫描信息结果见图 2.3–11、表 2.3–1。

崇尚运动雕塑体积为 12.847373m^3

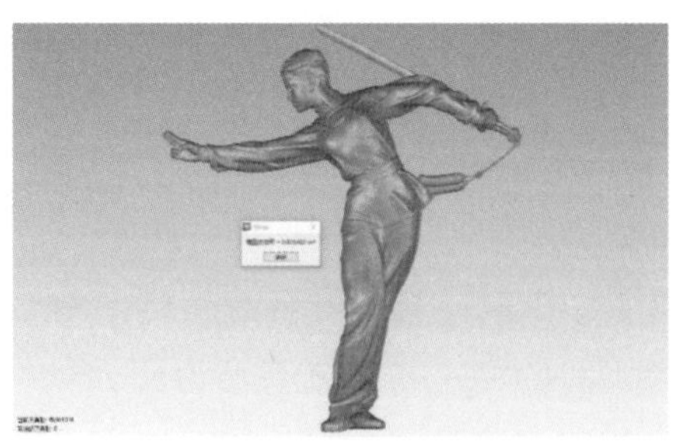

武术雕塑体积为 0.925402m^3

女子篮球雕塑体积为 1.022210m^3

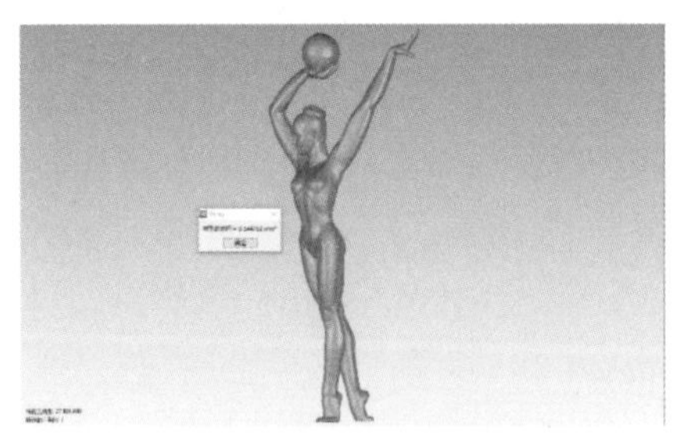

女子球操雕塑体积为 0.344762m^3

男子足球雕塑体积为 1.277963m^3

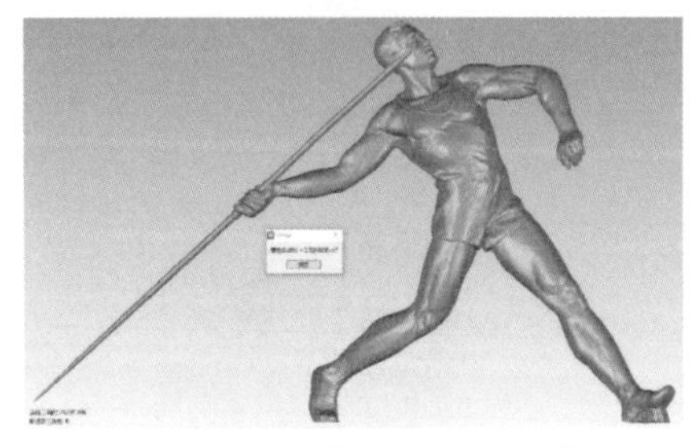

男子标枪雕塑体积为 0.524006m^3

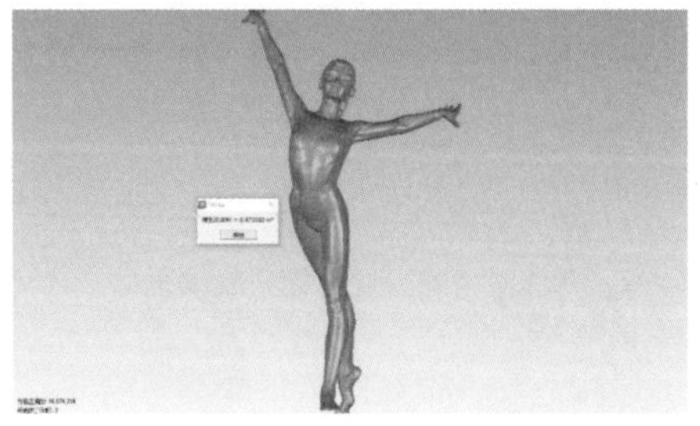

女子体操雕塑体积为 0.473382m^3

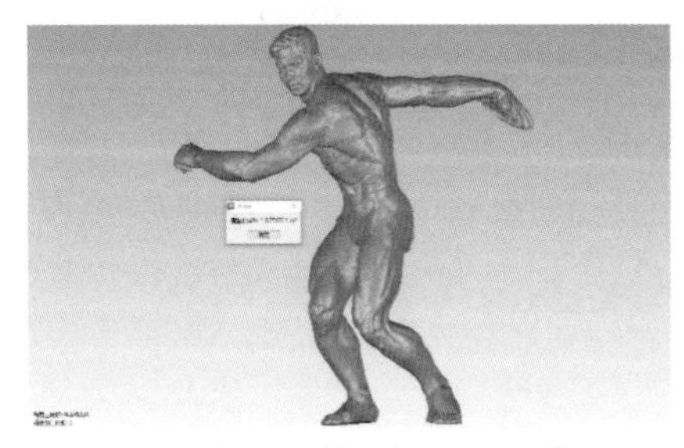

男子铁饼雕塑体积为 0.756221m^3

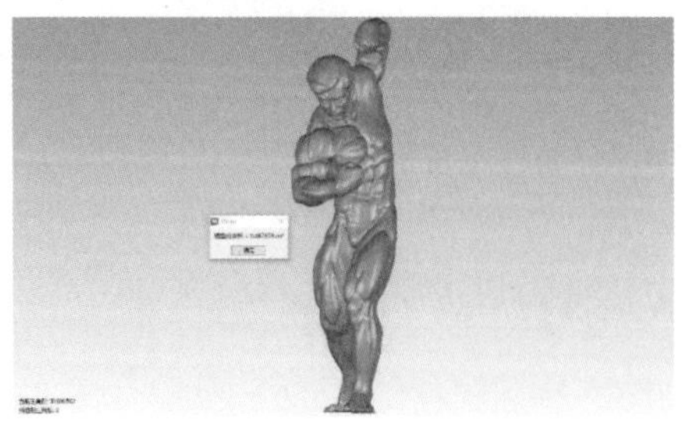

男子健美雕塑体积为 0.487858m^3

图 2.3–11　雕塑三维扫描结果

表 2.3-1　　**雕塑信息**

序号	雕塑编号	雕塑描述	基座尺寸	雕塑体积（m³）	两层基座重量（t）	雕塑重量（t）	预估总重量（t）
1	1号	女篮	2540mm×2540mm×170mm	1.02	4.5	2.55	7.25
2	2号	男足	2600mm×2600mm×160mm	1.28	4.9	3.2	8.1
3	3号	标枪	3000mm×1300mm×230mm	0.52	3.7	1.3	5
4	4号	铁饼	1740mm×1500mm×190mm	0.76	2	1.9	3.9
5	5号	武术	2550mm×1800mm×190mm	0.93	3.33	2.3	5.53
6	6号	体操	2530mm×1360mm×170mm	0.47	2.73	1.18	3.91
7	7号	健美	1760mm×1360mm×130mm	0.49	2.28	1.23	3.51
8	8号	球体操	1760mm×1360mm×130mm	0.34	2.3	0.85	3.15
9	9号	群像	4400mm×3850mm×250mm	12.85	10.6	32.13	42.73

2.3.1.2　雕塑拆除挪移

雕塑挪移施工前在雕塑外侧搭设盘扣脚手架，使用 50mm 厚橡塑海绵对雕塑进行包裹，在基座处打孔安装工字钢，采用千斤顶或钢管架顶平钢梁，使雕塑底座受力均匀，并搭设上部防倾覆架，架体内填充挤塑聚苯板以保证雕塑稳定，在架体上焊接吊耳，安装吊具，使吊车受力，拆除砖结构基座破拆至雕塑与基座分离，转运雕塑并拆除剩余基座。

以 9 号群像雕塑为例：

本组雕塑人像高 8360mm，雕塑下部有 1 步混凝土底台，底台为多边形，尺寸为：3600mm×3850mm×250mm。基础尺寸为长 5350mm×宽 3850mm×高 2490mm（图 2.3-12）。

调整防护架，根据雕塑位置关系，将防护架改造成操作架，距离雕塑 400mm 附件增加立杆及水平杆，并铺设钢跳板，如图 2.3-13 所示。雕塑拆除时首先在基础外侧进行画线定位，确定工字钢位置排布。同时使用 50mm 厚橡塑海绵对雕塑进行包裹，每间隔 500mm 使用塑料扣紧固。按照定位使用电锤对雕

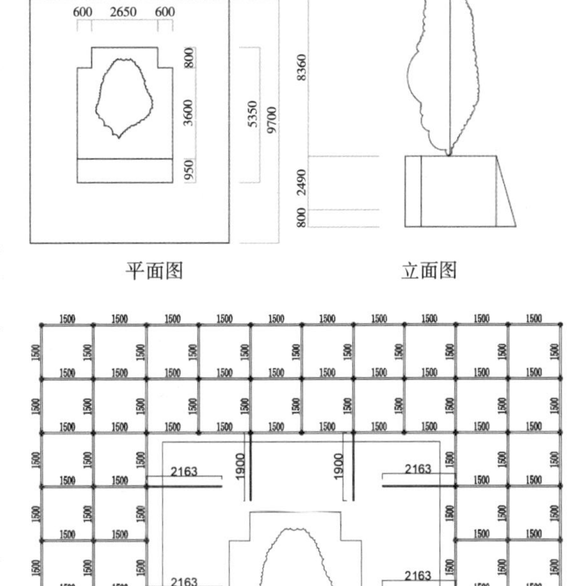

图 2.3-12　9 号雕塑架体平面布置图

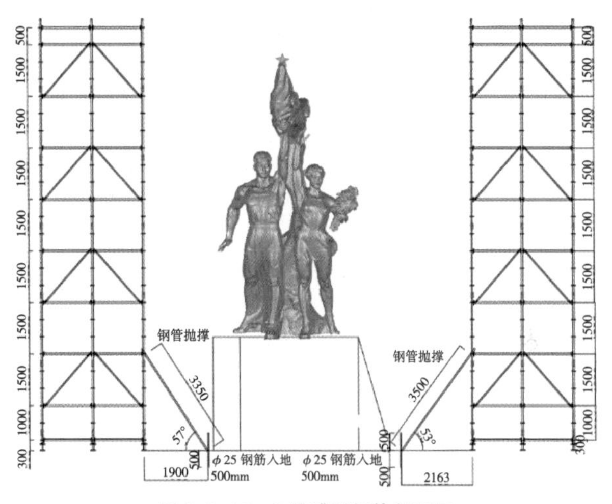

图 2.3-13　9 号雕塑架体剖面图

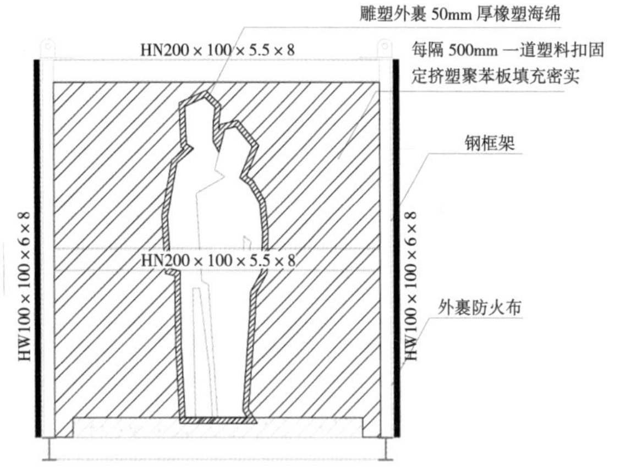

图 2.3-14　雕塑防倾覆措施示意图

塑底台下部中间位置进行剔凿、挖洞（350mm×400mm），长边剔凿处过人洞（500mm× 基座高度）而后穿装中部工字钢，使用液压千斤顶将工字钢顶平，保证雕塑受力平稳过渡。

下部钢梁使用 HN200×100×5.5×8 型钢，封边钢梁使用 HN200×100×5.5×8 型钢，使全部工字钢受力后，进行上部防倾覆架立杆、横杆焊接安装，如图 2.3-14 所示。四角位置使用 HW100×100×6×8 钢梁，腰部及上部横梁采用 HN200×100×5.5×8 型钢。9 号雕塑底台下部工字钢采用 HN200×125×6×9 型钢，封边工字钢采用 HN300×150×6.5×9 型钢，架体立杆采用 HW125×125×6.5×9 型钢。腰部钢梁采用 HN200×100×5.5×8 型钢，顶部横杆采用 HN300×150×6.5×9 型钢，如图 2.3-15 所示。

雕塑外侧防护施工完成后，汽车起重机平稳起吊，运输至集中存放点，如图 2.3-16 所示。

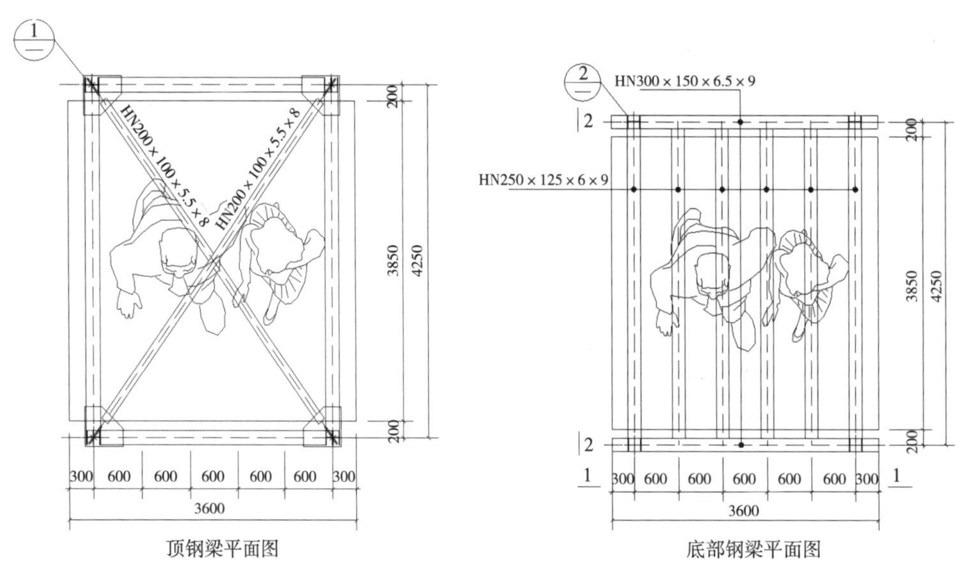

图 2.3-15　9 号雕塑防倾覆架

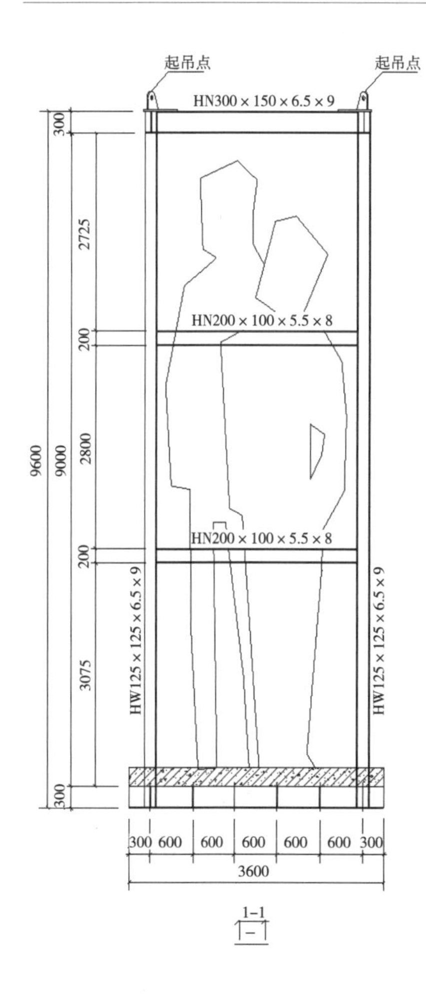

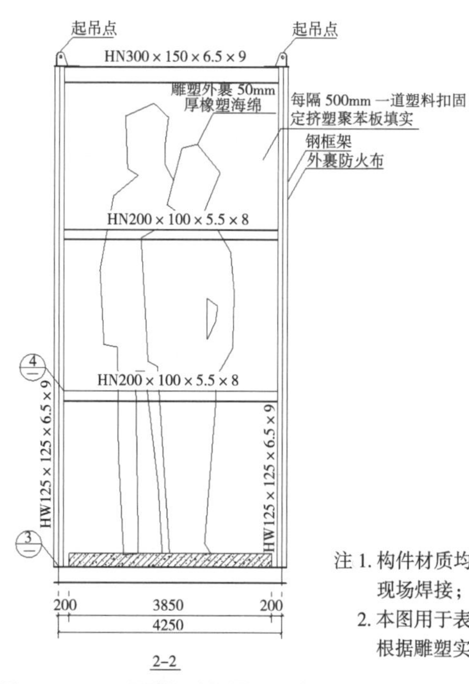

注 1. 构件材质均为 Q235B，连接形式为现场焊接；

2. 本图用于表达结构形式，具体尺寸根据雕塑实际大小制作。

图 2.3–15　9 号雕塑防倾覆架（续）

图 2.3–16　雕塑保护性挪移照片

2.3.2　窗花原貌复刻建筑 3D 打印技术

在北京工人体育场的重建施工过程中，为了保持与旧的工人体育场传统外观保持一致，新的体育馆外墙窗花需要对旧场馆进行原貌复现。考虑到原窗花具有复杂的三维内部构造，在施工中首先利用三维激光扫描仪对单个窗花结构进行建模，之后采用了高精度数字化模型技术，通过使用触变性好、凝结时间可控和强度发展快的混凝土，实现无模板布料逐层堆叠成型，进而达到窗花原貌复刻的效果。

2.3.2.1 窗花、浮雕保护性拆除

原北京工人体育场的单个窗花尺寸约为950mm×950mm×280mm，如图2.3-17所示，位于体育场挑檐下方距离地面18m高的位置。

施工过程首先是对原有窗花进行保护性拆除取样，对窗花四周进行开空，之后在窗花内侧对窗花内附着的墙体进行凿除，使窗花与内附着墙体形成分离，同时外侧对窗花进行实时保护。内侧墙体全部分离后，外侧继续对窗花四周进行钳孔切割，直至使窗花与原墙面完全分割分离。窗花的保护性拆除施工取样过程如图2.3-18、图2.3-19所示。

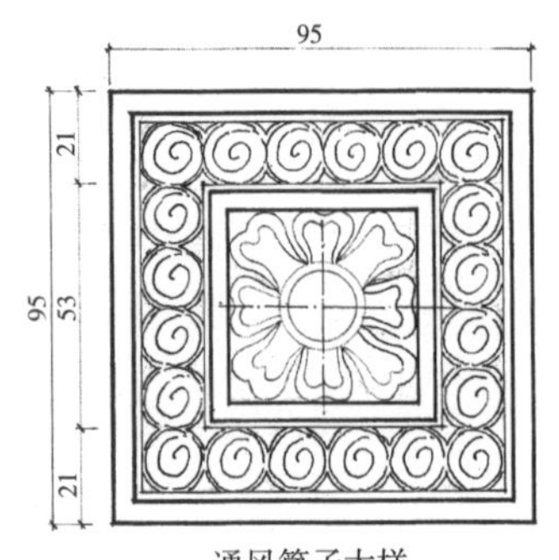

图2.3-17 窗花平面图

图2.3-18 北京工人体育场外墙原有窗花保护性拆除施工过程示意图

图2.3-19 窗花保护性拆除照片

窗花位置在吊顶里面（室内位置在吊顶里面），工人施工需要踩在桥架或消防管上面进行拆除，且窗花一晃动就容易脆裂，保留难度极大。同时窗花经历几十年自然侵蚀后已部分风化，剔凿过程中容易脆裂，很难保存完整。

经过专业工匠师傅们的耐心取样，采得窗花原始数据。窗花构造包含：30mm石膏装饰面→30mm水泥叠合板→120mm小红砖→100mm空心砖。

将窗花清理干净、晾干，通过三维激光扫描将窗花各项数据进行搜集汇总，当信息采集完成后，用50mm厚像素保温海绵进行包裹，移送至指定室内存放地点，拆除后的窗花如图2.3-20所示。

窗花的三维激光扫描采取了与雕塑的三维激光扫描相同的做法。之后将三维激光扫描后的模型进行处理并转化为3D打印模型，对重建的模型进行3D打印。导入的三维窗花模型见图2.3-21。

图 2.3-20　保存的窗花实物

图 2.3-21　导入 3D 打印装置的窗花数字模型

2.3.2.2　建筑 3D 打印技术建造工艺

窗花的建筑 3D 打印技术主要是针对混凝土进行打印，即将配置好的混凝土浆体通过机械挤出装置，在三维软件的控制下，按照预先设置好的打印程序，由喷嘴挤出进行打印，最终得到设计要求的混凝土构件。本文中使用的 3D 打印设备型号是 AFS—J1600 喷墨砂型打印设备，是以喷墨原理将胶粘剂喷射到专用砂材与固化剂的混合平台上，通过逐层凝固成型并最终获得铸造砂型，打印精度为 ±0.3mm。主体结构主要由打印主机、搅拌输送系统、打印喷头等部分组成。搅拌输送系统由搅拌系统和输送系统组成，实现水泥基原材料的搅拌功能，并将搅拌合适的水泥基原材料输送至打印喷头进行打印，为 3D 打印提供性能合适、稳定且速度匹配的打印原材料。打印喷头用于实现水泥基材料的挤出成型，是成型材料的输出端口，混凝土浆体通过打印喷头进行打印，因此配置浆体中颗粒大小要由喷头的大小决定，并需严格控制，杜绝大颗粒集料的出现，在打印过程中不致堵塞，以保证浆体顺利挤出，决定成型的质量及尺寸。

打印原材料包括专用 525 水泥、耐碱玻璃纤维、水、石英砂，并采用 GRC 板专用抗老化剂，使用 GRC 板专用乳液，作为封闭剂，增加制品的强度并降低吸水率。为保证结构层的整体性，在结构料喷射完成后初凝前预埋了螺纹钢加工成的套筒，预埋件长度为 80mm，内螺纹 M20，内丝长度不小于 40mm，套筒底部安装防拉拔加固钢筋，加固钢筋长度为 100mm，外径为 8mm。预埋件位置见图 2.3–22。3D 打印喷射成型后需要对打印件进行养护，养护的温度在 25 ~ 35℃之间。GRC 板初凝后用塑料薄膜覆盖，养护时间 28d 以上。打印好的窗花结构见图 2.3–23。

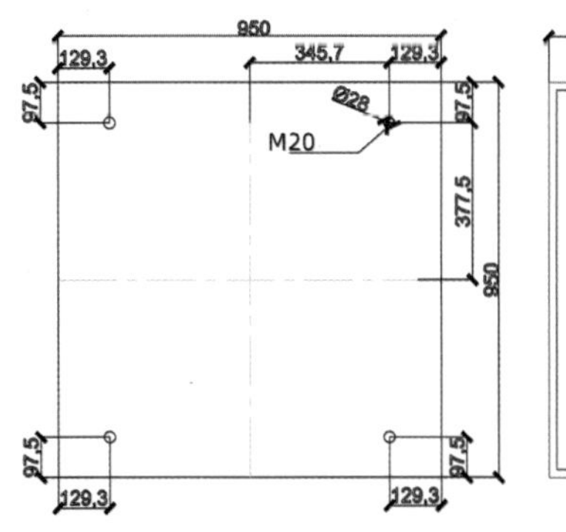

图 2.3–22　预埋件位置

图 2.3–23　3D 打印窗花结构

第3章 清水混凝土技术

工人体育场改造复建项目外立面保持工体淡雅简洁的风格不变，不做多余装饰，朴实耐久，展现建筑材料的天然之美。清水混凝土建筑立面简洁、稳重，塑造了具有逻辑性和体现工体现代建筑气息强烈的建筑形体，建筑造型极具标志性。立面材料采用现浇清水混凝土外墙，层间为清水混凝土条带突出横向线条，结合外墙具有垂直感的竖向线条，凸显了建筑的气势。

工体建筑较大范围使用清水混凝土，利用混凝土流动性、凝固硬化的特性，表现光滑平整的纹理和质感，如图3.0–1所示。使用的部位主要有：建筑外墙（柱、墙体）、体育场内观众活动的所有楼梯、建筑内室内空间柱子、配套用房外立面、地下车库等。清水混凝土方量约为7万m^3，展开面积达30万m^2。

图3.0–1 清水混凝土效果图

立面材料采用现浇清水混凝土外墙，层间为清水混凝土条带突出横向线条。体育场为清水混凝土墙面和断桥铝合金玻璃窗（适应消防、风环境工况需要电动开启）。

混凝土饰面有很强的材料表现性，最终效果取决于材料的调配、细部设计、模板的选择、安装、拆除、混凝土的控制、浇筑养护以及保护涂料的种类等多种因素，在现代工业化生产建造的背景下，带着工匠精神展现的材料技术，施工中的各道工序及材料选用样板、试验都须与设计师协商而定，密切配合，方能达到理想效果。

清水混凝土施工不同于“长城杯”标准，有自身一套施工工艺技术，从施工图的设计到施工工程计划、脚手架设计、材料做法、浇筑计划、质量管理检查、养护及拆模后的处理，需要先做样板墙、样板段，得到设计师的认样（质感、颜色）确认。

清水混凝土施工流程图：

结构图、建筑图→清水模板深化、出图→审查清水深化图、确认→签发清水模板深化图→机床下料→后台清水单元模板制作→前台模板核对验收→合模前现场验线、钢筋验收→定位→单侧模板入模→单面拼装→穿螺杆→另一侧模板入模→现场双面模板拼装→加固→验模板垂直度、平整度→加固体系验收（力矩验收）→强光试验验收→漏水试验→报监理验收→浇筑混凝土→拆模养护→模板维修保养。

3.1 模板加工及安装技术

3.1.1 模板深化设计

3.1.1.1 设计原则

清水模板不允许在现场组拼，应在加工区加工组装成单元模板后，吊装到相应位置，安装加固。模板的拼缝及企口设置应保证蝉缝、明缝的竖向连续，水平交圈，穿墙螺栓孔位置定位准确，符合预定设计位置标准。组拼成型的模板应有足够的刚度及稳定性和承载力。

在塔式起重机起重荷载允许的范围内，模板分块力求定型化、整体化、模数化、通用化，按大模板工艺进行配模设计。

外墙模板分块以轴线或窗口中线为对称中心线，做到对称、均匀布置；内墙模板分块以墙中线为对称中心线，做到对称、均匀布置，普通清水混凝土不受限制；外墙模板上下接缝位置宜设在楼层标高位置，利用明缝做施工缝。

明缝还可设在窗台标高、窗过梁底标高、框架梁底标高、窗间墙边线及其他分格线位置；圆柱模板的两道竖缝应设于轴线位置，竖缝方向群柱一致；方柱或矩形柱模板一般不设竖缝，当柱宽较大时，其竖缝宜设于柱宽中心位置；柱模板横缝应从楼面标高至梁柱节点位置作均匀布置，余数宜放在柱顶。

3.1.1.2 设计步骤

BIM 建立模型图（包括土建模型，机电模型）——→各方模型核对——→ BIM 出展开图——→清水深化设计出施工深化图。

3.1.2 清水模板施工

3.1.2.1 清水模板的制作

1. 面板加工

引入模板数字化加工设备执行自动化程序，将深化设计成果转换成可执行程序快速导入，依托程序完成板材的快速精准切割，如图 3.1–1 所示。

数控设备平均 1.5min 即可完成单块板材的下料、切割、存放及清扫工作，每天可加工模板 200 张，大约 300m^2，相当于 17 名优秀木工 1d 的工作量。此外可基于通信模块建立同数控设备的连接，实现双向数据共享，完成自动化导入可执行程序，同时能够实时掌握设备的切割进度情况，设备运转情况，方便进行生产管理、设备维护，真正实现智能化生产，实现省人工、省料、省时间。

用数控机床进行切割（图 3.1–2），包括螺栓孔打眼，以保证尺寸精确，切面和孔壁光滑，需

图 3.1–1　数字化模板加工技术

图 3.1–2　切割后的面板

要裁角度的按照要求，裁相应角度，如：阳角模板 45° 切角，弧形倒角与平直段模板拼接需切割一定角度，弧形墙模板依据弧度大小需切割一定角度。

机械臂实现单元模板精准定位上下料，基于自主创新的封边机械组完成一体式除屑、喷刷、清洁、烘烤、吹风全流程，将等待时间从原有工艺的 4h 缩短至 2h 以内，大幅提升模板的加工效率，应用码放转运流水线大幅加快模板加工及成品转运节奏，如图 3.1–3 所示。

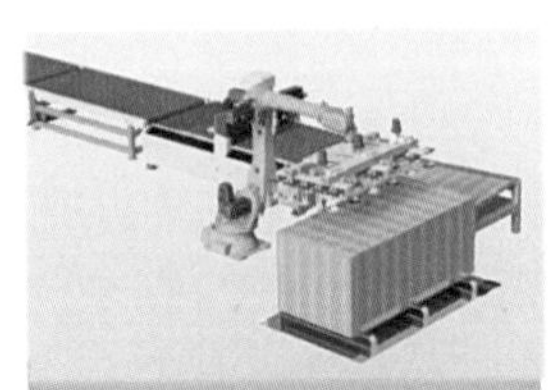

自动上下料

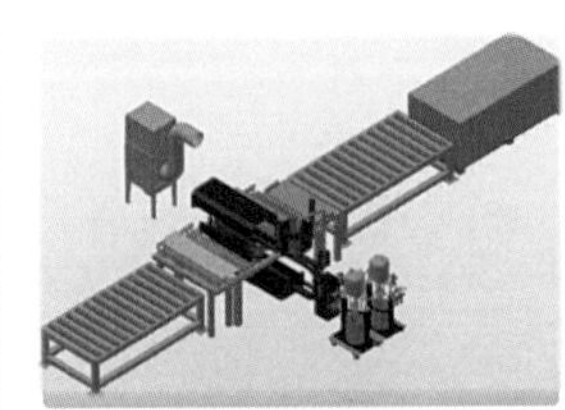

自动封边

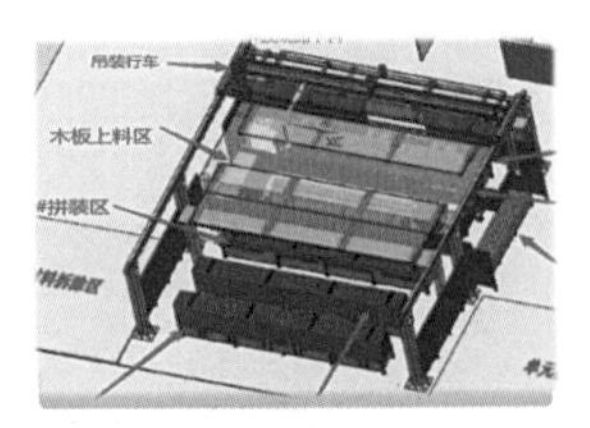

码放转运

图 3.1–3　机械人上下料、封边和码放

2. 次龙骨框加工

进场方木需用重型压刨机双面压刨，保证与模板接触方木面平整光滑。弧形墙方木龙骨需用数控机床将方木切割成相应弧度。方木次龙骨按照模板深化图单元规格，加工成模板框。次龙骨的间距不大于 150mm，排列要均匀。青蛙柱、水滴柱、双曲面弧形栏板等异形构件次龙骨用 15mm 厚模板加工成相应弧度或形状，然后拼装成单元模板框，间距 12mm，如图 3.1–4、图 3.1–5 所示。

3. 单元模板制作

将数控机床加工完成的模板平铺在加工平台上，调平后用步步紧夹紧，模板拼缝用码钉钉，起步三颗码钉，间距 10mm，中间码钉间距 50mm，然后打密封胶，贴胶带密封。模板与次龙骨采用角码从背面连接，起步角码距边 50mm，角码间距 400mm 左右，如图 3.1–6 所示。

图 3.1-4　龙骨框架

图 3.1-5　弧形龙骨

直墙模板龙骨竖向布置，左右两侧侧面各缩进 25mm，上下端同模板边平，由封头方木装订成框。弧形墙龙骨水平布置，上下龙骨与模板边平，左右两侧不加封头方木，在水平次龙骨外侧加竖向方木钉成框。柱模板方木框一侧缩进去 50mm，一侧与次龙骨框平齐，龙骨同样竖向布置。

青蛙柱、水滴柱、双曲面弧形栏板等异形柱模板单元体系采用双层模板做次龙骨，将倒角模板、平直模板先沿竖向将模板按照码钉连接、密封胶密封、贴透明胶带工艺将模板连接成一体后，再依次用角码与模板次龙骨连接成单元模板体系，如图 3.1-7 所示。

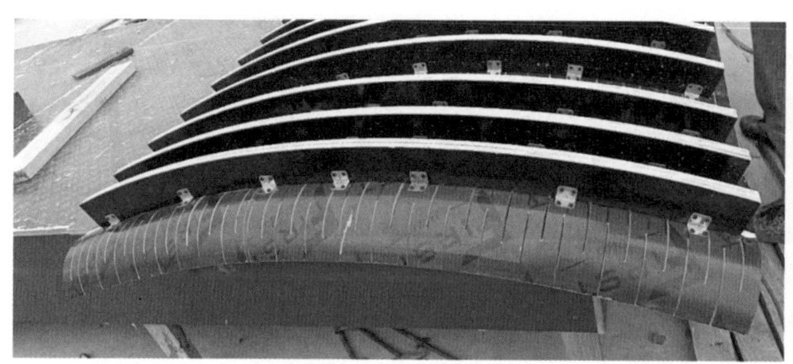

图 3.1-6　弧形模板制作

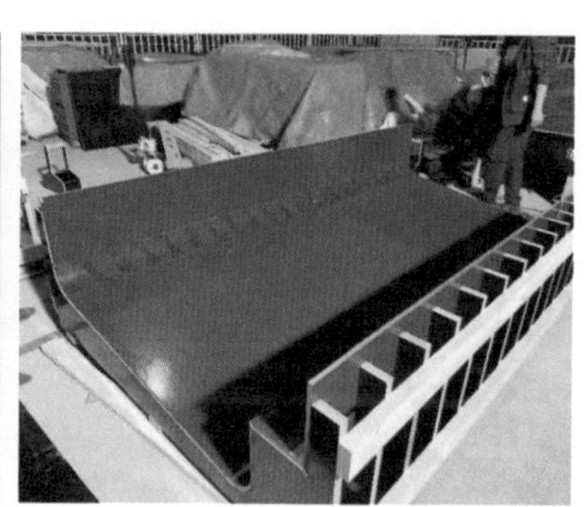

图 3.1-7　青蛙柱模板

端头模板或转角处的模板，长向一边退出一个模板的厚度减去 1mm，另一侧的模板框要大于模板的长度，卡住模板。节点做法详见图 3.1-8。

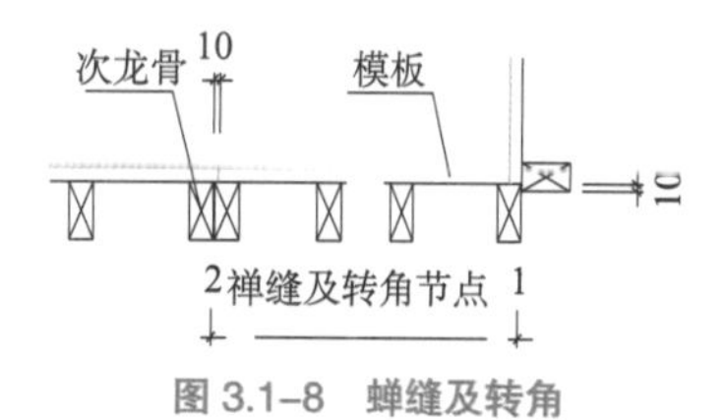

图 3.1-8　蝉缝及转角

3.1.2.2　穿墙对拉螺栓设计

外墙穿墙对拉螺栓使用成品直通式 M16 对拉螺栓设置，如图 3.1-9 所示。

清水混凝土外墙对拉螺栓孔具体尺寸按外墙模板设计孔要求布置，拆模后墙面上留下均匀的螺栓孔眼，如图 3.1-10 所示。

示意图局部布设间距为 450mm × 560mm，如图 3.1-11 所示。

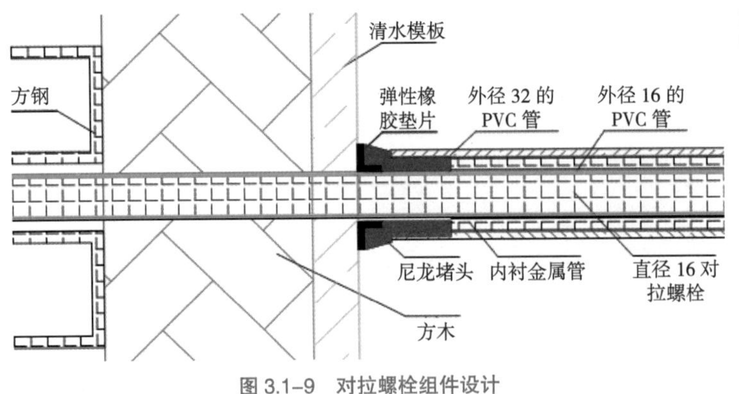

图 3.1–9　对拉螺栓组件设计

图 3.1–10　蝉缝

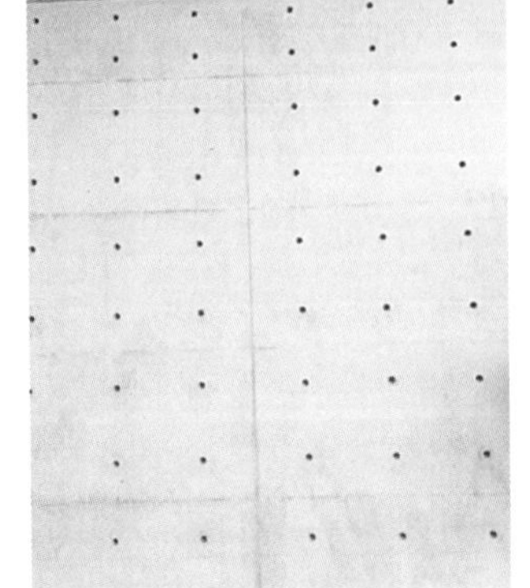

图 3.1–11　螺栓眼效果图

3.1.2.3　假眼的设计

该结构部分钢筋比较密集且规格大，设计好的螺栓孔不能通过，只能在该处设置假孔，同时在其他部位临时布置螺栓孔，待主体完工后，把临时设定的螺栓孔进行封堵，如图 3.1–12 所示。

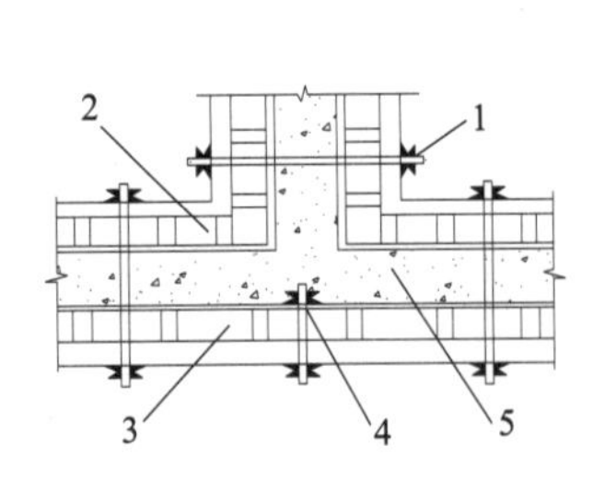

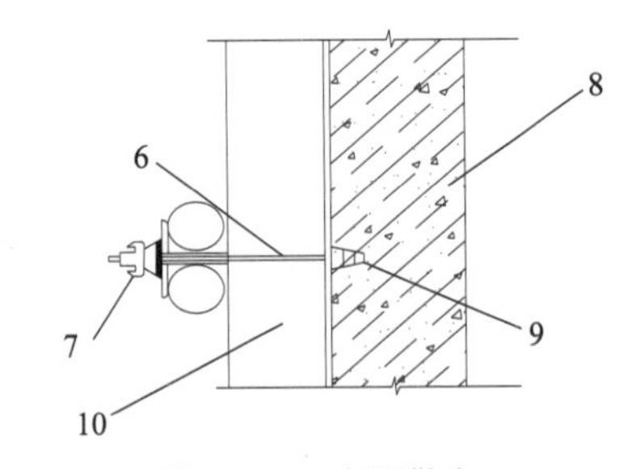

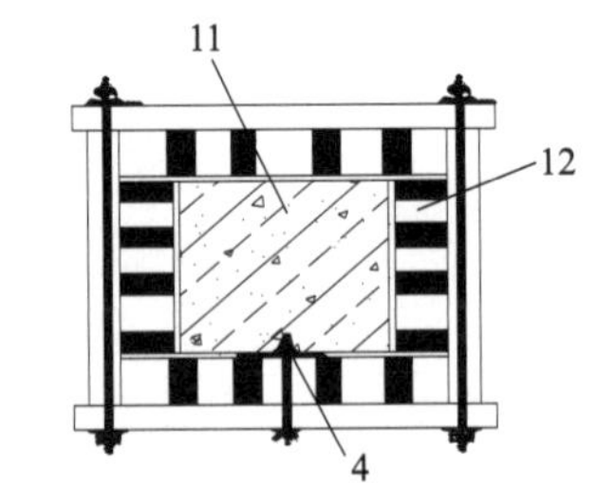

图 3.1–12　假眼做法

1—穿墙螺栓；2—内侧模板；3—外侧模板；4—假眼；5—混凝土墙；6—螺栓；7—螺母；8—混凝土墙柱；9—堵头；10—清水混凝土模板；11—混凝土柱；12—柱模

3.1.3　细部节点构造及设计方法

3.1.3.1　阴阳角处理

阴角模与大模板面板之间不留调节余量，脱模后的效果同其他蝉缝。

阴角部位配置阴角模，角模面板之间采用斜口连接，阳角部位直接搭接，大面包小面，模板竖向拼缝设置在龙骨处，错口搭接保证模板拼缝平整，明缝（企口缝）部位垫海绵条或密封条，防止漏浆，如图 3.1–13 所示。面板与背楞组拼采用连接件、沉头螺钉背面固定，保证清水混凝土模板表面平整、光滑。

胶合板模板在阴角部位宜设置角膜，以利于平模与角模的拆除。角膜的边长可选 300mm × 300mm、600mm × 600mm 或 610mm × 610mm，以内墙模板排列图为准。角模与平模的面板接缝处为蝉缝，边框之间可留有一定间隙，以利于脱模。

角模直角边的连接方式有两种：（1）角模棱角平口连接，其中外露端刨光并涂上防水材料，连接端刨平并涂防水胶粘结。（2）角模棱角的两个边端都为略小于 45° 的斜口连接，斜口处涂防水胶粘结。

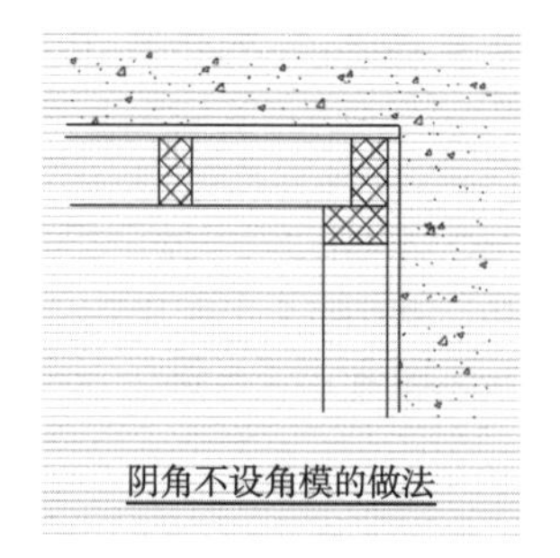

图 3.1-13　阴阳角处理示意图

胶合板模板在阴角部位也可不设阴角模，平模之间可直接互相连接，这种做法大面上整体效果好，但拆除困难，不利于周转使用，仅适用于一次性支模。

在阳角部位不设阳角模，采用一边平模包住另一边平模厚度的做法，连接处加海绵条防止漏浆，如图 3.1-14 所示。

图 3.1-14　阴阳角处理实物

3.1.3.2　面板竖缝、水平缝的处理

面板竖缝设在竖肋位置，面板边口刨平后，先固定一块，在接缝处涂抹玻璃胶，后一块紧贴前一块连接，根据竖肋材料不同，其剖面形式如图 3.1-15 所示。

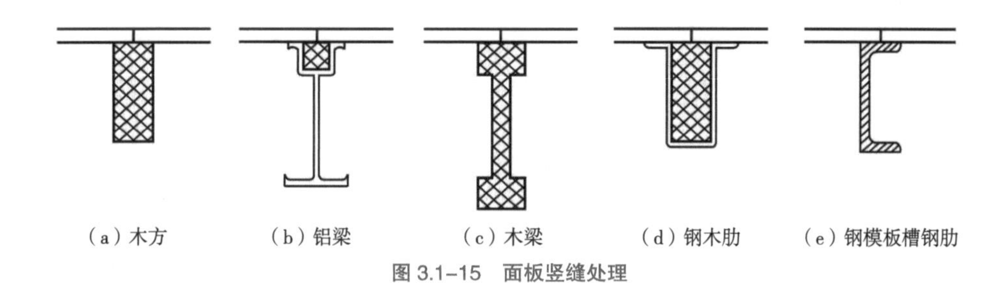

（a）木方　（b）铝梁　（c）木梁　（d）钢木肋　（e）钢模板槽钢肋

图 3.1-15　面板竖缝处理

面板水平缝的处理原则是，胶合板面板水平缝拼缝不大于 1mm，一般不设肋，为防止面板拼缝位置漏浆，接缝处均匀布满玻璃胶并用胶带粘贴，再用木条压实，钉子钉牢。

3.1.3.3　面板的连接与接高

1. 模板与龙骨的连接

面板采用胶合板的各类模板，与铝梁、几字型材的连接方法采用木螺钉反钉。模板面板正面无钉孔，如图 3.1-16 所示。

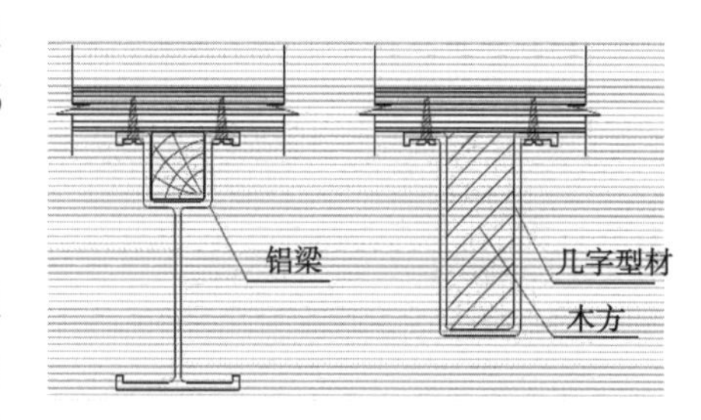

图 3.1-16　面板与龙骨的连接

2. 模板之间的连接

模板衔接（模板平整、无错台、边对齐）→码钉连接→均匀涂抹玻璃胶→胶带粘贴密封→方木龙骨用角码与模板连接（角码距拼缝距离不大于 50mm）→拼缝间背板

条（气钉固定）。

3. 模板接高

模板接高安装施工，其模板底部节点做法十分关键，做不好将造成漏浆、错台等质量通病，直接影响清水混凝土质量和成品的效果。水平施工缝位置应设置明缝条，并形成可靠的下口紧固方式。

4. 面板螺钉、拉铆钉孔眼的处理

连接方法大多采用木螺钉或抽芯拉铆钉。当螺钉、拉铆钉的沉头在面板正面时，为确保面板的平整度和外观质量，沉头宜凹进板面2～3mm，用修理汽车的铁腻子将凹坑刮平，腻子干燥后具有一定硬度，不影响墙面质量，如图3.1–17所示。腻子里还可掺入一些深棕色漆，使模板外观更美观。

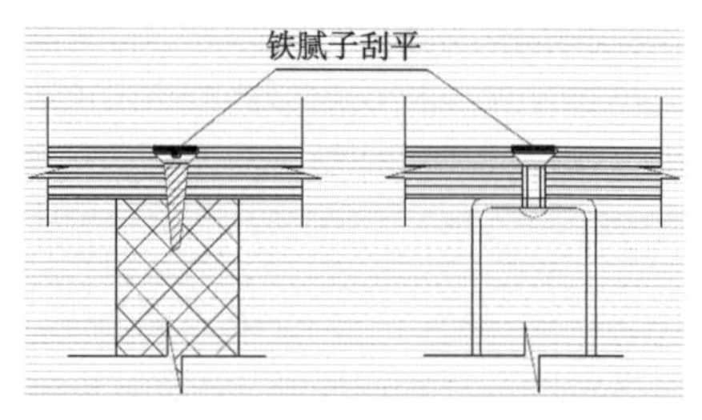

图3.1–17　面板螺钉、拉铆钉头孔眼处理

3.2　清水混凝土施工与质量控制技术

3.2.1　单元模板制作

（1）模板下料采用高精度数控机床切割，保证尺寸准确，切口平整光滑；

（2）模板龙骨全部经过重型双面压刨机加工，保证木方尺寸一致，平整顺直，不扭曲变形，龙骨组装不宜有接头，当确有接头时，有接头的主龙骨数量不超过总数的一半，龙骨弯曲变形有结疤裂纹禁止使用；

（3）木模板材料应干燥，避免周转之后变形翘曲，切口刨光；

（4）模板组拼应在专用平台上进行，保证模板组拼完成后平整、方正，组装时两块模板之间涂抹玻璃胶，固定螺钉不得穿过模板面层；

（5）模板组拼后，检查其平整度、垂直度等情况，核实蝉缝的位置，穿墙螺栓孔是否符合要求，并对模板进行编号，防止混用错用；

（6）为配合清水混凝土模板施工，本工程外防护脚手架搭设时应保持足够的施工空间，距离结构面留400mm间距。

3.2.2　模板安装

模板安装前先做验线、钢筋绑扎、垫块放置等验收，确保位置准确，钢筋、扎丝无触摸，保护层厚度满足要求。

3.2.2.1　柱

圆模板采用定型模板，下部打定位钢筋，钢筋漏出地面高度为30mm，柱模直接用塔式起重机吊装就位，调整模板接缝同一视觉范围内朝向相同。

方柱模板依次将单元模板安装就位后，按照循环包的原则，将模板拼接在一起，拼接严密、调好标高后，单元模板块用码钉固定，打密封胶贴胶带，放置压缝方木，然后主龙骨加固。

3.2.2.2　墙体

根部检查，高出设计高度时要剔掉，以保证模板标高的准确性。模板先安装外侧模板，以便模板检查。模板从一端开始，逐步安装逐步校正，不要等整个墙面安装完再校正，防止模板变形或损坏。一侧模板安装完成后，穿进螺栓、堵头、套管（墙体厚度大于 500mm 时加设 ϕ20 的钢套管）。模板外侧戴上螺母后，进行内侧模板安装。两侧模板安装就位调整好标高后，单元模板竖向拼缝需先打码钉固定，后打密封胶密封，最后贴胶带再次密封。密封胶要适量，尽量不要溢出。溢出的胶液，待安装后要擦干净。最后用方钢加固，加固时直墙单元模板竖向接缝需压一根压缝方木，弧形墙需在单元模板接缝处加搭接方木，布置间距与弧形单元模板次龙骨间距相同，长度大于两螺栓孔间距，保证加固时方钢能压住。

3.2.2.3　清水顶板

严格按照深化图下料，施工前先核对现场尺寸，确认无误后方可施工。待主龙骨安装完成后，进行验收，主要是标高和平整度，无误后铺设次龙骨。次龙骨一定要经过压刨，加工成统一规格的木方。顺向蝉缝处次龙骨要通长，横向蝉缝在次龙骨处加板条，托住板缝。拼缝处打胶、贴胶带，密封胶要适量，打在底部阴角处，不要溢出。板与龙骨用无钉泡的气排钉连接，以减少板面钉痕。钢筋绑扎时要派人看管，防止损坏板面。

3.2.2.4　明缝条的设置

明缝条的规格为（12 ~ 22）mm × 20mm，安装在相应模板的上口，上平的标高为楼层标高，即明缝的设计标高。混凝土浇筑后，留下凹槽。在墙面接高时，先在凹槽内粘贴上双面胶条，然后粘贴保护薄膜，再把明缝条压入凹槽，再安装相应位置的模板，防止混凝土灌进槽内。

3.2.3　模板加固

3.2.3.1　柱

圆柱采用定型圆模板钢带加固，钢带材质 Q235，1.2mm 厚，40mm 宽。方柱加固用方圆扣加固，材质为 10 号钢。异形柱采用 M16 对拉螺栓、50mm × 70mm 方钢加固及 100mm 方垫铁加固。

3.2.3.2　墙体

墙体加固主龙骨采用 2 根 40mm × 80mm 的方钢管，穿墙螺栓为 M16，10mm 方铁垫。螺母的数量根据浇筑高度确定：墙体浇筑 2m 内使用单螺母；浇筑 2 ~ 4m 下部 1/3 范围内使用 2 个螺母；浇筑超过4m的下部1/3范围使用3个螺母。螺栓先拉住两侧模板，不要过紧。紧固先从根部，校正位置后，紧固顶部，以便校正模板的垂直度。校正无误后，再紧固中间螺栓，防止全部上紧后，模板不易校正。校正模板用斜撑，上下三道，间距小于 2m。斜撑根部设置锚杆，直径不小于 14mm，三道顶撑分别设置。

3.2.4 模板拆除

（1）坚持隔天拆模，适当延长拆模时间可减轻拆模时模板对清水混凝土表面和棱角的破坏。

（2）拆除模板时，在模板和墙体之间加塞木方，保护墙体。

（3）模板拆除之后，及时检查模板是否有破损，在破损的地方用特制双组分材料修复。

（4）墙模板拆除。

在混凝土强度达到 1.2MPa 能保证其表面棱角不因拆除模板而受损后方可拆除。在同条件养护试件混凝土强度达到 1.0MPa 后，先松动穿墙螺栓，再松开地脚螺栓使模板与墙体脱开。脱模困难时，可用撬棍在模板底部撬动，严禁在上口撬动、晃动或用大锤砸模板，拆除的模板及时清理模板及衬模上的残渣，在面板边框刷好隔离剂且每次进行全面检查和维修做好模板检验批质量验收记录，保证使用质量。

（5）门洞口模板拆除。

松开洞口模板四角脱模器及与大模连接螺栓，撬棍从侧边撬动脱模，禁止从垂直面砸击洞口模板。防止门洞过梁混凝土拉裂，拆除的模板及时修整。所有洞口宽 >1m 时拆模后立即用钢管加顶托回撑。

（6）顶板模板拆除。

顶板模板拆除参考每层顶板混凝土同条件试件抗压强度试验报告，跨度均在 2m 以下，强度达到 50% 即可拆除，除跨度大于 8m 的顶板在混凝土强度达到设计强度的 100% 后方可拆除外，其余顶板、梁模板在混凝土强度达到设计强度的 75% 后方可拆除。拆顶板模板时从房间一端开始，防止坠落人或物造成质量事故。

顶板模板拆除时注意保护顶板模板，不能硬撬模板接缝处，以防损坏多层板。拆除的多层板、龙骨及盘扣架要码放整齐，并注意不要集中堆料。拆掉的钉子要回收再利用，在作业面清理干净，以防扎脚伤人。

3.3 清水大楼梯

地上室内大楼梯为彩色现浇清水混凝土楼梯（图 3.3–1），尤其楼梯栏板，为不规则多方向曲面造型，曲面弧度种类多，给模板加工带来很大难度，同时拼接加固难度大，如何既保证几何尺寸，又保证拼缝严密，无错台漏水，是该工程施工控制一大难点。

开敞楼梯为整体封闭式现浇一次成型的清水混凝土结构，其结构形式复杂，为多曲面，对楼

图 3.3–1　彩色清水大楼梯示意图

梯扶手与踏步的连接、踏步与踏步之间的连接、楼梯踏步的加固方式、两侧扶手加固方式、楼梯整体加固方式、混凝土的浇筑方法以及细部节点处理等要求极高，多曲面楼梯斜段扶手、梁底与平台段扶手、梁底相交接位置的连接方式和模板拼缝布置效果等对清水模板的拼装质量和后台组装的方式要求很高，因此顺跑楼梯清水模板的加工种类繁多、造型多样，后台模板拼装难度大，人工量大且技术要求高，部分清水模板在特殊部位需要开斜边。

开敞楼梯亮点主要体现在楼梯曲面扶手，也是难点，扶手分为关节扶手、斜段扶手、平台扶手、楼梯多曲面造型端头，由于扶手造型复杂，模板的尺寸种类多达十多种，机床加工完成的模板需按照图纸编号分类摆放，扶手龙骨采用模板作为次龙骨，种类多，模板龙骨在加工完成后需要工人进行分类编码并摆放在材料架上，工人需要使用纱布对加工完成的模板截面进行毛刺处理，刷两遍封边剂，两遍封边剂的时间间隔为 1h。模板的摆放方式、方向、模板拼装角度、木线条角度、定型弧形模板角度、模板次龙骨安装次序和位置等都需要符合深化图纸和设计图纸的要求，体现出了扶手的难度大，工人工作量大、技术难度高等。

开敞楼梯清水模板拼装分为多曲面造型楼梯扶手、曲面扶手关节、曲面梁底关节、曲面梁底、楼梯底板、楼梯踏步。楼梯扶手内外圆同样为多曲面，工人需要根据深化图纸摆放模板次龙骨，次龙骨的摆放位置要严控，需要避开模板上的螺栓孔，增加了工人摆放次龙骨的难度。工人按照清水深化图纸使用电动手锯在需要弯弧的清水模板背面开凹槽，将清水模板按照图纸拼装，相邻单块清水模板使用码钉连接，拼缝位置涂上玻璃胶、贴胶带等。将连接在一起的清水模板通过对拉螺杆固定在提前摆放好的模板次龙骨上，模板位置提前在龙骨上标好记号，使用角码将清水模板与次龙骨连接在一起，在模板需要弯弧的位置加密角码将模板紧固弯曲成弧形，木线条、定型圆弧模板按照深化图纸要求使用精密锯裁边并刷两遍封边剂，两遍的时间间隔为 1h，再将定型圆弧模板、木线条使用角码固定在模板次龙骨上并弯弧，成型单元模板的截面弧度、顺直度不易控制，对存在截面错台位置进行打磨处理，拼缝过大的要拆开重做，对质量要求严格。

扶手关节单元模板的单块模板种类多，如图 3.3–2 ~ 图 3.3–4 所示，组装繁琐，工人工作量大，质量控制难度大，易造成返工，尤其是模板组装的角度是控制的关键点，拼装除以上操作外，需要工人对木线条、定型圆弧模板开斜边，模板、木线条、定形圆弧模板拼缝要求在同一条直线上并且为同圆心，对工人的操作技术水平要求极高。需要先将模板角度与龙骨位置调整好后再紧固弯弧，此操作过程繁杂，既要保证单元模板的几何尺寸又要保证关节位置的模板拼装角度（151°、30°、29.5°、150.5°），龙骨凹槽内提前安装水平弧形板条再安螺钉，确保关节扶手弯曲成为深化图纸要求的弧度，使关节扶手与平台扶手、斜段扶手的相交接过渡自然平缓。楼梯踏步（图 3.3–5、图 3.3–6）的模板需要工人在精密锯上按照深化图纸尺寸加工，并进行封边处理，考虑到踏步的细部构造要求、踏步与踏步连接的紧密性、稳固性等问题，踏步模板的细部做法多、防滑条和阳角八字角需一次浇筑成型、模板之间的相对位置关系复杂，操作难度高。

图 3.3–2　扶手梁底关节

图 3.3–3　扶手关节

图 3.3–4　斜段曲面扶手

图 3.3–5　楼梯踏步（一）

图 3.3–6　楼梯踏步（二）

楼梯底板分成若干个单元块，并且需要进行编号，工人加工完底板模板，特殊部位需要在精密锯上开斜边，开斜边的位置需要提前在地面根据图纸试拼确定模板开斜边的位置。

3.4　清水混凝土墙面裂缝控制施工技术

传统施工工艺中，当墙体出现裂缝、蜂窝麻面等质量缺陷，通常使用高一级强度等级的混凝土在缺陷处进行填充，根据实际情况可以判断，这种修补形式短时间内可以起到修补效果，但是由于新旧混凝土结合度不足，会产生脱落的隐患，造成二次修补，增加了工程成本，而且由于两次混凝土品种不同，观感上会出现严重的色差，造成观感质量下降。

本项目采用了一种清水混凝土墙面裂缝修复施工方法，用以解决传统施工工艺中当墙体出现裂缝、蜂窝麻面等质量缺陷的问题，具体工艺如下：

（1）缺陷部位剔凿，对混凝土结构上的结构缺陷部位进行剔凿形成缺口区域，去除松散表层，露出混凝土骨料，使后续的填充料与混凝土结构的坚实部分直接接触；

（2）涂界面胶粘剂，在缺口区域的内表面上涂上界面胶粘剂；

（3）填充料填充，裂缝为稳定裂缝时使用刚性填充料，裂缝为发展型裂缝时使用弹性填充料，利用填充料的弹性抵抗裂缝的形变位移，避免裂缝的二次撕裂；在缺口区域内投入填充料并与混凝土结构齐平；

（4）抹平结构面层，用刮刀将面层抹平；

（5）表面打磨，使表面平整光滑；

（6）涂底层保护剂，将底层保护剂涂到填充料和混凝土结构上；

（7）涂中层保护剂，将中层保护剂涂到底层保护剂上；

（8）涂面层保护剂，将面层保护剂涂到中层保护剂上。

3.5　诱导缝设计与实施

屋檐处存在长达 794m 的清水混凝土造型环带，见图 3.5-1，其直接暴露于室外，易受环境温度的影响，同时又具有较高的视觉效果要求，设计难度大。为此，研发了带变形钢筋的新型诱导缝，通过变形钢筋的伸缩能力在诱导缝处释放温度内力，如图 3.5-2 所示。

当混凝土结构受拉时，由于带变形钢筋的新型诱导缝处开槽导致截面削弱，而使混凝土首先在此处开裂，弯折钢筋在受拉过程中通过拉直变形使钢筋应力不显著增长，从而保证了非诱导缝部位结构不产生过大拉力，避免或延缓非诱导缝部位结构开裂，如图 3.5-3 所示。实际工程中，将新型诱导缝有规律地均匀布置于屋檐环带，由于裂缝分布整齐，即使诱导缝处轻微开裂，也基本不影响视觉效果。伸缩能力在诱导缝处释放温度内力。

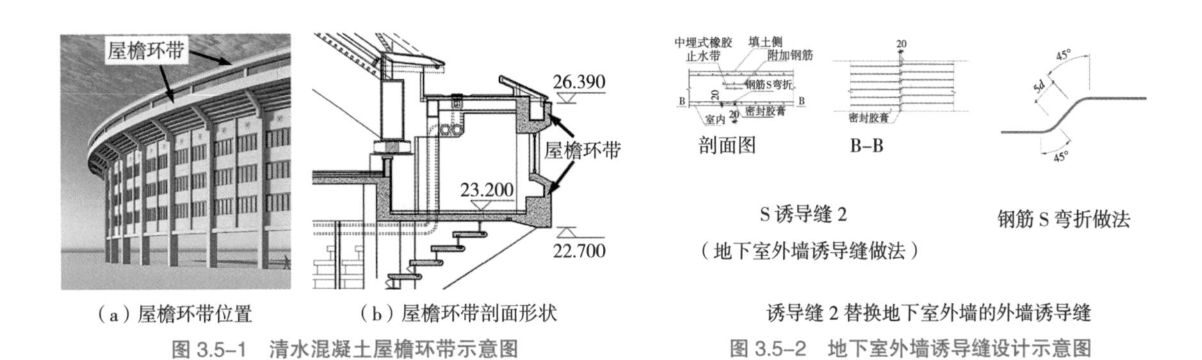

（a）屋檐环带位置　　（b）屋檐环带剖面形状

图 3.5-1　清水混凝土屋檐环带示意图

S 诱导缝 2（地下室外墙诱导缝做法）　　钢筋 S 弯折做法

诱导缝 2 替换地下室外墙的外墙诱导缝

图 3.5-2　地下室外墙诱导缝设计示意图

后浇带：在施工期间，每 120m 左右设置一道 1.5m 宽的施工后浇带，垂直此后浇带的钢筋全部断开，采用搭接的形式进行连接；在 120m 内，再按 40m 左右设置一道 0.8m 宽的普通施工后浇带

S 诱导缝 1（板诱导缝做法）　　钢筋 S 弯折做法

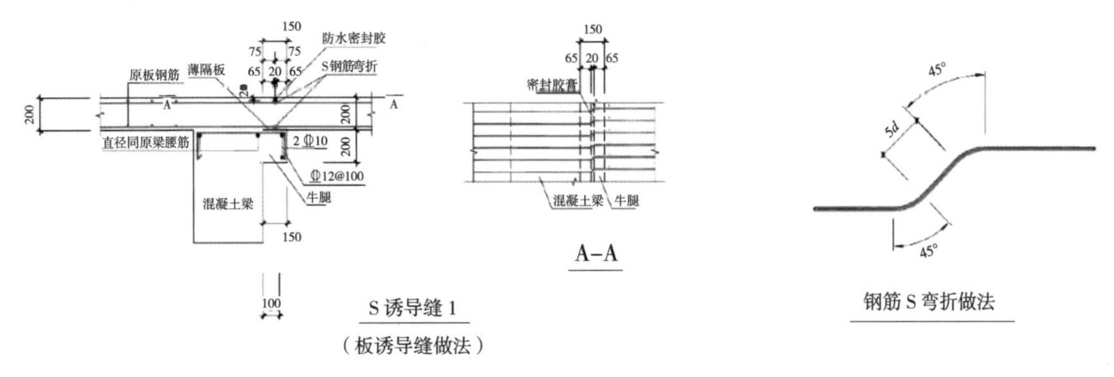

诱导缝 1 替换普通后浇带（缝宽 800 ~ 1000mm）

图 3.5-3　普通后浇带诱导缝示意图

第4章 弧形预制混凝土看台板技术

清水混凝土看台板独特的肌肤纹理和素面朝天的艺术形式，以及耐久性好、施工速度快、外观质量好、维护成本低、绿色环保、节能减排等特点，受到越来越多业主和建筑师的青睐。

超长跨度弧形清水预制混凝土看台板技术是通过对大量体育赛事场馆预制看台板制作和安装经验进行总结与研究而得到的一种先进的施工技术，该施工技术可应用于包括篮球馆、足球场、亚运会、奥运会等体育场馆、剧院建筑等公共建筑中超长跨度弧形清水混凝土看台板的施工，尤其适合场地狭小、工期紧张、质量效率和节能环保要求较高的项目。通过利用该技术，结合项目的高质量、高集成需求与看台板制作工艺和施工过程中的技术难题，可以准确地定位看台弧线，有效保证看台标高准确，完美实现大跨度弧形看台结构造型，保证混凝土结构施工质量，避免施工质量通病，使施工安全可靠，最终达到缩短工期、有效节约成本的项目目标，该技术可为今后类似工程施工提供借鉴价值，具有广阔的推广及应用前景。

4.1 高集成大体量预制清水混凝土弧形看台板深化设计

4.1.1 看台板的标准化设计研究

4.1.1.1 标准化设计工具与流程

预制清水混凝土看台板是安装在混凝土结构或钢结构上的水平结构构件，看台板表面无须进行抹灰装修，可直接安装座椅，其设计重点是研究预制混凝土构件拆分方案和标准化定型，该工作需要建筑、结构、水、暖、电气、设备以及装修等各个专业的协调，设计人员需要结合工程项目的内容、特点、要求等做相应的专题研究，通过建筑方案优化，采取三维协同设计技术，完成预制构件深化设计。

采用建模软件 Revit、模具软件 SolidWorks、SketchUp 和绘图软件相结合的方式，将建筑、结构、机电、预制构件等模型同步载入，通过 BIM 软件研究各构件的空间关系，检测预制构件与结构的碰撞。北京工人体育场看台及看台板 BIM 模型如图 4.1–1、图 4.1–2 所示。

预制构件深化设计应在方案设计阶段与建设单位积极配合，根据建筑、结构、设备、装修等专业设计要求，结合构件生产和施工安装条件，采用标准化定型技术进行构件的拆分和节点设计，最终输出构件装配施工图和构件加工图。深化设计过程中会对项目的设计方案从经济性、合

图 4.1–1　北京体育场看台 BIM 模型

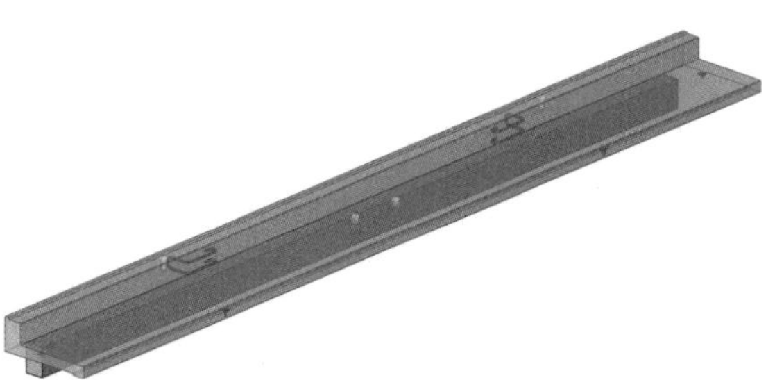

图 4.1–2　北京体育场看台板 BIM 模型

理性、可实施性等方面进行多方案对比研究，采用三维设计软件和 BIM 技术等手段审核验证设计成果，保证深化图纸的准确性和可实施性。

4.1.1.2　标准化看台板设计参数

标准化看台板设计参数包含所有能够影响型号产生的因素，包括尺寸（板长、板宽、梁高、板厚）、配筋、预留预埋种类和位置。

4.1.1.3　标准化设计内容

预制看台板工程量大，最终形成看台板 5508 块，踏步 2542 块，栏板 170 块，楼梯 42 块。构件型号数量多，尺寸精度要求高，其中方案优化和深化设计尽量标准化，模具能够通用是关键，每个型号构件都有相应的详细模板图、配筋图、预埋件加工图、数量表及设计要求。

根据施工图，分析整体建筑和结构特点，针对常规部位，确定模数化影响参数，依参数逐步进行深化设计；筛分特殊部位，对其制定分项方案设计，包括出入口、首排、末排、轴线交叉处等。

综合考虑各专业需求，提前制定节点计划，分析专业点位预留对看台板标准化的影响，作好预案。

1. 板块划分

为便于看台板的制作和安装，降低模具摊销成本，提高型号通用度，减少吊装次数，充分体现其技术经济性，看台板截面和构造应进行标准化定型设计。预制清水混凝土看台板整体划分板块的原则是：在平面上以轴线处为板缝划分板块，两轴线间距离为板长。在此之上，考虑结构梁布置，验算梁板跨度与配筋，优化梁与看台板的支承关系。图 4.1–3 为看台板分块布置示意图。

2. 肋梁和面板设计

体育场用看台板的台阶宽度及肋梁上反高度根据建筑视线分析、台阶尺寸决定，通常面板宽度为 800mm、900mm、1000mm、1100mm，面板平均厚度为 90mm、100mm、110mm，需要考虑面板上荷载、单层配筋和双层配筋情况；看台板肋梁的高度为可变值，差值为 5mm，宽度统一规定为 200mm。

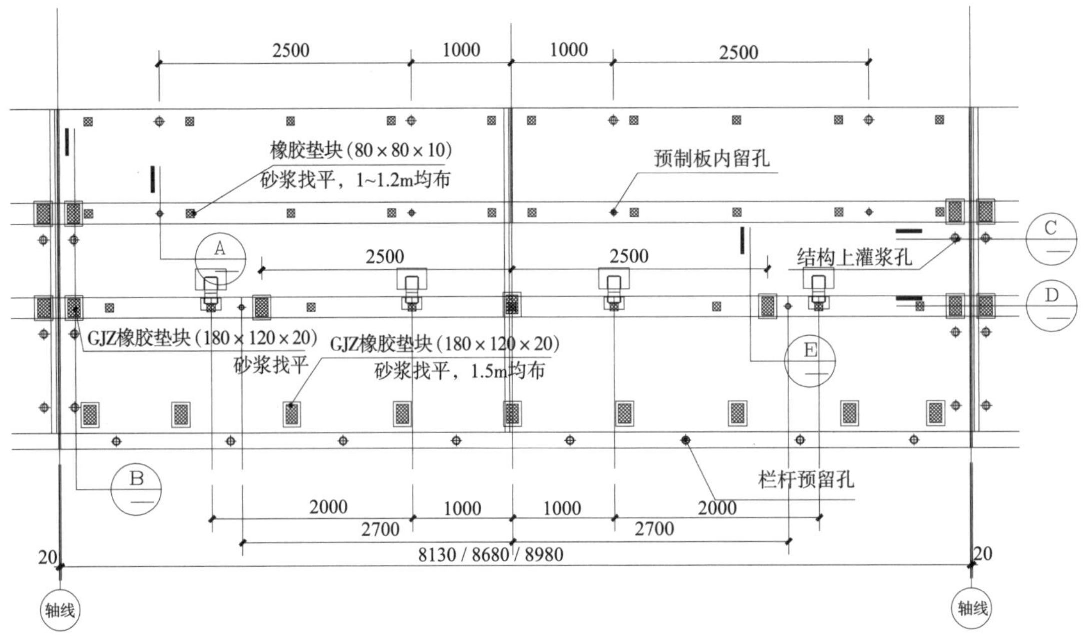

图 4.1–3　看台板分块布置示意图

3. 集成标准化

预制看台板为了满足自身安装、配套设备安装等需求，需要预留多种预埋件，以更大化地保障配件质量与安装质量，在北京工人体育场看台施工过程中，形成了一套预埋件的标准化设计、加工及安装专用技术。看台板预埋件示意图见图 4.1–4。

预埋件标准化设计是指不同位置、相同功能的预埋件，综合考虑使用部位特点和差异，统一设计尺寸，以满足使用功能要求，减少设计上的浪费。图 4.1–5 为看台板某预埋件设计图。

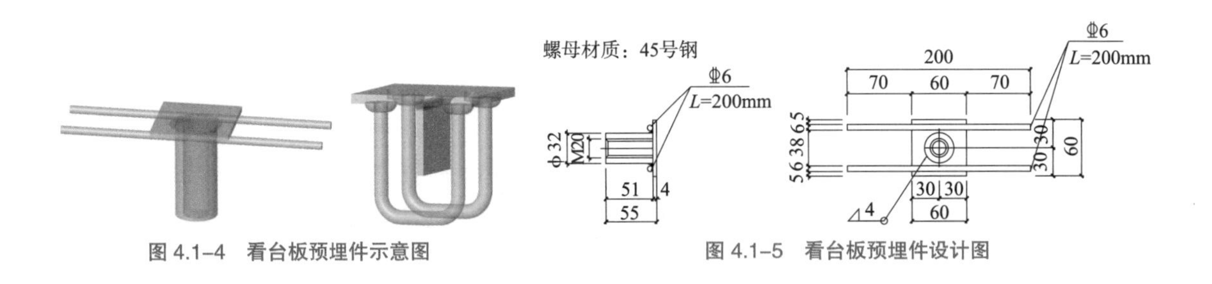

图 4.1–4　看台板预埋件示意图

图 4.1–5　看台板预埋件设计图

预埋件标准化加工是指通过多个厂家对比，把工艺及设备先进、质量稳定的厂家，作为本项目的优质供应商，优先制作各种预埋件的标准样板，经验收、试用后，作为统一检验标准，开展后续整体项目的预埋件加工、供货。

预埋件标准化安装是指在模具设计阶段和生产阶段，固化预埋件的安装形式，通过有效可靠的工装措施和安装手法，提高措施可靠性、安装一致性，满足最终的安装效果。图 4.1–6 为看台板预埋件模具固定示意图。

（a）

（b）

图 4.1–6　看台板预埋件模具固定示意图

4.1.2　看台板与结构连接设计

看台板与结构连接构造满足极限状态和正常使用状态条件下的可靠性和安全性要求，安装便捷性和吸收变形能力要求。连接节点要能够进行三维方向的微调以保证看台板安装精度和质量标准的要求，同时在四季和昼夜温差变化的极限状态下，连接节点要具有适应看台板热胀冷缩变形的能力。

4.1.2.1　连接设计原则

（1）看台板与主体结构梁采用销栓可靠连接，满足看台板在水平地震作用下的抗剪承载力设计要求。

（2）上下排相邻看台板之间连接，在梁上、板前端之下，设置不少于两个抗剪连接件。

（3）上下排相邻看台板长度方向按间距不大于 1m 均匀设置氯丁橡胶支垫，满足看台板层间均匀传力要求。

（4）每层看台的首排看台板及出入口处上方的第一块看台板应考虑栏板的附加弯矩作用，看台板应采取加强与主体结构的抗倾覆连接构造措施。

4.1.2.2　标准看台安装节点

标准看台采用两端搭接在现浇主体结构阶梯梁上的连接构造形式。在与现浇主体结构的搭接处，预制看台预留与主体结构大小相吻合的缺口，缺口处采用八字设计，有效避免了由于现浇主体结构的施工偏差带来的影响，方便看台构件的安装。预制看台安装节点图见图 4.1–7。

预制看台高度方向设置合适大小的氯丁橡胶（GJZ）支座承受垂直荷载，板面荷载通过水平缝内间距 1m 的氯丁橡胶垫板传递。预制看台和现浇主体结构之间、预制看台和预制看台之间均采用浆锚销栓连接。设计构件加工图时应在相应的位置设置预留、预埋，生产制作时一次成型，方便以后安装施工。看台安装剖面图见图 4.1–8。

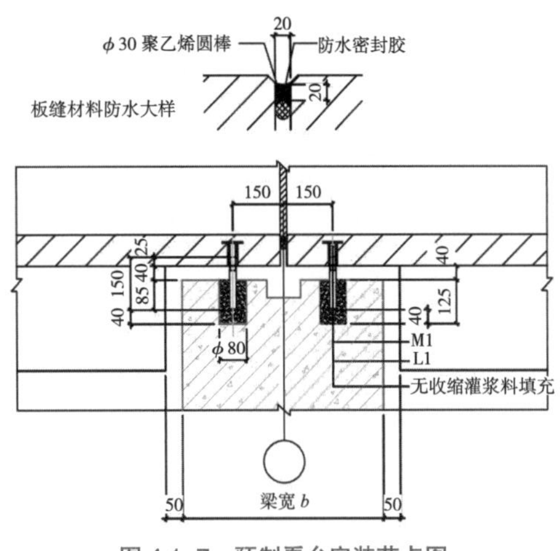

图 4.1-7 预制看台安装节点图

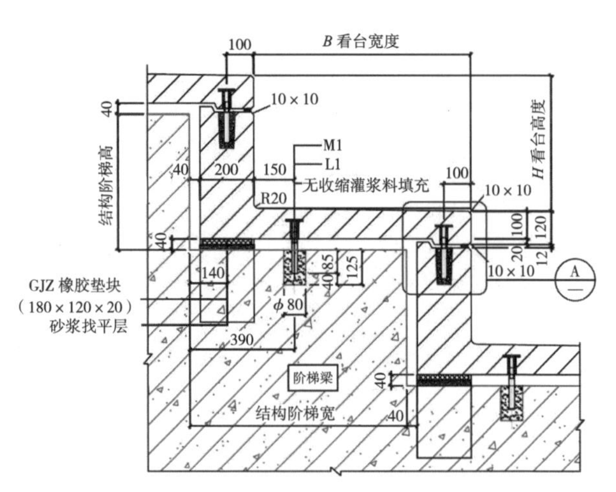

图 4.1-8 看台安装剖面图

4.1.2.3 首排预制看台节点

首排预制看台所处位置为体育场（馆）内侧，结构最前端，影响其构造形式的因素较多，建筑条件和结构条件决定预制看台的构造形式。根据以往工程经验，首排预制看台主要有两种构造形式：首排一阶预制看台和首排三阶预制看台。

首排一阶预制看台竖直方向采用可调整的氯丁橡胶支座承受看台垂直荷载，水平方向采用螺栓和浆锚连接固定看台，暗锚连接构造不会影响看台清水混凝土表面的美观效果。此外，首排一阶预制看台体积小、重量轻、生产制作及安装施工方便快捷，既可节约施工成本又能提高施工速度，是比较常见的构造形式。

当体育场（馆）的主体结构最前端设计为现浇环梁，且满足首排预制看台支撑受力条件时，则可直接安装预制看台（图 4.1-9）。若主体结构最前端无法设计现浇环梁，可采用在现浇柱上悬挑现浇牛腿来满足首排预制看台支撑条件（图 4.1-10）。此两种均为一阶预制看台设计方案。

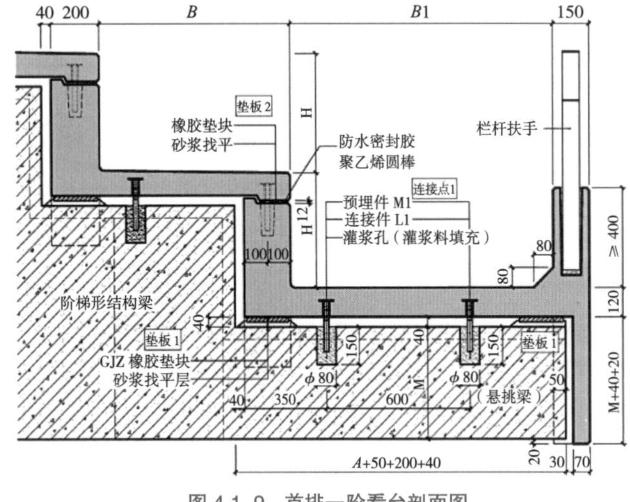

图 4.1-9 首排一阶看台剖面图

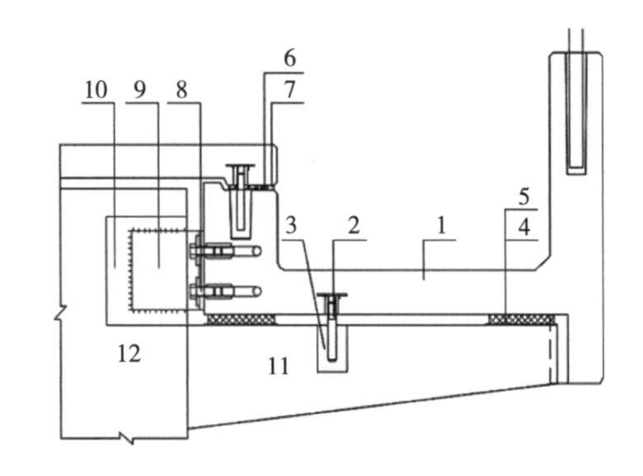

图 4.1-10 首排一阶看台剖面图

1—清水混凝土预制看台；2—连接件；3—无收缩灌浆料；4—砂浆找平；5—GJZ 橡胶支座；6—聚乙烯圆棒；7—防水密封胶；8、9—连接件；10—现浇结构预埋件；11—现浇悬挑牛腿；12—现浇柱

4.1.2.4　出入口预制看台节点

入口预制看台的设计为体育场（馆）预制看台设计中的难点，为了能达到体育场（馆）整体预制的效果，需要结合主体结构形式进行方案优化，才能与之完美结合。通过对大量工程方案的优化和研究工作，出入口处预制看台主要分为 3 种构造形式：预制侧栏板结合预制看台、现浇侧栏板结合预制看台、斜梁和侧栏板整体预制结合预制看台。

预制侧栏板结合预制看台，如图 4.1-11 所示，其构造形式为：预制侧栏板和预制看台通过连接件分别搭接在出入口两侧的现浇阶梯状斜梁上。因此出入口两侧现浇阶梯斜梁施工时应预埋结构埋件且准确定位。

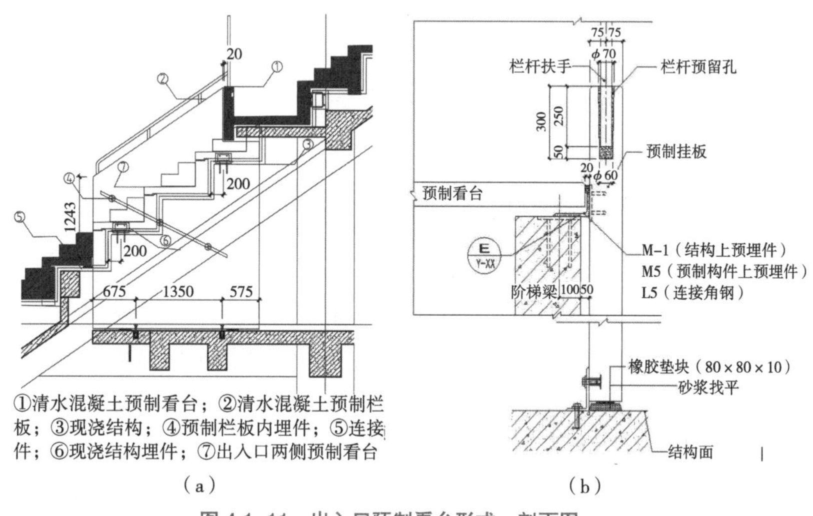

图 4.1-11　出入口预制看台形式—剖面图

此种构造形式把预制看台和预制侧栏板分开设计制作，通过连接件连接到现浇出入口斜梁上，既达到了出入口全预制的效果，又简化了预制构件的复杂程度，方便预制构件的生产制作。但是安装施工稍微复杂，需要现浇结构和预制构件上的预留预埋件定位准确无误。

4.1.2.5　细部构造

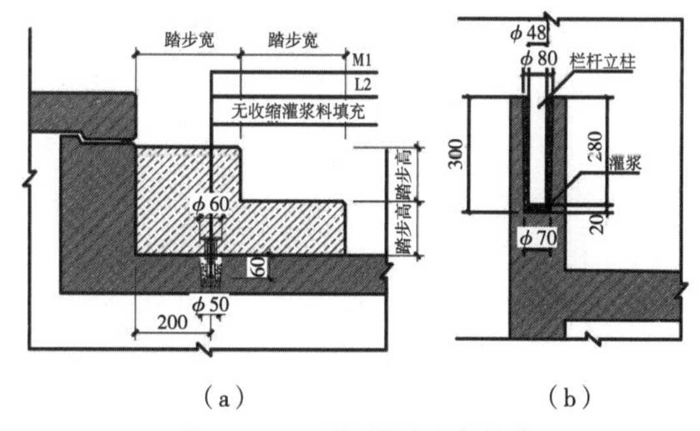

图 4.1-12　预制看台细部构造

在设计清水混凝土预制看台板时必须充分考虑其细部的构造，避免由于设计考虑不周而造成的清水混凝土预制看台表面缺陷问题。

本项目在室内条件下使用，不必考虑板面积水、设置散水问题；踏步与看台板通过暗锚连接；安装栏杆部位，预留栏杆孔；为达到更有效的防水效果，看台与看台水平拼接缝处采用了特殊的企口拼合形式；为避免看台安装及使用过程中板面的破损，所有阳角部位均应做倒角处理；预制看台内部所有预留孔、预埋件均应统筹布局、精确定位。预制看台细部构造见图 4.1-12。

4.1.2.6 残疾人席设计

残疾人席单独设计，额外增加了扶手节点，如图 4.1–13 所示，以满足不同人群需求，更加人性化。

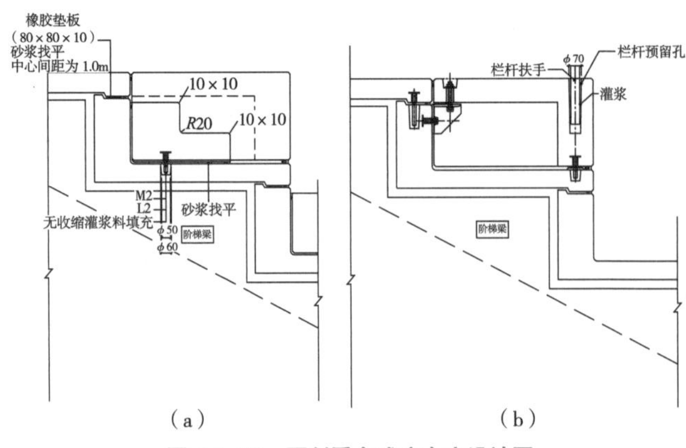

图 4.1–13 预制看台残疾人席设计图

4.1.2.7 摄像机位设计

媒体区域，单独设置摄像机位，如图 4.1–14 所示，以满足角度、视野和机械设备空间的需求。

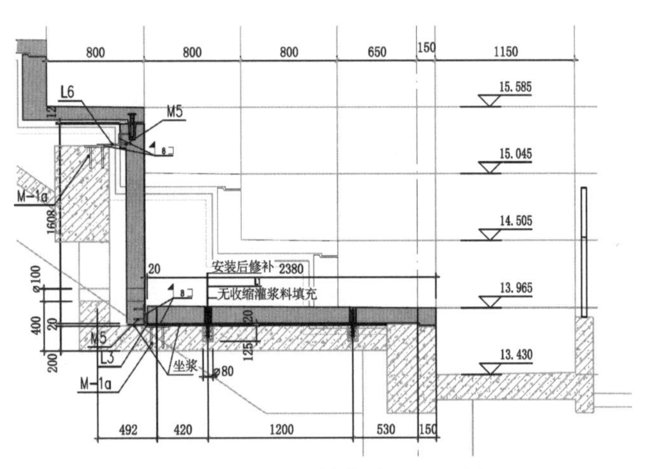

图 4.1–14 预制看台摄像机位设计图

4.1.3 防水构造

4.1.3.1 板面防水

看台板板面设置了 1.25% 坡度，用于自然排水，避免因积水而造成渗漏风险。板面防水构造如图 4.1–15 所示。

4.1.3.2 板缝防水

垂直板缝比较容易积水，对防水要求较高，采用构造防水和材料防水相结合的方式。下层梁与上层板之间采用企口形式构造防水，外部低、内部高，阻断水的流动通道。板缝填充 φ20mm 聚乙烯圆棒后打防水密封胶材料防水，如图 4.1–16 所示。

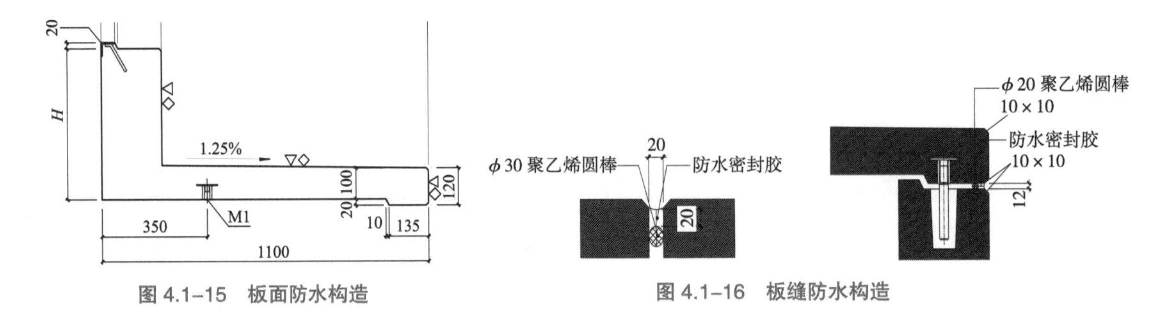

图 4.1–15 板面防水构造

图 4.1–16 板缝防水构造

4.1.3.3 前排排水

考虑最下方前排看台板存在栏板，上层排水到此需要预留排水通道，故按排水间距，设计了一圈落水口，以满足排水能够按设计路径流出看台，落水口位置布置如图 4.1–17 所示。

4.1.4　看台板与专业的接口设计

为实现建筑智能化，本项目高度集成了体育场的诸多功能设计，包括排风设计、照明设计、安全设计等。这些高集成设计，既满足了功能需求，又保证了后期的美观性。

4.1.4.1　通风设计

考虑场馆内通风设计，在预制看台板梁上，增加了通风孔，从而使座椅下方能够送风，保障场馆内的空气质量，看台通风预留设计如图 4.1–18。

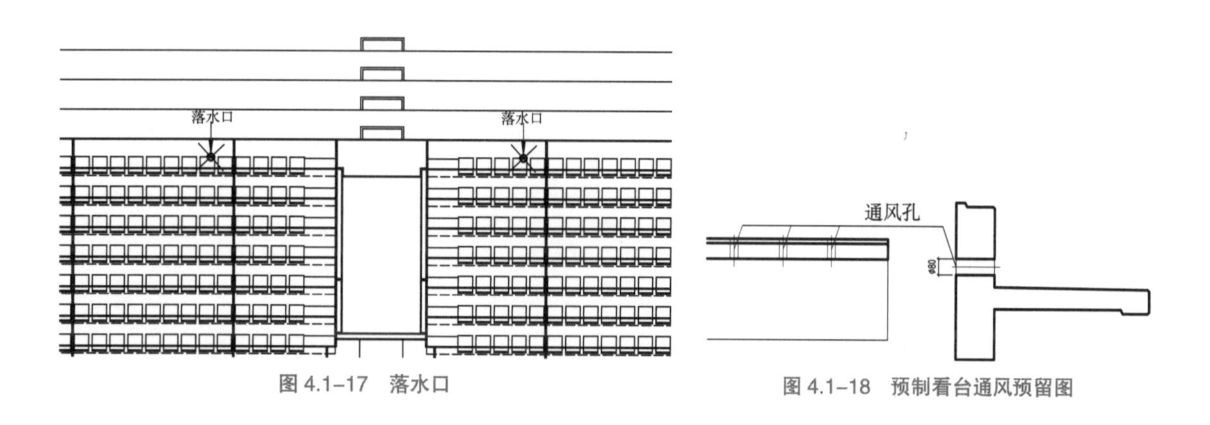

图 4.1–17　落水口　　　图 4.1–18　预制看台通风预留图

4.1.4.2　照明设计

为实现建筑智能化，看台板预制部分可集成电气系统，在构件内部预埋线盒和线管，用于后期安装疏散灯；可集成防雷系统，预留镀锌扁铁，提高结构安全性，如图 4.1–19 所示。

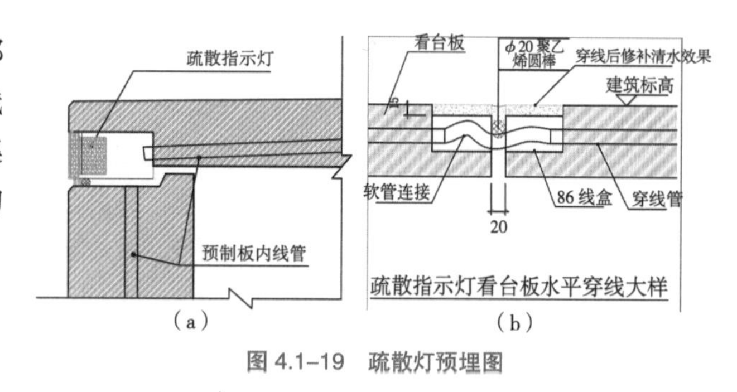

图 4.1–19　疏散灯预埋图

4.1.4.3　安全设计

针对不同部位，与栏杆专业进行专项研究，考虑其安装便捷性和稳定性，做一定的安装储备，预防突发状况，保障人身安全，制定了两种安装节点，首排采用预埋式节点，锚固深度和固定方式，满足正向抗倾覆能力，纵向栏杆，采用预埋栏杆埋件 + 焊接方式安装栏杆，在混凝土板厚有限的情况下，对预埋件锚固形式做研究，保证预埋工艺需求的同时，保障安全性，预制看台栏杆设计见图 4.1–20。

集成等电位防雷系统，在看台板中，预埋防雷埋件，安装施工后，由专业人员使用镀锌扁铁进行纵向连接，形成上下结构整理防雷效果，提高结构安全性，如图 4.1–21 所示。

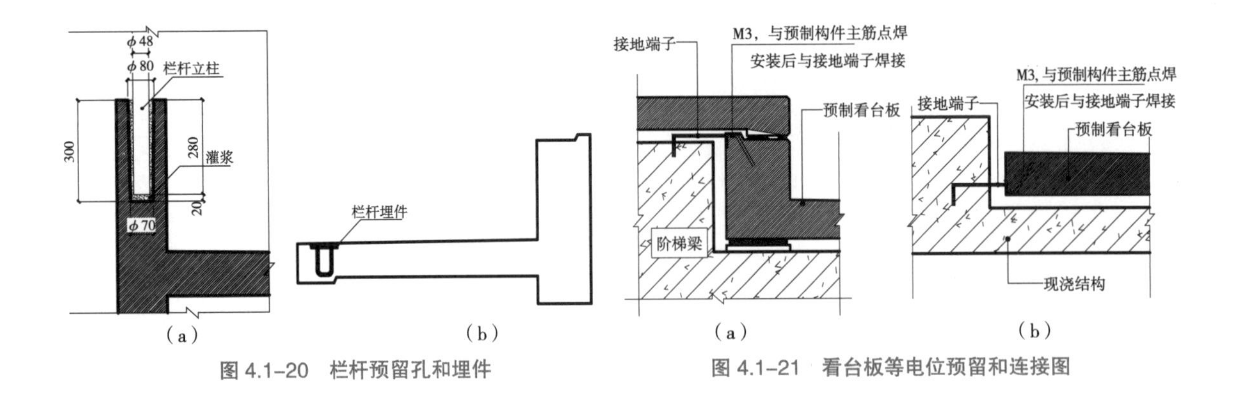

图 4.1–20　栏杆预留孔和埋件　　图 4.1–21　看台板等电位预留和连接图

4.2　弧形预制混凝土看台板制作与安装技术

4.2.1　高精度可调节半径模具系统技术研究

4.2.1.1　看台板模具介绍

清水混凝土预制构件的核心是模具，一般制作清水混凝土构件采用钢制模具，钢板选材、模具形式、细部处理、焊接工艺等均会对模具质量产生较大影响，预制看台模具见图 4.2–1。

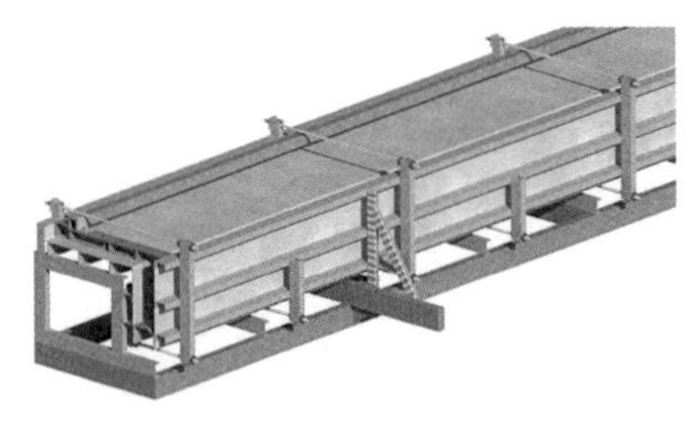

图 4.2–1　预制看台模具示意图

经过对十多年来的清水混凝土看台板模具的经验分析，弧形看台模具在设计、高精度保证和过程改制方面，还存在一些问题需要改进，效率问题还需要进一步提升。

传统体育场尺寸较大，单块看台板外形采用折线形和直线形设计，经安装组合成近似圆形。根据看台板的断面形式主要为 U 形、L 形、平板形、T 形等。直线形和折线形因线条平直、尺寸便于控制而易于生产施工，看台板模具设计与制作工艺比较简单，实现起来比较容易。但从建筑美学上看，采用直线或折线看台板组合成的圆形看台部分，由于有折角存在，线型过渡不够流畅，给人以硬涩之感。

弧形看台板对体育场馆的外观美观更为有利，可根据场馆的形状设计不同的弧线，也更利于场馆空间的合理利用。根据弧形清水混凝土看台板模具基本要求（表 4.2–1），对于弧形看台板模具，主要难度在于弧形面板成型、弧形支撑筋板和槽钢的固定。如果这几个部分的结构不合理，就不能保证浇筑件的尺寸精度；同时，也不能保证模具的刚度和稳定性，这些也会使浇筑件精度下降。

表 4.2–1　弧形清水混凝土看台板模具基本要求

序号	项目	质量要求
1	清水面钢板拼接焊缝不严密	不允许
2	清水面钢板拼接焊缝打磨粗糙	不允许

续表

序号	项目	质量要求
3	棱角线条直线度	≤ 2mm
4	弧线线条弧度	≤ 2mm
5	清水面钢板局部凸凹不平	≤ 0.5mm
6	清水面钢板有锈蚀形成麻坑	不允许
7	部件装配拼装缝不严密	缝隙≤ 1mm
8	焊缝长度及高度不足，焊缝开裂	不允许

相比于直线和折线看台板模具，预制弧形看台板模具设计与制作的主要难度在于弧形看台面板精确成型、弧形支撑筋板和槽钢之间的固定。要求既要保证模具各部分尺寸的精度，同时还要保证其刚度和稳定性。模具加工关键工序为底模成型、右侧底模成型、吊模和左侧模顶部带倒角清水板条弧度形。底模（清水面）成型如何保证弧度符合图纸要求，两侧面板放坡如何才能精确无误，是设计与制作的难度所在。

4.2.1.2　模具结构形式

弧形看台板宜采用卧式方案生产。采用立式方案，需要把看台板背面作为抹灰面，看台清水面和构件底面作为模板面，虽有占地面积小，抹灰面小，下反梁高度调整简便等优点，但是缺点也显而易见。主要是抹灰面呈弧形，浇筑困难，模具总高度相对较高，容易产生气泡等问题。而卧式方案侧模一侧滑动，一侧固定，支拆方便，模具总高度相对较低；混凝土浇筑面大，气泡相对容易控制。关键是弧形边成形相对简单。综合考虑，本项目弧形看台板模具采用卧式方案。

模具方案经过受力计算与分析，模具结构均满足《钢结构设计标准（附条文说明）》GB 50017—2017 和《建筑工程大模板技术标准》JGJ/T 74—2017 中对结构强度、刚度、稳定性的要求，作用于模板的混凝土浇筑荷载，由面板、横撑、立柱、横纵连接螺栓共同来承担，承载力远大于浇筑混凝土对侧模、底模的压力，符合要求。

模具结构形式简单，底座上固定侧模和活动侧模包夹端模和小底模，活动侧模下有滑轨，可方便侧模的支拆。两侧模之间采用对拉螺栓紧固，吊模和固定侧模背楞之间采用顶丝防止胀模。固定侧模、活动侧模面板带板均等比例弧形放样，保证完全符合构件图纸尺寸弧度。对于固定侧模，活动侧模和端模的加工精度分别进行要求，以保证其组合精度要求。模具结构设计见图 4.2-2 ~ 图 4.2-6。

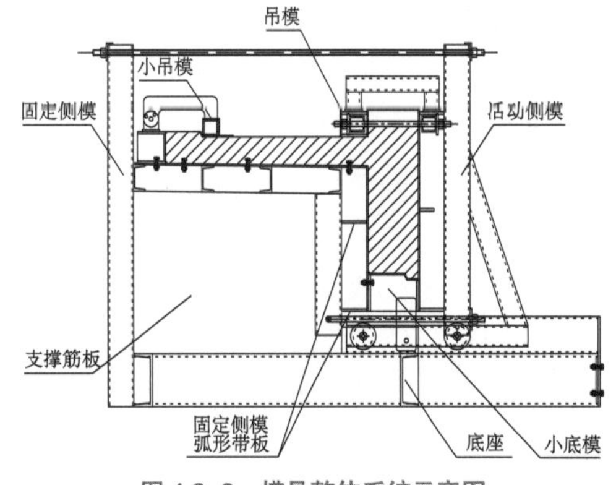

图 4.2-2　模具整体系统示意图

4.2.1.3 模具制造工艺

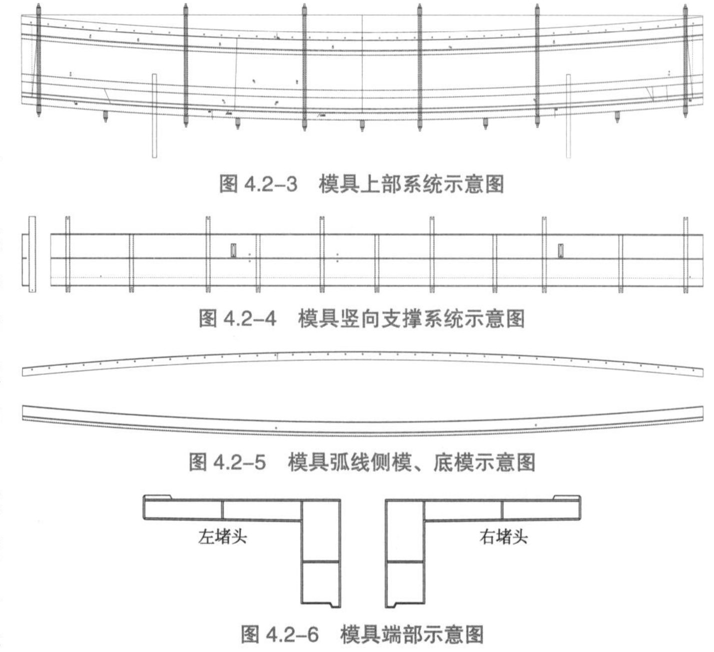

图 4.2-3 模具上部系统示意图

图 4.2-4 模具竖向支撑系统示意图

图 4.2-5 模具弧线侧模、底模示意图

图 4.2-6 模具端部示意图

弧形预制看台，加工难度大，预留预埋多，两端非平行面，机加工难度高，边棱顺直度、观感控制难。

看台板模板一般应采用钢模板。模具应根据看台板的外形特征和生产方式先设计出钢模的结构图，再进行加工制作。模板端模设计为可调节的形式，相同截面的构件可满足通用。

底模和侧模用的面板应采用不经加工表面氧化皮完好且平整的钢板制作，清水面应尽量避免接缝。看台板外表面要求四周倒角的，采用机加工的八字板与底模或侧模焊接在一起，保证倒角尺寸的一致性。

底模的框架采用型钢支撑。侧模应采用钢板拼焊，背面的筋板尺寸适当加宽，采用钢板的厚度适当加厚，保证侧模的平整度和刚度强度。面板与背部筋板的焊接采用间断焊，且电流要小，避免电流过大对钢板沾灰面造成破坏，产生较大色差。

侧模与底模的接合采用顶丝或螺栓固定。吊模上部与侧模之间设置对拉丝杆固定。吊模的底部跨中位置比较薄弱也应布置顶丝，防止混凝土浇筑过程中往外胀模。

U 形看台底模两侧放坡百分之二十，便于脱模。

看台板上的预埋件均应采用螺栓直接固定在模板上或通过定位板（杆）准确固定在侧模上，位于操作面的预埋件固定要考虑抹面间隙，将工装支架抬高 50 ~ 100mm，便于收面操作。

模板改制应尽可能由大改到小。通过移动端模生产不同长度的看台板，端模固定应采用压杠。

模板在加工制作和改制过程中，底模和侧模的面板不得产生划痕，严禁在面上焊接打火。还应避免磁力钻底座直接在清水面吸附。

钢模加工后应尺寸准确、结构可靠、拼缝严密、支拆方便。

将弧形看台板的所有折弯面板都断开，逐一拼接。

底模和侧模的纵向加强槽钢都要进行压弯到合适的弧度再与面板进行拼装焊接，槽钢的圆弧的半径精度直接影响到面板的弧度，槽钢压弯成型后逐一测量，保证精准度。

由于面板的拼缝较多，所以拼缝的密闭性要求较高，拼接缝满焊。

清水面的边线留 10mm × 10mm 的倒角也要做弧线型，制作时先将直线的板料铣倒角，然后再分段开豁口沿着弧线进行弯折。

弧形模具从设计上细化拆料方案，以实现原材料的节省。

采用激光排版下料以实现下料的精准控制。

在模具组拼环节，针对焊接电流、焊缝的规格进行详细的要求，保证模具加工质量。

4.2.1.4　新一代模具设计创新

1. 原模具设计缺陷

（1）拉丝调节，采用 45 号钢棒，加工成丝杆，在型钢立柱上加以固定，来保证侧模的刚度、垂直度和拆装、开合需求。

（2）钢支架，受制于槽钢形式，需要辅助其他构造，才能保证使用。

（3）弧形倒角成型方式是下直的铣边半成品料，沿圆弧角切开，一段段地顺弧度围弯，来满足弧形的需求，但存在接缝质量难控制、加工效率低的问题。

（4）不同半径的不同排看台板，单独配置模具，资源消耗大，成本高。

2. 新一代模具设计创新

（1）滑动侧模，采用滚轮和滑道，替代丝杠，增大了布置间距，减少了布置数量，一人即可操作，省去螺钉紧固、松开环节，支拆模具效率大大提高。

（2）钢板支架，对于板面有坡度的看台板，钢板直接切割成型，更易满足要求，加工更方便快捷。

（3）同等板宽和板长的情况下，整体模具用钢量减少，生产成本降低。

（4）根据不同模具的重复使用次数研究，对数量较少的模具的面板厚度、型钢规格进行优化，降低整体用钢量，同时满足基本刚度需求，不过度浪费资源，满足低碳的目的。图 4.2–7 为速滑馆看台板与工体看台板模具对比图。

（5）直接下弧形的带板料，磨出倒角，能够大量减少拼接缝，降低外观质量问题出现的风险。

（6）相邻排看台板，不同半径，经过放样分析之后，可以利用钢板可变形的特点，经少量工作量，即可满足弧度变化，大大降低了成本。

（7）相应的同轴上下步看台改制。通过小底模上下位置调整可以改变构件上反梁的高度。在看台板长度方向，可以通过移动端模来实现长度的变化。通过更换吊模和增减活动侧模高度活节的方式实现构件下反梁高度的变化。L 形看台除没有吊模之外，其他模具通用方法和 T 形看台相同。

（8）对于弧度半径较为接近的看台板模具也可以实现改制。模具中心线位置不变，一般构件弧形半径相差 800 ~ 1000mm，弧线间距相差 5mm 之内时可以实际放样后考虑是否相互改制，图 4.2–8 为模具中心线位置不变时弧形半径差异。通过此种改制思路，模具的通用性大大增强，可降低模具的制作成本。

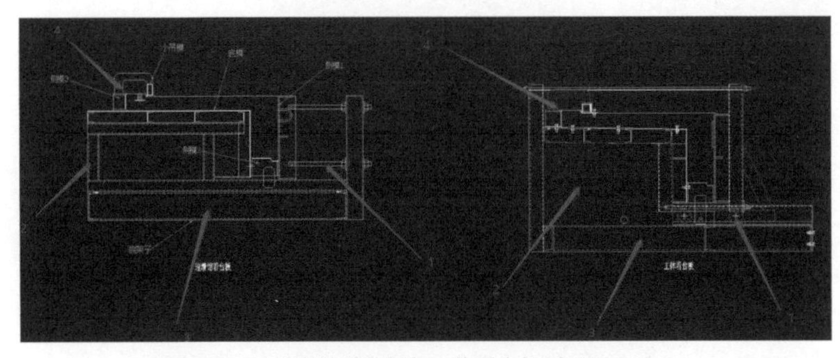

图 4.2–7　速滑馆看台板与工体看台板对比图

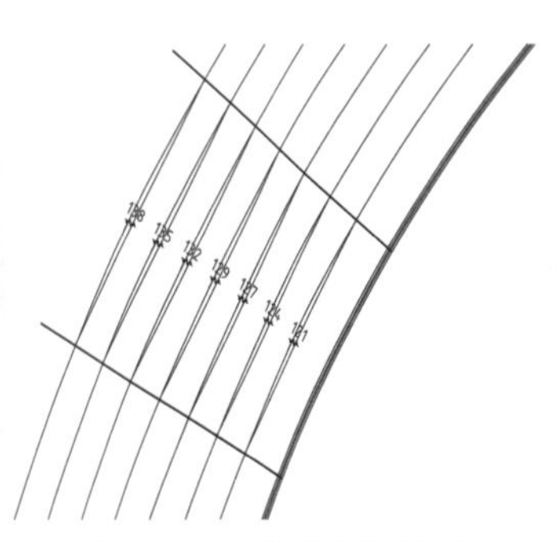

图 4.2–8　弧线差异示意图

4.2.1.5　模具加工设备提升

模具所使用的钢板、型钢等，均需要专业的加工设备，包括切割机、铣床、折弯机、焊机等。加工过程中使用的设备见图 4.2-9 ~ 图 4.2-16。

图 4.2-9　自动激光切割机

图 4.2-10　焊接机器人

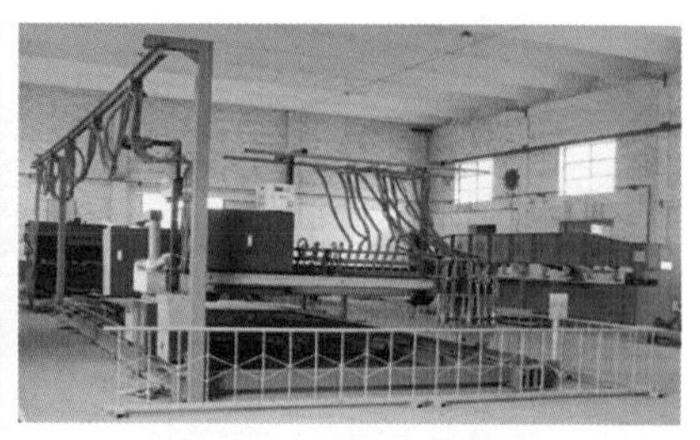

图 4.2-11　数控火焰切割机

图 4.2-12　铣边机

图 4.2-13　液压板料折弯机

图 4.2-14　三辊卷板机

图 4.2-15　冲压式压力机

图 4.2-16　摇臂钻床

4.2.1.6　模具预留预埋工装设计

本项目集成较多，精度要求高，所以对工装设计需要综合考虑其稳定性、安装便捷性和精度。

栏杆孔均采用传统的螺栓定位。因通用型号非常多，为避免改制时面板开孔与底板纵肋或侧模的筋板带板冲突，提前放样孔的位置。

抹灰面栏杆埋件、M1 埋件、等电位埋件等工装采用吊板形式固定于侧模或端模带板上，需要考虑其悬挑长度、重量、浇筑影响等因素。如遇模具型号改制，则重新定位打孔固定即可。工体现场模具成品及工装设计见图 4.2–17、图 4.2–18。

图 4.2–17　模具成品

图 4.2–18　工装设计

4.2.1.7　模具质量控制要求

将弧形看台板的所有折弯面板都断开，逐一拼接。

底模和侧模的纵向加强槽钢都要进行压弯到合适的弧度再与面板进行拼装焊接，槽钢的圆弧的半径精度直接影响到面板的弧度，槽钢压弯成型后逐一测量，保证精准度。

由于面板的拼缝较多，所以拼缝的密闭性要求较高，拼接缝满焊。

清水面的边线留 10mm × 10mm 的倒角也要做弧线型，制作时先将直线的板料铣倒角，然后再分段开豁口沿着弧线进行弯折。

弧形模具从设计上细化拆料方案，以实现原材料的节省。

采用激光排版下料以实现下料的精准控制。

在模具组拼环节，针对焊接电流、焊缝的规格进行详细的要求，保证模具加工质量。

清水混凝土外观质量主要取决于合理的模板结构和优质的模板面，新制作的模板板面拼缝应采取钢板洗边背面溜焊，同时应确保不漏浆；钢板采用表面平整光滑、氧化皮无脱落的新钢板作模板面，边棱倒角采用钢板刨制，企口线型和阴角圆弧用钢板弯折制成。

模板组装后规格尺寸控制在 ±1mm。模板接合处采用泡沫塑料条密封，确保混凝土浇筑时不漏浆。清水混凝土看台板模具尺寸允许偏差应满足要求。

4.2.1.8　隔离剂

隔离剂选择不好，会造成清水混凝土构件表面出现沾模、外观效果不匀、表面气泡、无光泽等缺陷。

隔离剂选用的主要指标：

（1）干燥成膜时间宜在 30 ~ 50min，方便操作也不影响后道工序实施。

（2）隔离性能应确保顺利隔离，保持棱角完整，混凝土粘附量不大于 5g/m^3。

（3）耐水性能，干燥成膜后浸水 30min 不应出现溶解、粘手现象。

混凝土用隔离剂主要分类：水性隔离剂和油性隔离剂。

隔离剂区别及特点：

（1）水性隔离剂使用简单、操作安全、无异味、环保经济；但兑水比例需要特别控制，兑水较少时，不易施涂均匀，兑水较多时，干燥成膜时间加长，成膜耐磨性也有所下降，且南北方水质差异也对水性隔离剂的应用产生一定的限制。

（2）油性隔离剂挥发快，对模板无腐蚀，混凝土粘附量相对水性隔离剂更少，但残留物较多，构件表观质量较差，稀释也需专用溶剂调兑。相比较而言水性隔离剂在清水混凝土构件生产中有更好的表现。

隔离剂施涂主要手段：刷涂和喷涂。刷涂操作方便，但易留下刷涂痕迹；喷涂更均匀，但设备投入及维护成本较高。最终经过实践对比，选择棉质涂抹的方式，既保证了成本，又能保证涂抹均匀，无明显边界痕迹。

本项目看台板模具属于空间模具系列，优化后的弧形清水混凝土看台板模具，其结构合理稳定，刚度和稳定性较高，拆装方便，为弧形看台板的应用和推广做出了积极的贡献。采用专用的弧形预制看台板模具的制造方法，其工艺简单，生产效率高，能够浇筑出尺寸精度较高的弧形看台板。

通过模具预留改制空间的方法，改善了模具改制的途径，用较低成本，实现了多排模具通用的目的，减少了资料投入，为整体项目的成本控制，作出了重大贡献。

4.2.2 高集成高精度清水混凝土弧形看台板安装技术

4.2.2.1 安装工艺

1. 安装工艺顺序

高集成高精度清水混凝土弧形看台板安装工艺见图 4.2–19。

2. 测量放线

本工程采用的测量仪器主要有拓普康全站仪 TKS—202 一台，激光经纬仪两台，DZS3—1 水准仪 3 台。根据施工场地的实际情况和现场给定的坐标点进行放线。其中主要是要在踏步斜梁上弹出径向轴线、预制看台后背边缘线、底部标高线和锚固螺栓中心线。放线时，按坐标点对每轴进行测量放线，放出十字形轴线，作为定位放线的依据。具体就是低、中、高各区每轴用全站仪根据给定的控制坐标点测出最下边一块板的后角点及上边第三块板的后角点，然后把这两点连成线与所测板的后边线形成十字定位线即作为安装边线。以此类推，进行每个轴板的安装边线的测放。

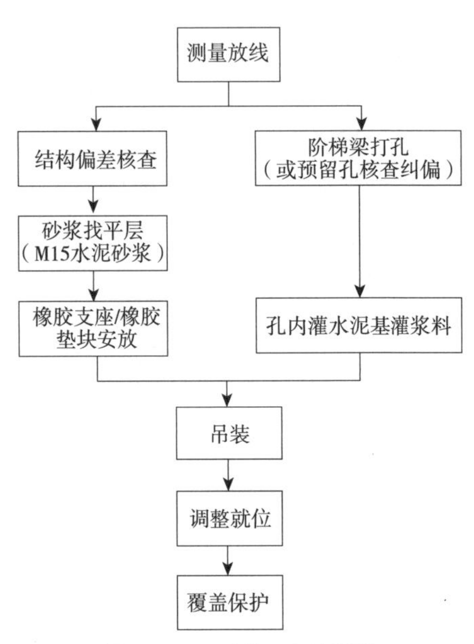

图 4.2–19 安装工艺流程图

看台板安装放线工序：已知点闭合→测定板位坐标→坐标点纵向连线（轴线）→分板位置点→坐标点（或位置点）横向连线（板位置线）→螺栓孔测定→高程测定→结构偏差测定标记→验线

1）平面控制网布设

在已知坐标点上架设全站仪，仪器调整好后首先开始校核已知坐标点，确认已知坐标点能够完全闭合，符合验收标准的情况下，对高区、包厢区、中区、低区进行各个区域平面控制网布设。平面控制网布设采用导线测量法，根据体育场特点平面控制网应布设成环网。

2）高程控制网布设

根据已知高程点对场内高程控制网进行布设，原则是根据体育场圆形特点高程控制网也布设成环形控制网，由于体育场面积比较大，高区、包厢区、中区、低区各区域内均分别布置 4 ~ 5 个高程控制点。布设完成后必须对各个控制点进行闭合校验平差后确保正确方能使用。图 4.2–20 为工体现场测量放线图。

3）各板位坐标点的测定

全站仪测定板位坐标点方法可以用站点法和后方交会法，根据场地情况方便，测定坐标点可以选择其中一种。利用场地平面控制网点建立坐标系后，回测控制坐标点确定能够闭合后就可以进行板位坐标点的测定。按照图纸上做好的坐标数值逐一测定并确保其连续性。板位坐标点测定后就可以用小线配合线坠（或经纬仪）把各坐标点连接起来，弹上墨线（即轴线也是板缝中心线）。下一步就是用水平尺线坠按照板的距离分出每块板的位置（这一工序要重视分距精度），画上点，标记清楚。最后一步是把相邻各轴同一步上的点相连，弹上墨线（即看台板后边缘线）。

4）螺栓孔定位放线

由于结构没有预留固定螺栓的孔洞，放线的时候要把螺栓孔洞位置标记出来，以备水钻开孔。定位螺栓孔的依据是放出的轴线和看台板的后边缘线，按照图纸螺栓孔距轴线及看台板后边缘线的尺寸用方尺配合画出螺栓孔位置。图 4.2–21 为工体现场工人对螺栓孔进行定位放线。

5）放线标记结构偏差

看台板位置线全部放出后，就要按照图纸尺寸检查现浇结构是否满足看台板安装。放置看台板的台阶梁顶面有没有超高台阶，梁前端结构面有没有偏移。尤其圆弧段环梁位置要全梁检查。如果有局部不能满足看台板安装的结构要弹上墨线、喷上油漆，由土建结构施工队剔凿处理，为看台板安装扫除障碍。

图 4.2–20　测量放线照片

图 4.2–21　螺栓孔定位放线

3. 结构偏差检查与安放支座

在基础结构复检不合格时，应要求土建结构施工方对不合格的部位进行处理，处理结果应在允许偏差范围内；埋件不合格的应该重新植筋，采取埋板掏孔塞焊的办法，焊缝高度不能超过埋件板面。

根据测量放线结果，通过砂浆找平层调整支座位置、标高，安放橡胶支座，打灌浆锚固孔。

与预制看台板相连接的现浇混凝土结构尺寸偏差要满足安装要求，超差部位先行处理。图 4.2–22 为现浇结构平整度核查图，图 4.2–23 为工体看台板支座安装效果图。

图 4.2–22　现浇结构平整度核查

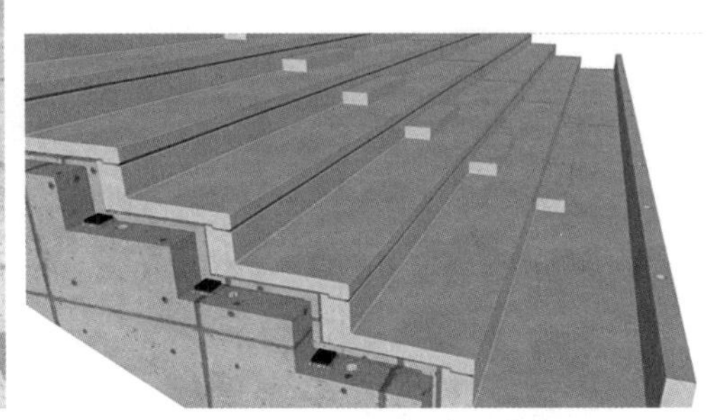

图 4.2–23　支座安装效果图

4. 预制看台板吊装

安装时，第一排看台板必须全部在吊装时统一找正，构件吊装、找正后，将构件重新吊起灌浆，灌浆时注意灌浆料必须填满孔洞，灌浆完毕后重新落下，再精确找正就位，看台板吊装示意见图 4.2–24。

（1）先把钢丝绳用卡环连接到吊环上，用吊车起钩绷上劲然后用捯链在看台板的檐口中间拉紧找平，看台板起吊。

（2）吊车缓慢起吊，然后转臂至看台板的安装位置上方，缓慢落钩。

（3）安装工人扶住看台板吊车停钩，工人把灌浆料灌入台阶预留洞中，并把锚固销杆拧到看台板上，然后缓慢落钩到预制台阶上，

（4）工人先把看台板的前后左右的位置线找正，再用水平仪根据控制点超平，位置、水平全部无误后，吊车松钩安装完成。

（5）构件吊至相应的位置，按轴线就位、测量找正（全过程必须严格控制轴线，测量要随时检测）。

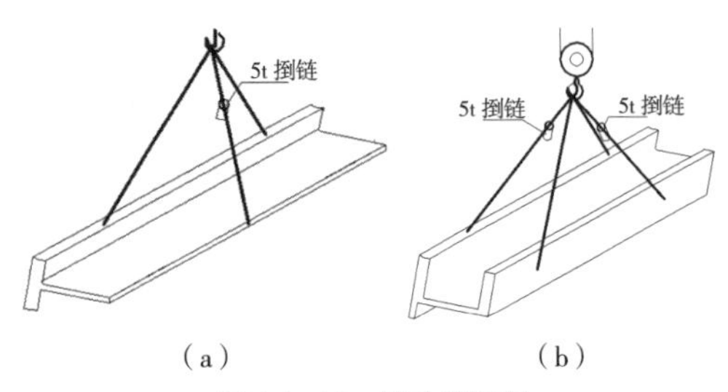

图 4.2–24　吊装示意图

（6）吊装方法：主吊点采用一对 6×19—ϕ20mm×6m 的钢丝绳，然后用 5t 捯链在构件中间找平衡。

（7）标准看台板吊装方案：主吊点采用一对 6×19—ϕ20mm×6m 的钢丝绳，用一个 5t 捯链在构件前点找平衡。

以下为吊装工序图示，见图 4.2–25 ~ 图 4.2–30。

（a）

（b）

图 4.2–25　打锚固孔

图 4.2–26　砂浆找平，安放支座

图 4.2–27　构件起吊

（a）

（b）

图 4.2–28　安装就位

（a）

（b）

图 4.2–29　校核矫正

图 4.2–30　吊装完成

5. 锚固孔灌浆

看台板通过销杆与结构梁或看台梁的灌浆孔锚固连接的，构件就位时先在预留孔中灌入拌好的灌浆料。

1）基层处理

施工前灌浆孔内应清理干净、无油污、无杂物。

2）制备灌浆料浆料

（1）灌浆料与水拌合，以重量计，加水量与干料量为标准配比，拌合水必须经称量后加入

（注拌合用水采用饮用水，水温控制在20℃以下，尽可能现取现用）。为使灌浆料的拌合比例准确并且在现场施工时能够便捷地进行灌浆操作，现场使用量筒作为计量容器，按照灌浆料使用说明书要求加入拌合水。

（2）灌浆料通常可在5～40℃之间使用。避开夏季1d内温度过高的时间，冬季1d内温度过低的时间，保证灌浆料现场操作时所需流动性，延长灌浆的有效操作时间。浆体随用随搅拌，搅拌完成的浆体必须在30min内用完。灌浆过程中不得加水。

3）灌浆料检验

根据需要进行现场抗压强度检验。制作试块前浆料需要静置2～3min，使浆内气泡自然排出，试块要密封后进行养护。

4）灌浆料施工

（1）冬期施工时可以采用热水进行与粉料搅拌，且少活勤活，必要时用棉毡等材料进行保温。

（2）夏季高温天气，应对构件与灌浆料接触的表面做润湿处理，但不得形成积水。环境温度超过产品使用温度上限（35℃）时，需做实际可操作时间检验，保证灌浆施工时间在产品可操作时间内完成。

（3）环境温度在15℃以上，24h内预制构件不得剧烈扰动；5～15℃，48h内预制构件不得剧烈扰动。销杆拧入看台板预留埋件，对准灌浆孔插入就位。

6. 预制栏板安装

有预制栏板的位置，在看台板安装前，必须先把栏板安装到位，然后再安装看台板。栏板安装步骤具体如下：

（1）先把吊环拧在栏板上的吊装螺母上，然后把钢丝绳用卡环连接到吊环上，用吊车起钩绷上劲，然后用捯链把栏板拉紧找平，再起吊。

（2）吊车缓慢起吊，然后转臂至栏板的安装位置上方，缓慢落钩。

（3）安装工人扶住栏板，吊车停钩，工人把灌浆料灌入预留洞中（如未预留需后开孔），并把锚固销栓拧到看台板底的预留套筒内，然后缓慢落钩到事先做好的灰饼及大垫片上。

（4）安装工人先按栏板的位置线找正对线，然后在栏板与结构之间用木楔把栏板稳住，再用检测尺测量栏板的垂直度，待栏板的大面与侧面都垂直无误后，用事先准备好的连接件把栏板与结构上的预埋件焊接在一起。固定好后把吊钩摘掉，如此反复，进行下一块栏板的安装。图4.2-31为栏杆安装节点示意。

7. 踏步安装

踏步随看台一起吊装，每完成一个区域看台板，就可以安装该区域的踏步板。

与看台板的安装方法基本一致，应在每列看台板安装完成后，挂纵向通线控制，保证每列踏步顺直。水平标高误差通过小薄垫片调整。通过试吊确认前后、左右位置，标高无误后再进行灌浆、落绳、摘钩。图4.2-32为工体现场安装踏步图。

8. 预制楼梯施工

1）施工准备

（1）熟悉图纸，检查核对构件编号，确定安装位置，对安装基层进行清理。

（2）测量放线：根据设计施工图、平面位置控制线，弹出楼梯安装内外控制线和左右位置

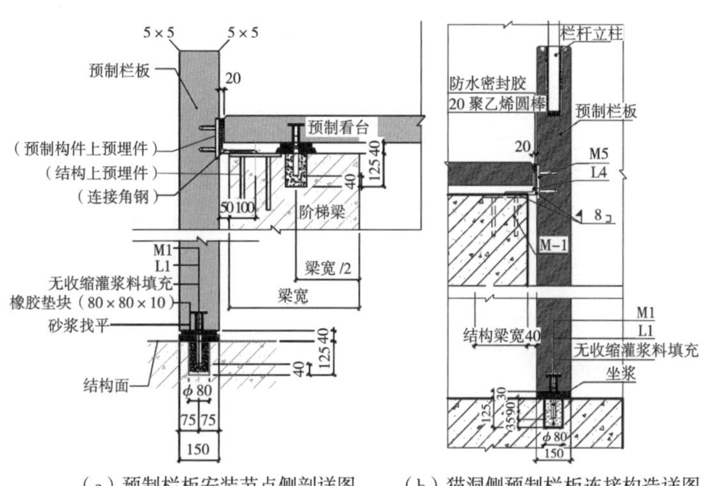

（a）预制栏板安装节点侧剖详图　（b）猫洞侧预制栏板连接构造详图

图 4.2–31　栏杆安装节点示意图

图 4.2–32　踏步安装

线，并进行复核。预制楼梯标高控制宜在结构上的找平层进行标高控制。

2）预制楼梯吊装

预制楼梯板采用水平吊装，用螺栓将通用吊耳与楼梯板预埋吊装内螺母连接，起吊前检查卸扣卡环，确认牢固后方可继续缓慢起吊。待楼梯板吊装至作业面上 500mm 处略作停顿，根据楼梯板方向调整，就位时要求缓慢操作，严禁快速猛放，以免造成楼梯板震折损坏，楼梯板基本就位后，根据控制线，利用撬棍微调、校正。

3）楼梯上、下口进行锚固灌浆处理

预制楼梯就位后，预制楼梯与休息平台间节点按照图 4.2–33 进行处理。连接孔采用灌浆料封堵密实，表面由砂浆收面。不能马上进行灌浆处理的，要做好灌浆孔成品保护，防止异物进入灌浆孔。同时预制楼梯梯段采用多层板做好成品保护，防止梯段损坏。

9. 板缝打胶

看台板吊装完成后先覆盖保护，待上部施工结束没有其他工序交叉污染后，统一进行板缝打胶。一般选择与混凝土颜色接近的浅灰色耐候密封胶，先清理干净板缝灰渣浮尘，塞入背衬乙烯发泡棒，径向 20mm 缝选用直径 30mm 的背衬棒，环向 12mm 缝选用直径 15mm 的背衬棒，实际板缝有变化的要选用适合的背衬棒。板缝胶厚度为胶宽度的 1/3 ~ 1/2，胶面应平整均匀。

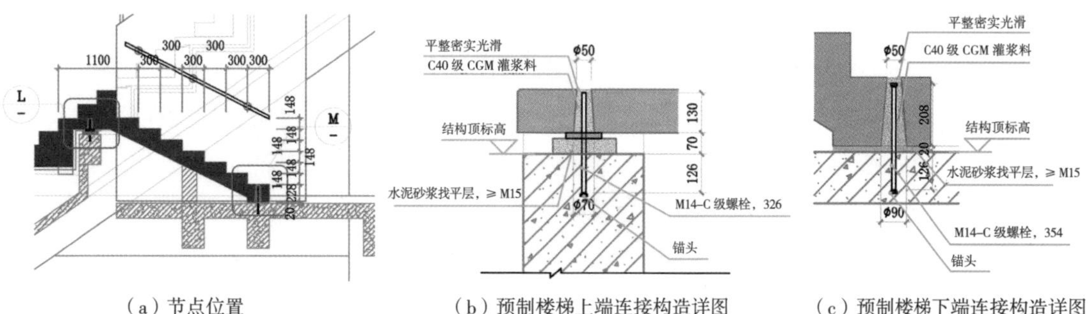

（a）节点位置　（b）预制楼梯上端连接构造详图　（c）预制楼梯下端连接构造详图

图 4.2–33　预制楼梯与休息平台节点构造

4.2.2.2 吊索具

1.T形看台板（L形板同）吊索具

T形看台板最大重量5.0t。每组配备6×37+1—ϕ19.5—6m（抗拉强度170kg，$S_{破}$=19.65t）钢丝绳两根，5t捯链一台，专用吊件一只。

初代吊索具设计：

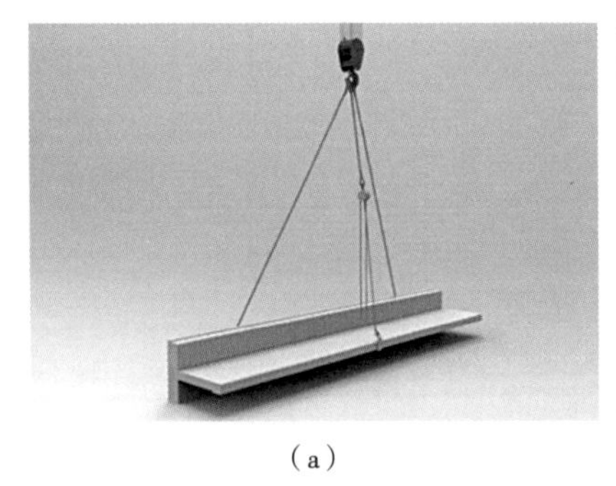

（a）

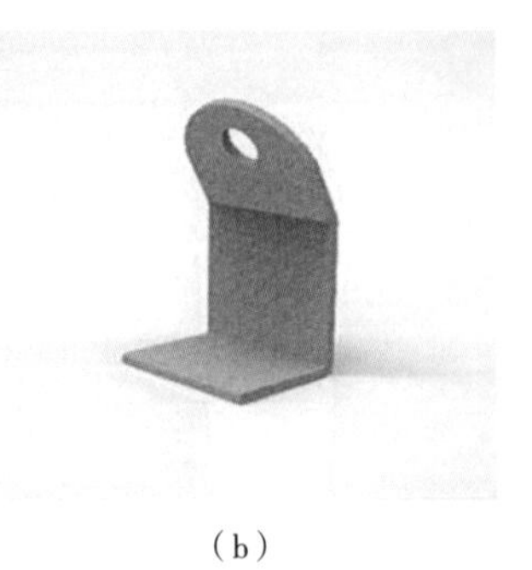

（b）

图4.2-34　T、L形看台板吊装示意图及初代吊索具

本吊索具形式简单，靠自重和钢丝绳角度满足受力方向与吊装行进方向的相互稳定性，对于异常情况，剧烈晃动、倾斜、滑移等，没有防护措施。图4.2-34为初代吊索具示意。

优化版吊索具设计：

增加了锁紧螺栓，螺栓增加顶紧钢板，可以增大接触面积，底部托住看台板的同时，上部紧固，达到控制滑移的目的，进一步保障了安装安全性。

此类T形板自重5.0t，分三个吊点，T形翼板有分布在翼板一面对称的2个预埋吊环，另一吊点设在腹板上，采用自行设计的T、L形看台板专用吊件卡在腹板前端中心，将看台板专用吊件用M20固定螺栓拧紧。图4.2-35为优化以后吊索具示意图。

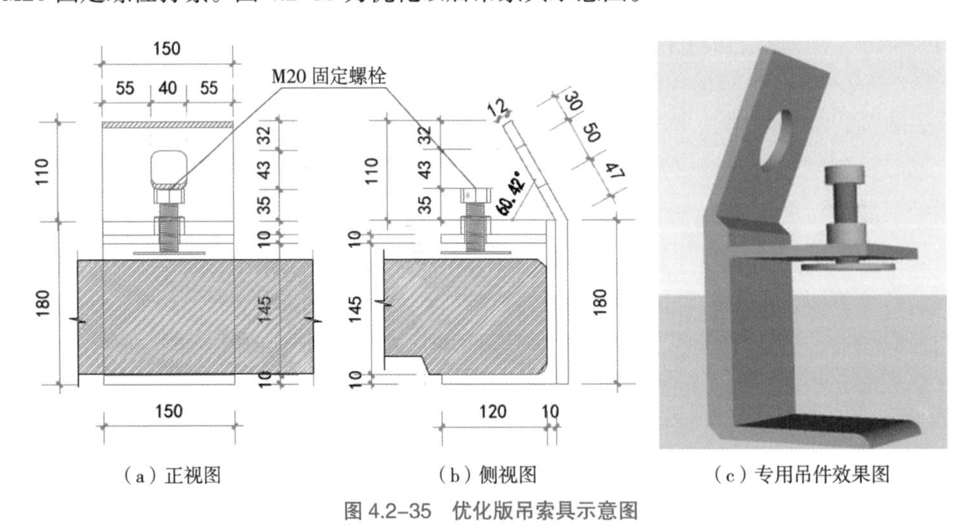

（a）正视图　（b）侧视图　（c）专用吊件效果图

图4.2-35　优化版吊索具示意图

2根钢丝绳的一端分别挂在吊车大钩上，另一端用U形卸扣与构件背面的预埋吊环相连接；一台捯链一端挂在吊车大钩上，另一端与专用吊件用U形卸扣相连接，并挂好安全绳。吊装的时候专用吊件钩在构件平板端中心位置，离地500mm左右时调整捯链使构件面水平，然后再进行正常吊装。

2. U形看台板吊索具

每组配备6×37+1—ϕ21.5—6m钢丝绳2根，5t捯链2台，M20吊环2个。

此类 U 形板自重 7 ~ 9t，分四个吊点，U 形板翼板有分布在翼板一面对称的 2 个预埋螺栓和吊装的耳板，另两吊点分布在对面腹板上使用 2 个 5t 捯链与预埋的吊装吊环连接。

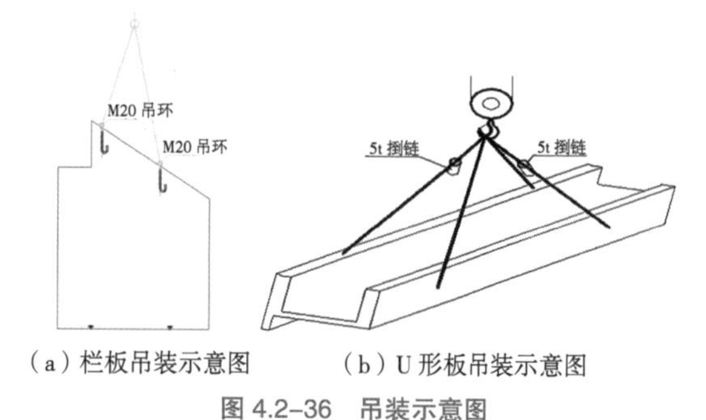

（a）栏板吊装示意图　（b）U 形板吊装示意图

图 4.2-36　吊装示意图

2 根钢丝绳，一端分别挂在吊车大钩上，另一端用 U 形卸扣与构件背面的预埋吊环相连接；2 台捯链，一端分别挂在吊车大钩上，另一端用吊环（拧紧在构件预埋螺母上）与构件相连接，并且挂上安全绳，吊装的时候离地 500mm 左右时调整捯链使构件面水平，然后再进行正常吊装。图 4.2-36 为 U 形看台板及栏板吊装示意图。

3. 栏板吊索具

每组配备 6 × 37+1—ϕ 21.5—170 两根钢丝绳，一根 2m，一根 2.68m，M20 吊环 2 个。

2 根钢丝绳，一端分别挂在吊车大钩上，另一端用吊环与栏板连接，平稳起吊。

4. 踏步板吊索具

首先把成垛踏步用 10t 吊带从场外吊至安装位置附近，然后再单个分散安装。

每组配备 1.5t 吊带两条，ϕ 25 × 300 钢筋 2 根。

2 根吊带，一端分别挂在吊车大钩上，另一端与插到吊装孔内的钢棍相连接，进行吊装。

4.2.2.3 设备

1. 中、高区看台板采用塔式起重机为主的吊装机械

土建主体结构施工时，沿体育场椭圆形主体结构的外围设置了 8 台塔式起重机，如图 4.2-37 所示，分别是 2 台 STT553 塔式起重机、2 台 T600 塔式起重机、4 台 ST 603 塔式起重机，塔式起重机臂长普遍为 60m，基本能够覆盖中区以上看台板范围，塔式起重机在 60m 位置最大吊重 9t，看台板最重的是中区、包厢区、高区等各区段的 U 形板，其中包厢区最下层的 U 形板，重量为 8.529t，塔式起重机基本能满足中区以上（含包厢、高区）看台板安装需求，图 4.2-38 为塔式起重机安装中区、包厢区、高区看台板示意图。

个别中区、包厢区有看台板超出塔式起重机覆盖范围，或者存在重量较大超过塔式起重机额定吊重的情况，利用场内钢结构吊装的 1250t 履带起重机配合安装。

2. 低区看台板采用汽车起重机为主的吊装机械

低区（池座）看台板需要待钢结构罩棚安装卸载并拆除支撑胎架后从场内安装，从预留钢栈道将看台板用拖车运到场内，使用汽车起重机进行看台板的安装。低区东、南、西侧上部最高处（± 0.00m 处）看台板距离场内汽车起重机水平距离 36m 左右，垂直距离 11m，看台板最大重量 4t，经查汽车起重机相关性能参数，用 STC800TC 汽

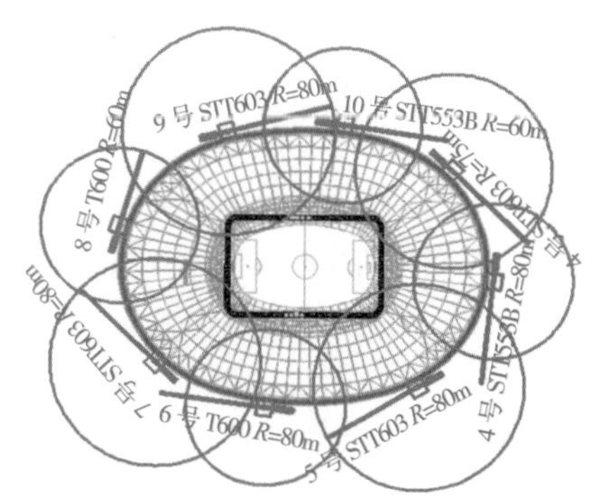

图 4.2-37　沿体育场外围设置的塔式起重机平面位置示意图

车起重机可以满足安装需求。使用 3 台 STC800TC 汽车起重机，分 3 个吊装班组同时进行安装，图 4.2–39 为汽车起重机安装低区看台板示意图。

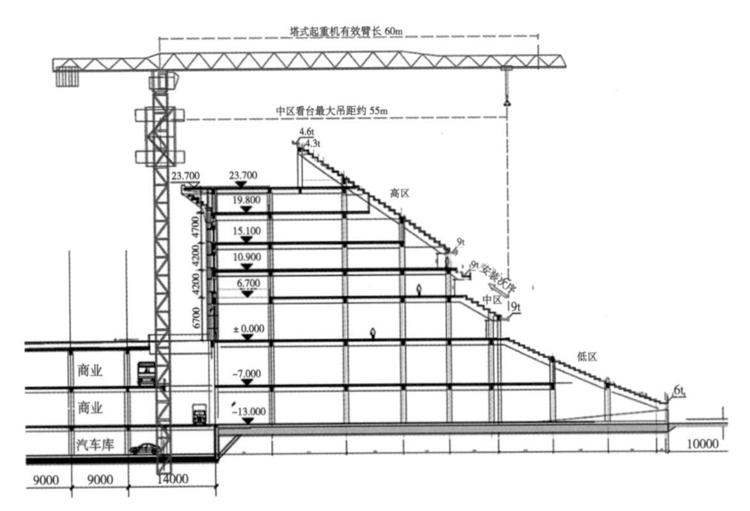

图 4.2–38　塔式起重机安装中区、包厢区、高区看台板示意图

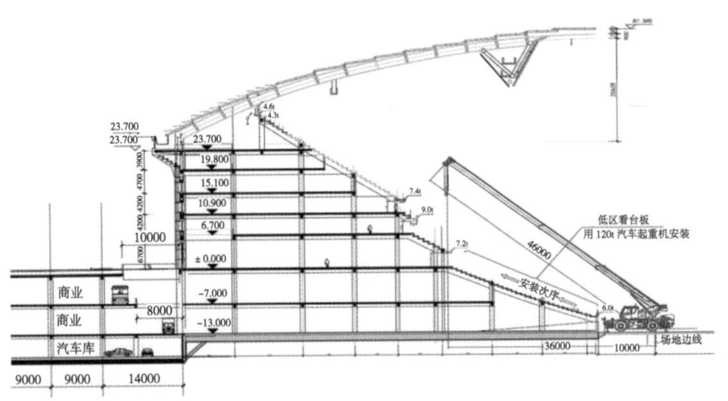

图 4.2–39　汽车起重机安装低区看台板示意图

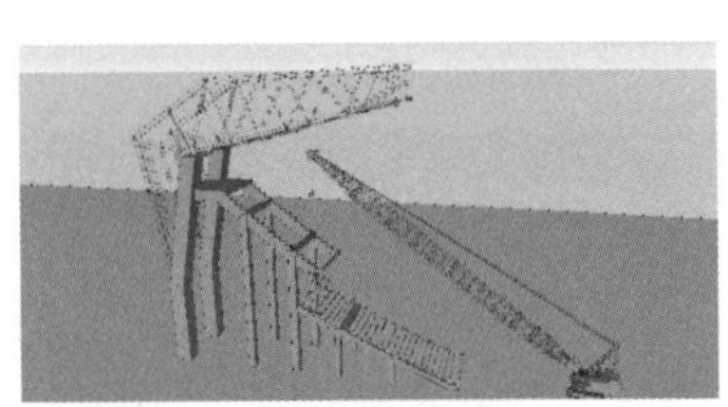

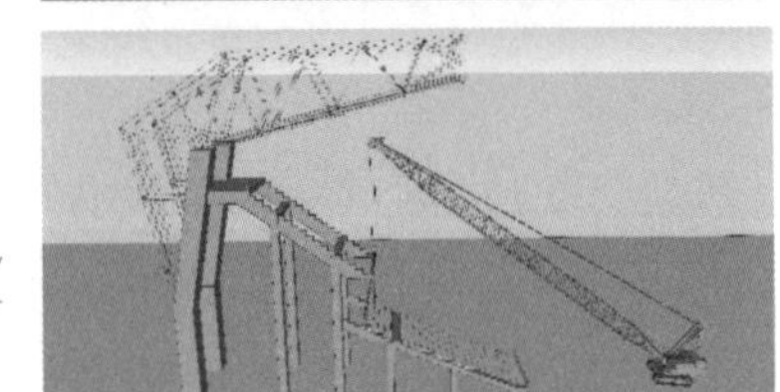

图 4.2–40　方案一示意图

4.2.2.4　重叠部分吊装方案

低区北侧（北侧双层球迷区）看台板在高区结构斜板下，最远的伸进约 9.3m 左右，结构净空 4m，板重 3 ~ 5t。该部位看台板安装时，要求吊臂长（斜臂长约 47.8m）、吊臂的水平角度低（最小 21°），一般汽吊车难以满足要求，为此对该部位设计了三种吊装方案，如图 4.2–40 ~ 图 4.2–42 所示，根据现场实际情况选择方案三实施吊装。

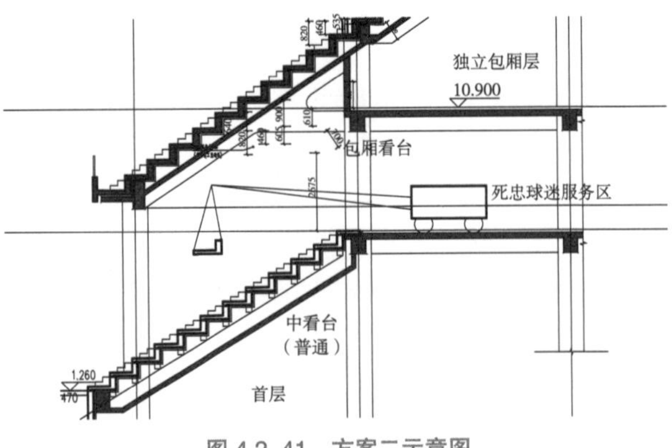

图 4.2–41　方案二示意图

方案一

采用后吊装上部看台方式，因上部看台板需要满足整体安装需求，提前安装，所以此顺序不能满足，不予考虑。

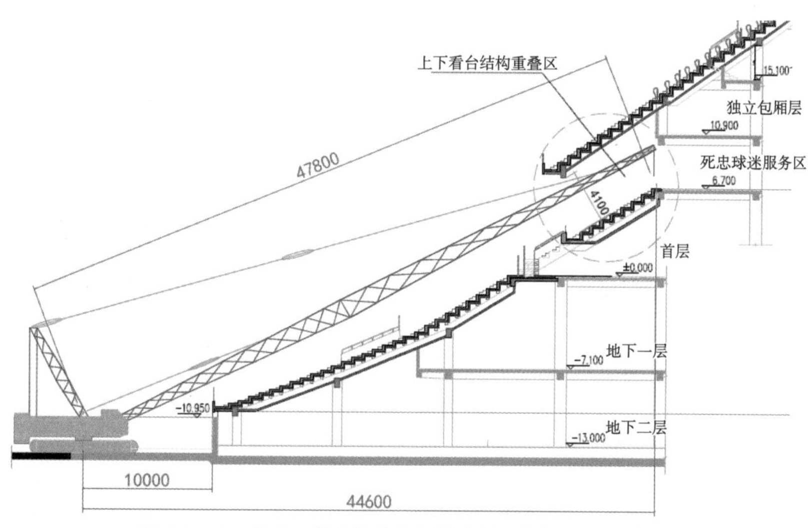

图 4.2-42　方案三局部狭小空间看台板用履带起重机吊装

方案二

采用在楼层上，设置曲臂吊，将场内看台板拉进看台板对应位置安装的方法；但经核算，曲臂吊整体重量过高，不满足北侧双层球迷服务区顶板结构荷载要求，故不予考虑。

方案三

经综合考虑，采用 SCC2500C—250t 履带起重机进行安装。另外因为净空较小，需采取缩短钢丝绳、调整看台板吊点距离等措施。

4.2.2.5　各专业安装施工

1. 电气安装

根据设计方案，看台板安装后，由专业施工人员进行电气安装。基本流程为：先穿电线，留够外露长度，接好预留灯盒，安装进看台板预留缺口，打胶封闭。图 4.2-43 ~ 图 4.2-45 为灯盒与面板安装示意及现场安装图。

2. 等电位施工

等电位专业设计方案，在预制看台板内预埋了镀锌钢板埋件，埋件与看台板内钢筋骨架焊

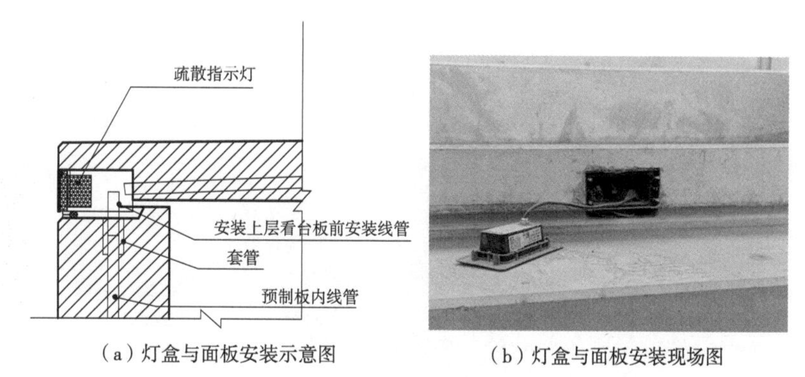

（a）灯盒与面板安装示意图　　（b）灯盒与面板安装现场图

图 4.2-43　灯盒与面板安装

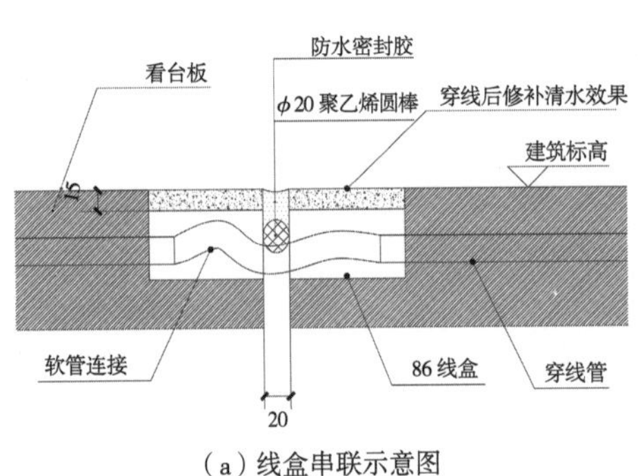

（a）线盒串联示意图

（b）线盒串联现场图

图 4.2-44　线盒串联

图 4.2-45　线盒上下串联

接连接，结构现浇看台梁上，同样预埋了镀锌扁钢，专业人员将二者焊接连接，形成看台防雷闭环。图 4.2-46、图 4.2-47 为看台板、看台梁与预埋件连接示意及现场图。

3. 栏杆安装

栏杆、栏板应用坚固、耐久的材料制作，并能承受荷载规范规定的水平荷载 1.0kN/m；高度全部在 1.10m 以上；离楼面或屋面 0.10m 高度内不留空；防护栏杆处杆件净距不大于 0.11m，防止使用者穿越坠落。

栏杆与预制看台板的预留埋件进行焊接，然后对焊接区域预留的凹陷区域进行填充、抹平，保证表面观感一致，色调与整体看台协调，现场栏杆安装见图 4.2-48。

4. 板缝处理

看台板吊装完成后进行板缝打胶，选择与混凝土颜色接近的浅灰色耐候密封

（a）

（b）

图 4.2-46　设计连接方式

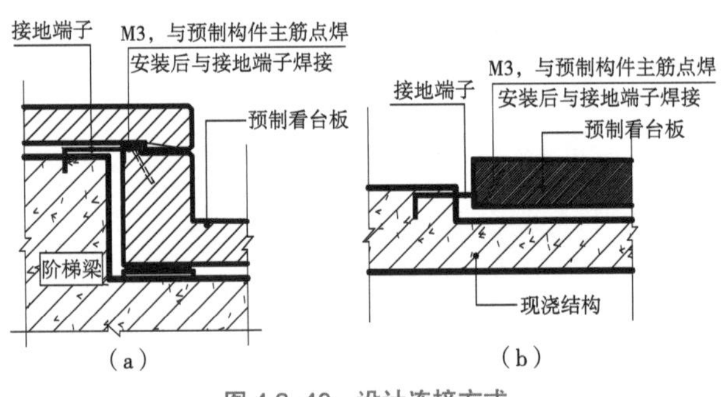

图 4.2-47　看台板预留与现浇结构预留

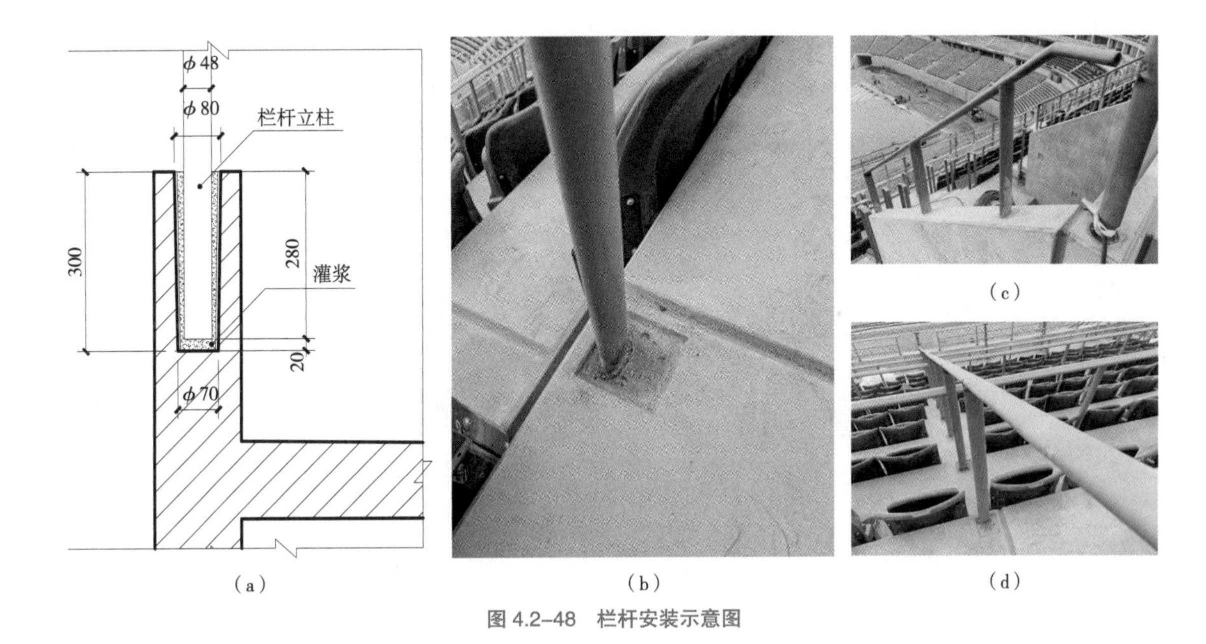

（a）　（b）　（c）　（d）

图 4.2–48　栏杆安装示意图

胶，密封胶材质推荐使用改性硅烷类和聚氨酯类，密封胶品牌应首选进口品牌。所选用的密封胶须有产品质量证明书和送检报告，取样送检须满足设计和相关规范要求。

正式施工前，应根据设计提供的颜色要求进行配色并施工样板，与整体看台板颜色应保持协调，经设计确认后方可下单。

密封胶所使用的底涂、辅料等配件应选择与密封胶相配套的产品。密封胶进场时应注意生产日期和有效期，避免使用过期的密封胶。

先清理干净板缝灰渣浮尘，塞入背衬乙烯发泡棒，径向 20mm 缝选用直径 30mm 的背衬棒，环向 12mm 缝选用直径 15mm 的背衬棒，实际板缝有变化的要选用适合的背衬棒，打胶节点设计及效果见图 4.2–49。

板缝胶厚度为胶宽度的 1/3 ~ 1/2，胶面平整均匀。

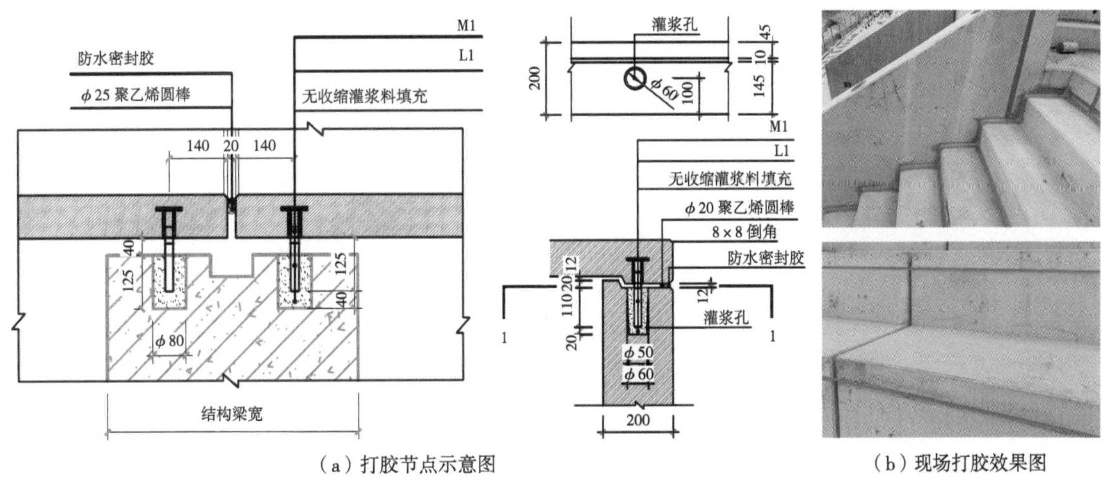

（a）打胶节点示意图　（b）现场打胶效果图

图 4.2–49　打胶节点及效果图

通过对吊装方案的研究，克服了较远距离、跨度大、构件形式复杂、安装精度要求高、与混凝土和钢结构等专业交叉施工的影响大等特点，切实保证了预制看台板安装顺利实施，为日后同类工程施工提供出可供借鉴的经验。工体看台板安装完成后 BIM 模型及实际效果见图 4.2–50、图 4.2–51。

图 4.2–50　工体安装完成模型效果

图 4.2–51　工体安装完成实际效果

4.3　弧形预制混凝土看台动力性能测试

4.3.1　测试内容

对单个直线 T 形板、弧线 T 形板，工人体育馆高区西北角悬挑区域（轴 S48 ~ 轴 S49），高区西北角区域（轴 S48 ~ 轴 S49），高区南北向区域（轴 30 ~ 轴 31）进行了环境激励与施加外部激励方式下的动力响应试验。

4.3.2　动力响应测试方法

采用 941B 型测振仪，将振动数据传导至 DASP—V11 工程版专用数据采集及分析软件。

4.3.3　测试方案制定及测点布置

4.3.3.1　测试方案工况设计

模拟现场观众观看比赛时的运动状态，假定所有观众均跟随现场音乐进行有节奏的上下晃动。根据音乐节奏的快慢，选择四种频率的音乐进行对看台板及看台在工作状态下的振动响应进行测试。测试采用的激励方式包括：

激励一：荷载频率 2Hz，采用音乐“Dream It Possible”。

激励二：荷载频率 2.37Hz，采用音乐“More”。

激励三：荷载频率 2.87Hz，采用音乐“Pop/Stars”。

激励四：荷载频率 2.97Hz，采用音乐“Rise”。

激励五：荷载频率 2.63Hz，采用音乐“国安之歌”。

激励六：环境激励（地脉动）。

激励七：看台在人群受迫振动后的自由振动。

4.3.3.2 测试方案与测点布置

课题组从振动理论角度出发，针对不同测试对象，选择了不同的看台区域进行测试，使得测试极具针对性，据此项目组制定了详尽的测试方案和测点布置方案。

1. 直线 T 形板测试方案

测试用的直线 T 形板尺寸为 8.9m × 1m，共布置 5 个测点，如图 4.3-1 所示。布置测点时，采用火性油泥粘结方式在看台板表面固定传感器，要确保传感器与看台板面垂直，人在晃动跳跃时传感器不发生水平侧移。看台板在场外已提前安装固定，现场选用了 13 人对看台板在工作状态下的振动响应进行了测试。采用激励方式为激励一、激励二、激励三、激励四。

2. 弧线 T 形板测试方案

测试用的弧线 T 形板尺寸为 9.2m × 1m，共布置 5 个测点，如图 4.3-2 所示。布置测点时，采用火性油泥粘结方式在看台板表面固定传感器，要确保传感器与看台板面垂直，人在晃动跳跃时传感器不发生水平侧移。看台板在场外已提前安装固定，现场选用了 15 人对看台板在工作状态下的振动响应进行了测试。采用激励方式为激励一、激励二、激励三、激励四。

3. 高区西北角悬挑区域（S48 轴 ~ S49 轴）测试方案

测试区域为 S48、S49 轴，A5、A6 轴高区悬挑部分，测试区域尺寸为：6.630m ×（6 ~ 7.3）m。布置测点时，看台斜梁测点传感器竖向布置在梁底面，结构板测点传感器竖向布置在板下表面。从看台与楼面相交部位到悬挑部位外侧四等分，S48 轴到 S49 轴二等分，测点布置在其相交点上，测点共布置 13 个，测点编号及具体位置、电脑及采集仪放置位置见图 4.3-3。现场选择了 50 人对此看台区域在工作状态下的振动响应进行了测试。采用激励方式为激励一、激励二、激励三、激励四、激励六、激励七。

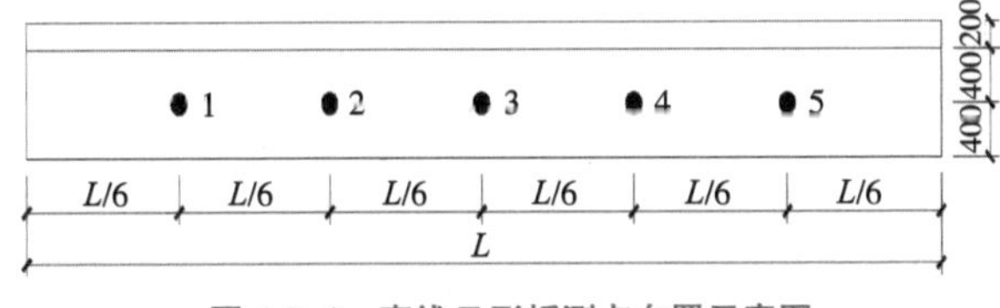

图 4.3-1 直线 T 形板测点布置示意图

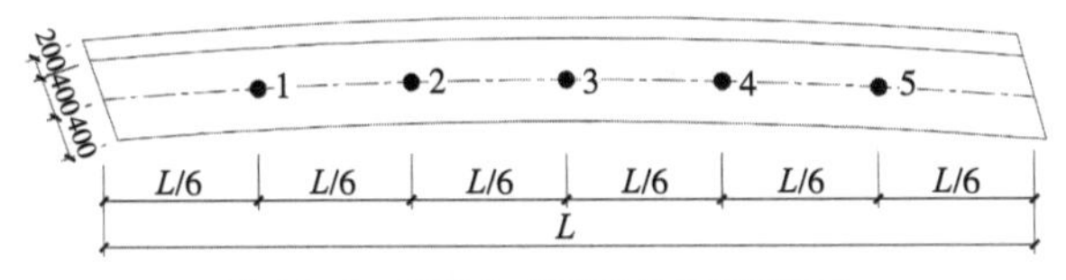

图 4.3-2 弧线 T 形板测点布置示意图

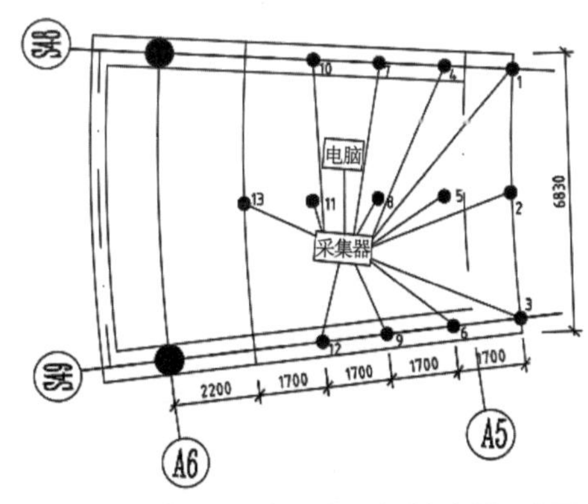

图 4.3-3 高区西北角悬挑区域测点布置示意图

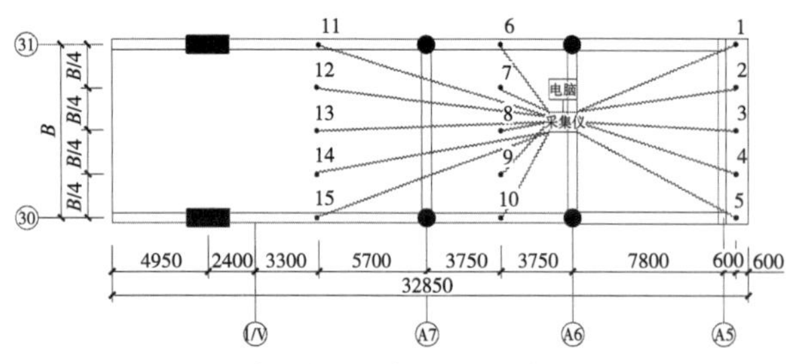

图 4.3-4　高区南北向栈桥区域测点布置示意图

4. 高区南北向栈桥区域（30 轴 ~ 31 轴）测试方案

测试区域为 30 轴、31 轴整个看台区域，测试区域尺寸为：27.9m × 9m。布置测点时，看台斜梁测点传感器竖向布置在梁底面，结构板测点传感器竖向布置在板下表面。测点分别布置在 A5 轴外侧结构板下表面，A6、A7 轴中间部位斜梁侧面、结构板下表面，A7、1/V 轴中间部位斜梁侧面、结构板下表面，共布置 15 个测点。测点编号及具体位置、电脑及采集仪放置位置如图 4.3-4 所示。

现场选择 200 人对此看台区域在工作状态下的振动响应进行了测试。采用激励方式为激励一、激励二、激励三、激励五、激励六。

4.3.4　直线 T 形板、弧线 T 形板动力响应分析

4.3.4.1　直线 T 形板振动时程分析

由 13 人按照现场音乐的频率进行有节奏晃动时进行工作状态振动测试，其时程分析结果见表 4.3-1 ~ 表 4.3-4。

表 4.3-1　　直线 T 形板在激励一的加速度幅域指标（m/s^2）

指标＼测点	1	2	3	4	5
最大值	2.40	2.41	1.99	2.23	2.09
最小值	−2.37	−1.94	−2.21	−2.11	−1.97
有效值	0.24	0.31	0.33	0.31	0.22

表 4.3-2　　直线 T 形板在激励二的加速度幅域指标（m/s^2）

指标＼测点	1	2	3	4	5
最大值	1.53	2.3	2.27	1.76	1.21
最小值	−1.18	−1.65	−1.76	−1.58	−1.26
有效值	0.25	0.35	0.37	0.34	0.23

表 4.3-3　　直线 T 形板在激励三的加速度幅域指标（m/s^2）

指标＼测点	1	2	3	4	5
最大值	1.39	1.96	2.05	1.76	1.36
最小值	−1.56	−1.63	−1.59	−1.43	−1.35
有效值	0.29	0.40	0.43	0.38	0.25

表 4.3–4　　直线 T 形板在激励四的加速度幅域指标（m/s^2）

指标 \ 测点	1	2	3	4	5
最大值	2.16	3.31	3.50	3.23	2.34
最小值	–2.05	–2.63	–2.88	–2.58	–2.07
有效值	0.56	0.83	0.90	0.77	0.49

在对直线T形板施加激励一、激励二、激励三时，其有效加速度值在正常情况下不大于0.45。对直线 T 形板施加激励四时，直线 T 形板振动加速度显著增大，可考虑出现共振现象。

4.3.4.2　直线 T 形板振动频谱分析

由 13 人按照现场音乐的频率进行有节奏晃动时进行工作状态振动测试，FFT 分析点数取 8192，平均方式采用线性平均，其频谱分析结果见图 4.3–5 ~ 图 4.3–8。

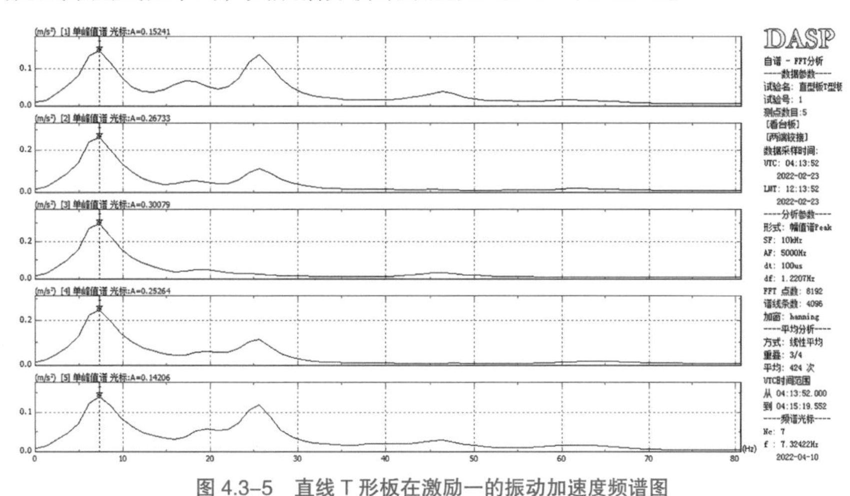

图 4.3–5　直线 T 形板在激励一的振动加速度频谱图

其一阶频率识别结果为：7.32Hz。

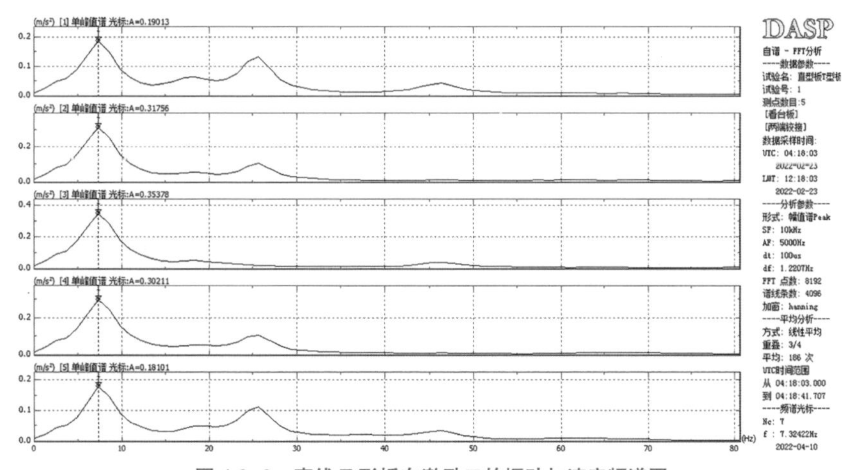

图 4.3–6　直线 T 形板在激励二的振动加速度频谱图

其一阶频率识别结果为：7.32Hz。

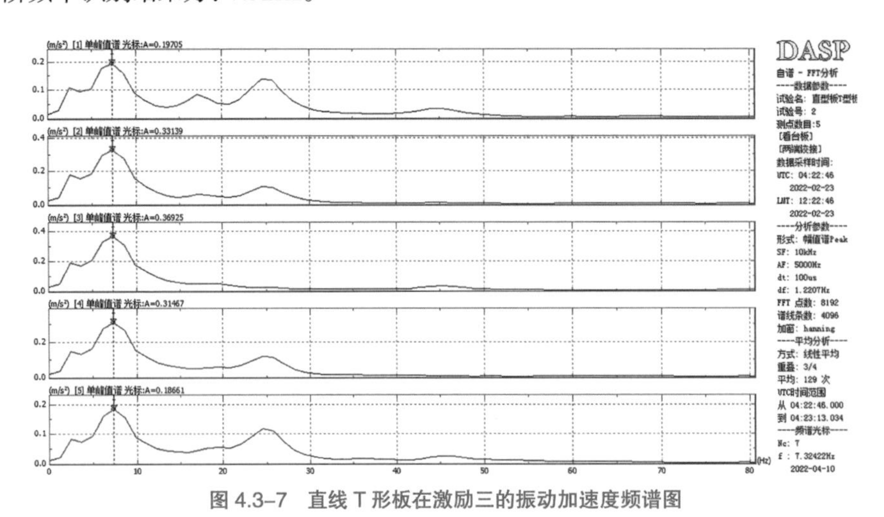

图 4.3–7　直线 T 形板在激励三的振动加速度频谱图

其一阶频率识别结果为：7.32Hz。

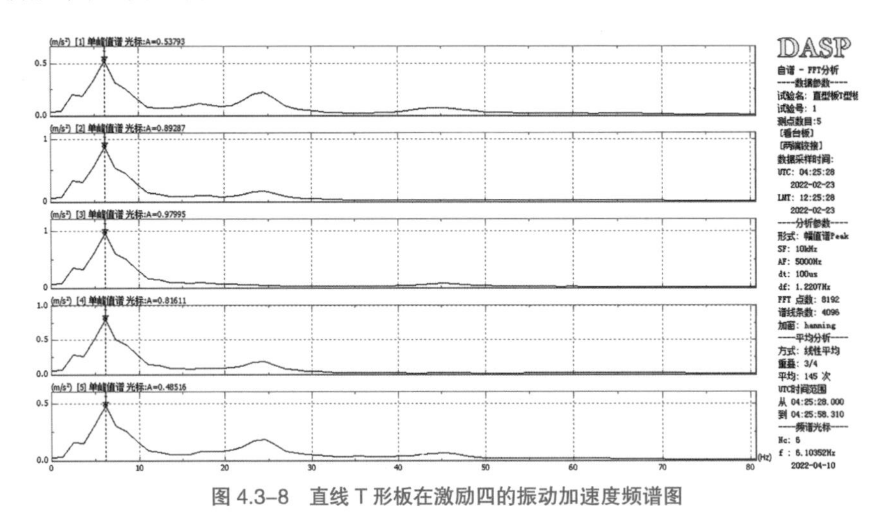

图 4.3–8　直线 T 形板在激励四的振动加速度频谱图

其一阶频率识别结果为：6.1Hz。

通过对直线 T 形板在激励一、激励二、激励三、激励四下的振动测试，其一阶频率识别见表 4.3–5。直线 T 形板振动频率特性主要为中低频 6.1 ~ 7.32Hz，并在此频段内振动加速度达到最大值。

表 4.3–5　　直线 T 形板振动一阶频率识别表（Hz）

工况	激励一	激励二	激励三	激励四
一阶频率	7.32	7.32	7.32	6.10

4.3.4.3　弧线 T 形板振动时程分析

由 15 人按照现场音乐的频率进行有节奏运动时进行工作状态振动测试，其时域分析结果见表 4.3–6 ~ 表 4.3–9。

表 4.3-6　　弧线 T 形板在激励一的加速度幅域指标（m/s^2）

指标＼测点	1	2	3	4	5
最大值	0.82	1.29	1.51	1.38	1.28
最小值	−0.80	−1.20	−1.30	−1.29	−1.19
有效值	0.17	0.25	0.29	0.29	0.25

表 4.3-7　　弧线 T 形板在激励二的加速度幅域指标（m/s^2）

指标＼测点	1	2	3	4	5
最大值	0.97	1.43	1.60	1.48	1.21
最小值	−0.93	−1.27	−1.39	−1.36	−1.16
有效值	0.21	0.30	0.34	0.34	0.30

表 4.3-8　　弧线 T 形板在激励三的加速度幅域指标（m/s^2）

指标＼测点	1	2	3	4	5
最大值	1.38	1.56	1.59	1.77	1.76
最小值	−1.88	−1.86	−1.73	−1.58	−1.49
有效值	0.27	0.35	0.39	0.39	0.35

表 4.3-9　　弧线 T 形板在激励四的加速度幅域指标（m/s^2）

指标＼测点	1	2	3	4	5
最大值	1.52	1.60	1.78	1.93	1.71
最小值	−1.38	−1.34	−1.34	−1.58	−1.45
有效值	0.29	0.38	0.42	0.42	0.37

在对弧线 T 形板施加激励一、激励二、激励三、激励四的四个工况下，其有效加速度值均不大于 0.42m/s^2。弧线 T 形板在激励四下有效加速度值达到最大，测点 3 达到 0.42m/s^2。

4.3.4.4　弧线 T 形板振动频谱分析

由 15 人按照现场音乐的频率进行有节奏晃动时进行工作状态振动测试，FFT 分析点数取 8192，平均方式采用线性平均，其频谱分析结果见图 4.3-9 ~ 图 4.3-12。

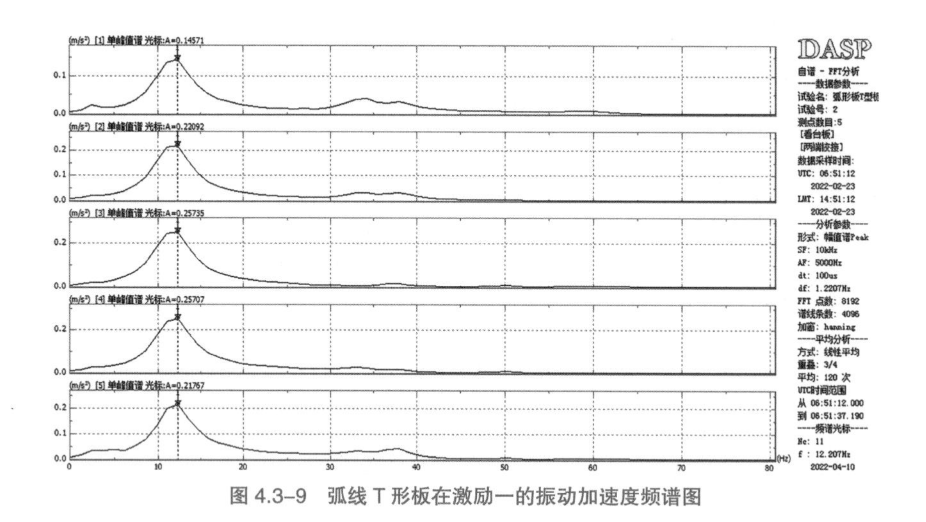

图 4.3–9　弧线 T 形板在激励一的振动加速度频谱图

其一阶频率识别结果为：11.0 ~ 12.21Hz。

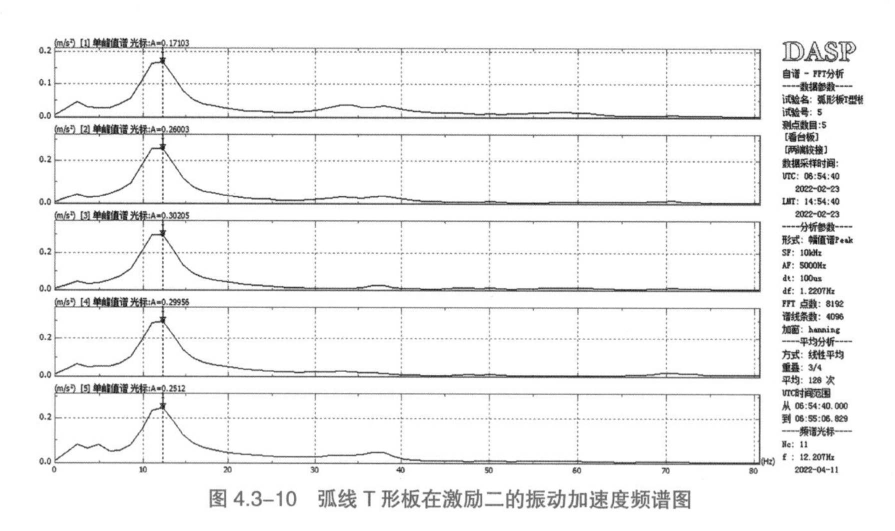

图 4.3–10　弧线 T 形板在激励二的振动加速度频谱图

其一阶频率识别结果为：11.0 ~ 12.21Hz。

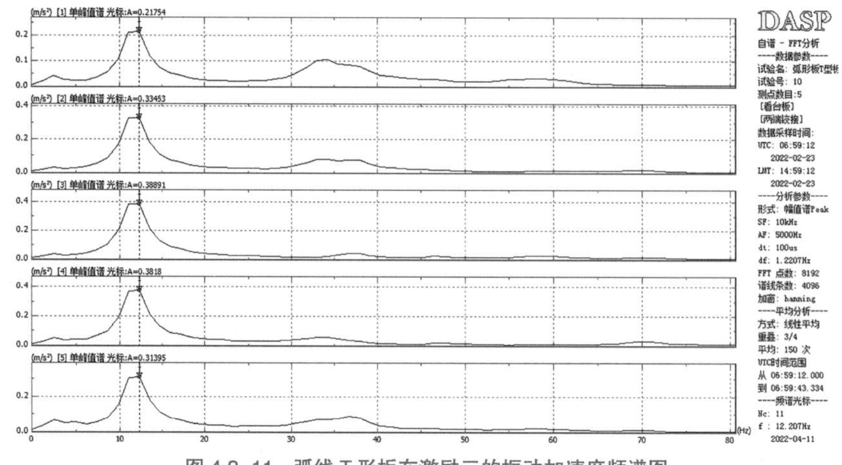

图 4.3–11　弧线 T 形板在激励三的振动加速度频谱图

其一阶频率识别结果为：11.0 ~ 12.21Hz。

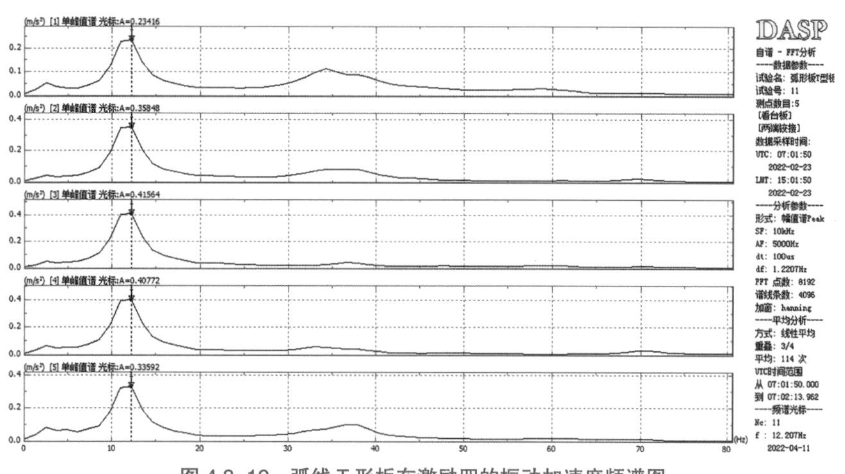

图 4.3–12　弧线 T 形板在激励四的振动加速度频谱图

其一阶频率识别结果为：11.0 ~ 12.21Hz。

通过对弧线 T 形板在激励一、激励二、激励三、激励四下的振动测试，其一阶频率识别见表 4.3–10。弧线 T 形板振动频率特性主要为中低频 11.0 ~ 12.21Hz，并在此频段内振动加速度达到最大值。

表 4.3–10　　弧线 T 形板振动一阶频率识别表（Hz）

工况	激励一	激励二	激励三	激励四
一阶频率	11.0 ~ 12.21	11.0 ~ 12.21	11.0 ~ 12.21	11.0 ~ 12.21

4.3.5　高区西北角悬挑区域（S48 轴 ~ S49 轴）看台结构动力响应分析

4.3.5.1　有节奏运动下看台结构振动加速度响应测试

1. 有节奏运动下高区西北角悬挑区域看台结构振动时程分析

由 50 人按照现场音乐的频率进行有节奏运动时对该悬挑部位看台结构进行工作状态振动加速度响应测试，其时程分析结果见表 4.3–11 ~ 表 4.3–14。

表 4.3–11　　高区西北角悬挑区域在激励一的加速度幅域指标（m/s^2）

指标＼测点	1	2	3	4	5	6	7	8	9	10	11	12	13
最大值	0.133	0.352	0.090	0.044	0.072	0.064	0.029	0.129	0.049	0.023	0.083	0.044	0.032
最小值	–0.147	–0.410	–0.103	–0.045	–0.064	–0.056	–0.030	–0.107	–0.048	–0.023	–0.085	–0.044	–0.032
有效值	0.018	0.049	0.019	0.009	0.011	0.011	0.007	0.027	0.011	0.005	0.015	0.007	0.006

表 4.3-12　　高区西北角悬挑区域在激励二的加速度幅域指标（m/s^2）

指标\测点	1	2	3	4	5	6	7	8	9	10	11	12	13
最大值	1.314	0.487	0.512	0.235	0.287	0.276	0.146	0.394	0.185	0.123	0.386	0.116	0.144
最小值	−1.131	−0.365	−0.356	−0.143	−0.162	−0.196	−0.104	−0.353	−0.187	−0.092	−0.374	−0.010	−0.109
有效值	0.118	0.069	0.075	0.042	0.043	0.048	0.031	0.102	0.037	0.023	0.057	0.023	0.020

表 4.3-13　　高区西北角悬挑区域在激励三的加速度幅域指标（m/s^2）

指标\测点	1	2	3	4	5	6	7	8	9	10	11	12	13
最大值	1.746	0.377	0.475	0.258	0.299	0.271	0.174	0.474	0.233	0.136	0.423	0.133	0.101
最小值	−1.573	−0.271	−0.405	−0.153	−0.178	−0.190	−0.106	−0.400	−0.180	−0.084	−0.388	−0.121	−0.075
有效值	0.235	0.096	0.101	0.073	0.070	0.069	0.051	0.120	0.056	0.034	0.074	0.034	0.023

表 4.3-14　　高区西北角悬挑区域在激励四的加速度幅域指标（m/s^2）

指标\测点	1	2	3	4	5	6	7	8	9	10	11	12	13
最大值	1.585	0.430	0.671	0.255	0.299	0.306	0.191	0.553	0.264	0.140	0.485	0.125	0.102
最小值	−1.713	−0.383	−0.461	−0.253	−0.242	−0.282	−0.167	−0.461	−0.208	−0.147	−0.586	−0.109	−0.076
有效值	0.216	0.090	0.103	0.059	0.060	0.068	0.040	0.125	0.050	0.027	0.073	0.030	0.018

在对高区西北角悬挑区域看台结构施加激励一、激励二、激励三、激励四四种工况下，其有效加速度值均不大于 0.235m/s²。高区西北角悬挑区域看台结构在激励三的有效加速度值达到最大，测点 1 达到 0.235m/s²。

2. 有节奏运动下高区西北角悬挑区域看台结构振动频谱分析

由 50 人按照现场音乐的频率进行有节奏运动，对该悬挑区域看台结构进行工作状态下振动加速度响应测试，FFT 分析点数取 8192，平均方式采用线性平均，其频谱分析结果见图 4.3-13 ~ 图 4.3-16。

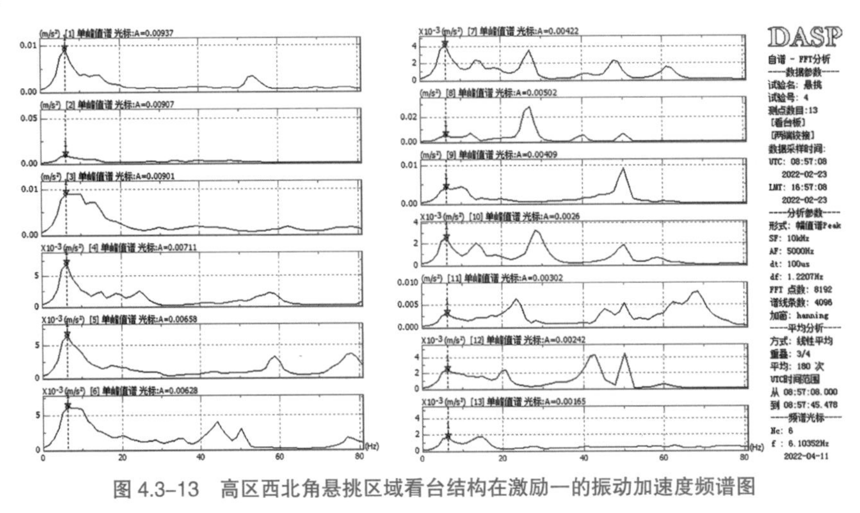

图 4.3-13　高区西北角悬挑区域看台结构在激励一的振动加速度频谱图

其一阶频率识别结果为：6.10Hz。

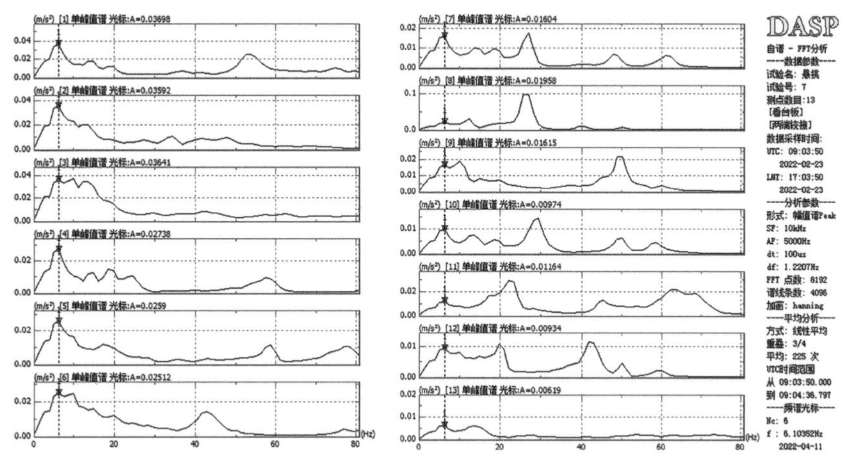

图 4.3-14　高区西北角悬挑区域看台结构在激励二的振动加速度频谱图

其一阶频率识别结果为：6.10Hz。

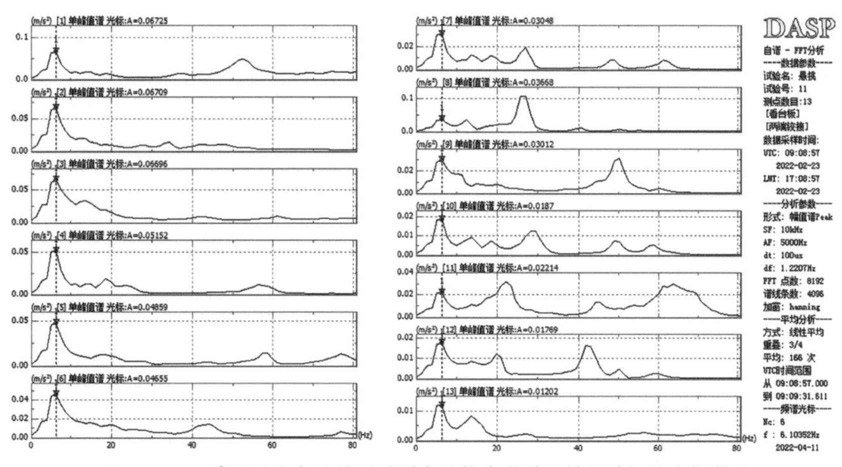

图 4.3-15　高区西北角悬挑区域看台结构在激励三的振动加速度频谱图

其一阶频率识别结果为：6.10Hz。

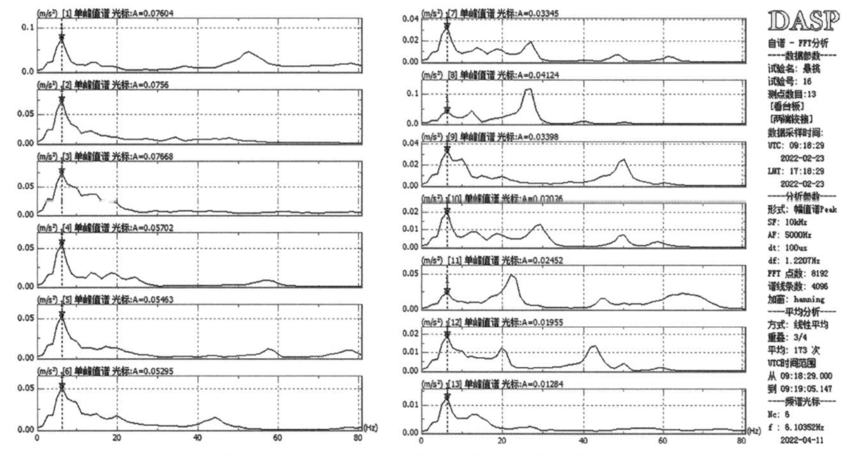

图 4.3-16　高区西北角悬挑区域看台结构在激励四的振动加速度频谱图

其一阶频率识别结果为：6.10Hz。

通过对高区西北角悬挑区域看台结构在激励一、激励二、激励三、激励四下的振动测试（测试时第一阶荷载频率分别取值 2.0Hz，2.37Hz，2.87Hz，2.97Hz），其一阶频率识别见表 4.3–15。通过测试，高区西北角悬挑区域看台结构振动频率特性主要为中低频 6.1Hz 附近，且当荷载频率为 2.87Hz 时看台结构振动加速度响应达到最大值。一般情况下，当荷载频率与楼盖的第一阶自振频率相等或者楼盖的第一阶自振频率是荷载频率的整数倍时，楼盖发生共振，振动加速度响应最大。因此，可推断高区西北角悬挑区域看台结构基频在 5.74Hz 附近。

表 4.3–15　　高区西北角悬挑区看台结构有节奏运动时一阶频率识别表（Hz）

工况	激励一	激励二	激励三	激励四
一阶频率	6.1	6.1	6.1	6.1

4.3.5.2　地脉动下看台结构振动加速度响应测试

根据高区西北角悬挑区域看台结构测点布置方案，在现场停止施工，没有结构激励条件下，采样频率取 200Hz，采集时间为 15min，共采集三组看台结构振动加速度数据。FTF 分析点数取 1024，d_f 值为 0.195Hz，其看台结构振动频谱测试分析如图 4.3–17 ~ 图 4.3–19 所示。

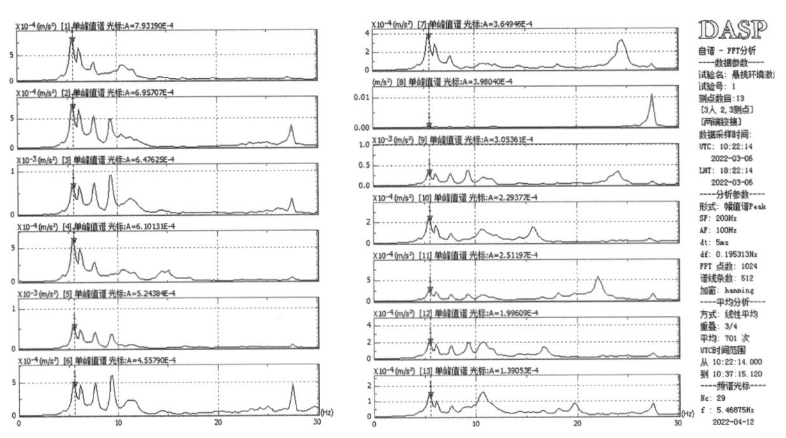

图 4.3–17　高区西北角悬挑区看台结构在地脉动下振动加速度频谱图（一）

其一阶频率识别结果为：5.47Hz。

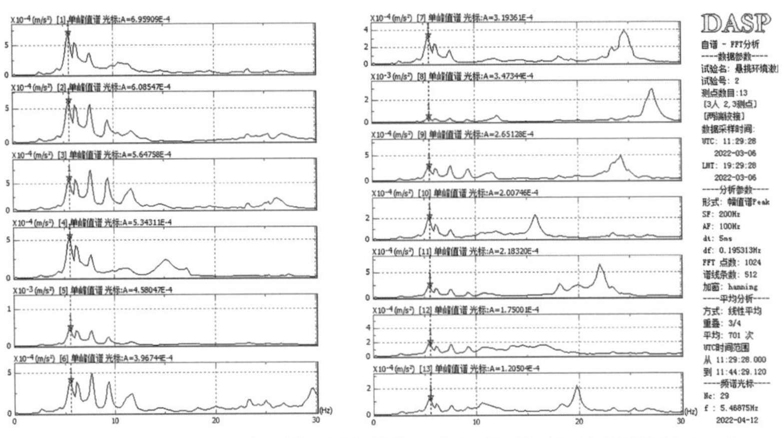

图 4.3–18　高区西北角悬挑区看台结构在地脉动下振动加速度频谱图（二）

其一阶频率识别结果为：5.47Hz。

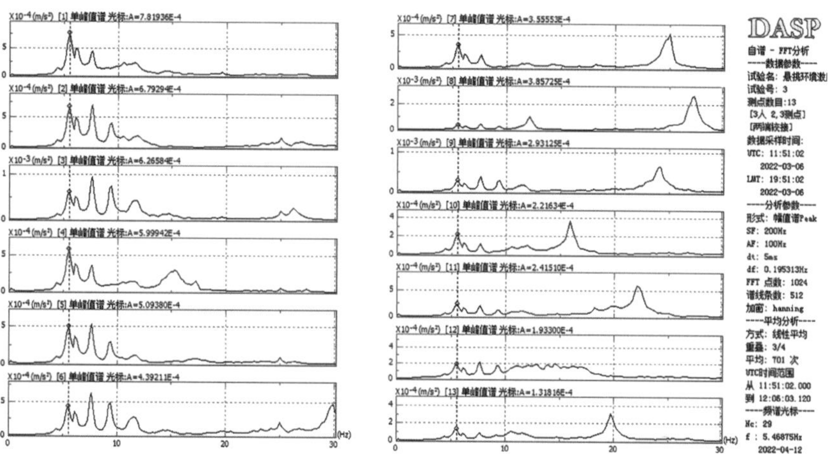

图 4.3-19　高区西北角悬挑区看台结构在地脉动下振动加速度频谱图（三）

其一阶频率识别结果为：5.47Hz。

通过对高区西北角悬挑区域看台结构在地脉动下的微振动测试，其一阶频率识别见表 4.3-16。通过测试，高区西北角悬挑区域看台结构振动频率特性主要为中低频 5.47Hz 附近。

表 4.3-16　　高区西北角悬挑区域看台结构振动一阶频率识别表（Hz）

地脉动	测试一	测试二	测试三
一阶频率	5.47	5.47	5.47

4.3.5.3　自由振动下看台结构振动加速度响应测试

1. 自由振动下高区西北角悬挑区域看台结构振动时程分析

由三人在看台测点 2、测点 3 有节奏跳动，停止跳动后，采集看台自由振动数据。取三组数据，其时程分析结果见表 4.3-17 ~ 表 4.3-19。

表 4.3-17　　高区西北角悬挑区看台结构自由振动下加速度幅域指标（一）(m/s^2)

指标＼测点	1	2	3	4	5	6	7	8	9	10	11	12	13
最大值	0.068	0.102	0.141	0.056	0.087	0.098	0.043	0.171	0.061	0.024	0.071	0.041	0.020
最小值	−0.060	−0.086	−0.141	−0.049	−0.077	−0.082	−0.039	−0.154	−0.065	−0.026	−0.070	−0.047	−0.020
有效值	0.010	0.012	0.016	0.007	0.010	0.011	0.005	0.019	0.008	0.003	0.011	0.004	0.002

表 4.3-18　　高区西北角悬挑区看台结构自由振动下加速度幅域指标（二）(m/s^2)

指标＼测点	1	2	3	4	5	6	7	8	9	10	11	12	13
最大值	0.053	0.076	0.103	0.047	0.068	0.073	0.043	0.187	0.045	0.028	0.075	0.027	0.019
最小值	−0.054	−0.074	−0.098	−0.044	−0.070	−0.063	−0.036	−0.205	−0.050	−0.026	−0.074	−0.034	−0.016
有效值	0.009	0.011	0.014	0.007	0.009	0.010	0.005	0.019	0.007	0.003	0.012	0.004	0.002

表 4.3-19　　高区西北角悬挑区看台结构自由振动下加速度幅域指标（三）（m/s^2）

指标＼测点	1	2	3	4	5	6	7	8	9	10	11	12	13
最大值	0.079	0.132	0.175	0.059	0.101	0.117	0.039	0.147	0.082	0.031	0.063	0.055	0.017
最小值	−0.057	−0.091	−0.142	−0.047	−0.081	−0.093	−0.040	−0.135	−0.060	−0.027	−0.075	−0.044	−0.016
有效值	0.009	0.012	0.016	0.007	0.009	0.011	0.004	0.013	0.007	0.003	0.009	0.004	0.002

2. 自由振动下高区西北角悬挑区域看台结构振动频谱分析

根据测点布置方案，在现场停止施工的条件下，采样频率取 200Hz，由三人在看台测点 2、测点 3 位置测点有节奏运动，停止跳动后，采集看台自由振动数据。振动加速度频谱分析时，FTF 分析点数取 512，d_f=0.39Hz，选择自由振动 0 ~ 5s 的振动加速度数据进行分析，其看台结构频谱分析结果见图 4.3-20 ~ 图 4.3-22。

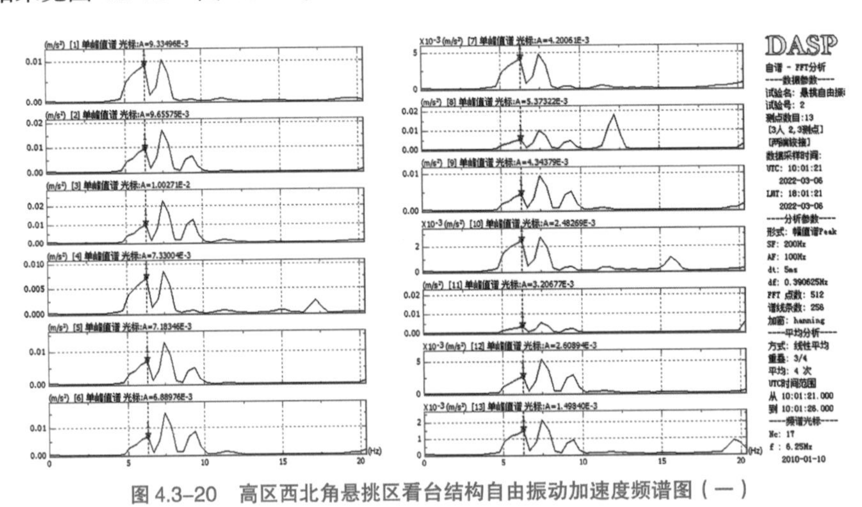

图 4.3-20　高区西北角悬挑区看台结构自由振动加速度频谱图（一）

其一阶频率识别结果为：6.25Hz。

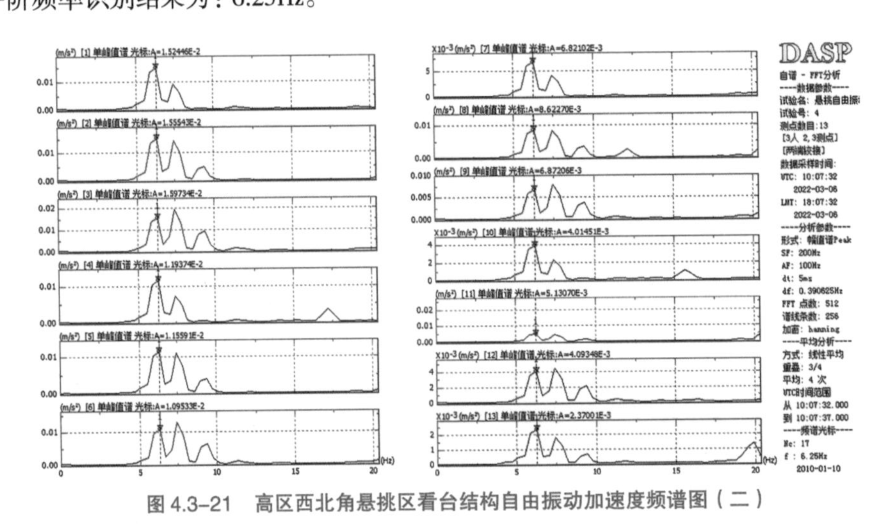

图 4.3-21　高区西北角悬挑区看台结构自由振动加速度频谱图（二）

其一阶频率识别结果为：6.25Hz。

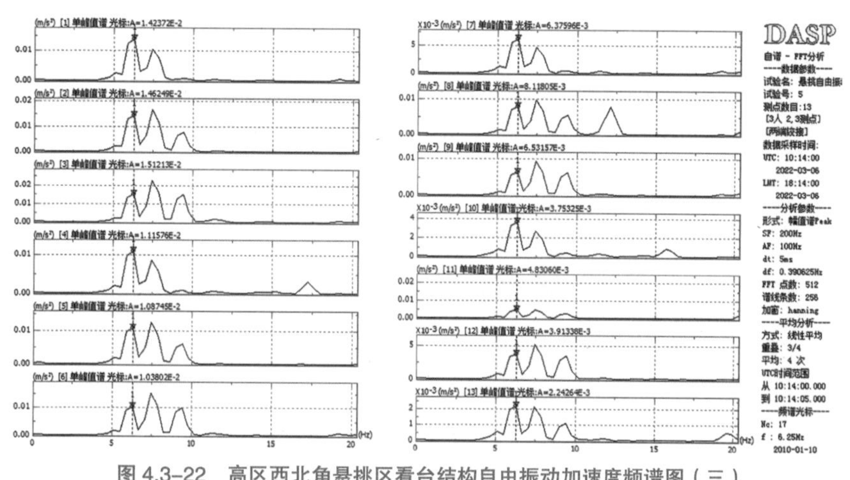

图 4.3–22　高区西北角悬挑区看台结构自由振动加速度频谱图（三）

其一阶频率识别结果为：6.25Hz。

通过对高区西北角悬挑区域看台结构在结构激励后的自由振动加速度进行测试，其一阶频率识别见表 4.3–20。通过测试，高区西北角悬挑区域看台结构自由振动频率特性主要为中低频 6.25Hz 附近。

表 4.3–20　　高区西北角悬挑区域看台结构自由振动一阶频率识别表（Hz）

地脉动	测试一	测试二	测试三
一阶频率	6.25	6.25	6.25

4.3.5.4　高区西北角悬挑区域看台结构振动分析结论

通过对高区西北角悬挑区域看台结构振动的时程、频谱分析，得到以下结论：

（1）由表 4.3–21 可知，高区西北角悬挑区域（轴 S48 ~ 轴 S49，轴 A5 ~ 轴 A6）在垂直方向振动峰值出现悬挑部位外侧测点 1 处，在荷载频率三（2.86Hz）激励下，其有效加速度达到 0.235m/s^2。另一个振动峰值出现在该区域结构板中间部位测点 8 处，峰值可以达到 0.125m/s^2。该看台区域结构振动呈现出看台板中间振动加速度大，向两端看台梁部位振动加速度衰减趋势；看台端部振动加速度大，同时向看台上部振动加速度衰减趋势。通过图 4.3–23 可以看出，当人群荷载频率为 2.87Hz 时，各测点振动加速度均出现峰值，结构振动响应较大。

表 4.3–21　　高区西北角悬挑区域在各激励的加速度有效值（m/s^2）

工况 \ 测点	1	2	3	4	5	6	7	8	9	10	11	12	13
激励一	0.018	0.049	0.019	0.009	0.011	0.011	0.007	0.027	0.011	0.005	0.015	0.007	0.006
激励二	0.118	0.069	0.075	0.042	0.043	0.048	0.031	0.102	0.037	0.023	0.057	0.023	0.020
激励三	0.235	0.096	0.101	0.073	0.070	0.069	0.051	0.120	0.056	0.034	0.074	0.034	0.023
激励四	0.216	0.090	0.103	0.059	0.060	0.068	0.040	0.125	0.050	0.027	0.073	0.030	0.018

（2）整个高区西北角悬挑区域看台结构振动特性频率通过有节奏运动、地脉动、自由振动三种

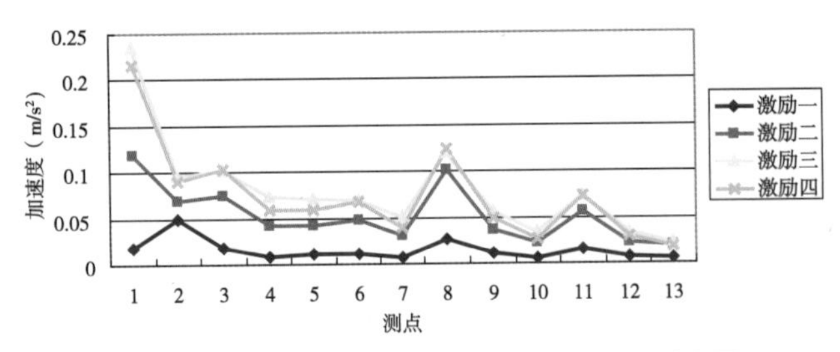

图 4.3–23　看台结构在各激励的加速度有效值对比图

工况进行测试，其主要为中低频 6.10Hz、5.47Hz、6.25Hz，见表 4.3–22。通过有节奏运动对看台结构进行振动测试，可以得出当人群荷载频率为 2.87Hz 时，各测点振动加速度均出现峰值，结构振动响应较大。一般情况下，当荷载频率与楼盖的第一阶自振频率相等或者楼盖的第一阶自振频率是荷载频率的整数倍时，楼盖发生共振，振动加速度响应最大。因此，可推断高区西北角悬挑区域看台结构基频位于 5.47 ~ 6.25Hz 之间，很有可能出现在 5.7Hz 附近。

表 4.3–22　　　高区西北角悬挑区看台结构各工况下频率识别表（Hz）

工况	有节奏运动	地脉动法	自由振动
一阶频率	6.1	5.47	6.25

4.3.5.5　高区南北向栈桥区域（30 轴 ~ 31 轴）看台结构动力响应分析

本区域现场面积较大，测试时选择了约 200 人在现场按照激励一、激励二、激励三、激励五进行有节奏的运动，对该区域看台结构进行振动加速度测试。现场对有节奏运动人员组织难度较大，有节奏运动的效果比较难以保障。在测试过程中，测点 4、7、12 由于数据线连接问题不能采集到实际数据。测点布置情况如图 4.3–24 所示。

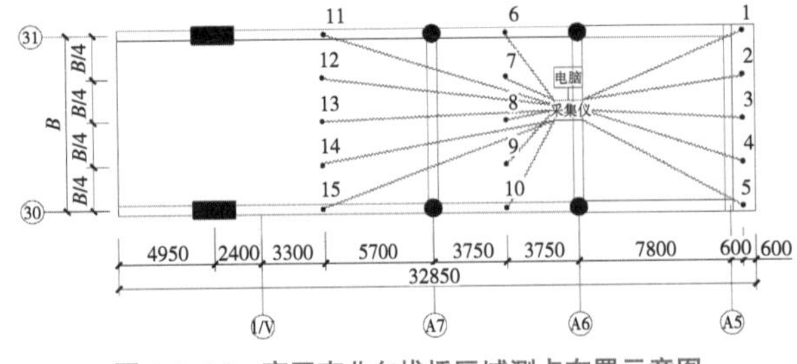

图 4.3–24　高区南北向栈桥区域测点布置示意图

1. 高区南北向栈桥区域看台结构振动时程分析

1）有节奏运动时看台结构振动时程分析

由 200 人按照现场音乐的频率进行有节奏运动时对该部位进行有节奏运动下的振动加速度测试，其时程分析结果见图 4.3–25 ~ 图 4.3–36。

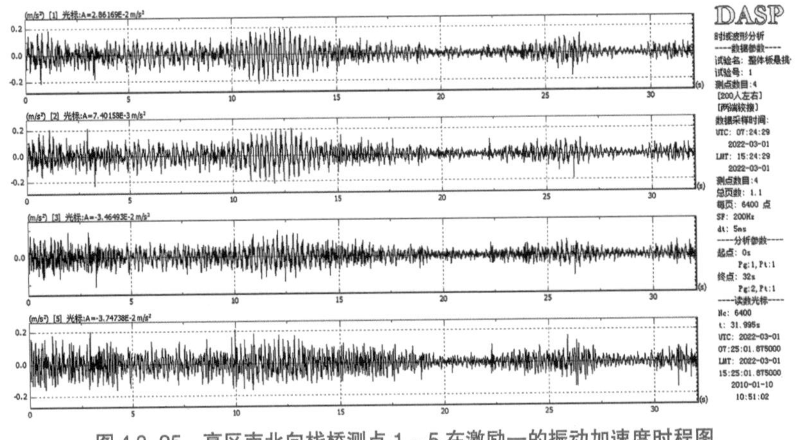

图 4.3–25　高区南北向栈桥测点 1 ~ 5 在激励一的振动加速度时程图

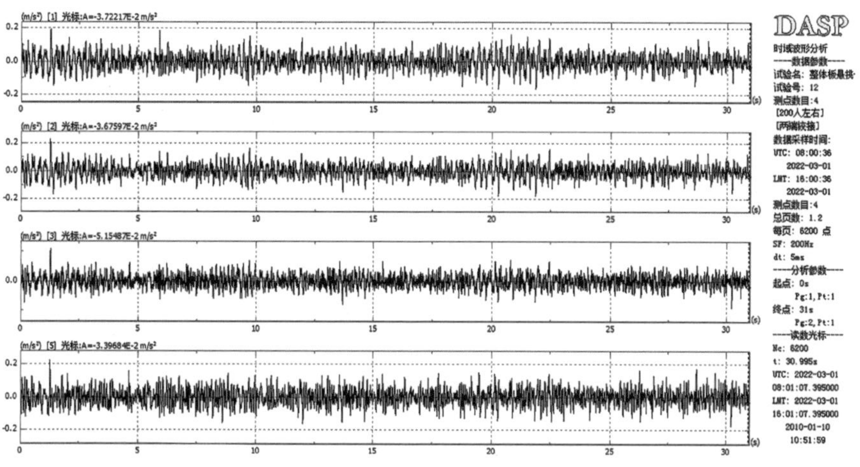

图 4.3–26　高区南北向栈桥测点 1 ~ 5 在激励二的振动加速度时程图

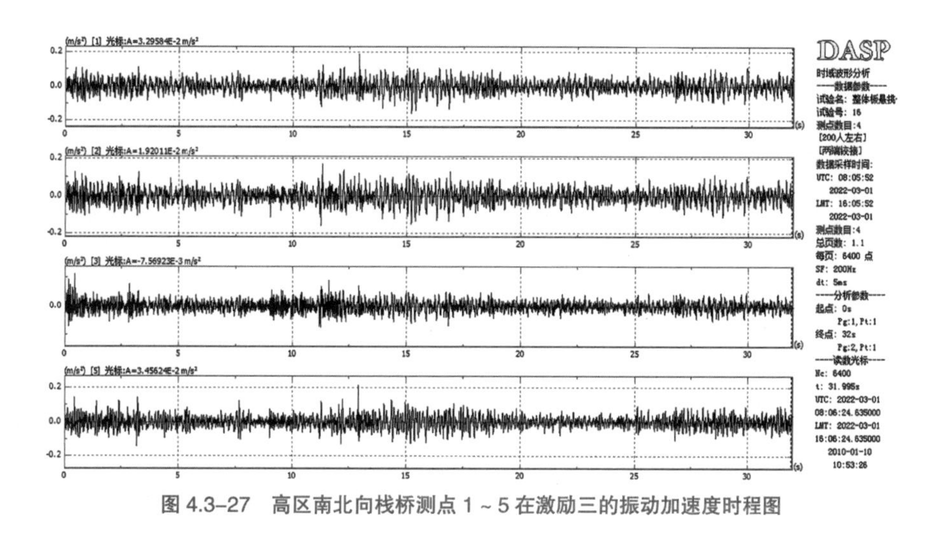

图 4.3–27　高区南北向栈桥测点 1 ~ 5 在激励三的振动加速度时程图

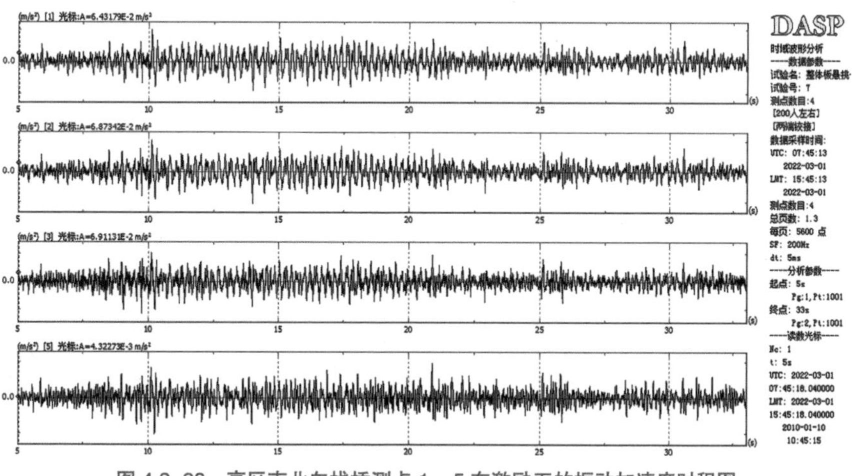

图 4.3–28　高区南北向栈桥测点 1 ~ 5 在激励五的振动加速度时程图

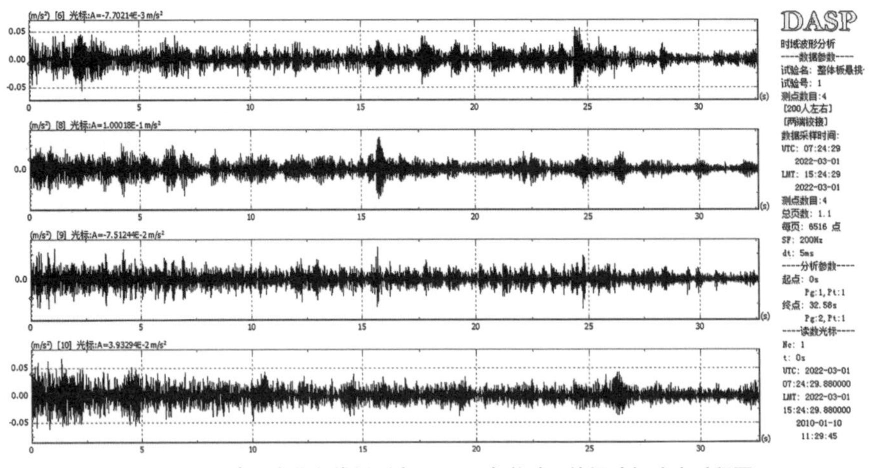

图 4.3–29 高区南北向栈桥测点 6 ~ 10 在激励一的振动加速度时程图

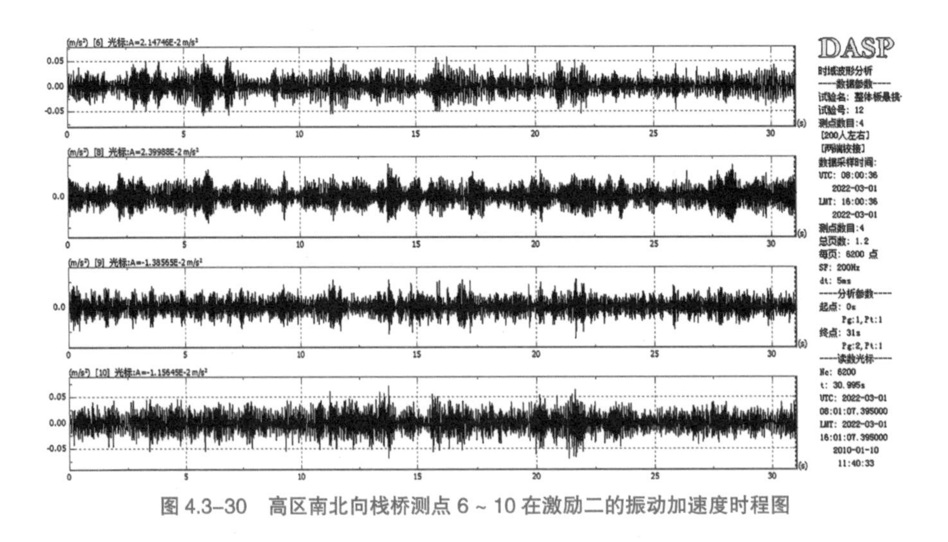

图 4.3–30 高区南北向栈桥测点 6 ~ 10 在激励二的振动加速度时程图

图 4.3–31 高区南北向栈桥测点 6 ~ 10 在激励三的振动加速度时程图

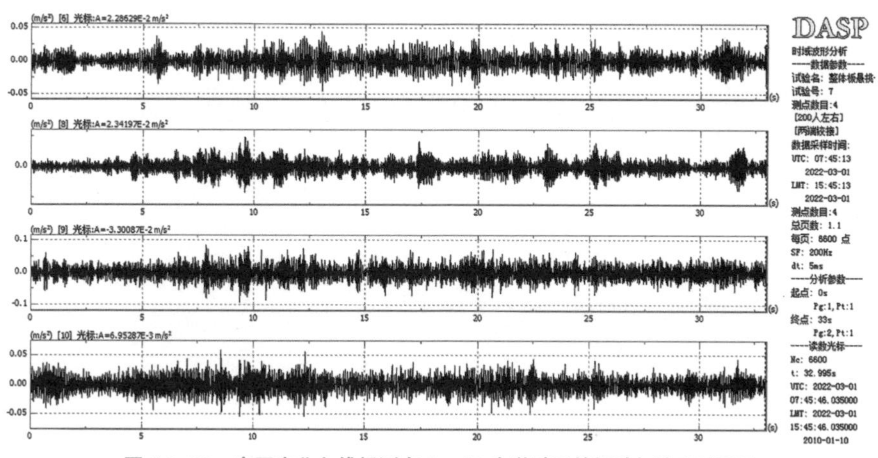

图 4.3–32　高区南北向栈桥测点 6 ~ 10 在激励五的振动加速度时程图

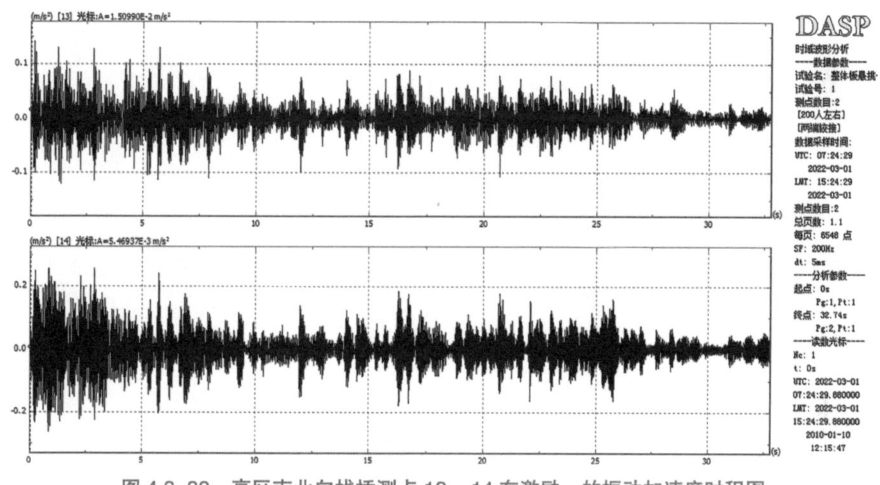

图 4.3–33　高区南北向栈桥测点 13 ~ 14 在激励一的振动加速度时程图

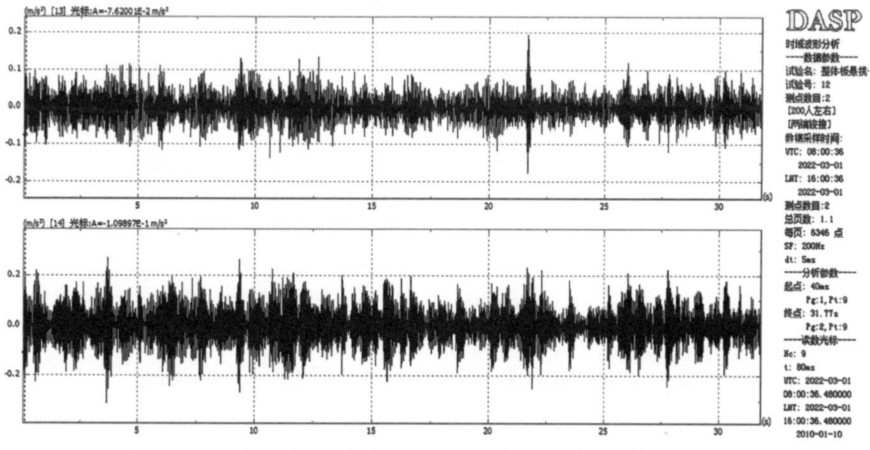

图 4.3–34　高区南北向栈桥测点 13 ~ 14 在激励二的振动加速度时程图

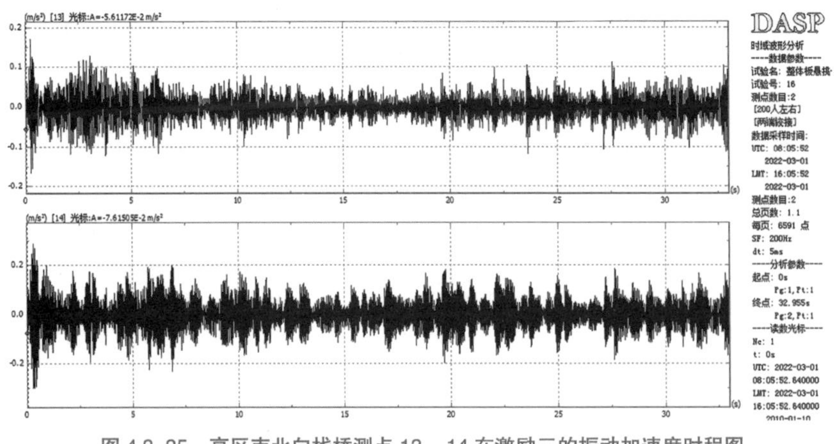

图 4.3-35 高区南北向栈桥测点 13 ~ 14 在激励三的振动加速度时程图

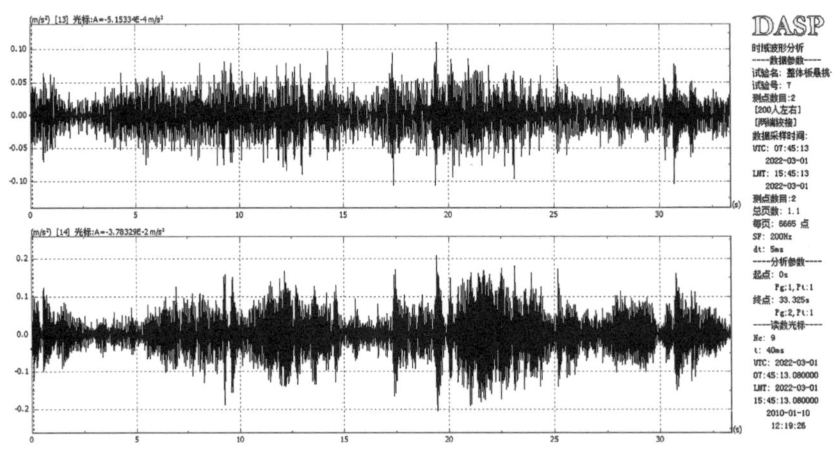

图 4.3-36 高区南北向栈桥测点 13 ~ 14 在激励五的振动加速度时程图

2）地脉动下看台结构振动时程分析

高区南北向栈桥区域看台结构微振动时程分析图见图 4.3-37 ~ 图 4.3-39。

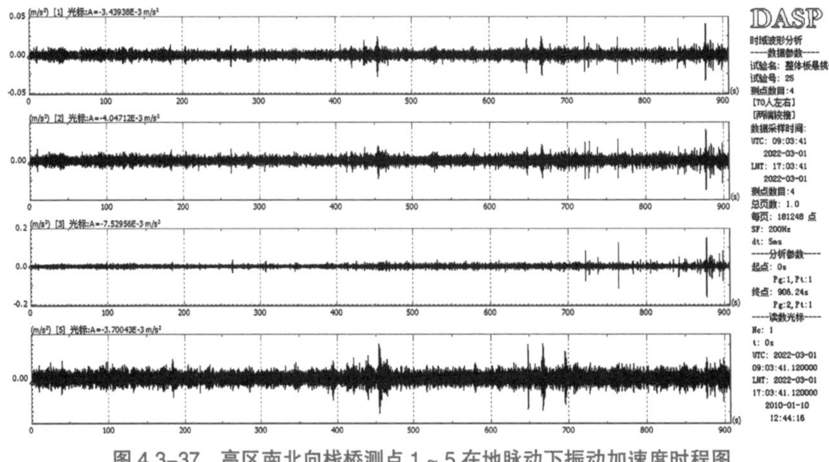

图 4.3-37 高区南北向栈桥测点 1 ~ 5 在地脉动下振动加速度时程图

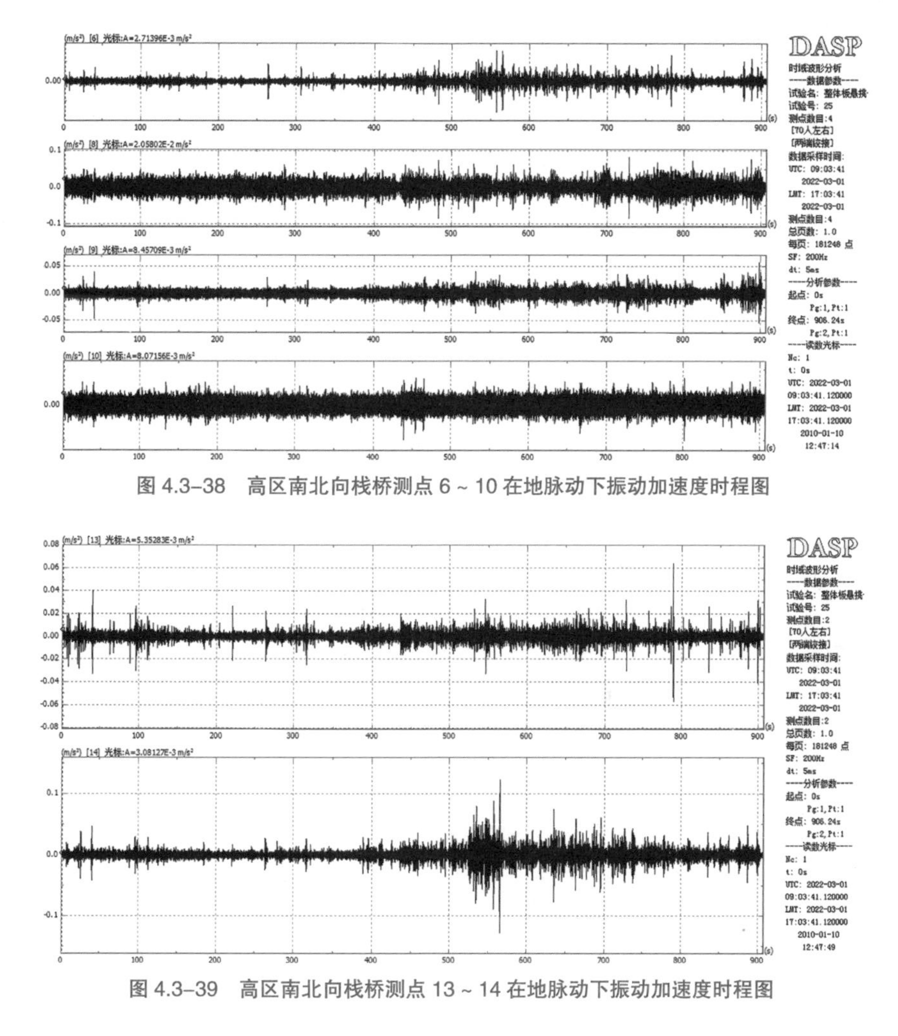

图 4.3–38　高区南北向栈桥测点 6 ~ 10 在地脉动下振动加速度时程图

图 4.3–39　高区南北向栈桥测点 13 ~ 14 在地脉动下振动加速度时程图

2. 高区南北向栈桥区域看台结构振动频谱分析

1）有节奏运动时看台结构振动频谱分析

FFT 分析点数取 1024，其频谱分析见图 4.3–40 ~ 图 4.3–51。

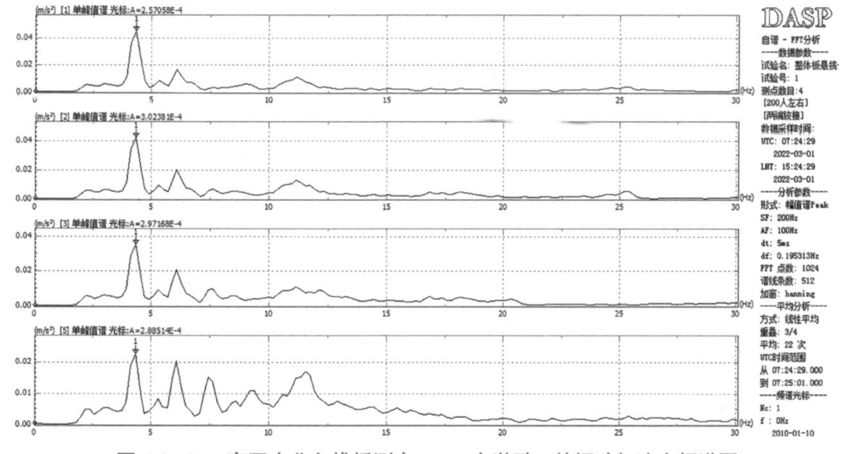

图 4.3–40　高区南北向栈桥测点 1 ~ 5 在激励一的振动加速度频谱图

其一阶频率识别结果为：4.30Hz。

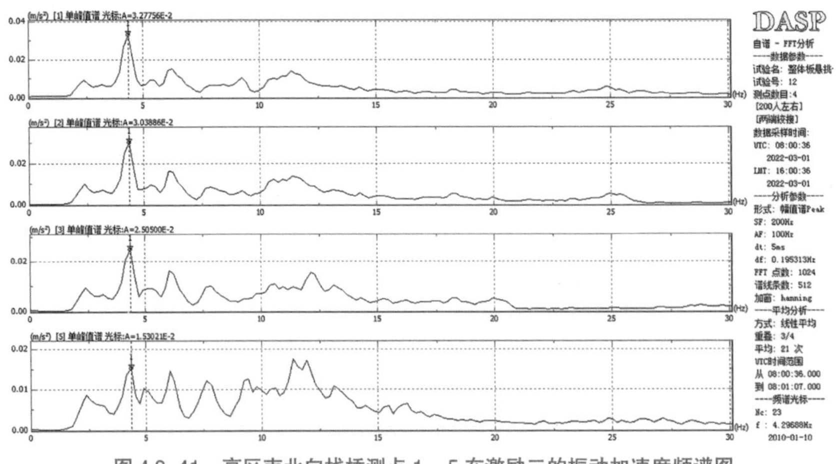

图 4.3-41　高区南北向栈桥测点 1～5 在激励二的振动加速度频谱图

其一阶频率识别结果为：4.30Hz。

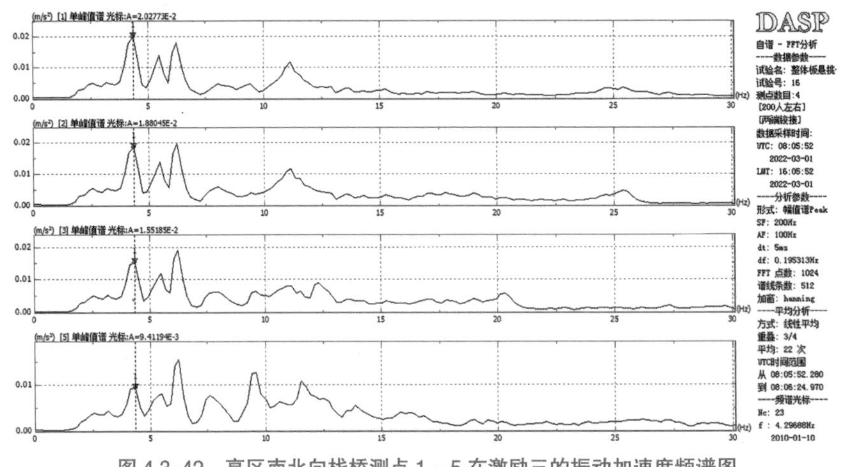

图 4.3-42　高区南北向栈桥测点 1～5 在激励三的振动加速度频谱图

其一阶频率识别结果为：4.30Hz。

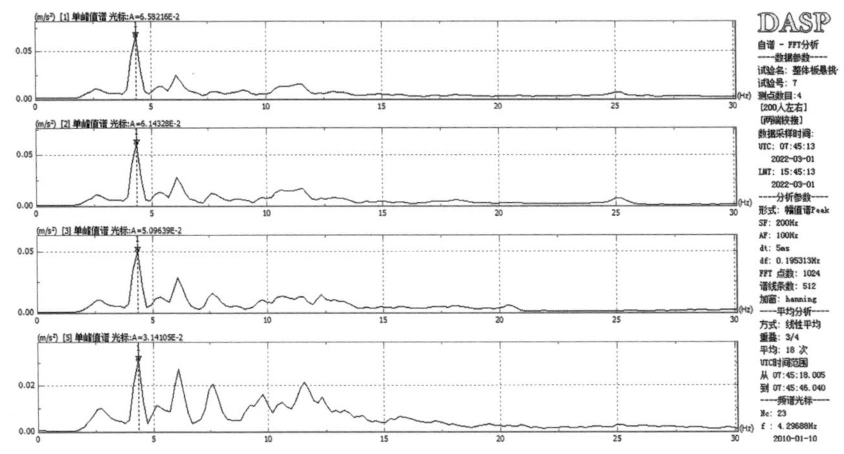

图 4.3-43　高区南北向栈桥测点 1～5 在激励四的振动加速度频谱图

其一阶频率识别结果为：4.30Hz。

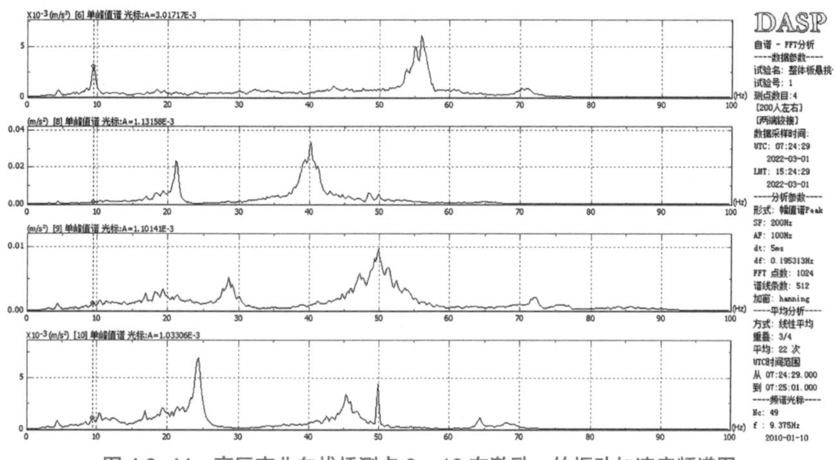

图 4.3–44　高区南北向栈桥测点 6 ~ 10 在激励一的振动加速度频谱图

测点 6 ~ 10 一阶频率识别结果为：9.37 ~ 24.41Hz。

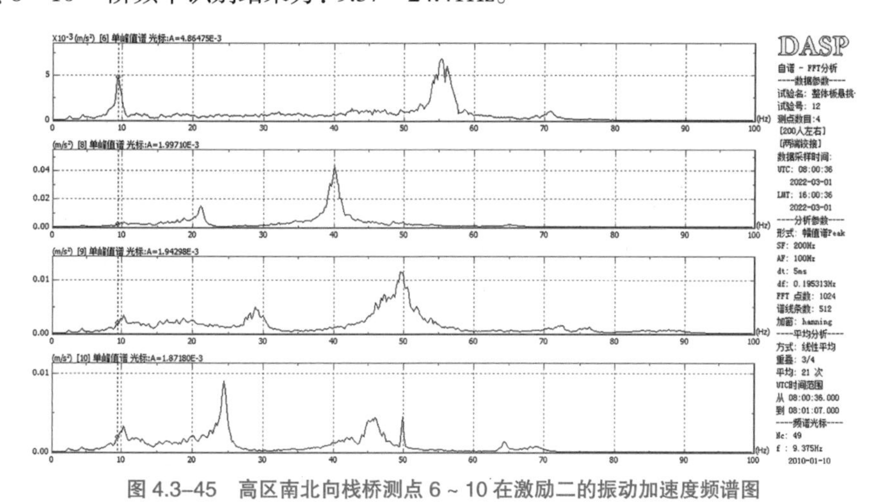

图 4.3–45　高区南北向栈桥测点 6 ~ 10 在激励二的振动加速度频谱图

测点 6 ~ 10 一阶频率识别结果为：9.37 ~ 21.09Hz。

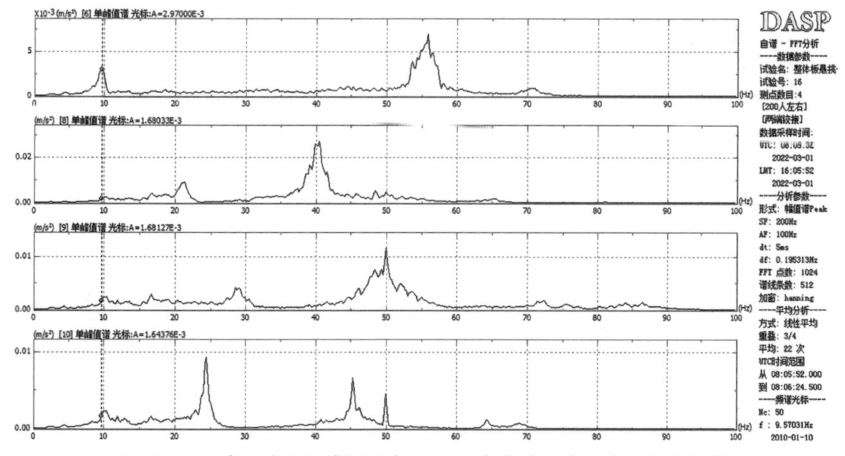

图 4.3–46　高区南北向栈桥测点 6 ~ 10 在激励三的振动加速度频谱图

测点 6 ~ 10 一阶频率识别结果为：9.57 ~ 21.09Hz。

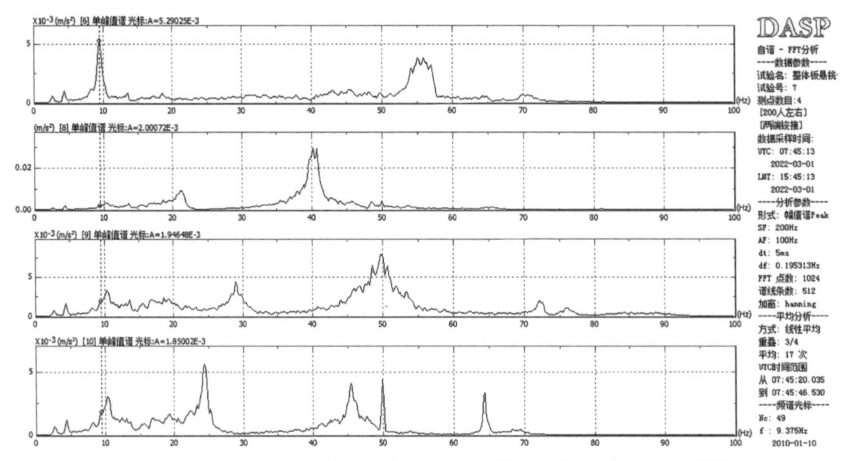

图 4.3–47　高区南北向栈桥测点 6 ~ 10 在激励五的振动加速度频谱图

测点 6 ~ 10 一阶频率识别结果为：9.37 ~ 21.29Hz。

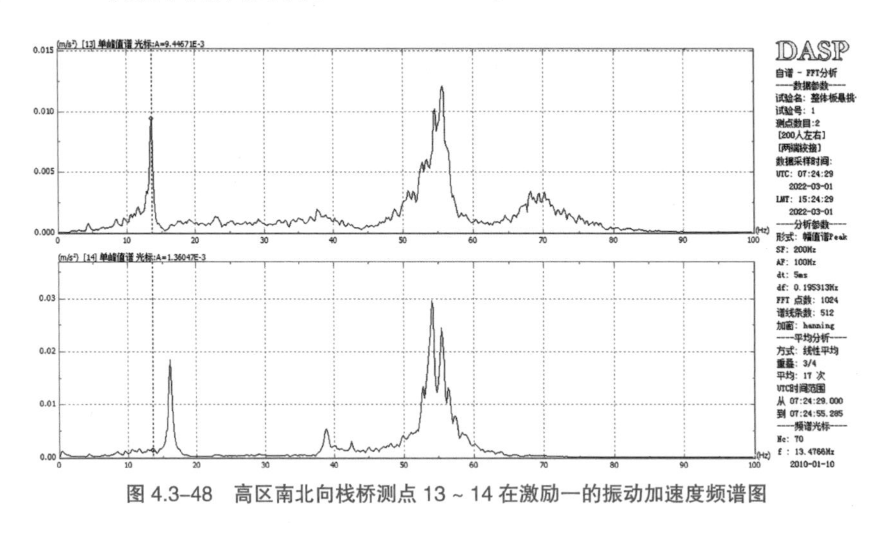

图 4.3–48　高区南北向栈桥测点 13 ~ 14 在激励一的振动加速度频谱图

测点 13 ~ 14 一阶频率识别结果为：13.47 ~ 16.01Hz。

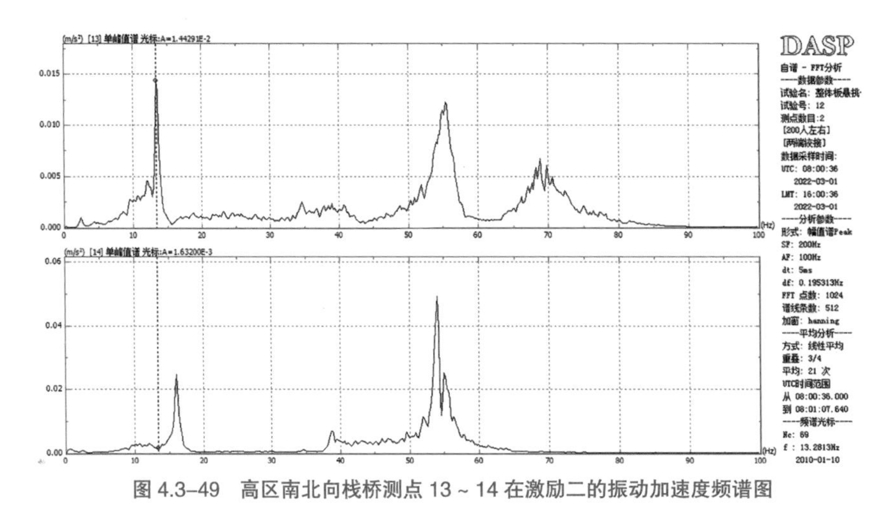

图 4.3–49　高区南北向栈桥测点 13 ~ 14 在激励二的振动加速度频谱图

测点 13 ~ 14 一阶频率识别结果为：13.28 ~ 16.01Hz。

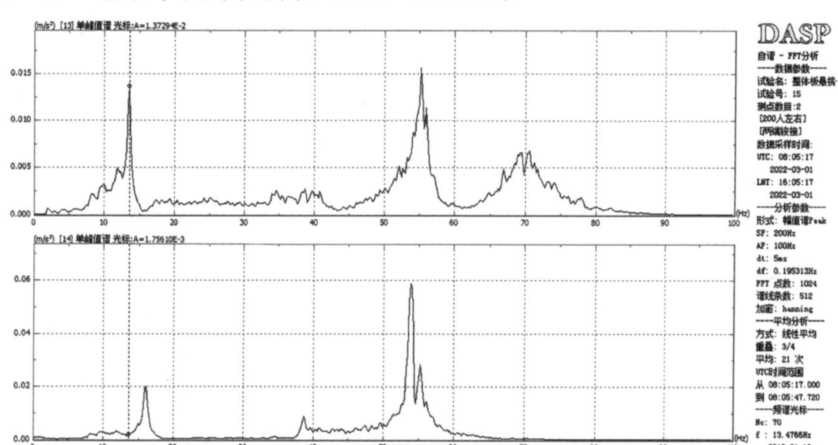

图 4.3–50　高区南北向栈桥测点 13 ~ 14 在激励三的振动加速度频谱图

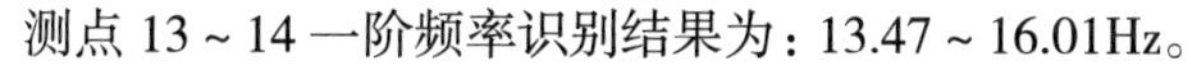

测点 13 ~ 14 一阶频率识别结果为：13.47 ~ 16.01Hz。

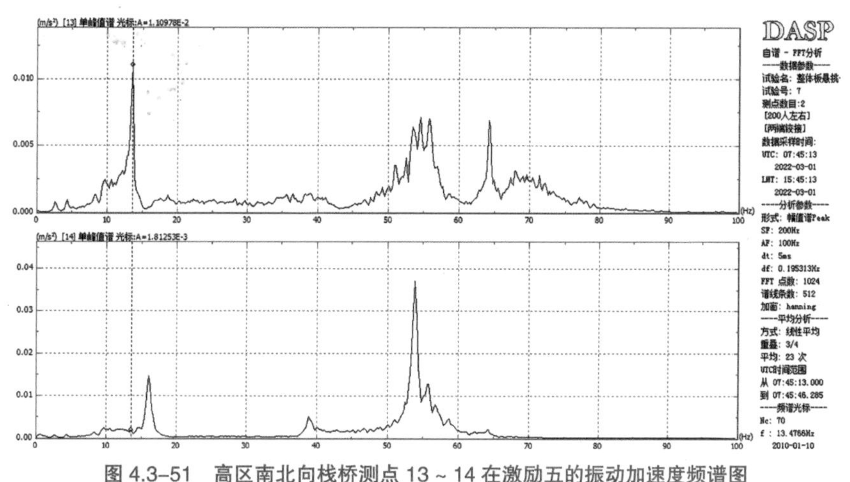

图 4.3–51　高区南北向栈桥测点 13 ~ 14 在激励五的振动加速度频谱图

测点 13 ~ 14 一阶频率识别结果为：13.47 ~ 16.01Hz。

2）地脉动下看台结构振动频谱分析

FFT 分析点数取 1024，其频谱分析见图 4.3–52 ~ 图 4.3–54。

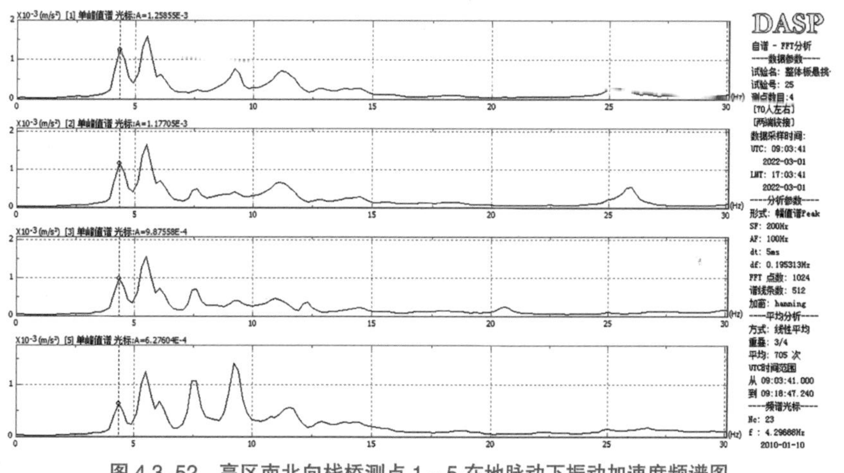

图 4.3–52　高区南北向栈桥测点 1 ~ 5 在地脉动下振动加速度频谱图

其一阶频率识别结果为：4.30Hz。

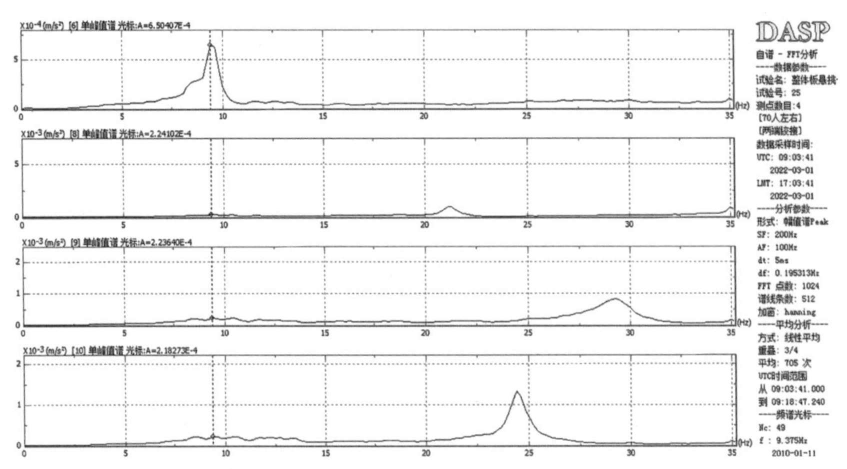

图 4.3–53　高区南北向栈桥测点 6 ~ 10 在地脉动下振动加速度频谱图

测点 6 ~ 10 一阶频率识别结果为：9.37 ~ 29.29Hz。

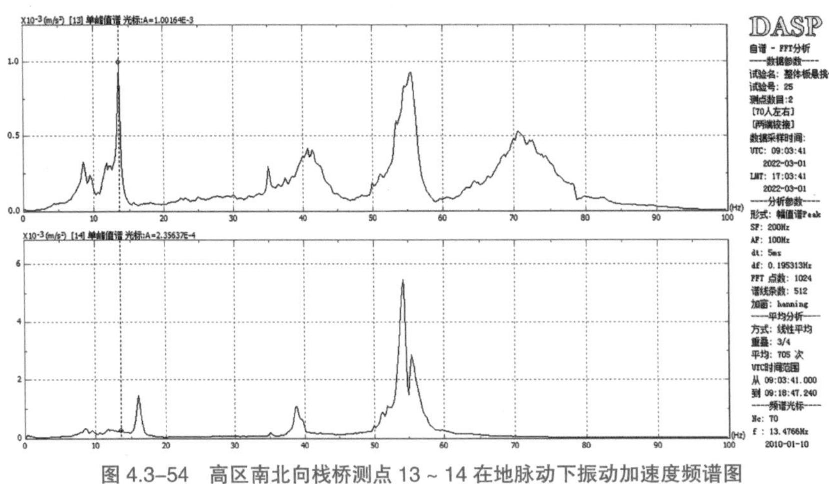

图 4.3–54　高区南北向栈桥测点 13 ~ 14 在地脉动下振动加速度频谱图

测点 13 ~ 14 一阶频率识别结果为：8.59 ~ 16.01Hz。

3. 高区南北向栈桥区域看台结构振动分析结论

通过以上频谱分析，可以得到栈桥区域看台结构在各个部位的频率特性，见表 4.3–23，高区南北向栈桥（轴 30 ~ 轴 31）整个区域中，轴 A5 ~ 轴 A6 看台悬挑端部结构固有频率在 4.30Hz 附近，轴 A6 ~ 轴 A7 部分看台结构固有频率位于 9.37 ~ 29.29Hz 频段，轴 A7 ~ 1/V 轴部分看台结构固有频率位于 8.59 ~ 16.01Hz 频段。该区域看台悬挑端固有频率较低，在使用时，现场应避免此频段人群有节奏振动影响。

表 4.3–23　　高区南北向栈桥区域看台结构振动频率识别表（Hz）

区域	轴 A5 ~ 轴 A6 悬挑端	轴 A6 ~ 轴 A7	轴 A7 ~ 1/V
测点	1、2、3、5	6、8、9、10	13、14

续表

有节奏运动	激励一	4.3	9.37 ~ 24.41	13.47 ~ 16.01
	激励二	4.3	9.37 ~ 21.09	13.28 ~ 16.01
	激励三	4.3	9.57 ~ 21.09	13.47 ~ 16.01
	激励五	4.3	9.37 ~ 21.29	13.47 ~ 16.01
地脉动		4.3	9.37 ~ 29.29	8.59 ~ 16.01

4.3.6　结论及建议

4.3.6.1　结论

通过对工体看台板及看台动力响应测试，得到其振动加速度数据，利用 DASP—V11 工程版专用分析软件进行数据分析，得出如下结论：

（1）直线 T 形板振动频率特性主要为中低频 6.1 ~ 7.32Hz，在荷载频率为 2.97Hz 时看台板振动加速度显著增大，考虑产生共振现象，可判断其基频为 6Hz。弧线 T 形板振动频率特性主要为中低频 11.0 ~ 12.21Hz。

（2）高区西北角（轴 S47 ~ 轴 S48）悬挑区域看台结构振动特性通过有节奏运动、地脉动、自由振动三种工况进行测试，其振动频率特性主要为中低频 6.10Hz、5.47Hz、6.25Hz。通过有节奏运动对看台结构进行振动测试，可发现当人群荷载频率为 2.87Hz 时，各测点振动加速度出现峰值，考虑产生共振现象，可判断看台结构基频为 5.74Hz。

（3）高区南北向栈桥区域（轴 30 ~ 轴 31）看台结构整个区域中，轴 A5 ~ A6 看台悬挑端部位振动频率特性主要为 4.30Hz，轴 A6 ~ A7 部分看台振动频率特性主要为 9.37 ~ 29.29Hz 频段，轴 A7 ~ 1/V 轴部分看台振动频率特性主要为 8.59 ~ 16.01Hz 频段。

4.3.6.2　建议

（1）工人体育场使用过程中，现场应避免长期使用 3Hz、2.15Hz 频率附近的音乐，以防止长期的振动影响对悬挑部位看台结构造成损害。

（2）建议测试赛时再次对工体看台结构进行动力响应测试，以明确看台在实际使用时的振动特性。

4.4　弧形预制混凝土看台板静载试验

混凝土预制构件结构性能检测依据标准为《混凝土结构工程施工质量验收规范》GB 50204—2015、《混凝土结构设计规范（2015 年版）》GB 50010—2010、《混凝土结构试验方法标准》GB/T 50152—2012。

4.4.1 看台板静载理论分析

4.4.1.1 构件建模

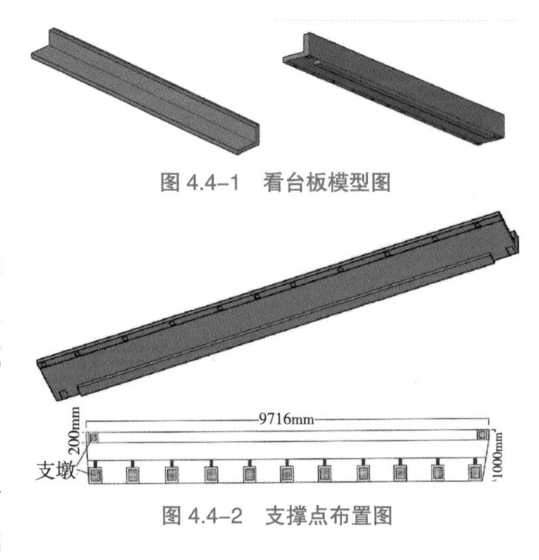

图 4.4–1 看台板模型图

图 4.4–2 支撑点布置图

使用 ANSYS 软件进行有限元分析。

预制看台板为“T”形断面，竖直段为受力梁 200mm 宽，平直段为功能性平板 100mm 厚，支座位于竖直段两端，简支受力，支座类型为橡胶支座 GJZ 180mm × 120mm × 20mm。

选用构件：

HT07—18L—3G，尺寸较大，更具代表性，看台板长度 9716mm，计算面积 9.44m^2，自重 5.13t，如图 4.4–1 所示。

为使分析与试验一致，根据试验报告中支撑位置处增加若干尺寸为 80mm × 80mm × 10mm 的支撑点，如图 4.4–2 所示。

4.4.1.2 材料定义

材料定义为钢筋混凝土，定义的力学参数见表 4.4–1。

表 4.4–1 材料力学参数表

物理	
密度	2.5×10^{-6}kg/mm^3
结构	
各向同性弹性	
弹性	
衍生于	杨氏模量与泊松比
杨氏模量	3000MPa
泊松比	0.18
体积模量	15625MPa
剪切模量	12712MPa

4.4.1.3 网格划分

模型网格划分单元尺寸为 20mm；共计 2182901 个网格单元，网格单元均为四面体网格，见图 4.4–3。

图 4.4–3 预制看台板网格图

4.4.1.4 施加条件

本分析根据试验报告，在支墩处设立固定支撑，见图 4.4–4。

图 4.4-4　预制看台板固定支撑位置

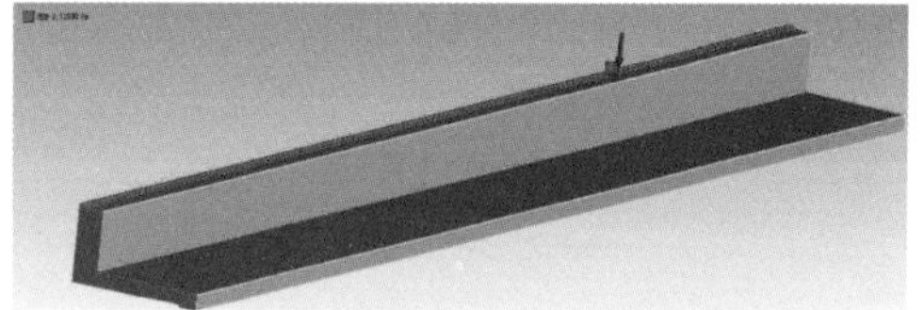

图 4.4-5　预制看台板压力施加位置

根据试验报告，载荷设计值为 12.53kN/m^2，将其施加在梁顶及看台板座位面上，见图 4.4-5。

最后在预制看台板左右两端施加变形探针，以检测施加载荷后看台板两端及跨中的定向位移变化。

4.4.1.5　结果

运行分析后，看台板的真实尺度总变形如图 4.4-6 所示。

为使变形便于直观观察，将变形尺度放大，见图 4.4-7，可发现最大变形位于跨中位置：

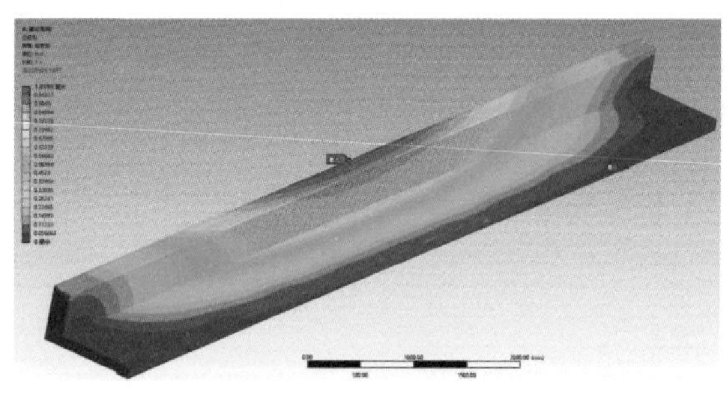

图 4.4-6　变形云图

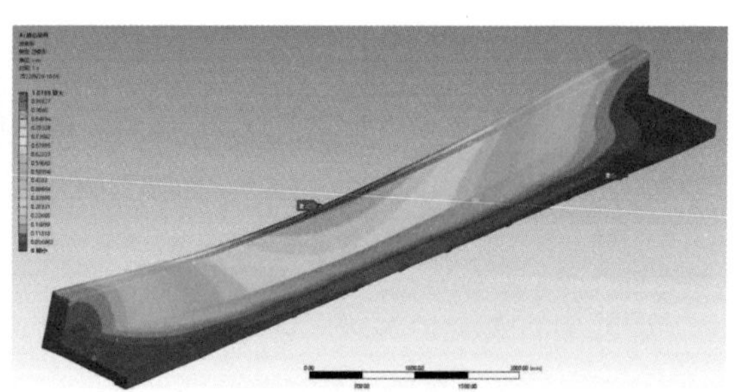

图 4.4-7　放大的变形云图

为方便计算挠度，取 Z 方向形变进行计算（竖直方向），跨中最大形变为 0.8933mm，见图 4.4-8。

看台板两端探针 Z 方向定向形变分别为：左端 0.048863mm；右端 0.039211mm，如图 4.4-9 所示。

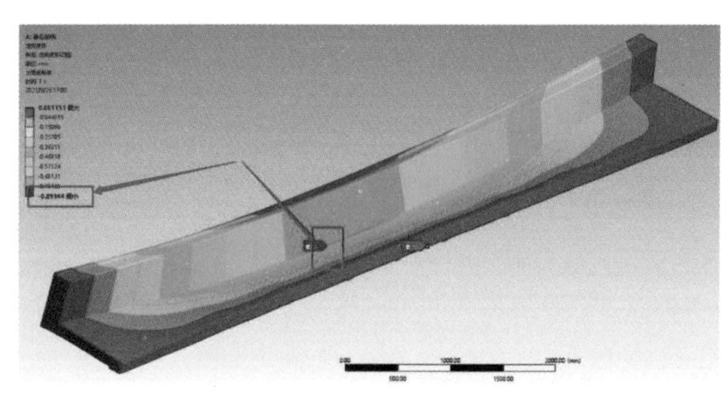

图 4.4-8　挠度云图

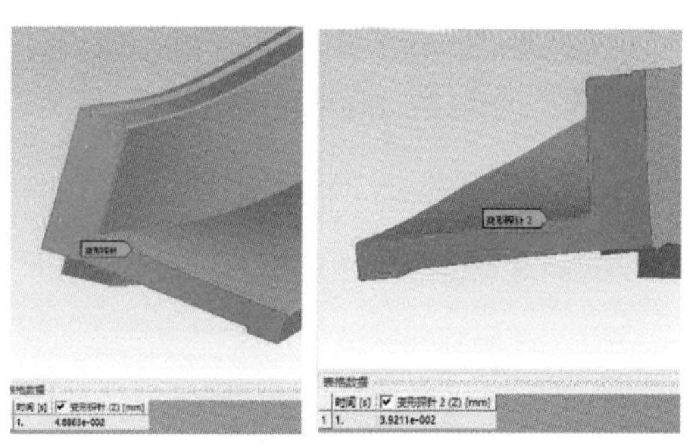

图 4.4-9　两端变形图

4.4.2 实体试验

活荷载 3.5kN/m^2，看台板自重 25kN/m^3，座椅自重荷载 0.1kN/m，构件重量 5.13t，恒载系数 1.3，活载系数 1.5，总挠度值 L/300，裂缝宽度 <0.2mm，考虑永久荷载 γ_G=1.0，可变荷载 γ_Q=0.5，结构重要性系数 γ_0=1.1，承载力检验系数允许值 1.2，现场测试情况见图 4.4–10。

图 4.4–10 现场测试图

裂缝及挠度简算过程：

计算跨度：L_0=L（板长）–280=9716–280=9436（mm）；宽度：1000mm；自重：5.13t。

荷载准永久设计值：1.0×（51.3/9.331+0.1/1）+0.5×3.5=7.35（kN/m^2）

加载面积：9.436×1–[46×1000/（2×106）+164×1000/（2×106）]=9.331（m^2）

加载重量：7.35×9.331–51.3=17.3kN=1.73t

承载力简算过程：

加载面积：9.436×1.0–[46×1000/（2×106）+164×1000/（2×106）]=9.331（m^2）

恒载：[（5.13×10+0.1×9.436）/9.331]=5.60（kN/m^2）（含自重及座椅）

施工活载：3.5kN/m^2

荷载设计值：1.3×5.60+1.5×3.5=12.53（kN/m^2）

承载力实测值≥荷载设计值 × 结构重要性系数 × 承载力检验系数允许值

承载力实测值≥ 12.53×1.1×1.2=16.54（kN/m^2）

加载总重量：（16.54×9.331）/10–5.13=10.3（t）

4.4.2.1 检测内容及检测方法

加荷载前确定变形测点坐标，检查看台板底面及表面是否存在裂缝，如有裂缝则记录最大裂缝宽度及位置。

对被测量看台板采用标准袋方式进行现场加荷载试验。试验过程中用自动采集仪器、裂缝观测仪器对看台板的挠度情况及裂缝的出现及开展情况进行检测。试验简数见图 4.4–11。

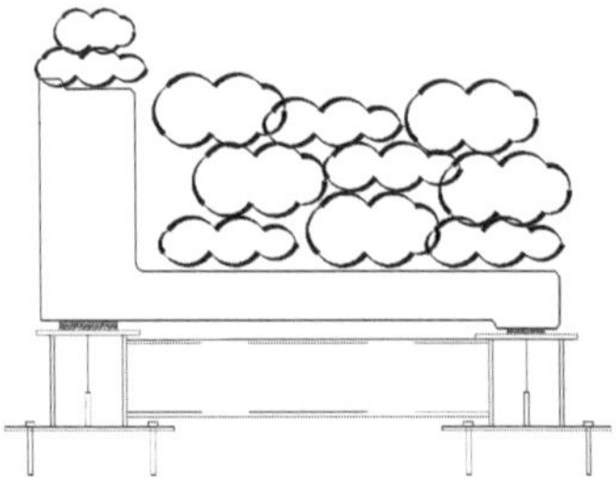

图 4.4–11 试验简图

4.4.2.2 现场加荷载具体方法

1. 委托单位提供的加载数据

2. 荷载分级与荷载的持续时间

（1）使用标准袋进行加荷，分五级加载；

（2）每级加荷载完成后，持续 10～15min；设计加载值全部加完时，持续 30min；

（3）在每级持荷载完毕后，记录自动采集仪器读数。

4.4.2.3　测点布置

每块板初步拟定 9 个测点，见图 4.4–12。

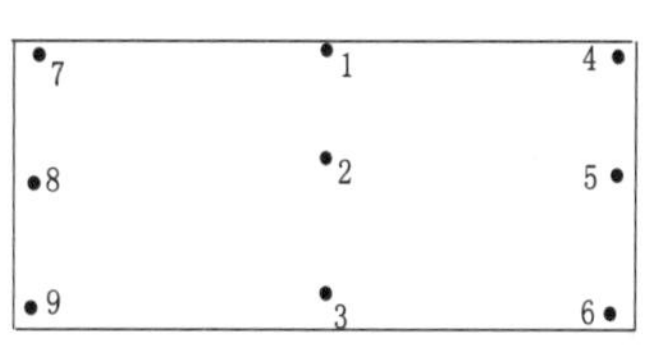

图 4.4–12　测点布置图

注：图中●表示板底位置。

4.4.2.4　试验结果

通过现场试验，预制看台板 HT07—18L—3G 试验荷载分级、挠度实测值、裂缝及检测结构见表 4.4–2 ~ 表 4.4–6。

表 4.4–2　　预制看台板 HT07—18L—3G 试验荷载分级表

荷载级数	单级荷载（kN）	累计荷载（kN）	含构件自重（kN）
空载	0.0	0.0	50.27
第 1 级	9.55	9.55	59.82
第 2 级	9.56	19.11	69.38
第 3 级	16.52	35.63	85.90
第 4 级	8.00	43.63	93.90
第 5 级	8.00	51.63	101.90
第 6 级	8.00	59.63	109.90
第 7 级	8.00	67.63	117.90
第 8 级	8.00	75.63	125.90
第 9 级	8.00	83.63	133.90
第 10 级	8.00	91.63	141.90
第 11 级	8.00	99.63	149.90
第 12 级	3.11	102.74	153.01
第 13 级	3.12	105.86	156.13
卸载	0.0	0.0	50.27

表 4.4–3　　预制看台板 HT07—18L—3G 挠度实测值

荷载级数	累计荷载（kN）	支座 1（mm）	*L*/2（mm）	支座 2（mm）	跨中挠度实测值（mm）
空载	0.0	-0.00	0.0	-0.0	-0.0
第 1 级	9.55	-0.00	-0.00	-0.00	-0.00
第 2 级	19.11	-0.02	-0.04	-0.01	-0.02
第 3 级	35.63	-0.02	-0.05	-0.01	-0.04
第 4 级	43.63	-0.02	-0.05	-0.01	-0.04
第 5 级	51.63	-0.02	-0.06	-0.02	-0.04
第 6 级	59.63	-0.03	-0.01	-0.03	-0.08
第 7 级	67.63	-0.04	-0.16	-0.03	-0.12
第 8 级	75.63	-0.05	-0.23	-0.04	-0.18

续表

荷载级数	累计荷载（kN）	支座 1（mm）	*L*/2（mm）	支座 2（mm）	跨中挠度实测值（mm）
第 9 级	83.63	–0.07	–0.36	–0.05	–0.30
第 10 级	91.63	–0.10	–0.44	–0.06	–0.36
第 11 级	99.63	–0.12	–0.54	–0.07	–0.44
第 12 级	102.74	–0.16	–0.65	–0.08	–0.53
第 13 级	105.86	–0.21	–0.70	–0.09	–0.55
卸载	0.0	–0.12	–0.36	–0.07	–0.26

表 4.4–4　　预制看台板 HT07—18L—3G 裂缝检测结果

荷载级数	累计荷载（kN）	开裂情况
空载	0.0	无裂缝
第 1 级	9.55	无裂缝
第 2 级	19.11	无裂缝
第 3 级	35.63	无裂缝
第 4 级	43.63	无裂缝
第 5 级	51.63	无裂缝
第 6 级	59.63	无裂缝
第 7 级	67.63	①长：30mm，宽：0.04mm
第 8 级	75.63	①长：60mm，宽：0.06mm
第 9 级	83.63	①长：60mm，宽：0.07mm
第 10 级	91.63	①长：60mm，宽：0.13mm ②长：40mm，宽：0.10mm
第 11 级	99.63	①长：100mm，宽：0.22mm ②长：800mm，宽：0.15mm
第 12 级	102.74	①长：120mm，宽：0.25mm ②长：800mm，宽：0.17mm
第 13 级	105.86	①长：120mm，宽：0.30mm ②长：100mm，宽：0.20mm
卸载	0.0	①长：120mm，宽：0.07mm ②长：100mm，宽：0.05mm

表 4.4–5　　全部荷载作用下构件跨中挠度实测值

荷载级数	a_q^0（mm）	a_t^0（mm）
第 1 级	–0.00	–0.07
第 2 级	–0.02	–0.09
第 3 级	–0.04	–0.11
第 4 级	–0.04	–0.11
第 5 级	–0.04	–0.11
第 6 级	–0.08	–0.15
第 7 级	–0.12	–0.19
第 8 级	–0.18	–0.25
第 9 级	–0.30	–0.37
第 10 级	–0.36	–0.43
第 11 级	–0.44	–0.51
第 12 级	–0.53	–0.60
第 13 级	–0.55	–0.62
卸载	–0.26	–0.33

表 4.4-6　　　　预制看台板 HT07—18L—3G 挠度、裂缝、承载力检测结果

检测项目		试验荷载	实测值	委托方提供的检测允许值	结果
挠度		7.35kN/m^2	0.09mm	15.72mm	满足
裂缝			无裂缝	0.20mm	满足
承载力	挠度	16.54kN/m^2	0.62mm	l_0/50（188.72mm）	满足
	裂缝		0.30mm	1.50mm	满足

结论：经有限元分析及实体试验研究结果，两者结果相近，各项性能均满足本项目设计要求。

第5章 大开口单层拱壳钢结构屋盖施工技术

5.1 钢结构深化设计与制作技术

钢结构屋盖为曲面拱壳结构，内环梁和主拱肋等构件均为弧形构件，且大部分构件为外露构件。屋盖交叉斜撑、金属屋面幕墙等均需现场连接，且数量巨大，如果精度达不到要求，现场施工无法顺利进行，因此弧形构件的加工精度控制要求非常高。主拱肋为变高度弧形箱形构件，截面尺寸为（1800 ~ 1600）mm × 600mm，如图 5.1–1 所示。箱形截面板厚 20 ~ 40mm，材质 Q355C。主拱肋截面内部腹板通长设置 T 形肋。主拱肋平面投影长度 47 ~ 36m。外露的拱肋梁高 1600mm，而腹板厚度只有 20mm，加工焊接容易变形。为保证构件加工的平整度、焊缝外观，需采取多种工艺措施，如零件矫平工艺、合理选择焊接坡口形式、制定焊接反变形措施、优化组装方法和对称多层多道焊接工艺等一系列工艺措施控制弧形构件的组装精度及焊接整体变形。

需要解决的关键技术难点有：

（1）拱肋截面大、板厚薄，焊接过程中变形大，焊接关键位置如图 5.1–2 所示。

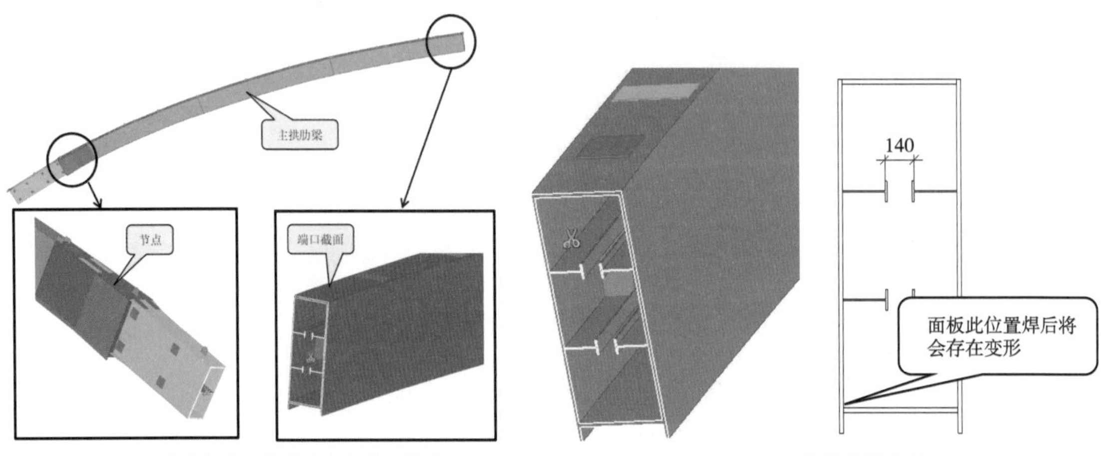

图 5.1–1　高腹板窄翼缘薄壁超长箱形构件

图 5.1–2　焊接关键位置

（2）主拱肋构件长度超出运输长度，无法整体加工，需分成几个分段制作，分段示意图如图 5.1–3 所示。由于结构截面尺寸大，需保证各分段现场对接端口尺寸精度。

（3）箱形内部 4 道加强 T 形肋之间间距小、内部隔板数量多，无法满足先拼接箱体后双面焊接 T 形肋要求，如图 5.1–4 所示。

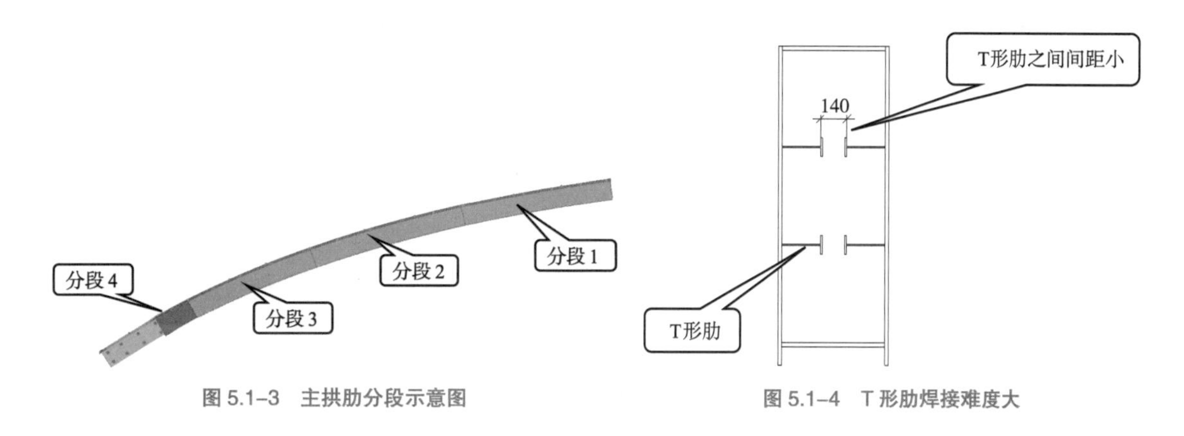

图 5.1–3　主拱肋分段示意图　　　图 5.1–4　T 形肋焊接难度大

5.1.1　深化设计技术

屋盖钢结构为一空间曲面的拱壳结构，钢结构深化设计需根据建筑形体采用曲线对主拱肋、内环梁、外环梁等结构进行拟合，如图 5.1–5 所示，最终使得深化模型图纸满足结构受力和建筑整体效果的要求。同时协调处理细部构造节点设计，对空间异形节点，应结合实际加工及现场安装可行性，优化节点构造，如主拱肋根部钢结构节点与幕墙包裹建筑效果的衔接，如图 5.1–6、图 5.1–7 所示，完美实现了建筑效果。

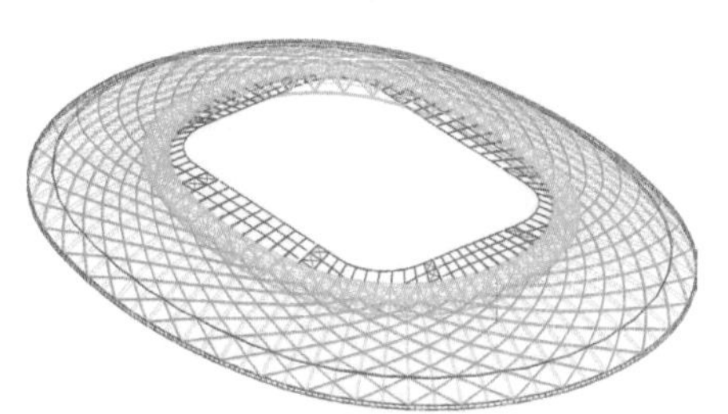

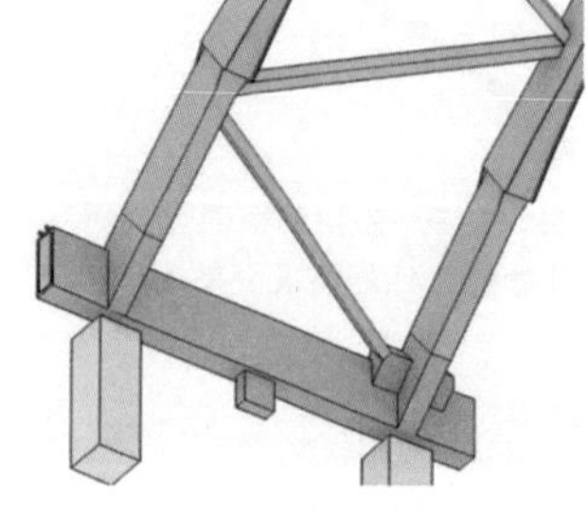

图 5.1–5　屋盖钢结构拟合模型　图 5.1–6　主拱肋根部包裹建筑效果图　图 5.1–7　主拱肋根部结构大样图

5.1.1.1　结构曲线线形模拟

罩棚整体呈椭圆形曲面，深化设计之前首先需要确定曲面主拱肋的线形，模拟主拱肋杆件的外形必须满足建筑造型的需求，尤其是对于弧形杆件的拱高控制，对曲面最终形态控制是关键，如图 5.1–8 所示，根据分段模拟放样，若采用以折代曲的方式，则拱高值不满足要求。为此考虑在满足各必要需求条件下，应尽可能使杆件线型简单，缩短工厂加工制作时间，主拱肋最终在满足建筑外观要求状态下局部分段优化为：直线段 + 弧线段 + 直线段，如图 5.1–9 所示。

由于主拱肋跨度较大，且多数分段为弧形，为确保现场安装的准确性和便利性，钢结构深化模型应根据下挠值进行预起拱调整，使得构件出厂即为预起拱形态，如图 5.1–10 所示，减少现场折线起拱对整体造型的影响。

为确定各主拱肋起拱值，需结合钢结构安装施工顺序，进行施工模拟验算，将主拱肋验算下挠值起拱代入计算模型后再次进行模拟验算，多次迭代验算，直至施工下挠值与结构一次成型下

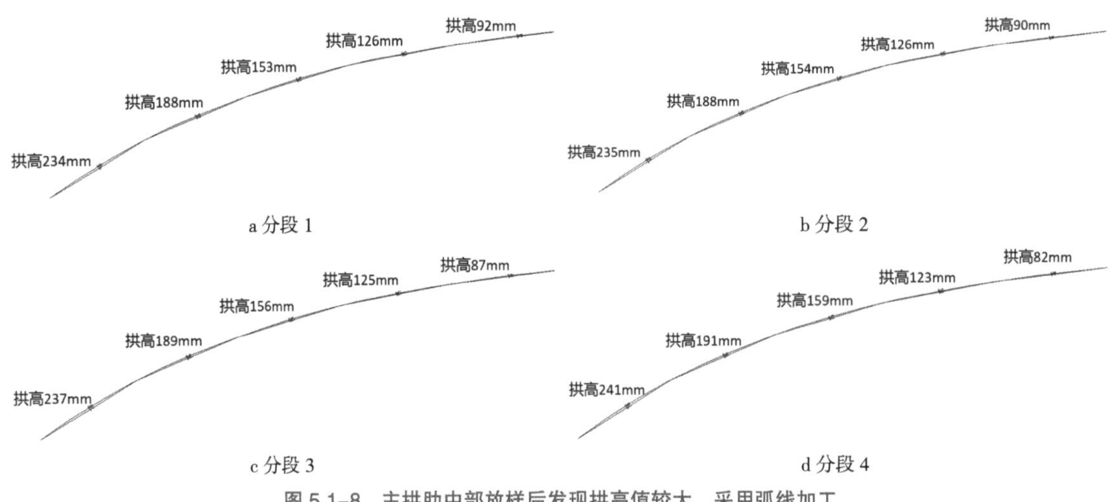

a 分段 1　　b 分段 2

c 分段 3　　d 分段 4

图 5.1–8　主拱肋中部放样后发现拱高值较大，采用弧线加工

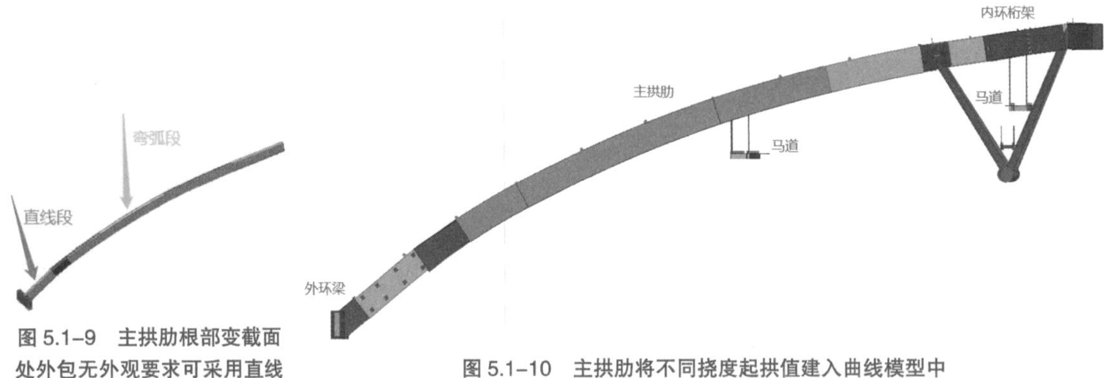

图 5.1–9　主拱肋根部变截面处外包无外观要求可采用直线

图 5.1–10　主拱肋将不同挠度起拱值建入曲线模型中

挠值误差不超过 1mm，方可根据此计算数据对弧形进行预先模型起拱，并按要求进行分段，如图 5.1–11 所示。

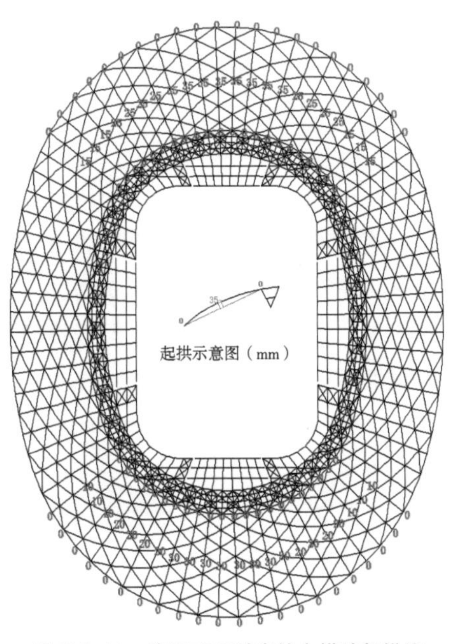

图 5.1–11　施工工况对应的主拱肋起拱值

5.1.1.2　截面形式优化

曲面屋盖由于呈椭圆形，曲率不同，节点角度各异，且存在大量斜撑，焊接角度不同，同时需考虑幕墙埋件、吊挂马道等附属构件加劲板，相应节点的焊接顺序，焊接空间，都需综合考虑，方可保证节点加工质量及现场安装精度。经过对屋盖模型节点放样，对屋盖节点进行了优化及验算。

主拱肋原截面为梯形截面，优化为箱形截面 + T 形肋，如图 5.1–12 所示。如采用梯形截面，翼缘弯弧，腹板则为弯扭板加工，加工难度大，日字形加工纵向隔板较厚且通长，易引起腹板变形，影响结构外观质量。纵

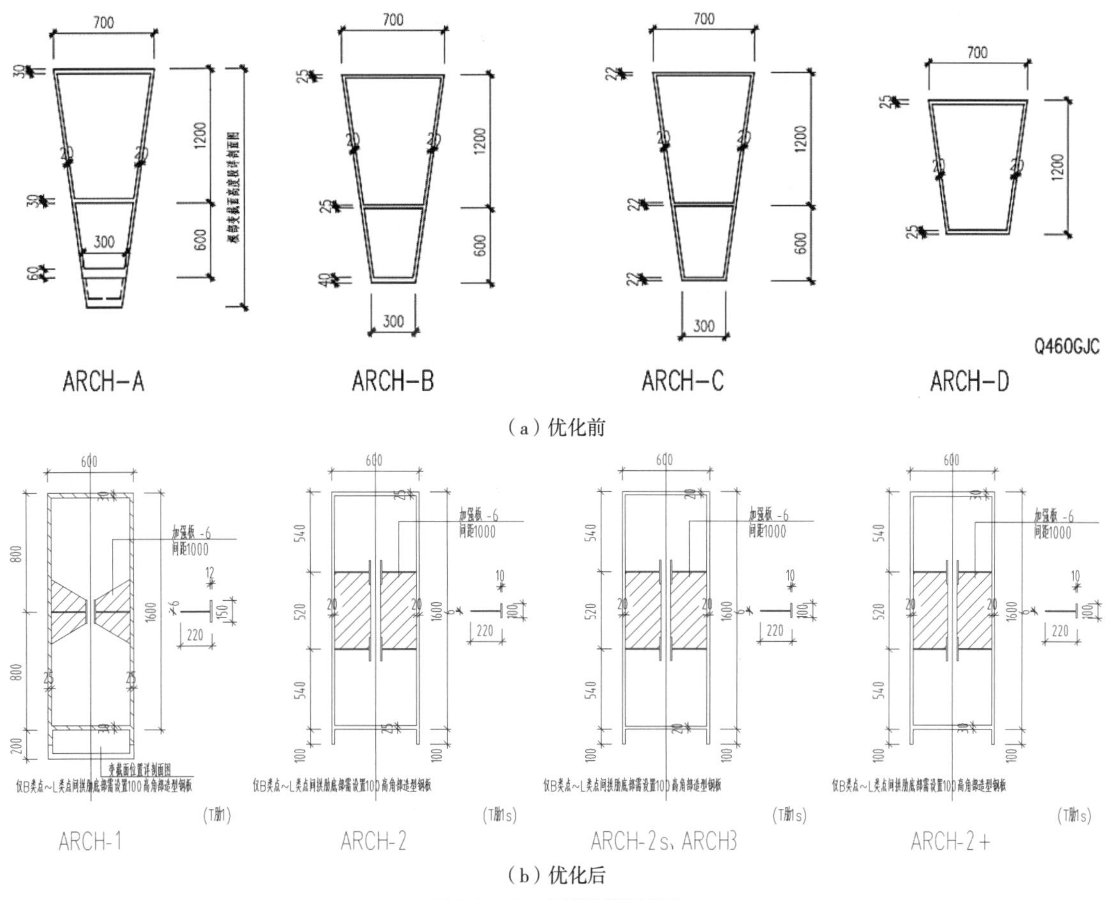

（a）优化前

（b）优化后

图 5.1–12　主拱肋截面优化

向隔板遇到节点区横隔板，形成宫格，造成焊接需要退装，效率降低，加工周期长，且最后一道隔板与水平板焊缝无法施焊。主拱肋及内环梁采用增加 T 形肋，稳定效能高，板厚降低，且组装时可先与腹板焊接后进行整体合龙。

5.1.1.3　异形节点的构造及优化

对空间异形节点，应结合实际加工及现场安装可行性，优化节点构造。内环梁下弦圆管撑与内环梁（次内环梁）原为插板节点，此节点存在隐蔽焊缝，现场无法焊接，且由于斜撑杆与弦杆角部相对，形成内阴角口，焊缝重叠严重，安装难以伸入。经有限元分析，如图 5.1–13 所示，取消插板，同时将斜撑杆局部上抬，较少焊缝重叠，避免杆件内阴角安装。

斜撑与拱肋节点数量非常多，传统采用 K 形牛腿节点形式，由于曲面角度各异，每根斜撑杆件与拱肋的角度均不相同，工厂牛腿组装时间长，加工工期大幅延长，故采用现场无牛腿连接形式，为保证焊接质量，经设计师验算，将斜撑间角度微调，使得腹板拉开焊缝间距。对根部加强区，原设计节点为现场补焊三角板，此三角板数量多，现场焊接量巨大，且为冬季高空作业，存在众多安全隐患，经验算优化为节点区 500mm 范围内工厂对斜撑上下翼缘局部加厚，取消三角板，减少现场焊接量，如图 5.1–14 所示。

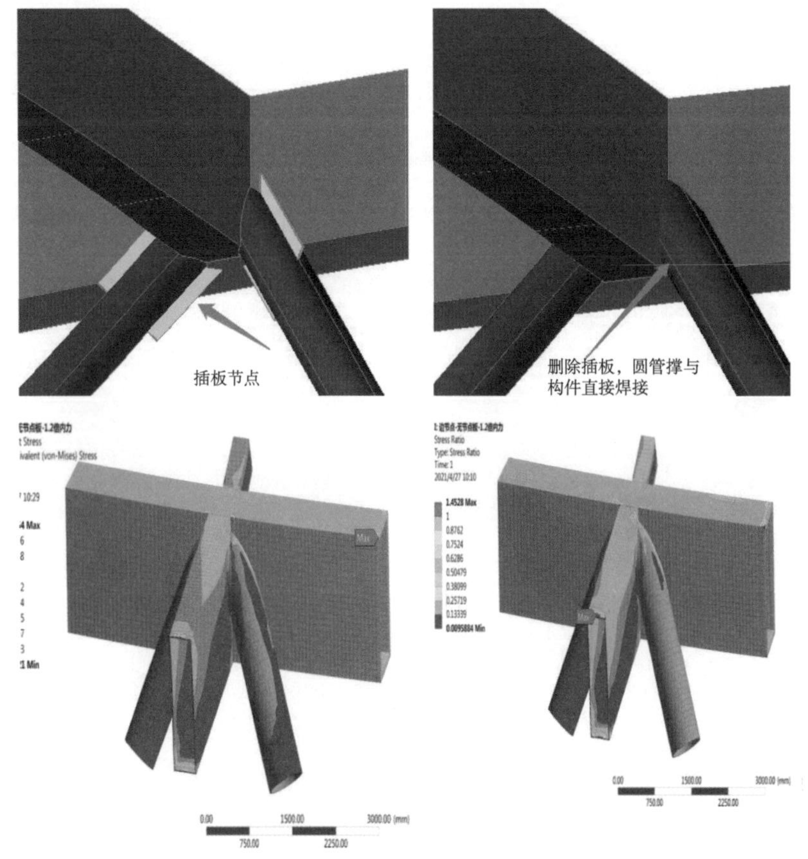

图 5.1-13 异形节点有限元分析

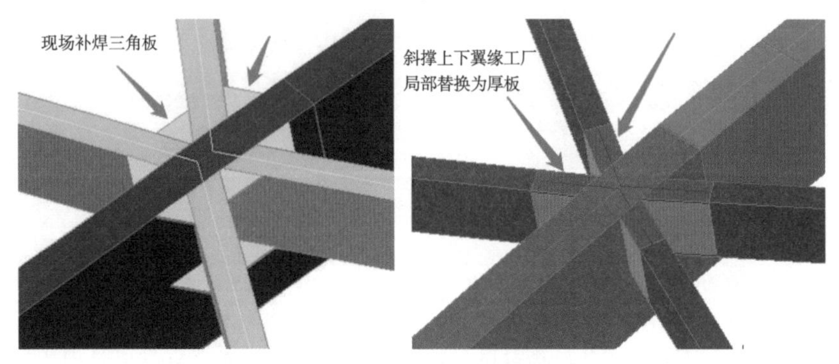

图 5.1-14 异形节点优化

5.1.2 大跨度、大截面弧形薄板窄面箱形加工制作技术

5.1.2.1 弧形主拱肋的制作工艺

本工程构件大多为超重、超高、超长，为满足运输要求及安装需要，所有构件拆分为散件进行加工制作，为确保现场对接精度，对复杂构件及桁架进行整体放样和试拼装，拼装均应在精确定位的钢平台或钢支架上进行，确认准确无误后方可进行施工。主拱肋的制作工艺如图 5.1-15 所

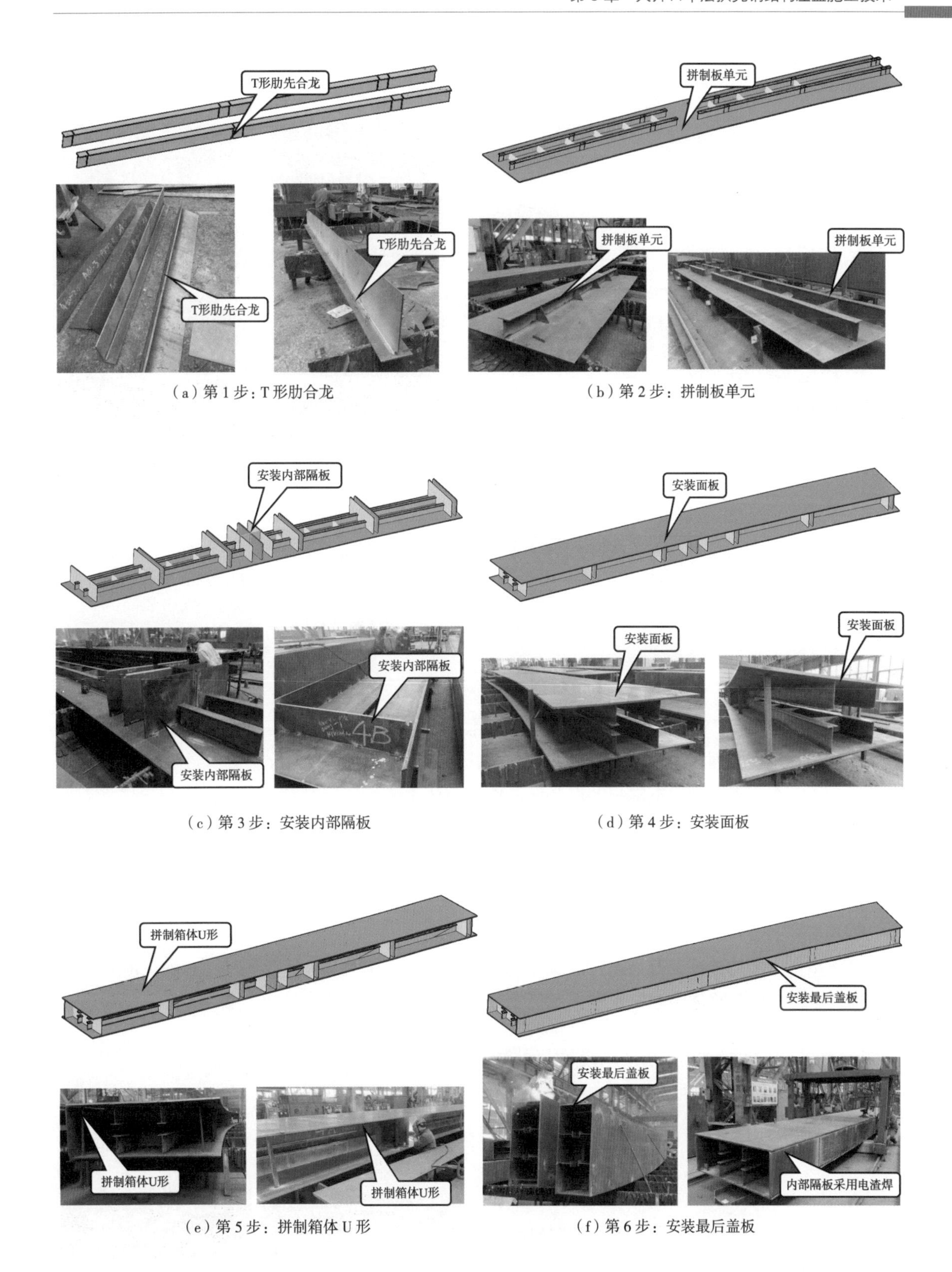

（a）第 1 步：T 形肋合龙

（b）第 2 步：拼制板单元

（c）第 3 步：安装内部隔板

（d）第 4 步：安装面板

（e）第 5 步：拼制箱体 U 形

（f）第 6 步：安装最后盖板

图 5.1–15　弧形主拱肋的制作工艺

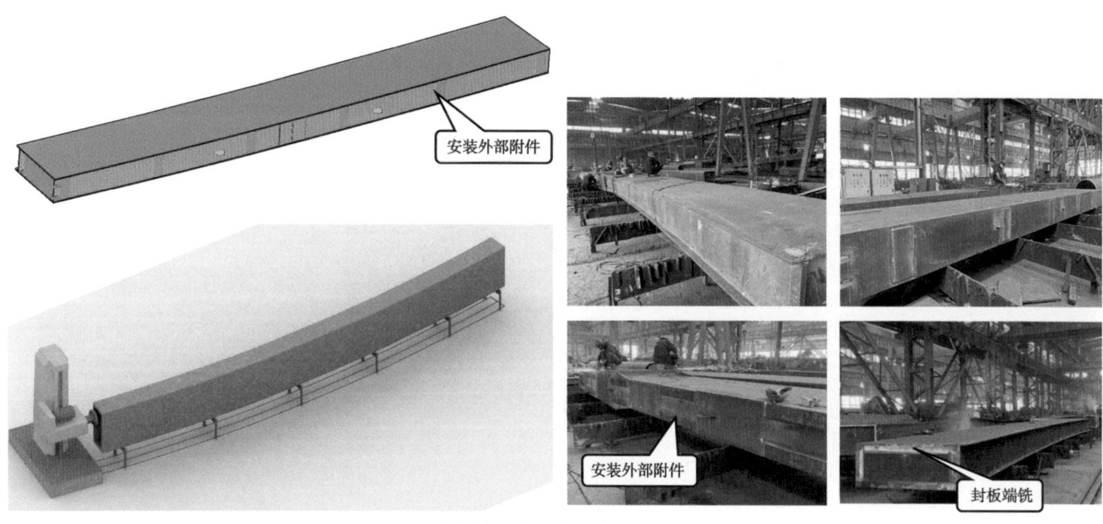

（g）第 7 步：安装外部附件

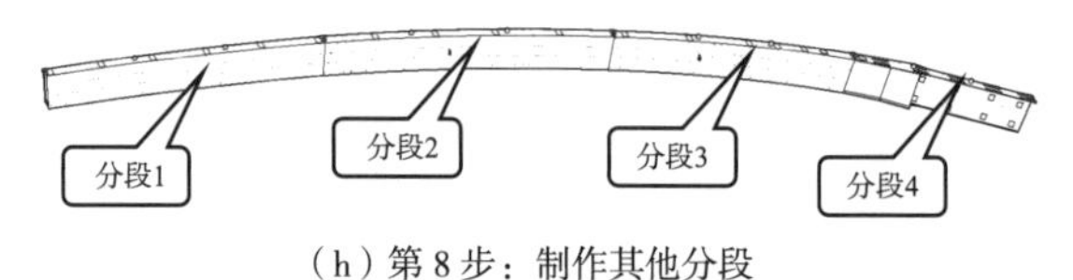

（h）第 8 步：制作其他分段

图 5.1–15　弧形主拱肋的制作工艺（续）

示，主要步骤如下：

第 1 步：先合龙 T 形肋，胎架应在重型平台上搭设，胎架上口必须保证水平度不大于 1mm。

第 2 步：在拱肋面板上画出 T 形肋的安装线，T 形肋与拱肋面板先合龙板单元。

第 3 步：在底板上画出横隔板的安装线，安装内部隔板。

第 4 步：安装另一块面板，组合成 H 形，安装隔板电渣焊条。焊接前，根据板厚上的位置线将横隔板的位置线画出来，并画出对合位置线，作为端铣时的对合标记。

第 5 步：拼制箱体 U 形。

第 6 步：安装箱体最后一个盖板，内隔板采用电渣焊。

第 7 步：安装构件外部其余附件，箱体组装完后，对箱体两端进行端铣加工。加工前必须对箱体进行定位，保证箱体中心线水平，并用钢针画出端铣余量，敲上洋冲，端铣后必须留半只洋冲印。

第 8 步：其余分段均按照以上步骤进行组装，构件分段制作完成后进行整体交验。

5.1.2.2　弧形拱肋梁的制作质量控制要点

钢板矫正采用机械或火焰矫正的方法进行，如图 5.1–16 所示，火焰矫正的加热温度应根据钢材性能确定，矫正后的钢材表面无明显的凹面和损伤，划痕深度小于 0.5mm。

（a）七辊矫平机

（b）零件矫平

图 5.1–16　钢板矫正

钢结构制作下料时，应对主要承重结构节点、焊缝集中区域所用钢板及重要构件、重要焊缝的热影响区进行超声波检测，以保证钢板质量。钢材的切割原则上采用火焰自动切割或 NC 切割，次要部位的零件可以采用火焰半自动切割或手工切割，所采用切割设备如图 5.1-17 所示。下料尺寸控制偏差为 1.0mm，画线号料后应标明基准线、中心线和检验线，下料尺寸精度要求见表 5.1-1。

（a）数控切割机

（b）数控圆锯盘

（c）数控带锯床

（d）厚板坡口半自动切割机

图 5.1-17　自动切割设备

表 5.1-1　　下料尺寸精度要求

项目	允许偏差
零件宽度、长度	± 1.0mm
加工边直线度	*L*/3000 且≤ 2.0mm
相邻两边不垂直度	≤ 1.0mm
加工面不垂直度	0.025t 且≤ 0.5mm
加工面粗糙度	50μm

切割面的精度要求见表 5.1-2。

表 5.1-2　　切割面精度要求

项目	图例	允许偏差
切割面粗糙度		坡口面：≤ 100μm
		自由边：≤ 50μm
切割断面局部割痕	*d*	坡口面：≤ 1.0mm
		自由边：≤ 0.5mm
切割面垂直度	*e*、*t*	≤ 0.05t 且≤ 2.0mm

下料后弹出横隔板的安装位置线及两端的企口位置线，壁板加工采用卷板机卷压成形（图 5.1–18），以便壁板受力均匀，外观无压痕。壁板加工成形过程中，应严格控制卷板机的速度以及上辊筒的压力值，根据经验获得合理加工速度。

为保证各控制点弧度和整体平面度，需进行 1 ∶ 1 地样放线及专用工装台搭设，环主梁和径向主拱肋制作必须在专用重型平台上制作，如图 5.1–19 所示。平台要有预埋件，其抗拔力至少达到 100t，同时车间内至少具备两台 50t 大型桥式行车以及大型构件翻身能力。节点板、底板、劲板分步定位、焊接，上胎时关键点位与定位基准误差控制在 0.3mm；严格控制底板定位轮廓线和底板垂直度，误差在 0.5mm 以内。

图 5.1–18　卷板机卷压成形

（a）环梁现场制作

（b）主拱肋现场制作

图 5.1–19　主梁制作现场

制订合理的组装顺序和焊接工艺，构件纵缝采用龙门式三丝埋弧焊和龙门双丝埋弧焊；箱体腹板纵缝采用双丝埋弧焊接，提高焊接效率的同时控制焊接变形，如图 5.1–20 所示。根据不同的焊接方法，制定不同的焊接顺序，埋弧焊一般采用逆向法、退步法；CO_2 气体保护焊及手工焊采用对称法、分散均匀法；编制合理的焊接顺序的方针是“分散、对称、均匀、减小拘束度”。

针对变形位置提前压制反变形，减小焊接变形量，如图 5.1–21 所示。将翼缘板先进行反变形加工，减小焊接角变形，同时针对不同的板厚、不同的截面、不同的坡口形式，预先考虑纵向变形和横向变形的收缩余量，以确保构件的外形尺寸。

（a）

（b）

图 5.1–20　焊接现场

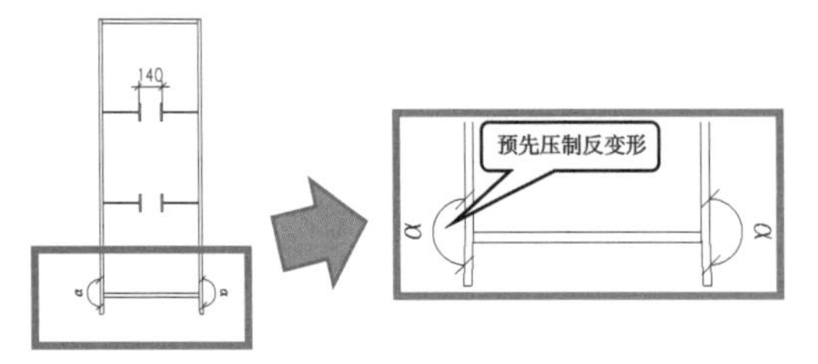

图 5.1–21　预先压制反变形

构件长度长，分段数量多。厂内制作分段后采用整体交验方式保证现场对接精度。箱形构件内部通长 T 形肋，可预先拼制板单元，内部隔板采用两边电渣焊。实行自检、交接检、专检三管齐下的质量“三检”制度，实现“监督上工序、保证本工序、服务下工序”的控制目标。

5.2　钢结构厚板低温焊接技术及研究

项目罩棚钢屋盖对于主要受力较大和受力复杂的外环梁、内环梁等位置，采用 Q460GJC 高力学性能的钢材，最大板厚 90mm。钢板强度高、厚度大，焊接接头处焊缝填充量大，且易产生焊接变形，同时由于本工程外环梁、内环梁等构件受外形尺寸和安装重量的限制，均需分段进行吊装，造成现场高空焊接工作量较大。由于项目工期所限，需要在冬季低温、大风等恶劣气候环境下进行焊接施工，进一步加大了焊接施工的难度。针对冬季现场低温环境下高强厚板复杂钢结构焊接作业难度大的情况，开展了低温、大风环境下焊接工艺试验研究及低温环境 Q460GJC 厚板焊接接头组织性能数值模拟研究。

5.2.1　高强钢厚板低温、大风焊接工艺评定试验与应用研究

钢结构在低温环境下焊接易因温度等控制不合理造成后期冷裂纹或脆断等问题。而北方冬季时间较长，根据气象资料，北京平原地区冬季多年平均最低气温可达 -9℃，最低气温可达 -19℃，按照《钢结构焊接规范》GB 50661—2011 规定，施焊环境温度低于 -10℃应进行针对性低温焊接工艺评定试验研究，同时因冬季时而会出现大风天气，而一些工程因节点复杂，构件截面巨大，防风措施匹配难度大、成本高。针对以上低温及低温大风的焊接环境，需根据钢材类别、厚度等采取相应措施，确定合理焊接工艺参数及防护措施，以保证工程的质量。根据实际需要，同时考虑操作人员在低温环境下的承受能力及试验板连续焊接等因素，本项目在进入冬期施工前在张家口崇礼区提前开展厚板高强钢低温焊接及低温大风焊接工艺评定试验研究，最终确定 -15℃为基本试验温度，试验风力等级为四级，风速 8m/s，采用轴流风机进行大风环境模拟。根据规范制定了相应钢种的焊接工艺评定指导书，进行超低温焊接试验研究，预通过试验结果来验证焊接工艺的合理性，从而制定合理的焊接规程，指导焊接工程冬季的正常施工。

5.2.1.1　低温焊接材料性能试验与工艺方案

1. 母材性能试验

此项目钢结构涉及材质包括 Q355C、Q345GJC、Q460GJC 等多个强度等级，钢板厚度从 10mm 到 90mm，其中 50mm 及以上厚板占比达 30%。根据《钢结构焊接规范》GB 50661—2011 焊接工艺评定中钢板材质及厚度替代规则，最终确定试验所用的钢板材质及规格见表 5.2-1。

表 5.2-1　　试验用钢板及适用范围

钢板材质	材厚（mm）	适用厚度范围（mm）		本工程适用钢板材质	使用部位
		最小值	最大值		
Q460GJC—Z35	90	67.5	不限	Q460GJC—Z25 Q460GJC—Z35	内环梁、外环梁等
Q460GJC—Z25	60	45	120	Q460GJC—Z25	内环梁、外环梁等

续表

钢板材质	材厚（mm）	适用厚度范围（mm）		本工程适用钢板材质	使用部位
		最小值	最大值		
Q345GJC	30	22.5	60	Q345GJC	次内环梁、主拱、斜撑、桁架等
Q355C	30	22.5	60	Q355C	次内环梁、主拱、斜撑、桁架等

注：板材对接与外径不小于600mm的相应位置管材对接的焊接工艺评定可互相替代。

对试验钢板进行复验结果显示，所用钢板化学成分及力学性能均满足相应的标准要求，见表5.2–2、表5.2–3。

表5.2–2　　钢板化学成分（%）

牌号	项目	化学成分						
		C	Mn	Si	S	P	Ni	Cr
Q460GJC—Z35	标准	≤0.2	≤1.70	≤0.55	≤0.005	≤0.020	≤1.20	≤1.20
	合格证	0.06	1.54	0.22	0.0009	0.014	0.02	0.27
	复验	0.07	1.47	0.20	0.002	0.008	—	—
Q460GJC—Z25	标准	≤0.2	≤1.70	≤0.55	≤0.007	≤0.020	≤1.20	≤1.20
	合格证	0.07	1.50	0.18	0.0023	0.011	0.02	0.25
	复验	0.07	1.52	0.19	0.002	0.011	—	—
Q345GJC	标准	≤0.20	≤1.60	≤0.55	≤0.010	≤0.025	≤0.30	≤0.30
	合格证	0.14	1.27	0.20	0.0022	0.016	0.02	0.05
	复验	0.15	1.35	0.26	0.003	0.013	—	—
Q355C	标准	≤0.20	≤1.60	≤0.55	≤0.030	≤0.030	≤0.30	≤0.30
	合格证	0.16	1.24	0.24	0.0018	0.012	0.02	0.03
	复验	0.17	1.29	0.27	0.003	0.008	—	—

表5.2–3　　钢板力学性能

牌号	项目	R_{el}（MPa）	R_m（MPa）	A（%）	A_{kv}（0℃，J）			
					1	2	3	平均
Q460GJC—Z35	标准	450～590	570～720	≥18	—	—	—	≥47
	合格证	471	615	23	320	327	332	326.3
	复验	501	617	23	174	178	170	174
Q460GJC—Z25	标准	450～590	570～720	≥18	—	—	—	≥47
	合格证	525	653	21	304	298	292	298
	复验	484	605	20	293	281	286	287
Q345GJC	标准	≥345	470～630	≥22	—	—	—	≥34
	合格证	433	561	22.5	212	203	222	212
	复验	376	531	29.0	230	228	215	224
Q355C	标准	≥345	470～630	≥22	—	—	—	≥34
	合格证	413	538	26	266	283	251	266
	复验	366	510	29.5	172	178	173	174

2. 焊接材料试验

试验采用 FCAW—G 焊接方法。根据钢板强度所选用药芯焊丝分别为上海焊接器材有限公司 55 级材料 SH.Y81Ni1（T554T1—1C1A—N2）和 50 级材料 SH.Y71T—1（T492T1—1C1A），直径均为 ϕ 1.2mm。对两种焊材熔敷金属的化学成分及力学性能进行复验，见表 5.2–4、表 5.2–5，各项指标均满足标准要求。

表 5.2–4　　焊丝化学成分（%）

牌号	项目	化学成分									
		C	Mn	Si	S	P	Ni	Cr	Mo	V	Cu
SH.Y81Ni1（T554T1—1C1A—N2）	标准	≤ 0.12	≤ 1.75	≤ 0.80	≤ 0.030	≤ 0.030	0.18 ~ 1.2	—	≤ 0.35	—	—
	合格证	0.04	1.35	0.39	0.006	0.004	0.96	0.02	0.01	0.01	—
	复验	0.11	1.34	0.26	0.012	0.008	—	—	—	—	—
SH.Y71T—1（T492T1—1C1A）	标准	≤ 0.18	≤ 2.00	≤ 0.90	≤ 0.03	≤ 0.03	≤ 0.50	≤ 0.20	≤ 0.30	≤ 0.08	—
	合格证	0.04	1.34	0.46	0.011	0.005	0.01	0.03	0.01	0.01	0.01
	复验	0.13	1.52	0.34	0.016	0.009	—	—	—	—	—

表 5.2–5　　熔敷金属力学性能

牌号	项目	R_{el}（MPa）	R_m（MPa）	A（%）	A_{kv}（J）
SH.Y81Ni1（T554T1—1C1A—N2）	标准	≥ 460	550 ~ 740	≥ 17	≥ 27（–40℃）
	合格证	478	588	22	63、95、112（平均 90）
	复验	545	605	24.0	43、46、47（平均 45）
SH.Y71T—1（T492T1—1C1A）	标准	≥ 390	490 ~ 670	≥ 18	≥ 27（–20℃）
	合格证	450	545	27	120、118、128（平均 122）
	复验	405	495	29.0	39、54、32（平均 42）

3. 焊接材料试验

焊接接头有对接和 T 接两种，均采用单面 V 形坡口，根部加钢衬垫，如图 5.2–1 所示。

试验采用 FCAW—G 焊接方法，所用焊机型号为 NB—500，涉及横焊（H）、立焊（V）、仰焊（O）三种焊接位置（其中横焊位置评定结果可以代替平焊），共 11 组试验，焊接试验方案和焊接顺序示意见表 5.2–6 和图 5.2–2。直径均为 ϕ 1.2mm。

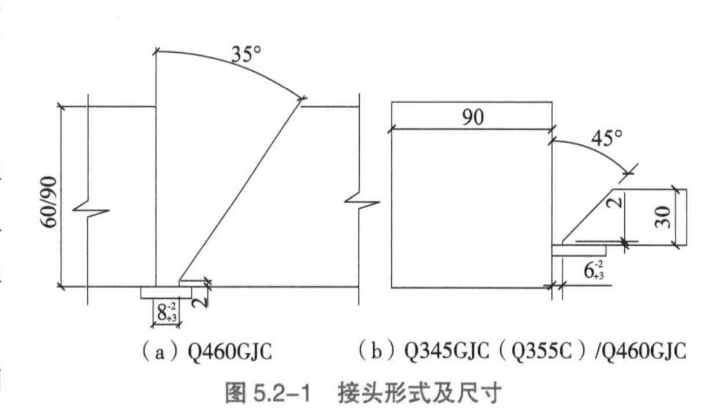

（a）Q460GJC　　（b）Q345GJC（Q355C）/Q460GJC

图 5.2–1　接头形式及尺寸

表 5.2-6　　焊接试验方案

试件编号	母材钢号	规格（mm）	焊接材料	接头形式	焊接位置	试验条件
D1	Q460GJC—Z25	60	SH.Y81Ni1（T554T1—1C1A—N2）	对接	H	低温
D2					V	
D3					O	
D4	Q460GJC—Z35	90	SH.Y81Ni1（T554T1—1C1A—N2）	对接	H	低温
D5					V	
D6					O	
D7	Q460GJC—Z35	90	SH.Y81Ni1（T554T1—1C1A—N2）	对接	H	低温＋大风
D8					V	
D9					O	
D10	Q345GJC+Q460GJC—Z35	30+90	SH.Y71T—1（T492T1—1C1A）	T 接	V	低温
D11	Q355C+Q460GJC—Z35	30+90	SH.Y71T—1（T492T1—1C1A）	T 接	V	低温

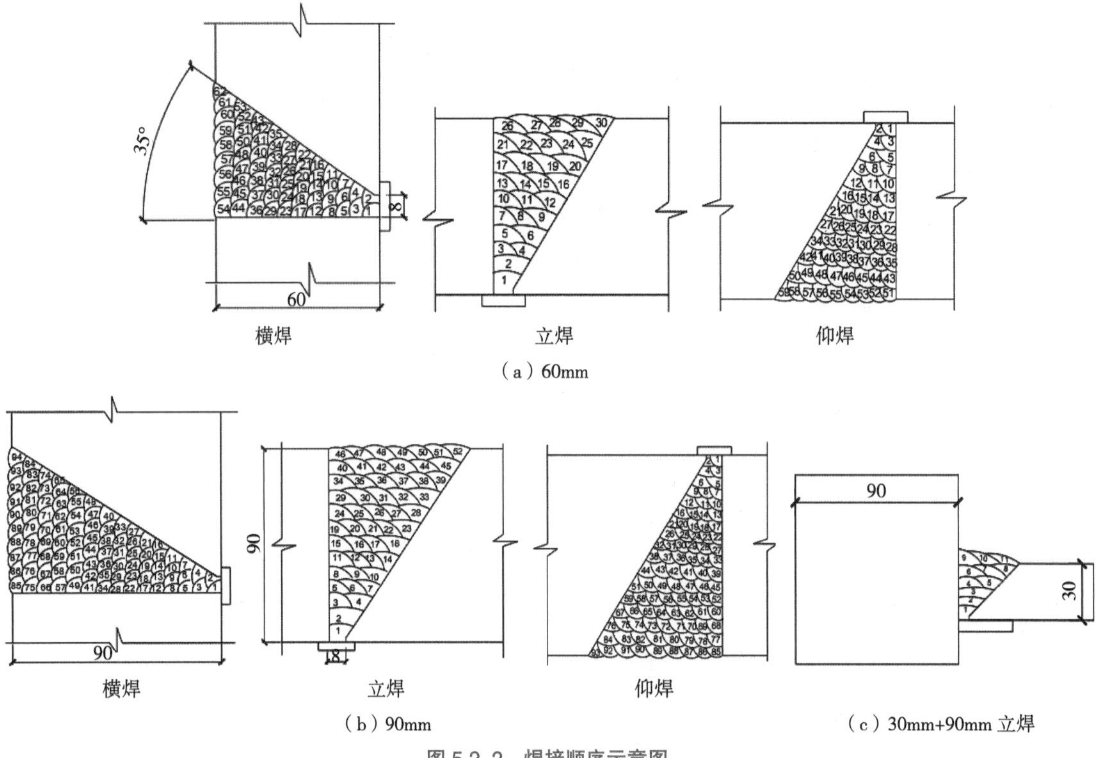

（a）60mm

（b）90mm　　（c）30mm+90mm 立焊

图 5.2-2　焊接顺序示意图

根据《钢结构焊接规范》GB 50661—2011 中对于钢材常温焊接最低预热温度规定，厚度 60mm 的 Q460GJC 钢，在 0℃以上最低预热温度为 100℃；90mm 的 Q460GJC 钢在 0℃以上最低预热温度为 150℃。根据经验，在低温环境焊接时，预热温度比常温预热温度通常高约 20℃。同时，在接头板厚不同、材质不同时，应按接头中最厚板厚以及较高强度、较高碳当量的钢材选择最低预热温度。因此，本试验 D1 ~ D3 预热温度为 120℃，D4 ~ D11 预热温度为 170℃。预热的加热区域应在焊缝坡口两侧，宽度应大于焊件施焊处板厚的 1.5 倍，且不应小于 100mm。焊接过程中，最低道间温度不低于预热温度，最大道间温度在静载结构焊接时，不宜超过 250℃。试验均采用电加热的方式进行焊前预热，此种方式受热均匀且温度易控制。焊接工艺参数见表 5.2–7。

表 5.2–7　　焊接工艺参数

焊接位置	焊道	电流（A）	电压（V）	焊接速度（cm/min）	热输入（kJ/cm）
H	打底	200 ~ 260	24 ~ 31	30 ~ 35	8 ~ 16
	填充	220 ~ 300	27 ~ 34	35 ~ 45	8 ~ 17
	盖面	220 ~ 260	27 ~ 31	35 ~ 45	8 ~ 14
V	打底	160 ~ 220	22 ~ 29	25 ~ 30	7 ~ 15
	填充	200 ~ 270	24 ~ 31	30 ~ 40	7 ~ 17
	盖面	200 ~ 240	24 ~ 28	30 ~ 40	7 ~ 14
O	打底	160 ~ 200	22 ~ 27	25 ~ 35	6 ~ 13
	填充	180 ~ 240	24 ~ 29	25 ~ 35	7 ~ 17
	盖面	180 ~ 220	24 ~ 28	25 ~ 35	7 ~ 15

注：低温环境下 CO_2 气体流量 20 ~ 25L/min，低温大风环境下气体流量 80 ~ 90L/min。

此试验在焊后不再进行加热处理，而是采用保温棉包裹焊接试件，使其缓慢冷却，促使焊缝金属中扩散氢的逸出，同时也减少焊缝及热影响区的淬硬程度，提高焊接接头的抗裂性。

5.2.1.2　焊接接头性能试验结果及分析

1. 对接接头低温焊接试验结果与分析

1）拉伸、弯曲、冲击试验

按照《钢结构焊接规范》GB 50661—2011 中焊接工艺评定要求，对试件进行拉伸、弯曲和冲击试验，焊接工艺参数见表 5.2–8，均满足标准要求。另外，对焊缝和热影响区分别进行 –20℃的冲击试验，试验结果见表 5.2–9。由表 5.2–9 可知，所测值均大于 0℃条件下冲击功要求值 47kV_2/J，表明焊接接头性能良好，所制定焊接工艺合理。

表 5.2–8　　焊接工艺参数

试件编号	拉伸试验		侧弯试验	冲击试验（0℃，kV_2/J）					
	抗拉强度（MPa）	断裂特征及位置		焊缝区			热影响区		
				1	2	3	1	2	3
D1	615、616	延性断裂，断于母材	合格	158.8	147.7	148.5	255.4	254.2	285.5
				平均值 151.7			平均值 265.1		
D2	616、614	延性断裂，断于母材	合格	302.1	224.5	112.7	120.1	56.6	80.1
				平均值 213.1			平均值 85.6		
D3	614、615	延性断裂，断于母材	合格	250.1	290.7	261.2	153.0	155.5	151.0
				平均值 267.3			平均值 153.2		
D4	574、577	延性断裂，断于母材	合格	153.0	155.5	151.0	276.3	289.9	247.1
				平均值 153.2			平均值 271.1		

续表

试件编号	拉伸试验		侧弯试验	冲击试验（0℃，kV_2/J）					
	抗拉强度（MPa）	断裂特征及位置		焊缝区			热影响区		
				1	2	3	1	2	3
D5	600、597	延性断裂，断于母材	合格	115.4	115.8	108.8	293.1	292.3	251.3
				平均值 113.3			平均值 278.9		
D6	605、601	延性断裂，断于母材	合格	145.3	97.8	101.6	208.6	235.0	217.4
				平均值 114.9			平均值 220.3		

表 5.2-9　　-20℃低温冲击试验结果

试件编号	冲击试验（-20℃，kV_2/J）					
	焊缝区			热影响区		
	1	2	3	1	2	3
D1	123.2	113.5	135.2	172.9	179.1	118.9
	平均值 124.0			平均值 157.0		
D2	157.5	82.8	177.0	147.7	113.5	62.9
	平均值 139.1			平均值 108.0		
D3	77.8	64.3	67.3	104.3	217.8	240.1
	平均值 69.8			平均值 187		
D4	146.1	112.3	141.6	296.6	250.1	240.9
	平均值 133.3			平均值 262.5		
D5	87.1	115.4	97.8	296.6	305.2	313.6
	平均值 100.1			平均值 305.1		
D6	67.0	149.3	80.6	215.7	49.2	62.3
	平均值 99.0			平均值 109.1		

2）维氏硬度试验

维氏硬度试验在距样品上、下表面≤ 2mm 试验线上进行，试验示意图如图 5.2-3 所示，测试区域包括焊缝区、两侧热影响区及两侧母材，每个区域测试三点。若热影响区狭窄，不能并排分布时，测点可平行于焊缝熔合线排列。

对接接头低温焊接试验维氏硬度测试结果见表 5.2-10，由表 5.2-10 可知，不同区域所测结果均小于标准要求的 350HV10，说明焊接工艺合理。60mm 厚 Q460GJC—Z25 的母材硬度与 90mm 厚 Q460GJC—Z35 相比，整体相对偏小，除个别位置，焊接热影响区整体未呈现硬化现象。

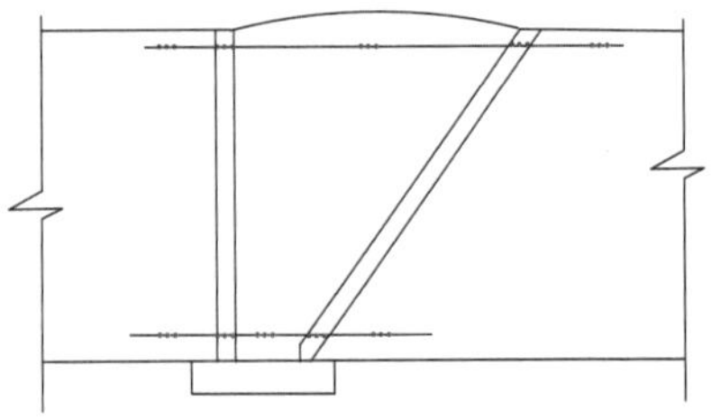

图 5.2-3　维氏硬度试验示意图

表 5.2-10　　对接接头低温焊接试验维氏硬度试验结果

试件编号	位置	维氏硬度（HV10）														
		母材（斜）			热影响区（斜）			焊缝区			热影响区（直）			母材（直）		
		1	2	3	1	2	3	1	2	3	1	2	3	1	2	3
D1	上	229	239	237	273	269	259	211	215	207	244	256	239	235	244	235
	下	229	232	228	239	229	225	246	266	263	202	214	217	234	235	245

续表

试件编号	位置	维氏硬度（HV10）														
		母材（斜）			热影响区（斜）			焊缝区			热影响区（直）			母材（直）		
		1	2	3	1	2	3	1	2	3	1	2	3	1	2	3
D2	上	218	219	216	232	223	206	206	216	217	230	226	206	220	215	218
	下	217	223	224	193	203	202	222	225	215	232	237	227	215	232	224
D3	上	253	248	252	244	230	260	259	251	267	216	210	208	248	244	244
	下	233	233	227	218	238	235	225	234	254	218	249	244	239	230	229
D4	上	241	243	251	268	282	272	230	227	235	243	248	245	263	262	256
	下	239	245	242	221	214	205	250	261	252	246	224	229	264	266	266
D5	上	275	289	273	202	202	195	252	250	250	211	206	222	290	291	292
	下	265	265	265	211	212	215	205	208	210	228	230	240	265	272	278
D6	上	264	263	264	286	262	220	260	275	286	258	262	223	282	279	279
	下	260	260	259	214	219	217	244	260	252	272	246	220	274	273	273

注：（直）代表未开坡口侧，（斜）代表坡口侧。

3）微观金相和晶粒度

观察焊接接头试样在表层及厚度方向中心线位置上母材、热影响区和焊缝三个区域的微观金相，并测定晶粒度。微观金相检测位置示意图和晶粒度级别见图 5.2–4、表 5.2–11。

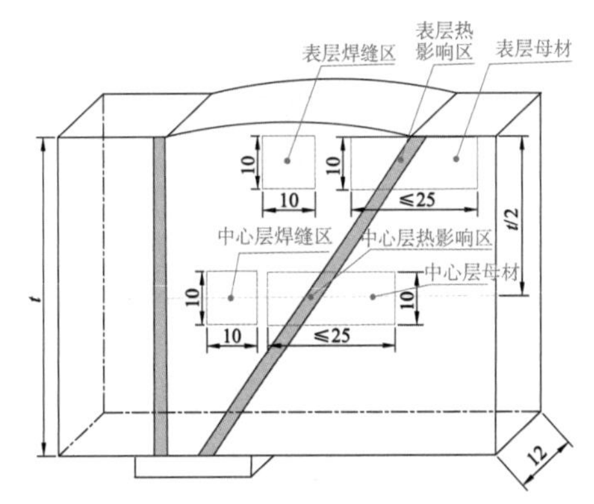

图 5.2–4　微观金相检测位置示意图

表 5.2–11　　晶粒度级别

试样编号	厚度方向位置	焊缝	热影响区	母材
D1	表层	11.83	11.17	11.42
	中心	11.80	11.32	11.36
D2	表层	11.75	11.35	11.45
	中心	11.86	11.37	11.32
D3	表层	11.86	11.12	11.60
	中心	11.88	11.52	11.33
D4	表层	11.84	11.55	11.53
	中心	11.84	11.70	11.03
D5	表层	11.90	11.59	11.50
	中心	11.89	11.45	10.94
D6	表层	11.88	11.51	11.27
	中心	11.88	11.47	10.91

晶粒度级别是按照标准选取 5 个代表性视场测量的平均晶粒度。Q460GJC—Z25（60mm）焊接试板焊缝区晶粒度级别为 11.75 ~ 11.88，整体来看晶粒度级别在三个区域中最大，即焊缝区晶粒尺寸最小，热影响区晶粒度级别相对最小，为 11.12 ~ 11.57，两区域相差约 0.5 级别，相差不大。Q460GJC—Z35（90mm）焊接试板晶粒度级别最大区域也为焊缝区，级别为 11.84 ~ 11.90，相对最小的区域为母材，级别为 10.91 ~ 11.53，两区域晶粒度级别相差约 0.7。

焊接接头各区域微观金相组织如图 5.2-5 所示，母材均为铁素体和珠光体组织，整体来看，

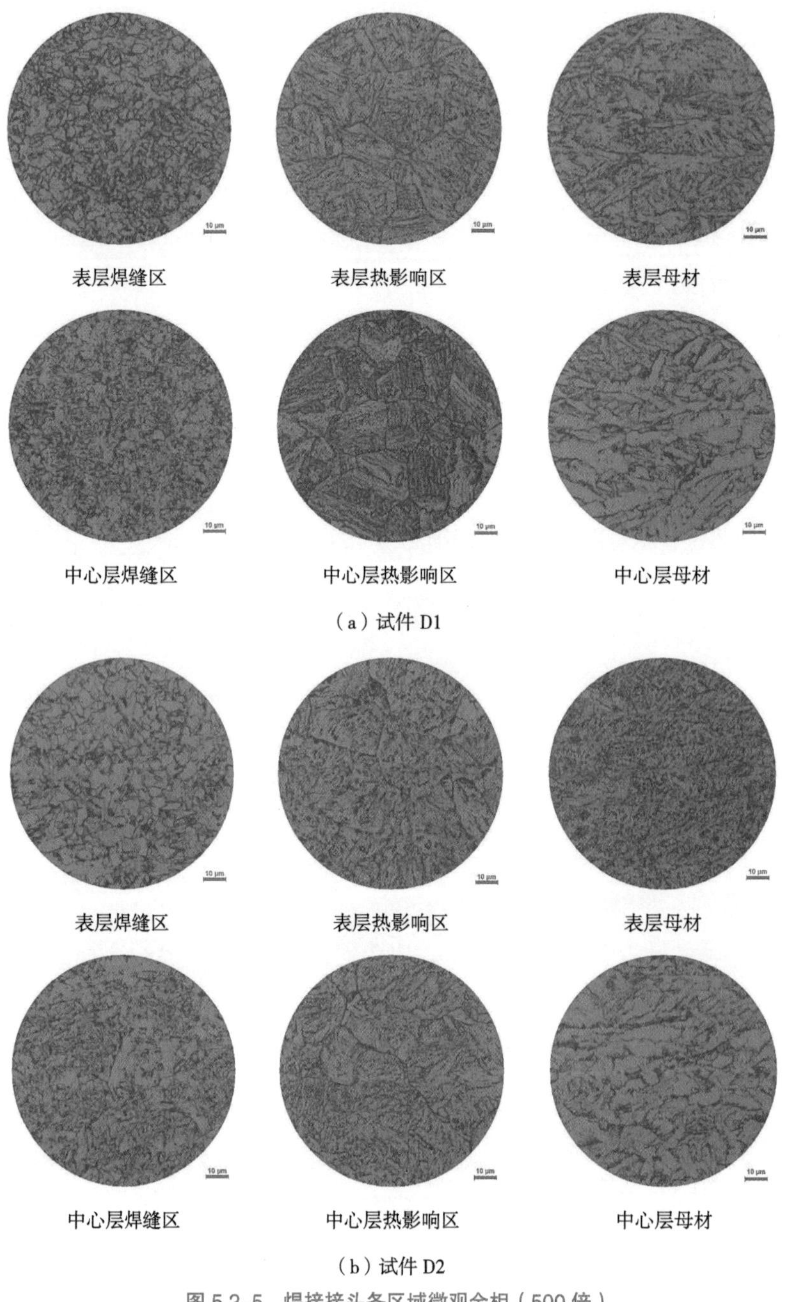

（a）试件 D1

（b）试件 D2

图 5.2-5　焊接接头各区域微观金相（500 倍）

中心层母材铁素体多呈块状、柱状分布，表层铁素体多呈长条状或针状，因钢板轧制后表层冷却速度大于中心层，因此珠光体含量多于中心层，且晶粒尺寸整体较中心层小；焊缝区组织大部分为均匀分布的铁素体与珠光体组织，晶粒细小，部分焊缝区可看到沿原奥氏体晶界分布的先共析铁素体，中心层与表层晶粒度尺寸几乎无差别；热影响区则主要为沿原奥氏体晶界向内生长的由板条状铁素体和条间不连续分布的碳化物组成的贝氏体组织及粒状贝氏体组织。

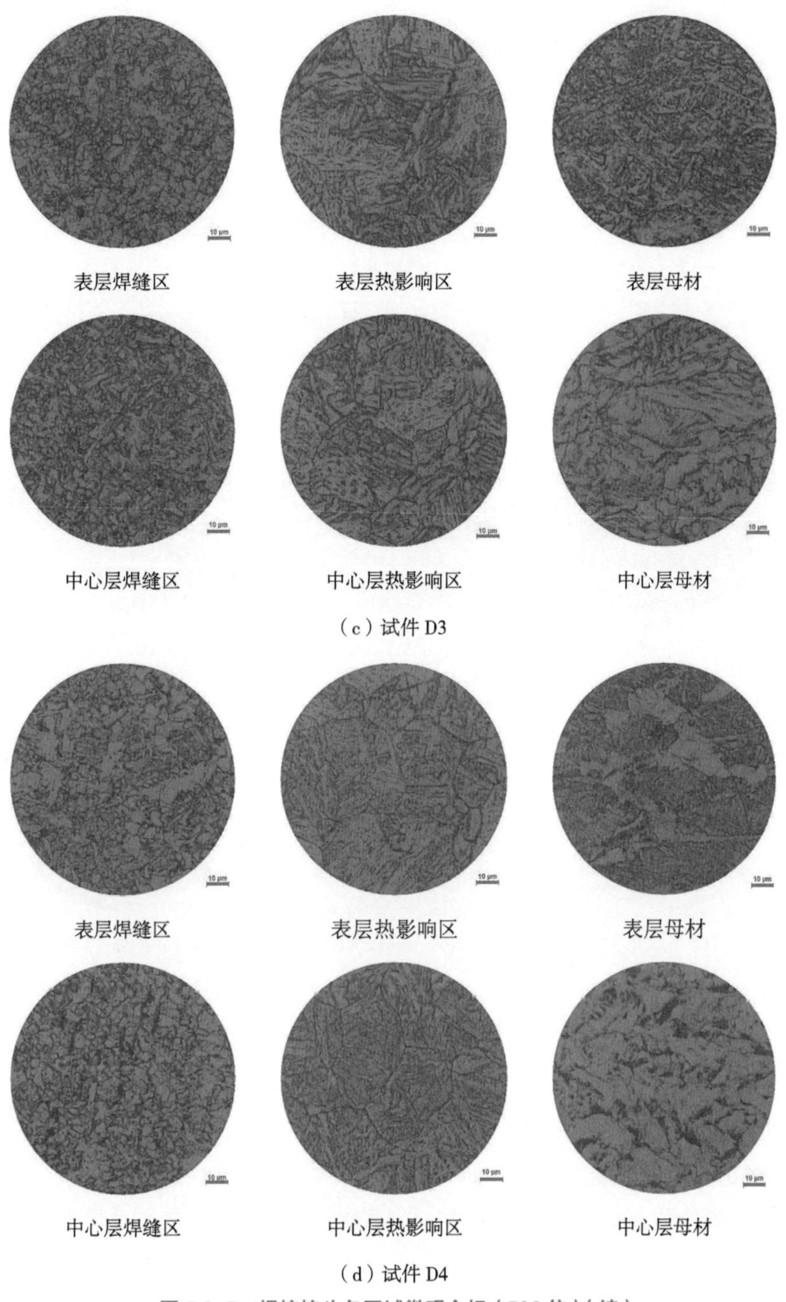

图 5.2-5　焊接接头各区域微观金相（500 倍）（续）

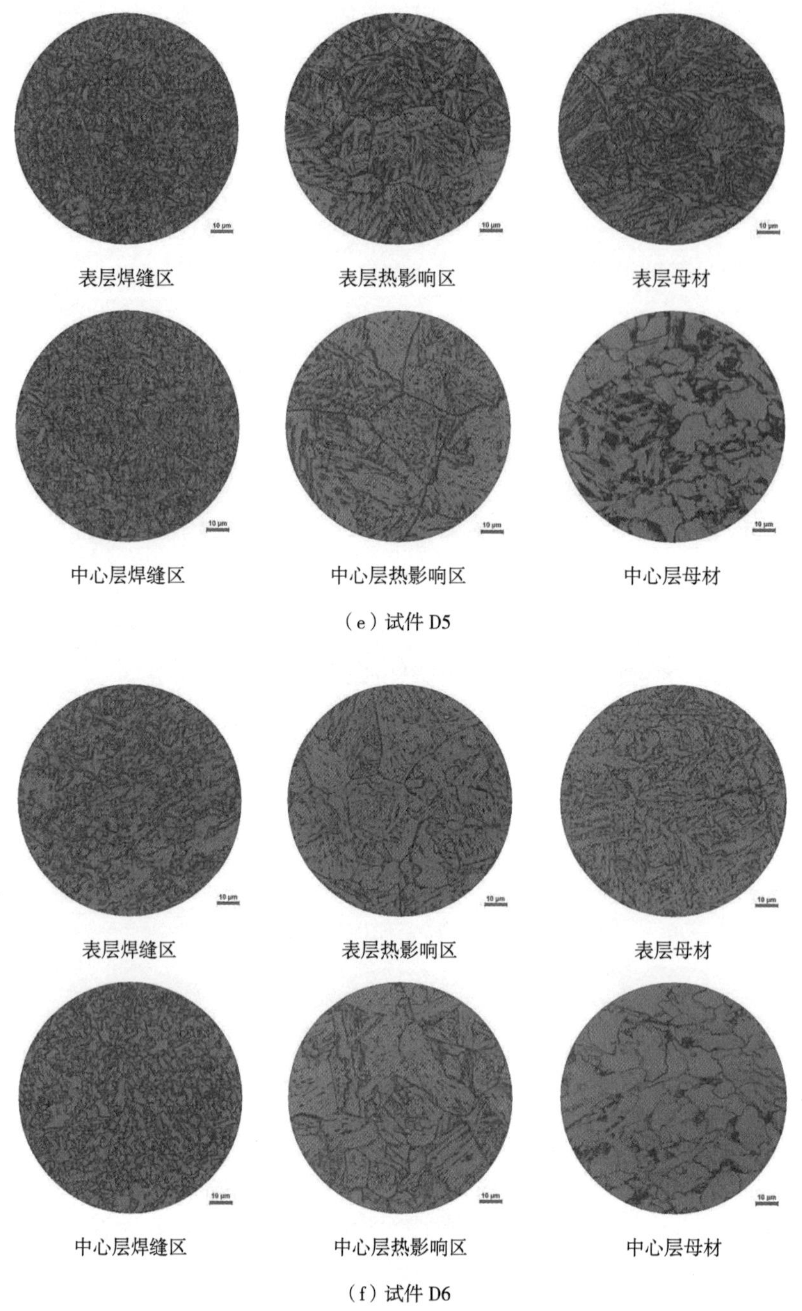

（e）试件 D5

（f）试件 D6

图 5.2–5　焊接接头各区域微观金相（500 倍）（续）

2. 对接接头低温、大风焊接试验结果与分析

1）拉伸、弯曲、冲击试验

按照《钢结构焊接规范》GB 50661—2011 中焊接工艺评定要求，对低温、大风环境下焊接试件进行拉伸、弯曲和冲击试验，试验结果见表 5.2–12。由表 5.2–12 可知，各项结果均满足标准要求。

表 5.2-12　　力学检测结果

试件编号	拉伸试验		侧弯试验	冲击试验（0℃，kV_2/J）					
	抗拉强度（MPa）	断裂特征及位置		焊缝区			热影响区		
				1	2	3	1	2	3
D7	576、573	延性断裂，断于母材	合格	168.3	173.3	167.9	155.9	235.5	254.6
				平均值 137.1			平均值 265.1		
D8	574、574	延性断裂，断于母材	合格	154.7	158.8	150.6	306.0	149.7	325.2
				平均值 154.7			平均值 260.3		
D9	593、589	延性断裂，断于母材	合格	142.4	130.4	111.5	228.3	305.2	241.7
				平均值 128.1			平均值 258.4		

对焊缝和热影响区分别进行 -20℃的冲击试验，结果见表 5.2-13，除立焊试板热影响区外，所测值平均值均大于 0℃条件下冲击功要求值 47kV_2/J。

表 5.2-13　　力学检测结果

试件编号	冲击试验（-20℃）					
	焊缝区			热影响区		
	1	2	3	1	2	3
D7	172.9	169.5	151.4	331.4	333.6	36.7
	平均值 164.6			平均值 233.9		
D8	138.4	124.8	121.3	32.3	34.3	52.1
	平均值 128.2			平均值 39.6		
D9	82.4	69.1	133.6	244.2	313.2	212.8
	平均值 95.0			平均值 256.7		

2）维氏硬度试验

维氏硬度试验在距样品上、下表面≤ 2mm 试验线上进行，测试区域包括焊缝区、两侧热影响区及两侧母材，每个区域测试三点。若热影响区狭窄，不能并排分布时，测点可平行于焊缝熔合线排列。试验结果见表 5.2-14，不同区域所测结果均小于标准要求的 350HV10，从整体来看，焊缝和热影响区硬度较接近，均小于母材，但整体接头强度和韧性良好，说明所采用焊接工艺合理。

表 5.2-14　　维氏硬度试验结果

试件编号	位置	维氏硬度（HV10）														
		母材（斜）			热影响区（斜）			焊缝区			热影响区（直）			母材（直）		
		1	2	3	1	2	3	1	2	3	1	2	3	1	2	3
D7	上	293	291	282	279	282	271	219	224	231	199	207	192	253	252	253
	下	266	257	260	207	194	196	195	198	195	223	221	232	261	265	271
D8	上	245	244	244	231	232	221	184	186	185	219	225	218	270	267	273
	下	284	277	278	207	210	211	217	216	211	246	238	233	288	286	287
D9	上	266	262	264	240	238	238	221	211	214	202	204	214	259	267	256
	下	262	269	270	201	213	209	212	220	207	214	214	229	263	262	253

3）微观金相和晶粒度

观察焊接接头试样在表层及厚度方向中心线位置上母材、热影响区和焊缝三个区域的微观金相，并测定晶粒度，晶粒度级别见表 5.2–15。Q460GJC—Z35（90mm）在低温、大风环境下焊接试板焊缝区晶粒度级别为 11.85 ~ 11.89，整体来看晶粒度级别最大，即焊缝区晶粒尺寸最小；母材晶粒度级别相对最小为 11.16 ~ 11.25，两区域相差约 0.7 级别。

表 5.2–15　　晶粒度级别

试样编号	厚度方向位置	焊缝	热影响区	母材
D7	表层	11.88	11.47	11.24
	中心	11.88	11.47	11.25
D8	表层	11.89	11.47	11.23
	中心	11.88	11.47	11.18
D9	表层	11.89	11.50	11.16
	中心	11.85	11.48	11.18

焊接接头各区域微观金相组织如图 5.2–6 所示，中心层母材为呈块状分布的铁素体和少量珠光体组织，表层母材为针状分布铁素体和细小黑色珠光体组织；焊缝区组织整体为沿原奥氏体晶界分布的块状先共析铁素体及晶内的针状铁素体及均匀分布的细小珠光体组织；热影响区则主要为沿原奥氏体晶界向内生长的板条状铁素体和条间不连续分布的碳化物组成的贝氏体及粒状贝氏体组织。

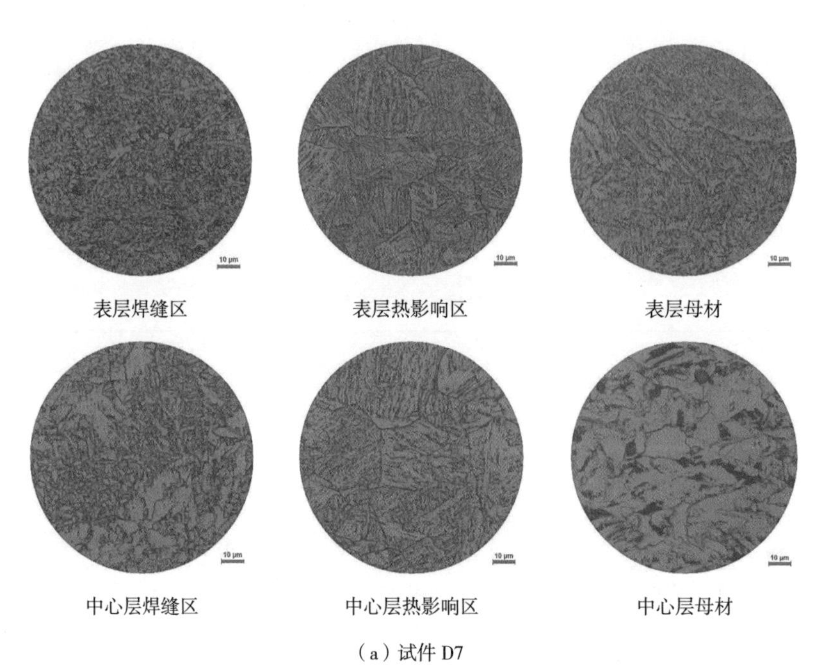

（a）试件 D7

图 5.2–6　焊接接头各区域微观金相（500 倍）

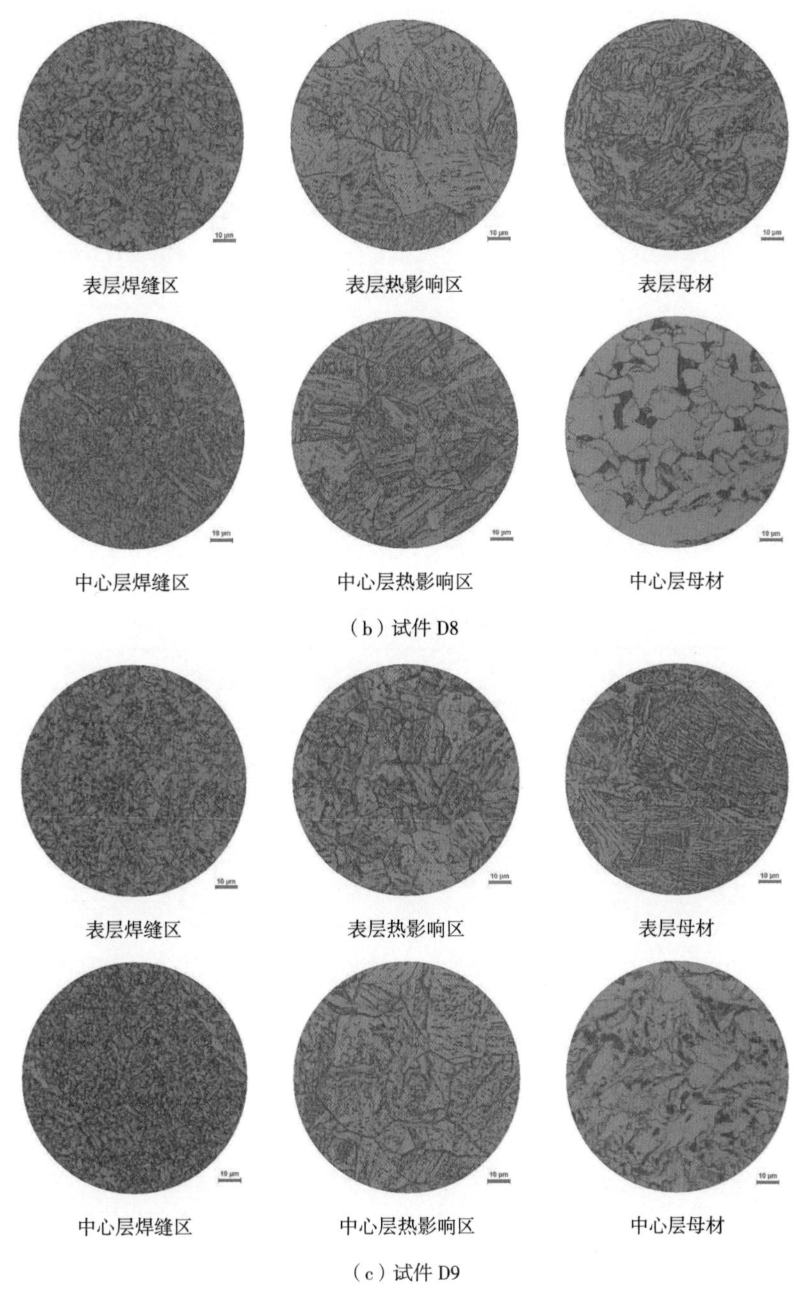

图 5.2-6　焊接接头各区域微观金相（500 倍）（续）

3. T 接接头低温焊接试验结果与分析

1）宏观酸蚀

将焊接接头试样打磨、抛光，然后采用 10% 硝酸水溶液腐蚀后进行宏观酸蚀试验，试验结果如图 5.2-7 所示，焊缝及热影响区表面均无肉眼可见裂纹、未融合等缺陷，满足《钢结构焊接规范》GB 50661—2011 的要求。

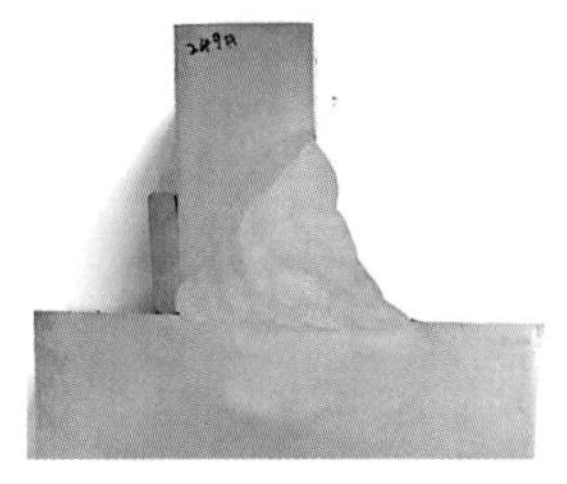

（a）试件 D10

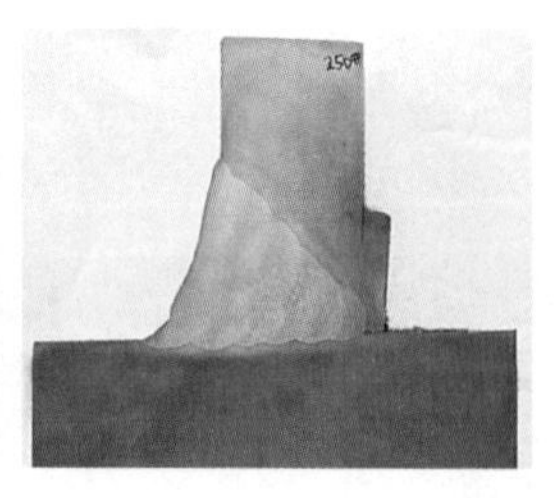
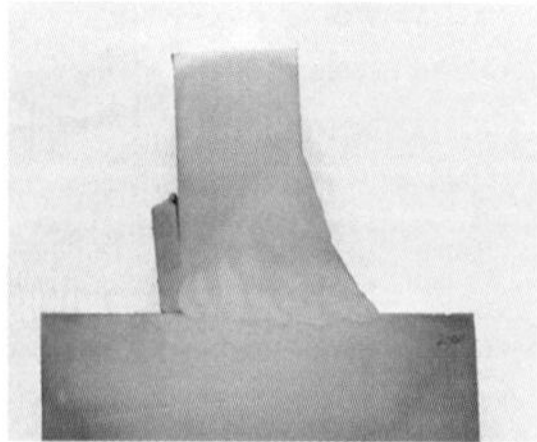

（b）试件 D11

图 5.2-7　T 形焊接接头宏观金相

2）维氏硬度试验

维氏硬度试验测试位置示意图如图 5.2-8 所示，测试区域包括焊缝区、两侧热影响区及两侧母材，每个区域测试三点。若热影响区狭窄，不能并排分布时，测点可平行于焊缝熔合线排列。试验结果见表 5.2-16，不同区域所测结果均小于标准要求的 350HV10，且热影响区硬度值整体与对应母材硬度值相当，焊接工艺合理。

表 5.2-16　**力学检测结果**

试件编号	位置	维氏硬度（HV10）														
		母材（腹板）			热影响区（腹板）			焊缝区			热影响区（翼缘）			母材（翼缘板）		
		1	2	3	1	2	3	1	2	3	1	2	3	1	2	3
D10	表层	183	181	183	212	211	197	229	221	220	217	217	216	245	254	257
	根部	178	180	176	175	183	186	233	232	227	215	205	204	204	203	203
D11	表层	172	179	181	199	192	175	188	205	218	225	226	226	214	226	215
	根部	181	184	177	179	179	175	200	208	201	233	210	196	203	201	204

3）微观金相和晶粒度

观察焊接接头试样在表层及板厚度方向中心线位置上母材、热影响区和焊缝区域的微观金相，并测定晶粒度。微观金相检测位置示意图和晶粒度级别见图 5.2-9、表 5.2-17。

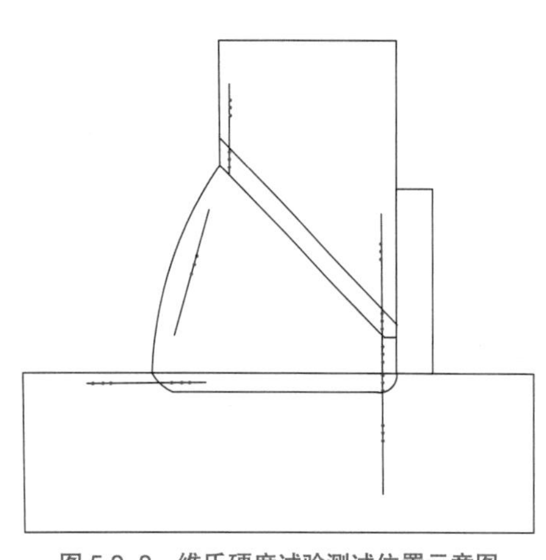

图 5.2-8　维氏硬度试验测试位置示意图

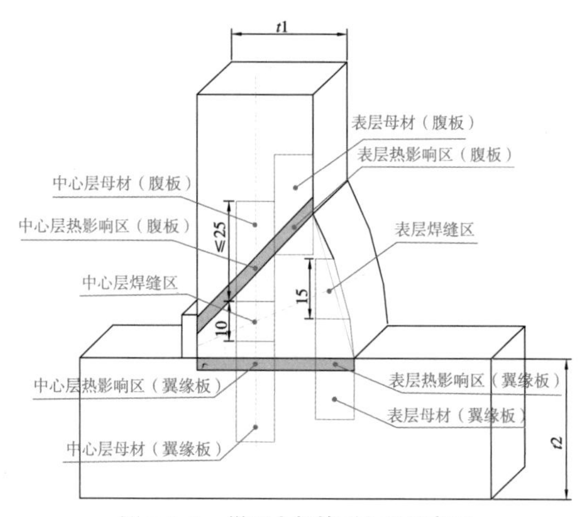

图 5.2-9　微观金相检测位置示意图

表 5.2–17 晶粒度级别

试样编号	厚度方向位置	母材（腹板）	热影响区（腹板）	焊缝	热影响区（翼缘板）	母材（翼缘板）
D10	表层	10.67	11.31	11.84	11.56	11.37
	中心	9.95	10.92	11.82	11.55	11.28
D11	表层	11.29	11.48	11.83	11.53	11.33
	中心	10.38	10.92	11.86	11.47	11.27

焊接接头各区域微观金相组织如图 5.2–10 所示，两个试样腹板母材、翼缘板母材以及焊缝区组织均为铁素体和珠光体，两试样腹板母材即 Q345GJC（30mm）和 Q355C（30mm），均为块

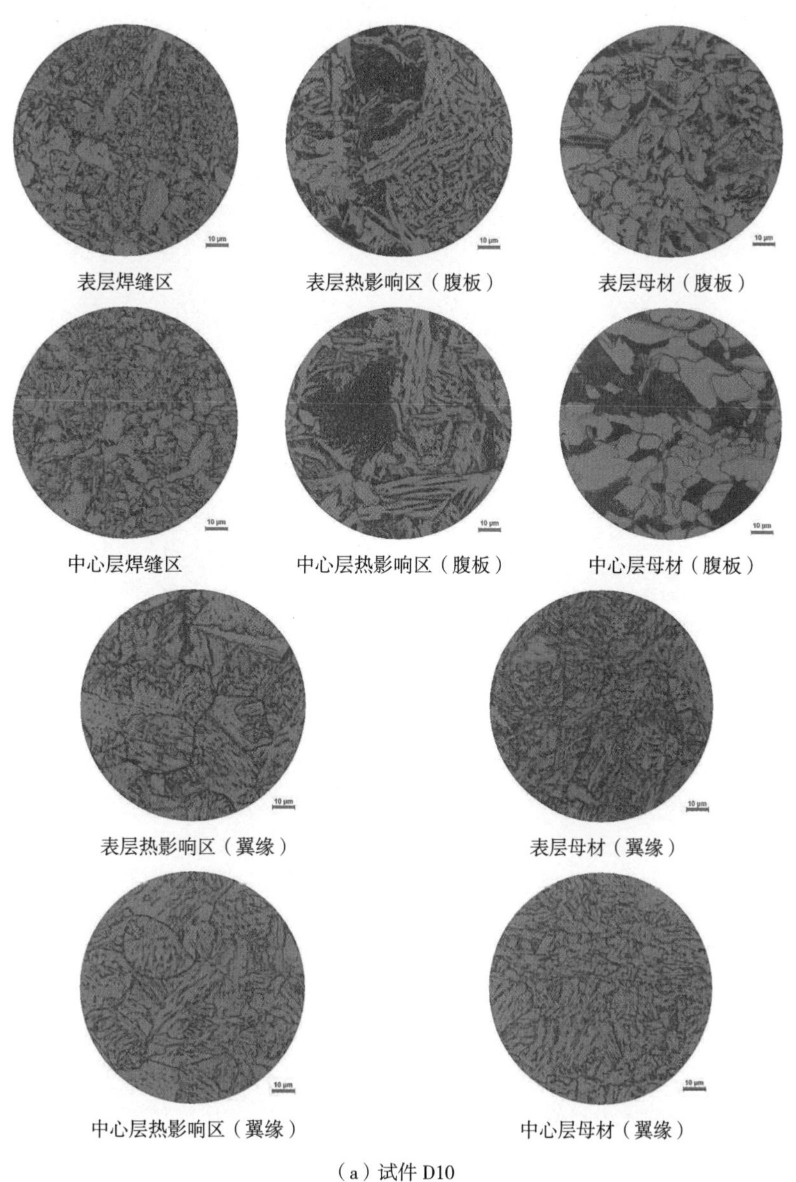

（a）试件 D10

图 5.2–10 焊接接头各区域微观金相（500 倍）

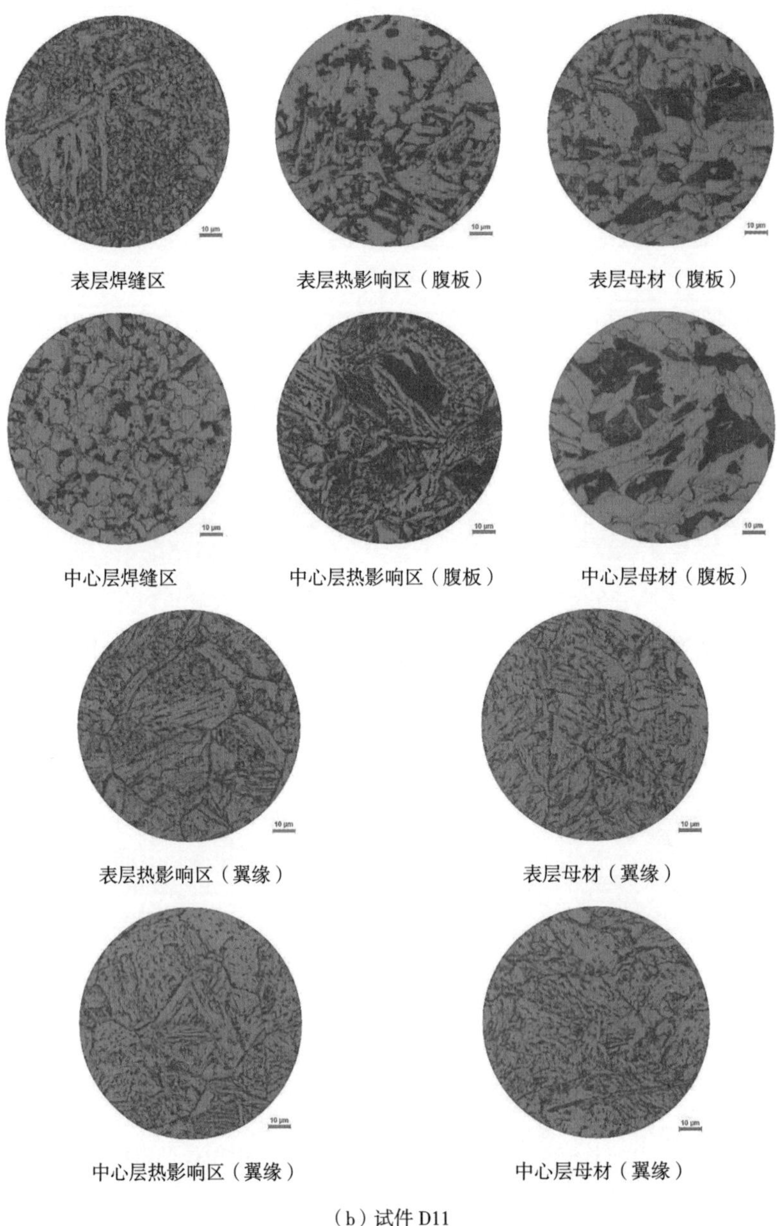

（b）试件 D11

图 5.2-10　焊接接头各区域微观金相（500 倍）（续）

状分布的铁素体和珠光体组织，且均为所在试样不同测试位置晶粒尺寸最大的位置，同时因轧制后中心层冷却速度相较于表层冷却速度缓慢，晶粒长大，所以整体中心层晶粒尺寸大于表层。翼缘板母材 Q460GJC—Z35（90mm）晶粒尺寸较腹板母材晶粒细小，焊缝区组织则存在沿原奥氏体晶界分布的片状、块状先共析铁素体，晶内分布有针状铁素体、珠光体；腹板热影响区主要为粗大的先共析铁素体沿晶分布，晶内为魏氏组织铁素体、珠光体和粒状贝氏体；翼缘板表层热影响区组织主要为贝氏体组织及少量珠光体组织，而中心层热影响区则主要为粒状贝氏体组织。

5.2.2　Q460GJC 厚板低温焊接接头组织性能数值模拟研究

为定量研究厚板低温焊接下接头性能，在进行焊接工艺评定试验的同时，开展焊接过程数值模拟。焊接过程模拟技术作为沟通信息数据与焊接的桥梁，可通过定量的物理模型，对整个焊接过程建模，利用物理信息和工艺参数，在计算机上进行焊接设计和工艺仿真，进行焊接全过程三维表征，定量分析厚板低温焊接接头性能，阐明厚板低温焊接质量控制关键要点，同时提高低温焊接参数拟定科学性及焊接工艺制定效率，大大缩短高强超厚板低温焊接工艺研发周期，确保接头质量，提高生产效率。

本节基于相变组织演变基础理论，建立大型钢结构焊接节点三维金相组织演变分析方法，完成超厚板、超低温、大风环境下多层多道焊接组织演变过程分析，实现钢结构焊接冶金相变数字化，从微观层面预测大型钢结构焊接节点性能。研究的技术路线如图 5.2-11 所示，具体研究包括：

（1）相变计算理论研究；

（2）温度场实测分析；

（3）焊接全过程相变分析有限元方法研究；

（4）90mm 厚板低温对接焊、30mm+90mm 厚板低温 T 接焊相变分析与组织性能预测。

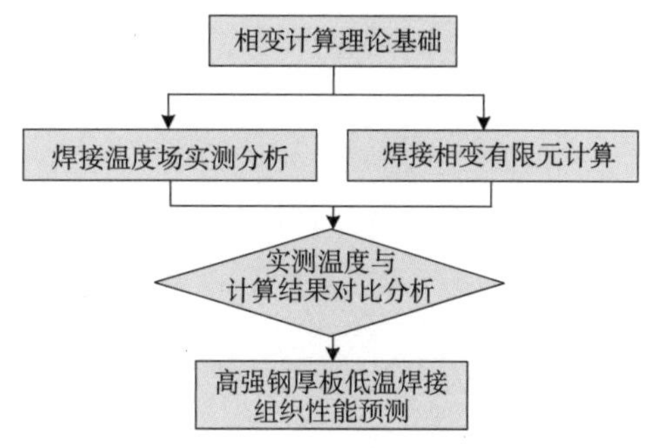

图 5.2-11　研究技术路线图

5.2.2.1　焊接相变有限元计算方法

1. 热源模型

电弧焊接热源的模拟采用双椭球热源模型，如图 5.2-12 所示。模型将体热源分为前后两部分，能够更好地模拟焊接过程中移动热源的前端和后端不同的温度梯度。前半部分椭球内热源分布表达式为：

$$q(x,y,z)=\frac{6\sqrt{3}f_1Q}{\pi a_1bc\sqrt{\pi}}\exp(-3\frac{x^2}{a_1^2})\exp(-3\frac{y^2}{b^2})\exp(-3\frac{z^2}{c^2}) \quad (5.2\text{-}1)$$

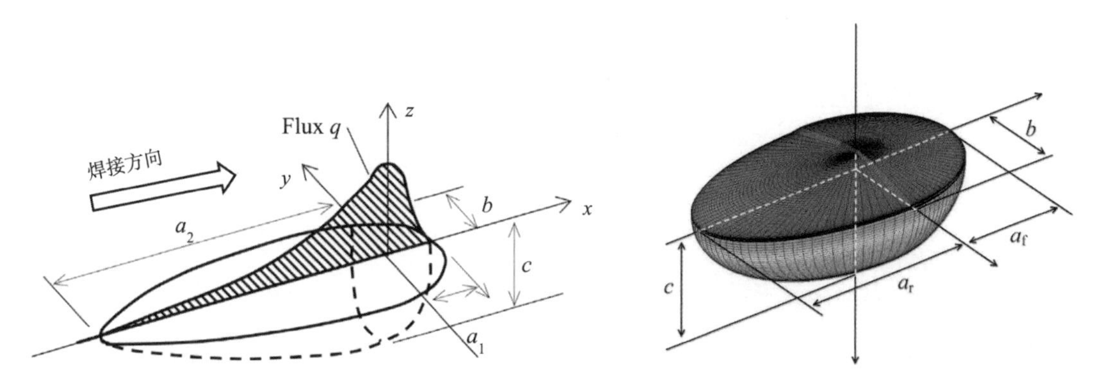

图 5.2-12　热源模型示意图

后半部分椭球内热源分布表达式为：

$$q(x,y,z)=\frac{6\sqrt{3}f_2Q}{\pi a_2bc\sqrt{\pi}}\exp(-3\frac{x^2}{a_2{}^2})\exp(-3\frac{y^2}{b^2})\exp(-3\frac{z^2}{c^2}) \tag{5.2-2}$$

式中：$Q=\eta UI$，η 为热源效率，U 为焊接电压，I 为焊接电流；a_1、a_2、b、c 为椭球形状参数；f_1、f_2 为前、后椭球热量分布函数，$f_1+f_2=2$。

2. 温度场计算

焊接过程中，电弧在工件中热传导控制方程：

$$\rho c_p\left(\frac{\partial T}{\partial t}\right)=\nabla(\lambda\nabla T)+\frac{\partial q_{arc}}{\partial t} \tag{5.2-3}$$

式中：ρ 为材料的密度，c_p 为比热，T 为温度，t 为时间，∇ 为拉普拉斯算子，q_{arc} 为焊接热源热流密度。

焊接件在加热和冷却过程中，材料通过对流和辐射的方式与周围的环境进行热量交换，其中，焊接件与环境的对流传热遵循 Newton 定律：

$$q_a=-h_a(T_s-T_a) \tag{5.2-4}$$

式中：q_a 为焊接件与环境之间的热量交换，h_a 为对流交换系数，T_s 为焊接件表面温度，T_a 为环境温度。

辐射所损失的热量可通过以下控制方程计算：

$$q_h=-\varepsilon\sigma[(T_s+273)^4-(T_a+273)^4] \tag{5.2-5}$$

式中：ε 为辐射系数，σ 为 Stefan—Boltzmanm 常数。

焊接热模拟计算过程的关键参数见表 5.2-18。

表 5.2-18　焊接热模拟计算过程关键参数

参数	取值	备注
对流传热系数	50 [W/（m³·K）]	流体与固体表面之间的换热能力。比如，物体表面与附近空气温差 1℃，单位时间（1s）单位面积上通过对流与附近空气交换的热量
接触传热系数	1000 或 2000 [W/（m³·K）]	界面接触热阻是由于粗糙表面不完全接触所造成的热流线收缩导致，接触热阻的倒数即为接触换热系数
辐射换热系数	0.6	两壁面之间，在单位温差作用下，单位时间内通过单位表面积传递的辐射换热量
钢材热导率	30 左右 [W/（m·K）]	指当温度垂直向下梯度为 1℃ /m 时，单位时间内通过单位水平截面积所传递的热量
钢材比热容	0.8 左右 [J/（g·K）]	指没有相变化和化学变化时，1kg 均相物质温度升高 1K 所需的热量
热量损耗系数	0.9	实际耗用量与额定耗用量之比即为损耗系数

3. 焊接接头组织计算方法

1）加热过程

Simufact 软件为焊接模拟提供了多种冶金模型，在整个模拟过程中可实时分析当前的相组成情况，Simufact 软件可以模拟 5 种不同的相，即奥氏体、铁素体、珠光体、贝氏体和马氏体。

目前，Simufact 软件包括简化的与线性的两种奥氏体简化模型。奥氏体转化温度可能不符合平衡值 A_1 和 A_3。为解释加热过程中的温度超限，两个参数可以在软件中进行相应调整。通常，由于材料收缩，在奥氏体化过程中体积变化导致的应变为负值。冷却过程中向铁素体、珠光体、贝氏体或马氏体的相变具有相同的体积应变参数，但符号相反。

简化奥氏体化模型完全基于 A_{c_3} 温度，当温度达到 A_{c_3}，即，$T \geqslant A_{c_3}$ 时，设置奥氏体相体积分数为 100%。本简化模型不适用于体积变化、潜热及 TRIP 影响。因此建模过程中的奥氏体化是瞬时发生的，不考虑体积变化和其他标志奥氏体化物理过程的各项效应。Simufact 软件默认选择简化模型。

而线形奥氏体化模型允许奥氏体体积分数在奥氏体起始温度 A_{c_1} 和奥氏体化结束温度 A_{c_3} 之间逐渐增加，假定奥氏体化是温度的线形函数，奥氏体体积分数有相应的调整。此模型可以考虑体积变化及潜热，但也不包含 TRIP 效应影响。

2）冷却过程

冷却过程计算包括两种不同的方法：Time—Temperature—Transformation（TTT），即时间—温度转变图，以及 Continuous—Cooling—Transformation（CCT），即连续冷却转变图。虽然采用两种方法均可进行相变计算，但典型的冶金模拟应该基于两者的结合，通过 TTT 方法得到相组成，根据 CCT 方法评估冷却过程及相关性能参数。

CCT 图描述了连续冷却条件下的相变。基于 CCT 的相变建模通过解耦的方法对相变计算进行了简化处理。只有确定了冷却速率后，才会评估最终的相组成。

软件中材料数据表提供了 800℃到 500℃之间恒定冷却的最终相组成，即所谓的 $t_{8/5}$ 冷却速率对应相。如果选择基于 CCT 的相位建模，若最终温度低于 500℃，则在每次时间增量均评估一次 $t_{8/5}$ 冷却速率，如果冷却到可以评估最终的 $t_{8/5}$ 冷却速率，则根据材料数据表中相应参数分配最终相组成。

3）瞬态法介绍

焊接温度场的准确计算是焊接质量控制、焊接冶金和力学分析的前提，考虑计算效率，焊接温度场计算大多局限于二维问题，但对于三维瞬态焊接温度场的求解，本质上并无多大区别，但却对计算机的性能及数值计算的精度提出了更高的要求。焊接是个局部快速加热到高温，并随后冷却的过程，随着热源的移动，整个焊件的温度随时间和空间急剧变化，材料的热物理性能也随温度剧烈变化，同时还存在熔化和相变的潜热现象等，因此焊接温度场分析属于典型的非线性瞬态热传导问题。采用瞬态法的对焊接热物理场进行计算与实际焊接过程热出入过程保持一致，通过逐步激活熔池所处单元并进行热输入及热传导，具有较高精度，但计算效率相对较低。

5.2.2.2　90mm 厚板低温焊接组织性能分析

1. 有限元模型建立

焊接试件坡口形式如图 5.2-13、图 5.2-14 所示，焊接试验方案和工艺参数见表 5.2-19、表 5.2-20。

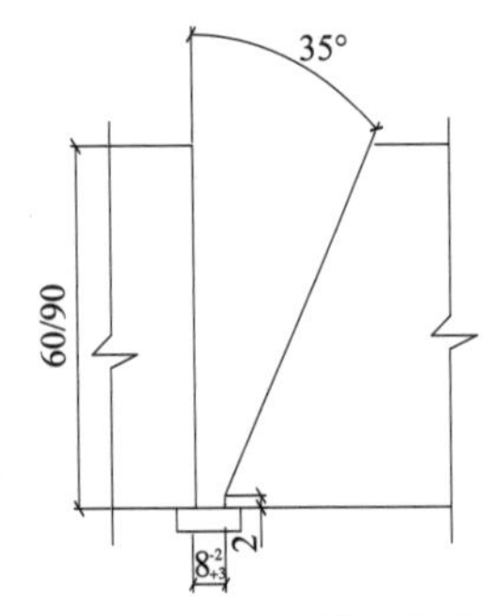

图 5.2–13　Q460GJC 接头形式及尺寸

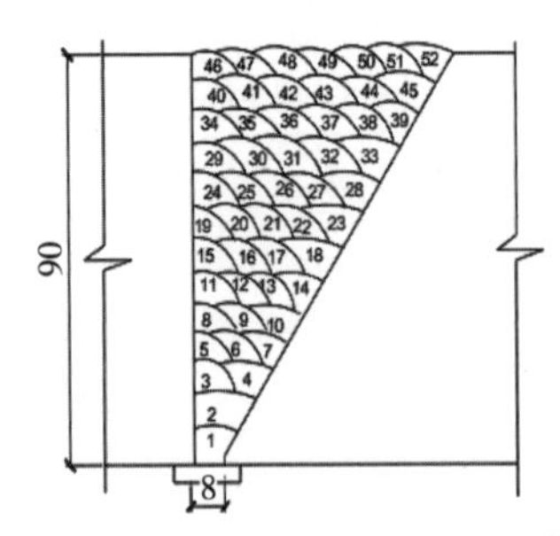

图 5.2–14　90mm 立焊焊接顺序示意图

表 5.2–19　焊接试验方案

编号	母材	规格	焊材	焊材规格	接头形式	焊接位置	试验条件
HN480—D5	Q460GJC—Z35	90mm	SH.Y81Ni1（T554T1—1C1A—N2）	ϕ 1.2mm	对接	V	低温

表 5.2–20　焊接工艺参数

焊道	电流（A）	电压（V）	焊接速度（cm/min）	热输入（kJ/cm）
打底	160 ~ 220	22 ~ 29	25 ~ 30	7 ~ 15
填充	200 ~ 270	24 ~ 31	30 ~ 40	7 ~ 17
盖面	200 ~ 240	24 ~ 28	30 ~ 40	7 ~ 14

注：低温环境下 CO_2 气体流量 15 ~ 25L/min。

几何模型尺寸 508mm × 400mm × 90mm，如图 5.2–15、图 5.2–16 所示。对焊缝区域网格进行了局部加密，其他区域布局位置采用了过渡网格，如图 5.2–17、图 5.2–18 所示，单元类型为六面体单元，焊缝位置网格尺寸为 2mm，母材网格尺寸为 5 ~ 10mm，模型网格总数约 20 万。

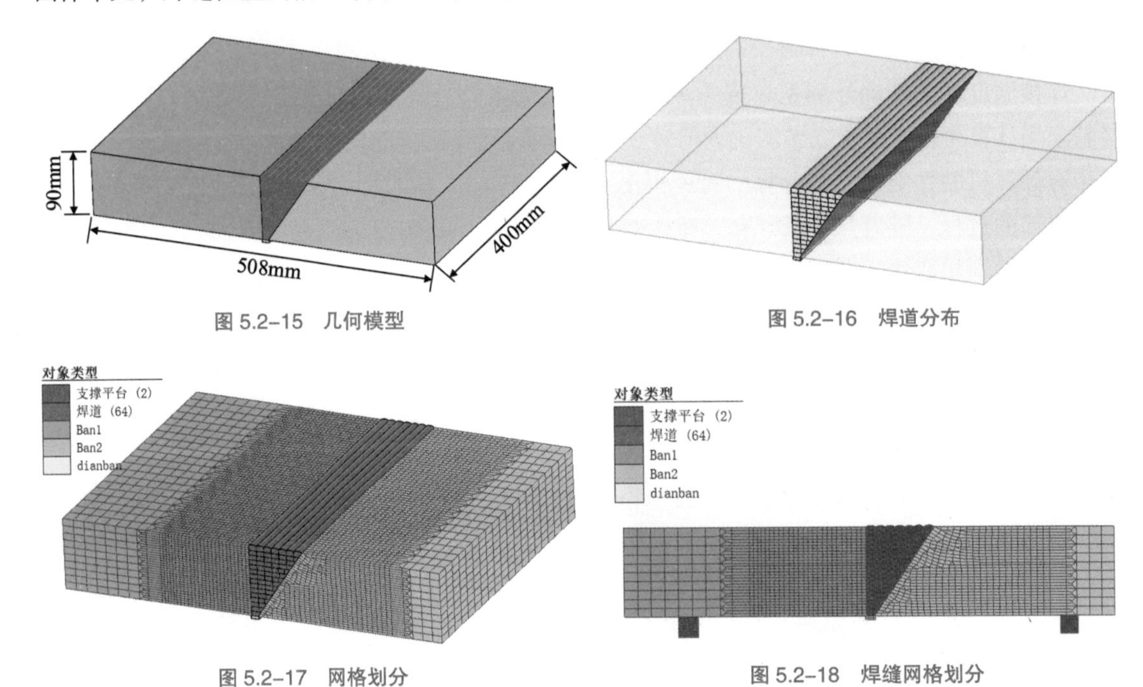

图 5.2–15　几何模型

图 5.2–16　焊道分布

图 5.2–17　网格划分

图 5.2–18　焊缝网格划分

2. 瞬态法计算结果

1）焊接过程温度场分布

焊接温度场的计算是相变计算的基础，温度场的分布直接决定相变组织的分布。通过 Simufact Welding 后处理程序，可以准确得到整体模型焊接过程的温度变化，同时利用软件生成动画动能，显示整个焊接过程温度云图时程，观察热源的移动及焊件上各点的温度随时间的变化情况。

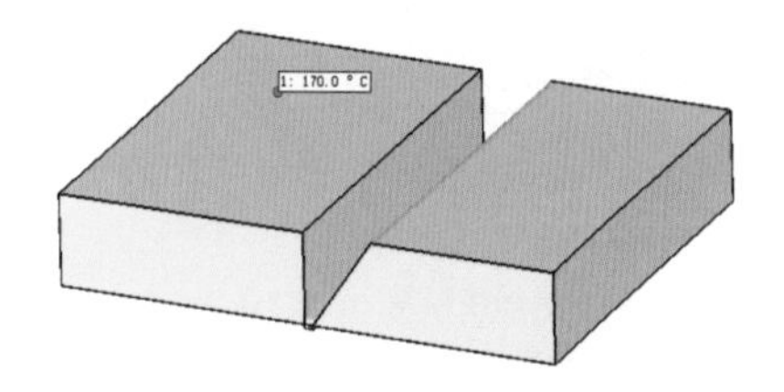

图 5.2–19　预热 170℃

对建立的 90mm 对接焊接接头有限元模型进行温度场分析，得到了厚板多层多道焊的三维瞬态温度场的模拟结果，如图 5.2–19 ~ 图 5.2–21 所示。低温环境温度为 –15℃，焊缝共计 15 层，共 64 个焊道。试件未焊时，给试件施加 170℃的预热初始温度，此时试件温度均匀。随着焊接过程的进行，试件的温度场逐渐改变。按照每层焊道的焊接开始或结束、焊后冷却 5min、焊后冷却 15min、焊后冷却 30min 等几个不同时刻截取温度云图，可见厚板多层多道焊接焊缝区域温度物理变化过程的复杂性。

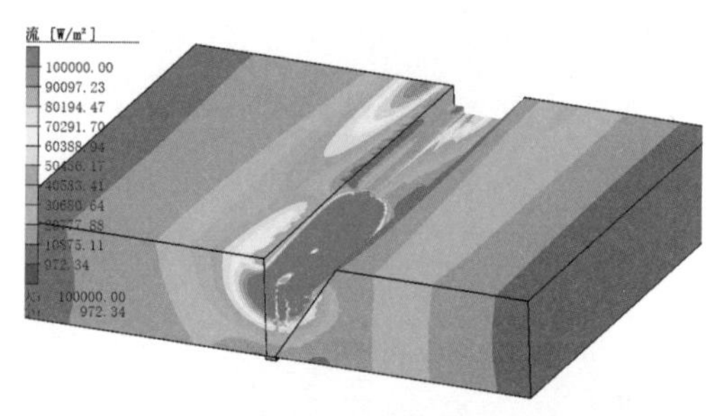

图 5.2–20　焊接过程中的热流云图（传热功率）

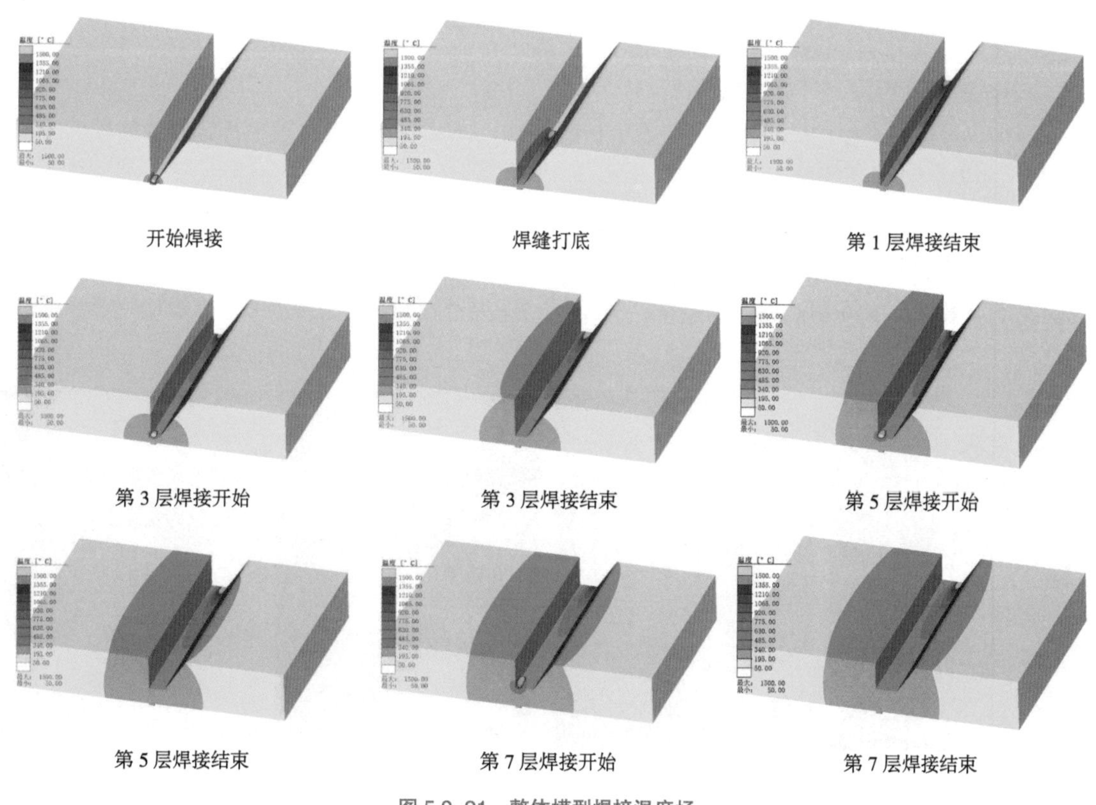

图 5.2–21　整体模型焊接温度场

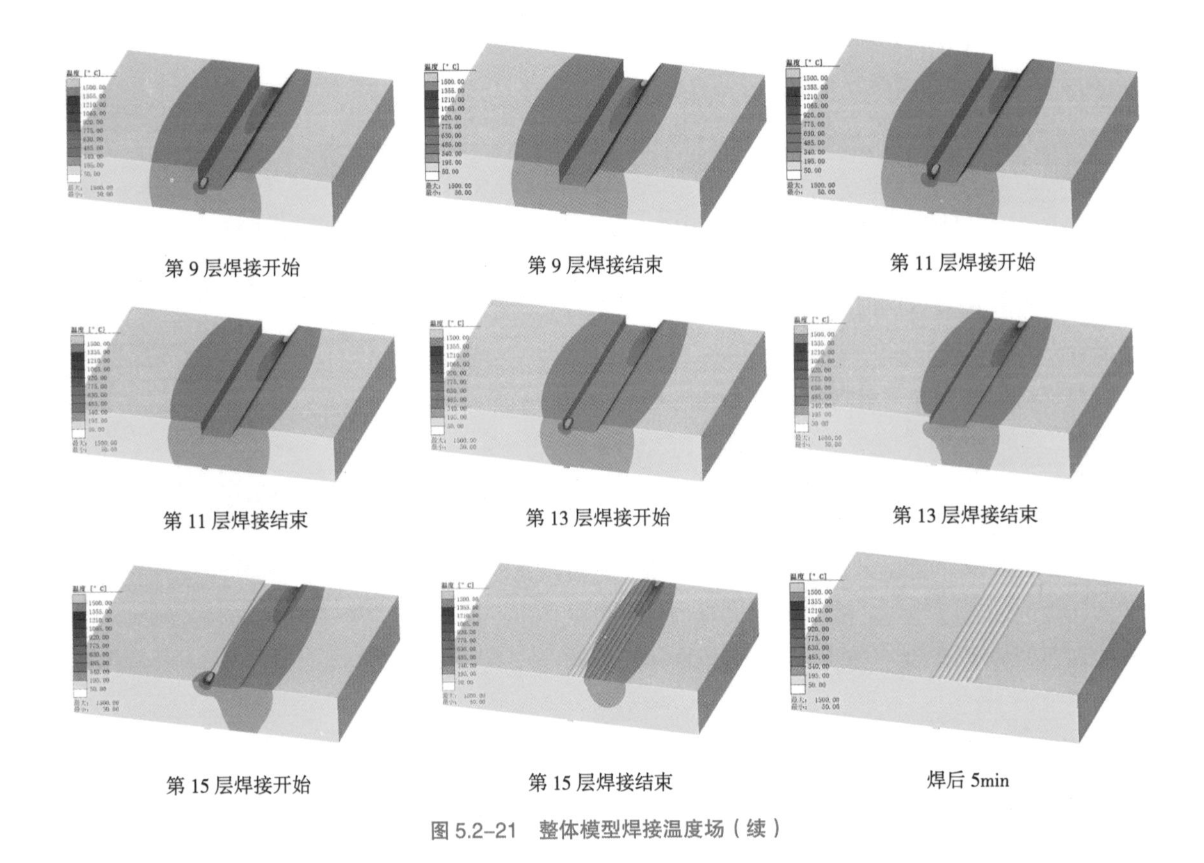

第 9 层焊接开始　第 9 层焊接结束　第 11 层焊接开始

第 11 层焊接结束　第 13 层焊接开始　第 13 层焊接结束

第 15 层焊接开始　第 15 层焊接结束　焊后 5min

图 5.2-21　整体模型焊接温度场（续）

2）试验测点温度与计算结果对比

焊接热过程的准确性是焊接相变组织分析的基础。通过测量焊接过程中特定位置的温度情况，与有限元计算结果对比，验证计算方法与模型的准确，实际焊接过程与温度测量如图 5.2-22 所示。

试件共设 8 个温度测点，板厚方向中部设 2 个测点，如图 5.2-23 所示。预热完成及每 2 层焊道焊接完成后分别对各测点测量一次温度并记录，每次测量须在停止焊接后尽快完成，保证温度数据的有效性。实际测试温度如图 5.2-24 所示，焊接过程预热温度 170℃，当焊接完第 3 层时，

（a）焊前预热

（b）焊接

（c）温度测量

（d）焊后

图 5.2-22　焊接过程及温度测量

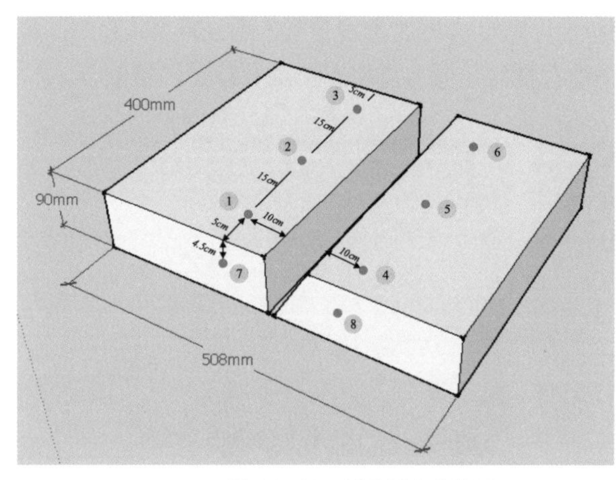

图 5.2-23　试验测点分布图

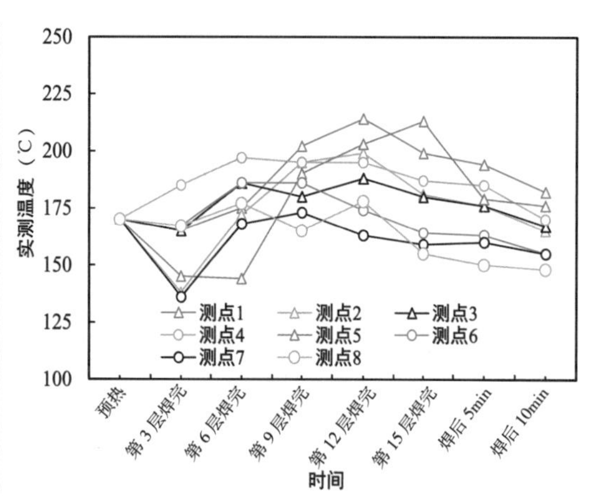

图 5.2-24　测点位置温度实测结果

个别位置会发生温度下降过程，最低点为 140℃左右，这是因为焊接过程带来的温度升高抵消不了受环境影响带来的温度降低，当完成第 6 层后，焊接热开始大于环境热量损失，甚至略高，最高能达到 220℃左右，低于要求值 250℃，焊接完成后，温度处于缓慢降低过程。

Q460GJC—Z35 对接接头焊接测点温度有限元计算结果如图 5.2-25 所示，整体模型预热至 170℃后，开始焊接，由图中可以看出，焊缝左右两侧的温度不一样，这是因为温度选取点虽然距焊缝相同，由于是 V 形口，起焊位置贴近试件左侧试板，故温度增长较快，而坡口侧温度先降低后增长，且温度增长较慢，这也是焊接热缓慢传导的作用；随着时间的增长，温度有一个先增高后降低的过程，在焊接过程每一道次的焊接热能够保证焊缝处的温度在适应的温度范围内，最低道间温度不低于预热温度，最大道间温度不超过 225℃；测试点温度相差在 20℃之内，温度均匀；实际温度测试结果与模拟结果虽然有个别位置出现偏差，但是大致趋势是一致的，实际的温度线比模拟的温度线略低 20℃左右，这是由于实际环境影响温度扩散的因素更多所致。

3）焊接最高温度计算结果

温度场计算时，将 1450℃以上的区域定义为熔池，而热影响区的温度区间为 720 ~ 1450℃，如图 5.2-26 所示，高于 1450℃的熔池区域与实际摆动焊接时的熔池区域大体一致，能够准确模拟出熔池移动过程中的温度分布。

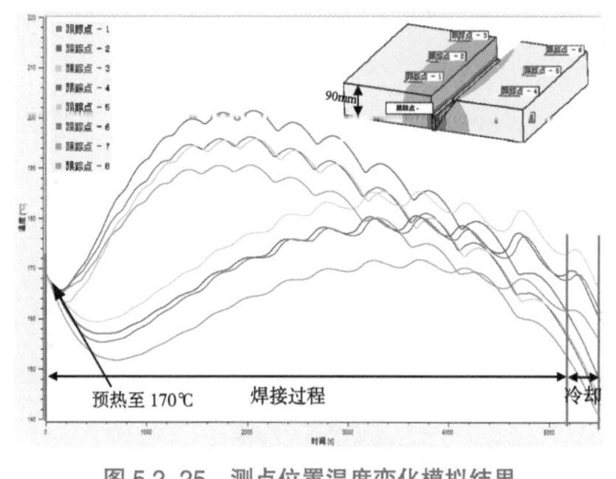

图 5.2-25　测点位置温度变化模拟结果

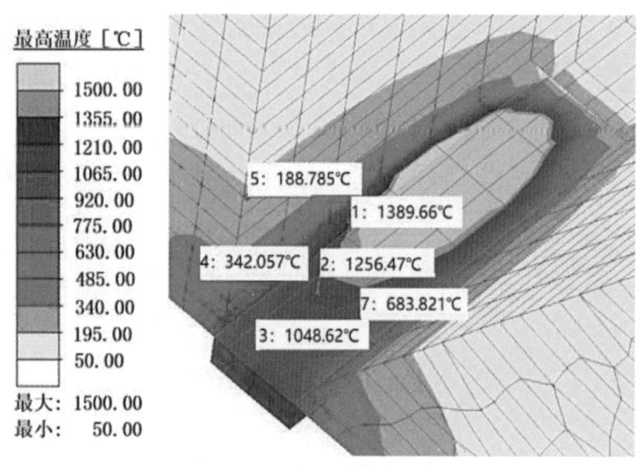

图 5.2-26　移动热源温度分布云图

对比焊缝截面峰值温度分布 [图 5.2–27（a）] 与焊接接头的宏观形貌 [图 5.2–27（b）]，模拟的焊接熔池及热影响区的大小与实际焊接接头吻合良好，数值模拟焊接具有较高的精度。

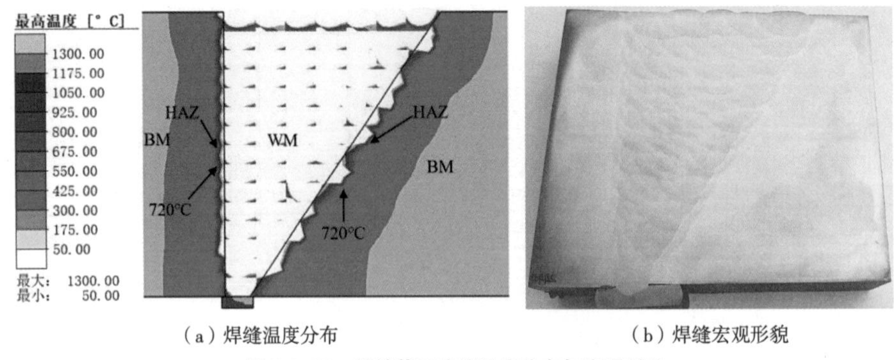

（a）焊缝温度分布　（b）焊缝宏观形貌

图 5.2–27　焊缝截面峰值温度分布与宏观形貌

4）$t_{8/5}$ 冷却速率计算结果

从焊接 $t_{8/5}$ 冷却速率云图（图 5.2–28、图 5.2–29）可以看出厚板多层多道焊接温度变化物理过程的复杂性及最不利控制点。

从 $t_{8/5}$ 冷却速率结果分析，对于厚板低温焊接质量控制，除需对初始预热温度进行要求，在焊接过程中还需实时关注接头温度下降最快的位置；通过对焊接物理场分析得出，焊缝中部及表层热影响区为最不利点，且板厚越大，不利程度越高，需重点关注。对于实际施工过程中的节点焊接预热温度要求，可通过节点层面的定量计算确定。

5）相组织分布云图

焊接后焊缝处的组织主要由铁素体、珠光体和贝氏体组成，铁素体占 50% 左右，如图 5.2–30 ~ 图 5.2–32 所示，从试验结果得出，热影响区则主要为沿原奥氏体晶界向内生长的板条状铁素体和条间不连续分布的碳化物组成的贝氏体及粒状贝氏体组织。从计算结果看出，贝氏体组织体积分数最大位置在热影响区。

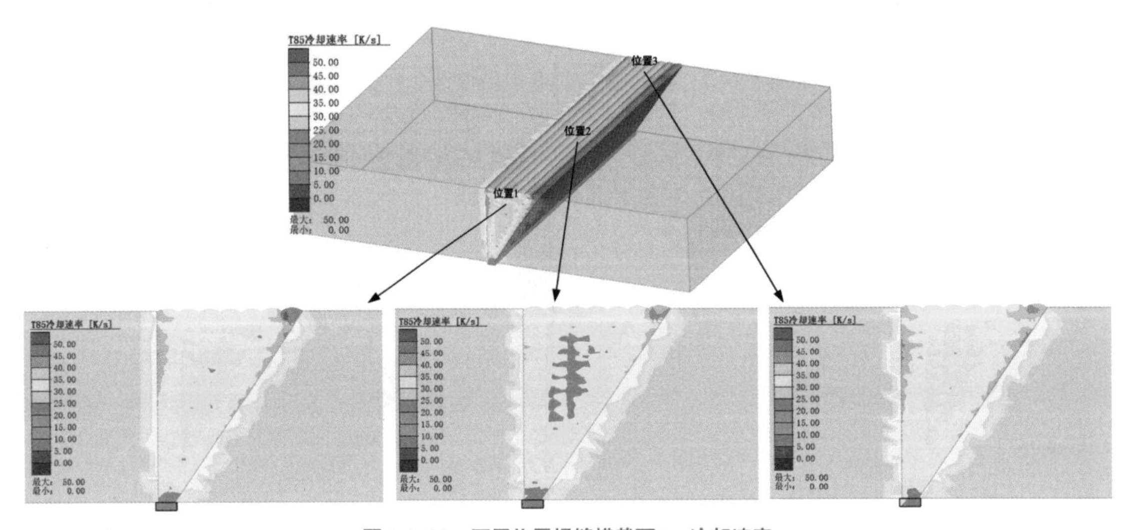

图 5.2–28　不同位置焊缝横截面 $t_{8/5}$ 冷却速率

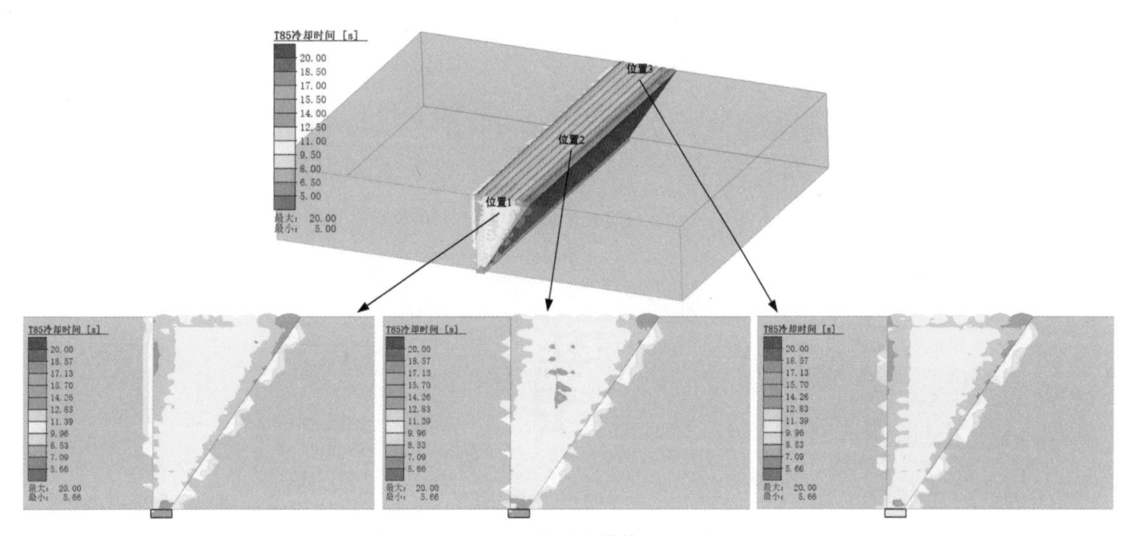

图 5.2–29　不同位置焊缝横截面 $t_{8/5}$ 冷却时间

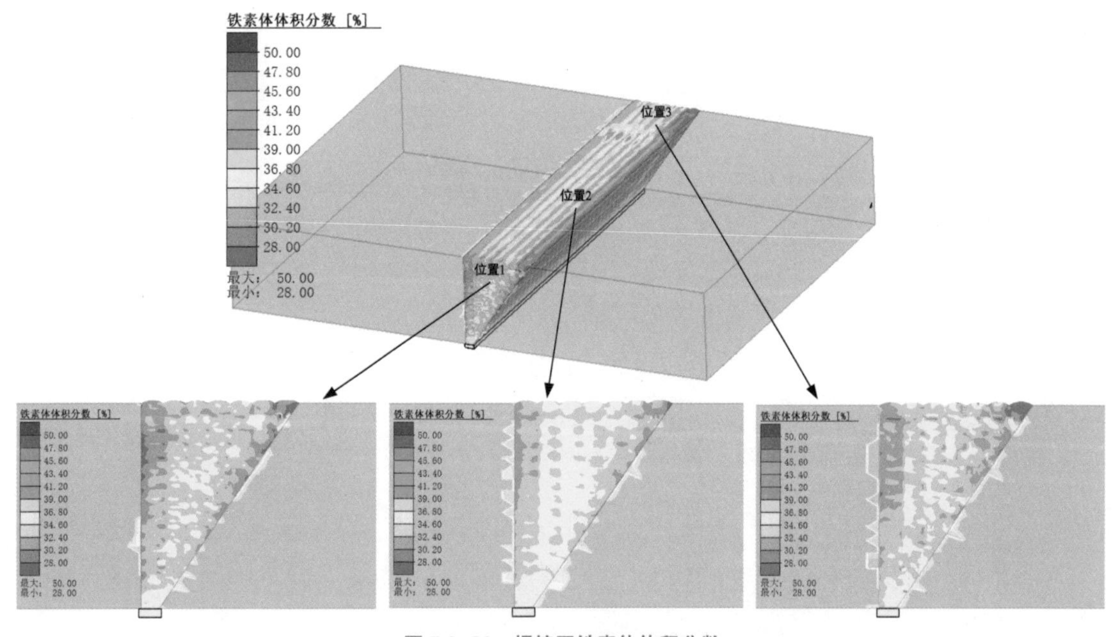

图 5.2–30　焊接区铁素体体积分数

通过对试样实际焊缝区域进行切割、下料、粗磨、精磨、抛光、腐蚀，用光学显微镜观察不同位置的金相组织，结果如图 5.2–33 所示，在焊缝区主要是铁素体与珠光体，表层区主要是铁素体与球状珠光体，中心层区出现了板条状珠光体，这与模拟过程中提到的焊缝中心冷速快有关（图 5.2–31），由于在外层冷却快，类似于正火，所以会出现球状珠光体，焊缝处冷速慢，焊接还需要保温，所以发生了类似退火组织，珠光体呈现板条状。热影响区组织为铁素体 + 贝氏体，由于热影响区焊接完成后冷却快，奥氏体没有发生珠光体转变，而是发生贝氏体的转变，而且中心层组织比表层组织更细小；母材中心层由于焊接温度的扩散传导，组织粗大，发生了回火现象，母材表层由于冷却快，晶粒更加细小。

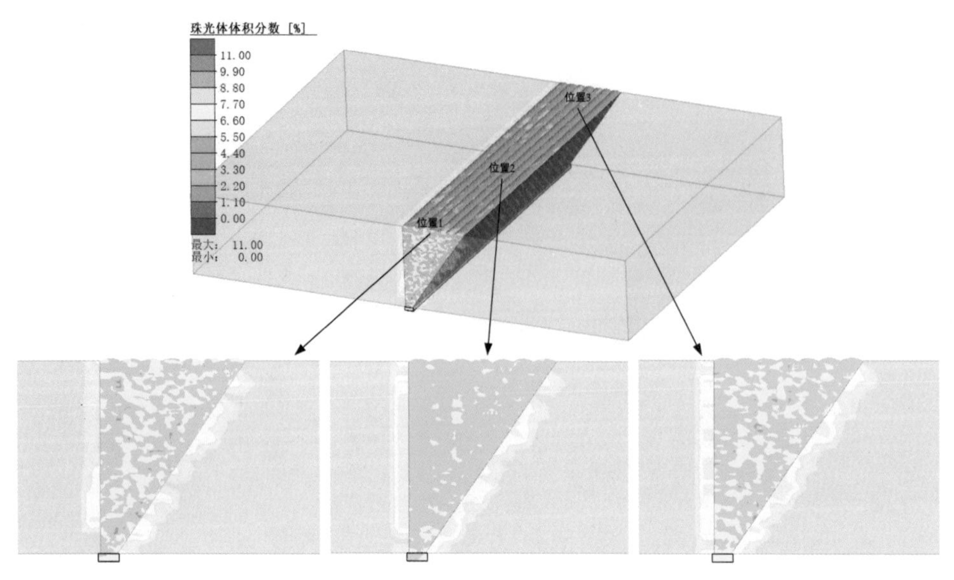

图 5.2-31 焊接区珠光体体积分数

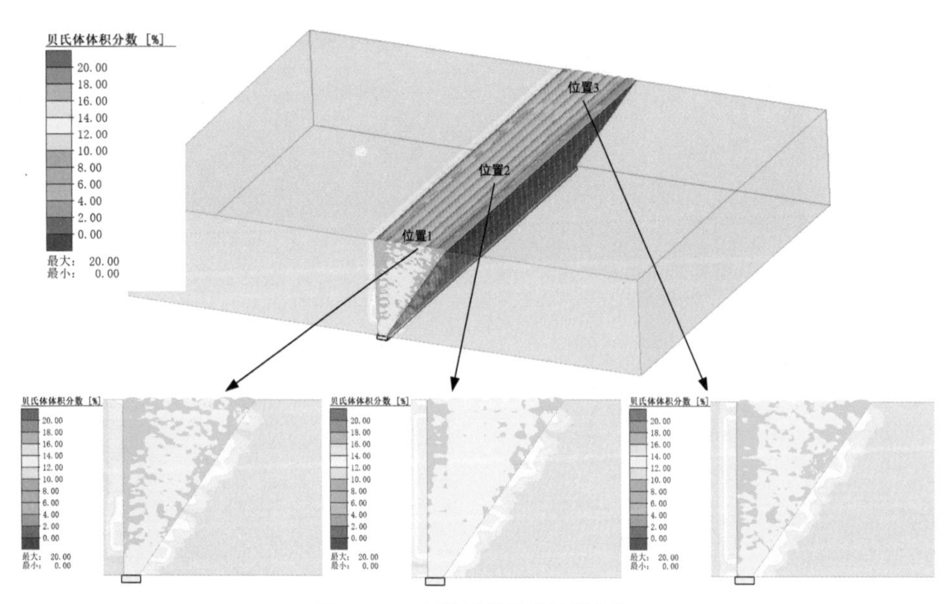

图 5.2-32 焊接区贝氏体体积分数

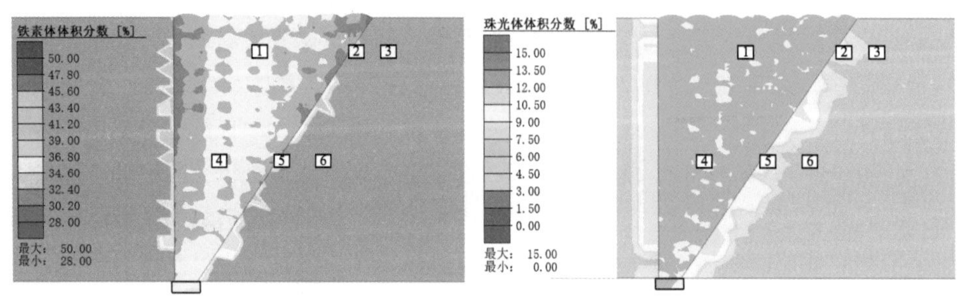

（a）铁素体与珠光体

图 5.2-33 焊缝不同相分布计算结果与金相结果对比

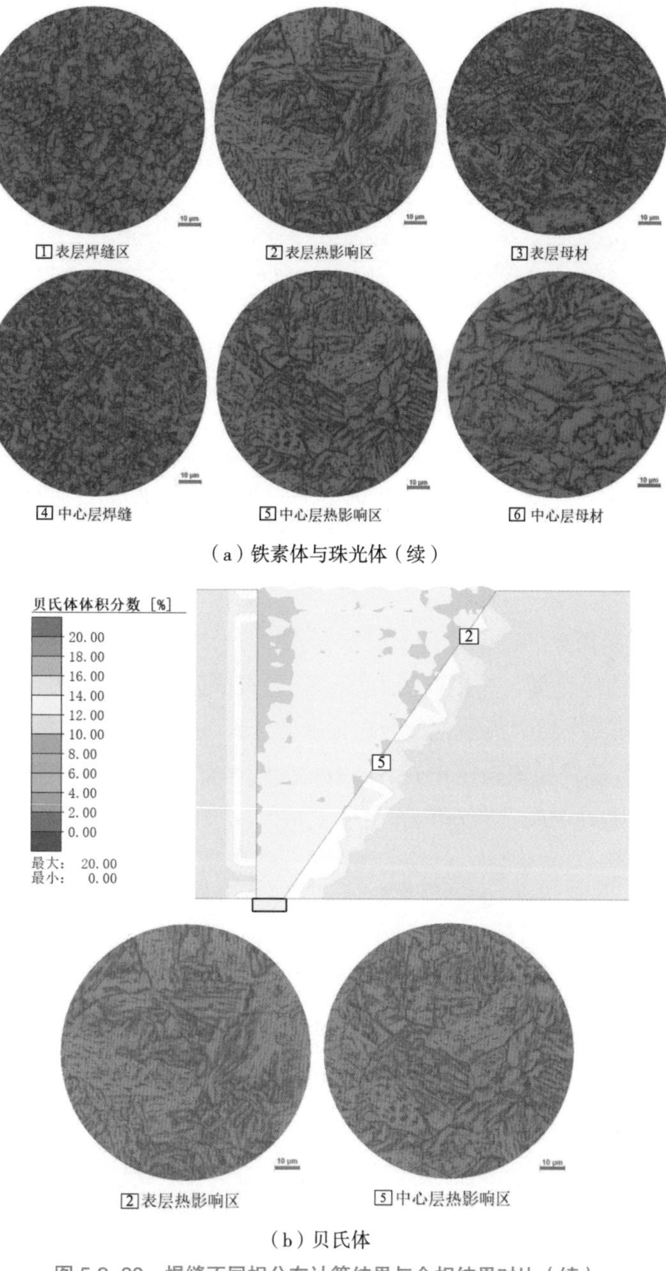

（a）铁素体与珠光体（续）

（b）贝氏体

图 5.2–33　焊缝不同相分布计算结果与金相结果对比（续）

6）硬度计算结果

根据维氏硬度计算结果，并提取焊缝三个位置横截面硬度分布云图，如图 5.2–34 所示，焊缝长度方向三个位置硬度分布情况及变化趋于一致。焊缝处的显微硬度低于热影响区的，这也与第 5）条所指出的不同位置显微组织不一样有关，热影响区显微组织为贝氏体；显微硬度范围为 188 ~ 275HV，最高硬度试验主要用于评价钢板的抗冷裂纹性能，一般认为，钢板的焊接热影响区最高硬度大于 350HV 时，即有一定的冷裂纹倾向。

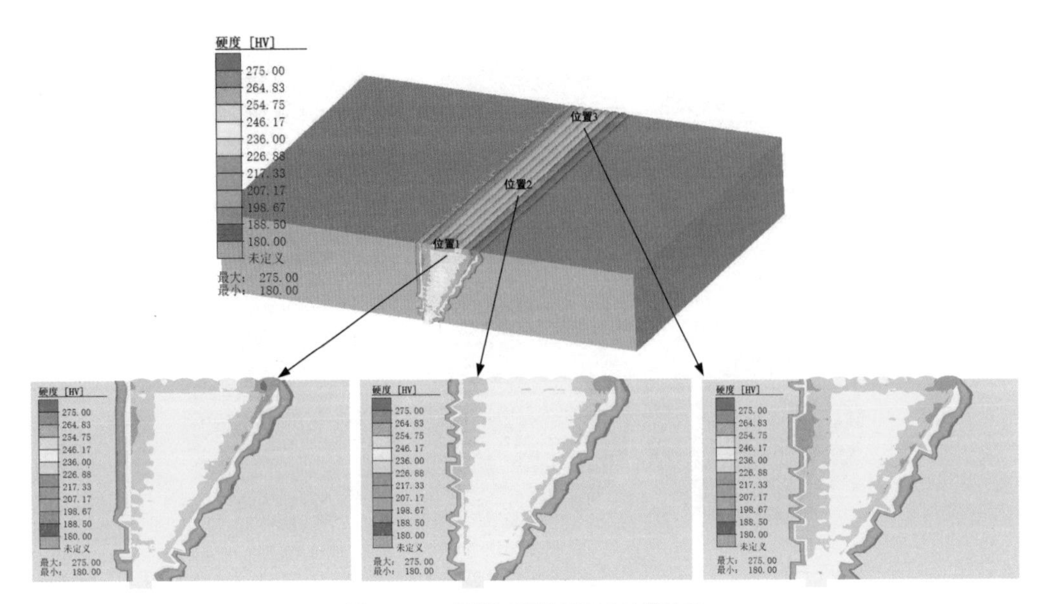

图 5.2-34　焊缝不同位置硬度计算结果

7）抗拉强度计算结果

对焊缝极限强度进行计算，并提取焊缝三个位置极限强度分布云图，如图 5.2-35 所示，由图可知，焊缝长度方向三个位置极限强度分布情况趋于一致，且焊缝强度整体高于母材强度，且厚板侧相对薄板侧高，焊缝极限强度值在 640MPa 左右。实际焊缝处的拉伸试验情况如图 5.2-36 所示，测得拉伸强度为 600MPa、597MPa，见表 5.2-21。

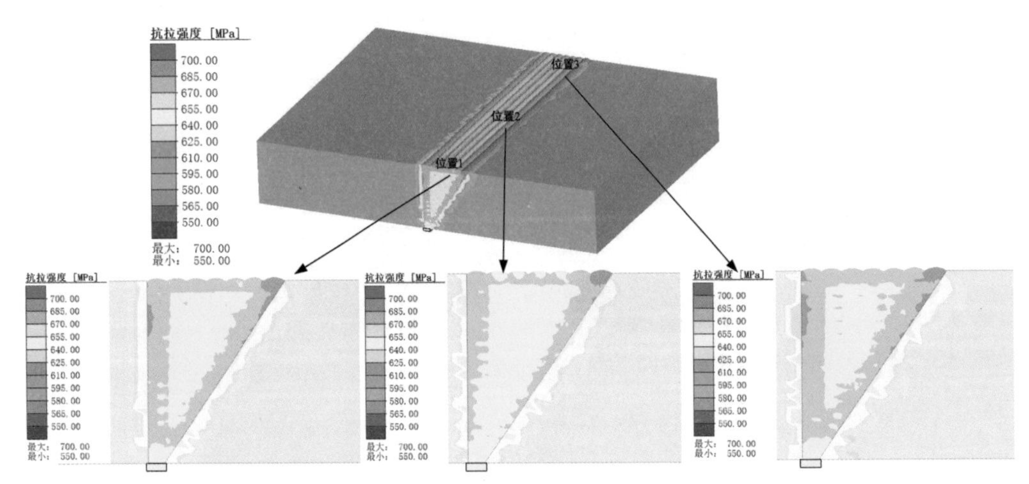

图 5.2-35　不同位置抗拉强度计算结果

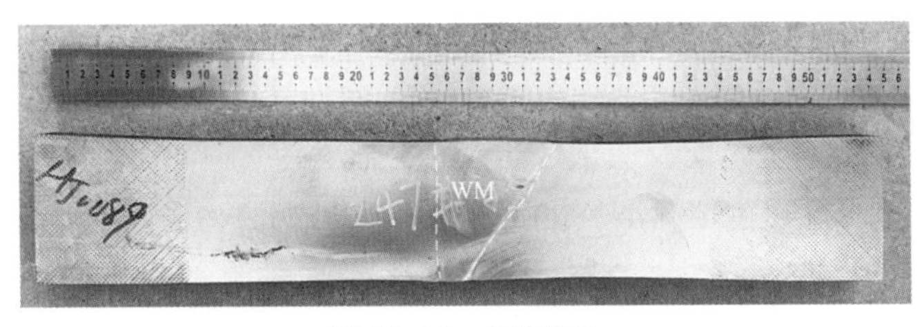

图 5.2-36　拉伸试验

表 5.2-21　　力学检测结果

试件编号	抗拉强度（MPa）	断裂特征及位置
HN480—D5	600/597	延性断裂，断于母材

5.3　大跨度拱壳屋盖安装技术

大跨度拱壳结构施工中面临结构安装面积大、施工作业面广、高空作业量大、交叉作业多等难题。本节提出了带中心压力环大开口拱壳内外环同步安装的施工方法：首先，通过方案比选，确定了受压内环分段安装、主拱肋整根吊装的施工方案。其次，对施工过程中的关键技术进行了介绍，详细说明了内、外环的分段原则和施工中的稳定性控制措施，并通过 Midas Gen 对主拱肋吊装进行了模拟验算、对钢结构合龙过程中的温度应力进行了分析。经过研究和现场实践证明，受压内环、受拉外环同时施工，吊装作业无交叉，提高了施工效率。采用地面分段拼装、超大吨位吊装的方式，在减少高空焊接作业工作量的同时，提高了安装精度。采用本方法组织施工，构件受力合理，施工安全可靠，可为今后其他钢结构工程施工提供参考。

5.3.1　大跨度大开口单层拱壳屋盖安装方案比选

屋盖罩棚钢结构下部为混凝土预制看台，内部为下沉式专业足球场，场馆外侧设有地下室结构。整个屋盖钢结构安装在下部混凝土主体结构施工完成后实施，大型安装机械无法在结构场外和场内进行覆盖吊装。同时本工程施工周期紧、构件数量多、节点众多、安装工作量大。

根据大跨度开口式单层拱壳屋盖结构特点及以往类似工程的经验，如果采用场内拼装滑移，由于看台结构高于外环梁，不可行。如果采用场外拼装滑移，现场场地条件会制约看台结构施工，经济性差、施工成本过高。综上，本项目放弃滑移方案，考虑采用吊装方案，并对以下几种吊装安装方案进行比选：

方案 1：内环梁分段安装、主拱肋整根吊装。

根据结构形式及现场平面布置，从最先移交工作面位置，两台履带起重机从一个部位反方向同步开始，同步安装内环梁分段和主拱肋，随后塔式起重机跟进安装交叉斜撑，最后安装内悬挑结构。

方案 2：内环梁高空散装、主拱肋分段吊装。

根据结构形式及现场平面布置，短轴两侧南北两个分区同时施工，内外同步进行外环梁分段及内环梁分段的吊装，随后跟进安装主拱肋及交叉斜撑，最后安装内悬挑结构。

方案 3：内环梁提升、主拱肋分片吊装。

场内内环梁先在地面拼装成环之后整体提升到设计标高，场外同步进行外环梁分段吊装，随后分片吊装主拱肋，塔式起重机跟进安装交叉斜撑，最后安装内悬挑结构。

各方案的优缺点对比情况见表 5.3-1。

表 5.3–1　　吊装方案对比

	方案 1	方案 2	方案 3
优点	内环梁分段吊装，大幅减少高空安装及焊接工作量；主拱肋整根吊装，减少吊次；避免在高看台区设置临时支撑，对下部看台板影响最小	多吊车同步作业，节约工期且风险可控；塔式起重机可以提前拆除，节约成本	减少部分高空作业，降低安全风险，减少塔式起重机安装交叉斜撑的吊次
缺点	内环梁分段重量重，需配备 1250t 履带起重机，机械成本高；塔式起重机必须保留；支撑位置的低看台区部分混凝土结构需后做	高空作业工作量大；存在大量的冬季高空焊接；高看台区需设置临时支撑，支撑底部基础需甩项	需要 500t 履带起重机分块吊装主拱肋；高看台区需设置临时支撑，提升区域内混凝土需甩项

施工方案综合对比分析

5.3.1.1　方案 1 施工过程验算

体育场屋顶罩棚采取“内环梁分段安装、主拱肋整根吊装”的方案，先分段安装内环梁和外环梁，而后安装主拱肋和交叉斜撑，最后安装内悬挑结构，通过逐步加载验算结构内力及支撑变形，施工过程验算如图 5.3–1 所示。

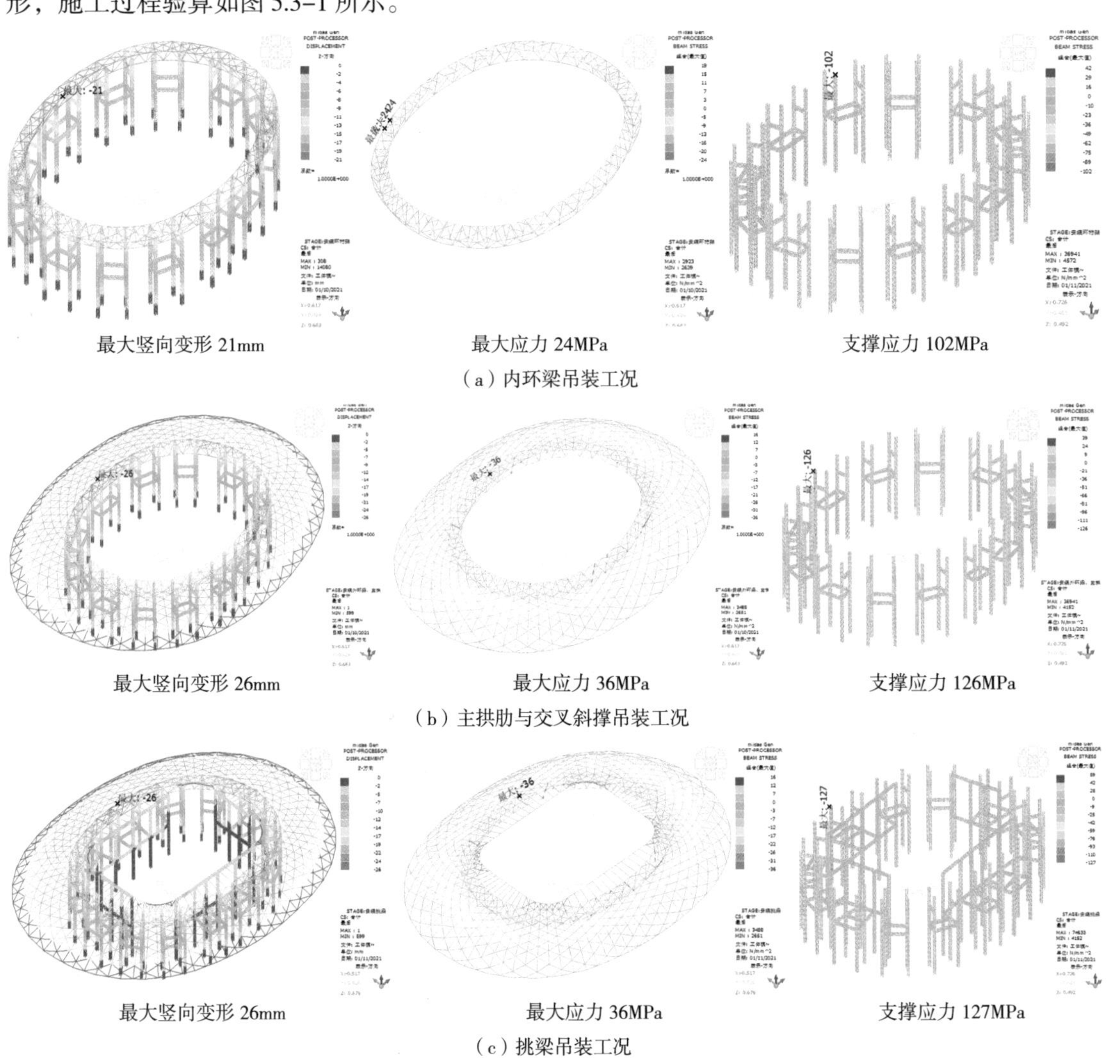

最大竖向变形 21mm　　最大应力 24MPa　　支撑应力 102MPa

（a）内环梁吊装工况

最大竖向变形 26mm　　最大应力 36MPa　　支撑应力 126MPa

（b）主拱肋与交叉斜撑吊装工况

最大竖向变形 26mm　　最大应力 36MPa　　支撑应力 127MPa

（c）挑梁吊装工况

图 5.3–1　方案 1 施工过程验算

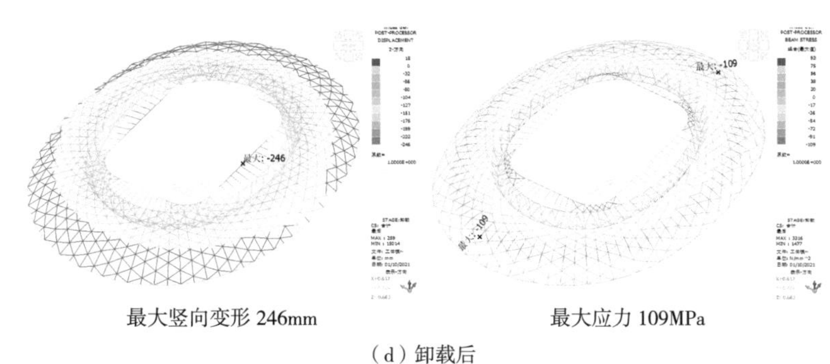

最大竖向变形 246mm　　　　最大应力 109MPa

（d）卸载后

图 5.3–1　方案 1 施工过程验算（续）

5.3.1.2　方案 2 施工过程验算

体育场屋顶罩棚采取“内环梁高空散装、主拱肋分段吊装”的方案，先分段安装内环梁和外环梁，而后安装主拱肋和交叉斜撑，最后安装内悬挑结构，通过逐步加载验算结构内力及支撑变形，施工过程验算如图 5.3–2 所示。

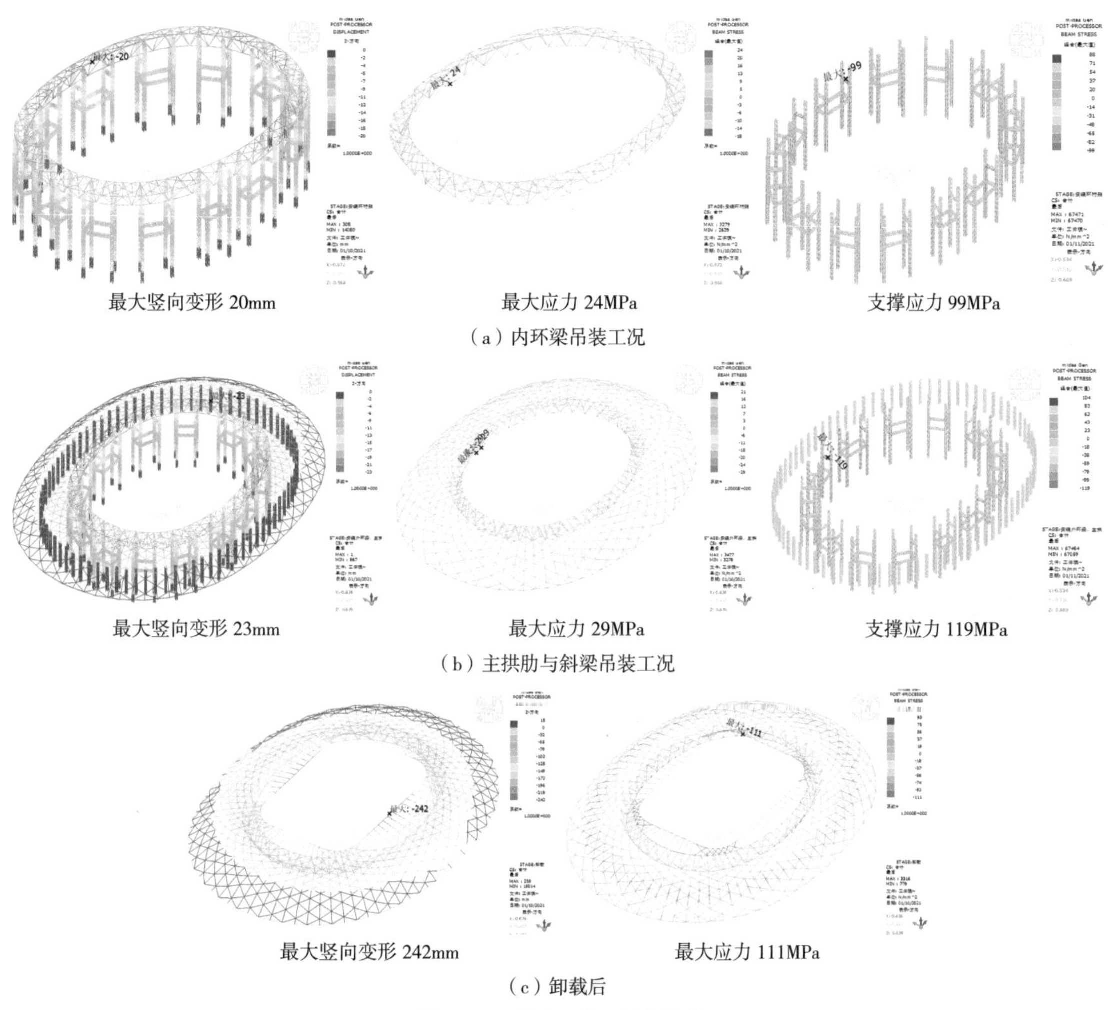

最大竖向变形 20mm　　　　最大应力 24MPa　　　　支撑应力 99MPa

（a）内环梁吊装工况

最大竖向变形 23mm　　　　最大应力 29MPa　　　　支撑应力 119MPa

（b）主拱肋与斜梁吊装工况

最大竖向变形 242mm　　　　最大应力 111MPa

（c）卸载后

图 5.3–2　方案 2 施工过程验算

5.3.1.3 方案 3 施工过程验算

体育场屋顶罩棚采取“内环梁提升、主拱肋分片吊装”的方案，先分段安装内环梁和外环梁，而后安装主拱肋和交叉斜撑，最后安装内悬挑结构，通过逐步加载验算结构内力及支撑变形，施工过程验算如图 5.3–3 所示。

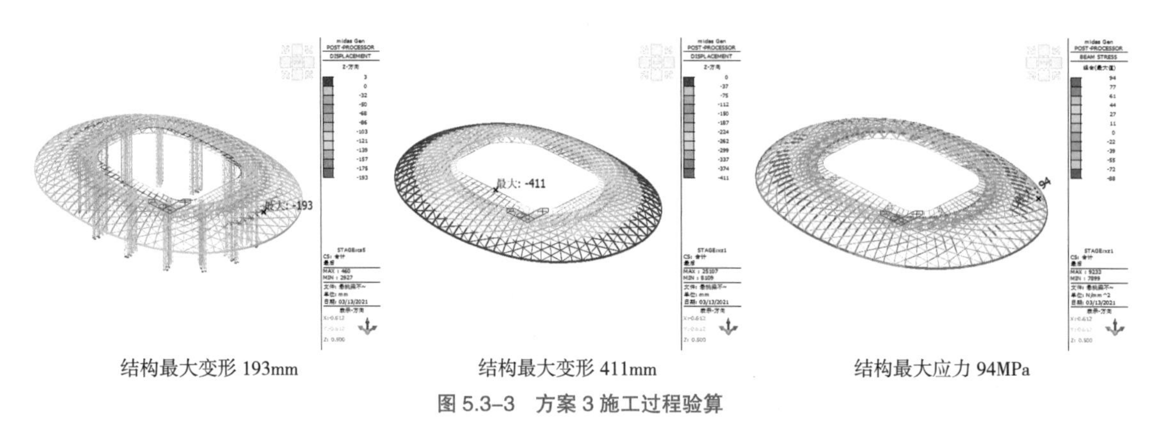

结构最大变形 193mm　　结构最大变形 411mm　　结构最大应力 94MPa

图 5.3–3　方案 3 施工过程验算

综合本工程特点和现场施工条件，方案 1 为最佳施工方案。将大悬挑开口空间拱壳钢结构进行合理的单元分块划分，充分研究钢结构与混凝土结构构造特点设计支撑体系，充分利用钢结构开口下方的场地作为拼装及吊装施工平台，节约施工场地，在不影响土建施工的同时提前插入单元体组装施工与支撑体系安装，以节约施工工期，利用大吨位吊装机械将分块安装就位，减小高空安装焊接工作量、降低安全风险，最后进行支撑体系卸载及支座焊接锁定。具体工艺流程如图 5.3–4 所示。

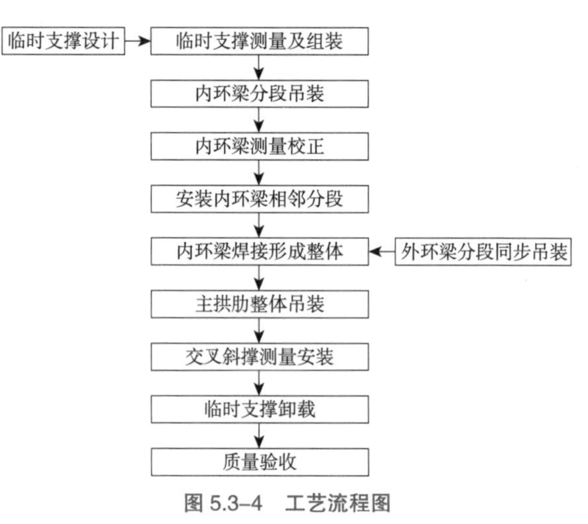

图 5.3–4　工艺流程图

5.3.2 超高重载巨型临时支撑

内环梁设置在结构中部，为一倒三角桁架结构，通过环向的 80 根主拱肋支撑于混凝土看台柱上。环桁架由三根弦杆及连系杆件组成，杆件众多，具有截面尺寸大、重量重、安装高度高的特点，为减小高空作业量而采取分段地面拼装后分段吊装，分段位置设置临时支撑，内环梁分段拼装示意图如图 5.3–5 所示。

根据吊装要求，结构吊装需设置临时支撑架，以便分段就位，按分段的重量进行计算，确定临时支架的形式，采用格构柱体系，并根据吊装时支架受力的不同，进行每个临时支架的合理设计，临时支架在分段吊装前必须制作结束并交检查员验收合格后方可使用。临时支撑总体轴测布置示意图如图 5.3–6 所示。

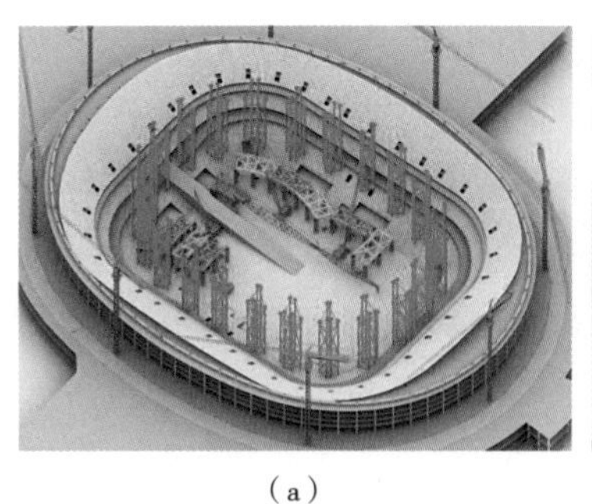

（a）

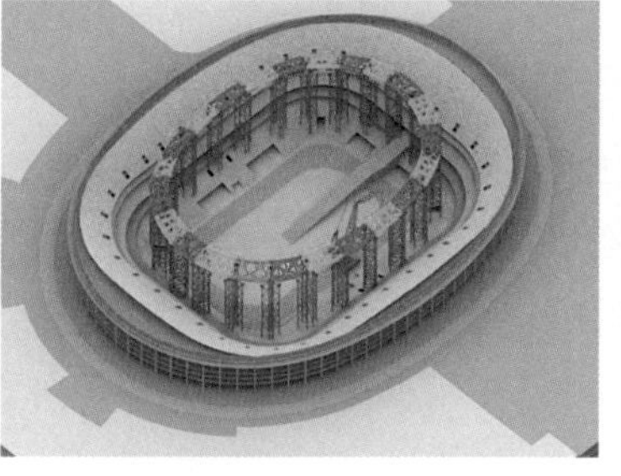

（b）

图 5.3–5　内环梁分段拼装示意图

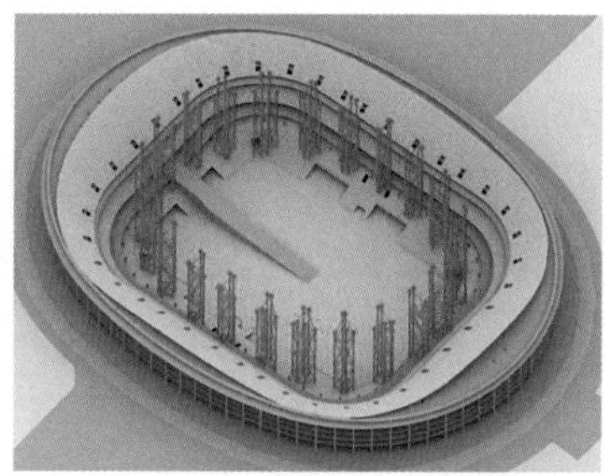

图 5.3–6　临时支撑总体轴测布置示意图

临时支架在整个结构吊装过程中起着十分重要的作用，在结构吊装阶段，所有重量都将由临时支架承担，吊装结束后通过临时支架对结构进行卸载，所以临时支架将按吊装要求严格设置，临时支架的设置和连接加强措施是确保钢结构现场安全施工的前提。

5.3.2.1　整体构造

临时支撑底部生根于结构大底板，顶部支撑于桁架弦杆。为了确保支撑稳定，临时支撑设计由两个三角形格构支架组成 10m × 10m 超大截面六支撑立柱的组合支撑架，每个三角形格构支架支撑一个内环梁桁架的一端上下弦共三个点，支撑高度近 60m，单个支撑最大受力 540t。临时支撑构造如图 5.3–7 所示。支撑立杆采用 D609 × 10 的圆管，立杆立面设置水平联系桁架和斜向联系桁架，斜向联系桁架与立杆夹角约 45°，竖向间距约 11m；桁架单片高度 1.5m，桁架弦杆与腹杆通过普通螺栓法兰盘连接，桁架通过短接头与临时支撑立管焊接固定；位于看台混凝土下方的临时支撑，因位置特殊，临时支撑立管通过 D180 × 10 水平联系钢管连接；两个三角形格构支架之间再通过水平联系钢管连接成一组合支撑架。

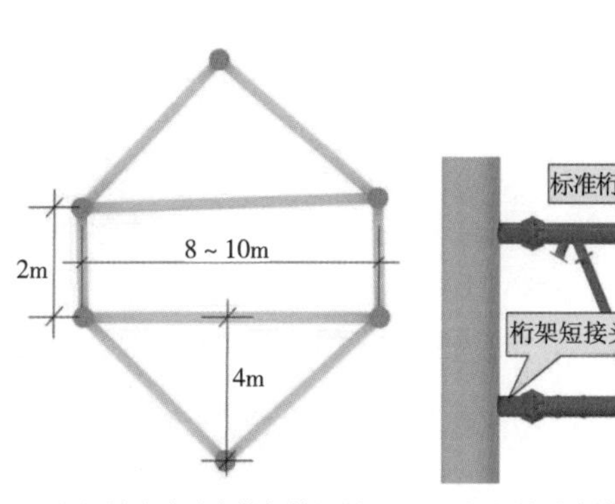

（a）单个临时支撑架俯视图

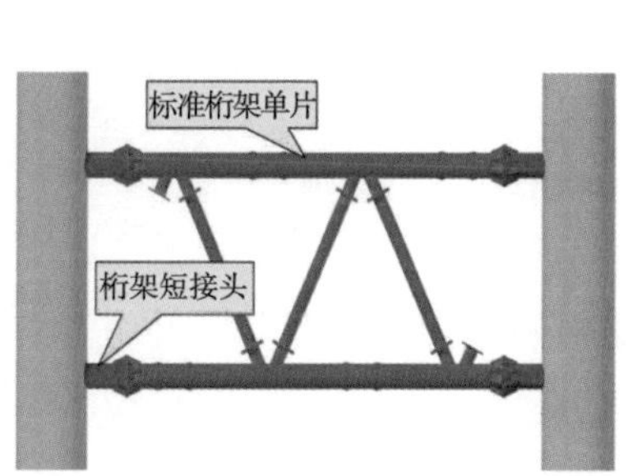

（b）临时支撑立柱与水平桁架连接节点

（c）临时支撑轴测图

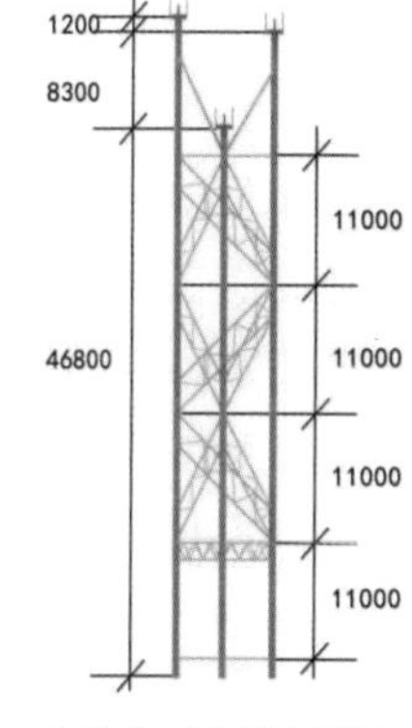

（d）临时支撑立面图

图 5.3–7　临时支撑整体构造

5.3.2.2　临时支撑下部与看台构造

根据临时支撑平面布置，临时支撑布置于低区看台，预制看台板待钢结构施工完成后安装。由于支撑受力较大，当支撑立柱位于看台板位置时，看台板预留施工洞口，洞口尺寸为0.8m×0.8m，使得支撑立柱向下支撑于结构底板，与底板预埋件焊接固定；当支撑立柱作用于看台梁上时，则在看台梁下设置反顶支撑钢管，使得施工荷载垂直向下传递至结构底板，钢管与底部预埋件焊接固定，如图5.3–8所示。

临时支撑底部设置四个预埋件锚固于结构底板，埋件尺寸16mm×200mm×400mm，每个埋件设置6根 ⌽20的锚筋螺纹钢，锚筋长度500mm，单组埋件布置如图5.3–9所示。

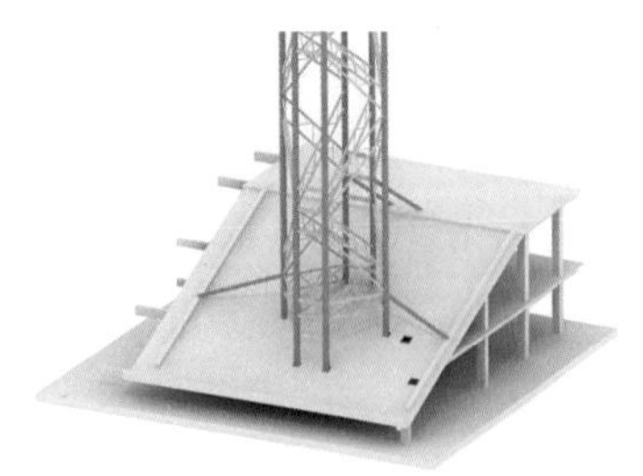

图5.3–8　低区看台部位临时支撑底部转换措施示意图

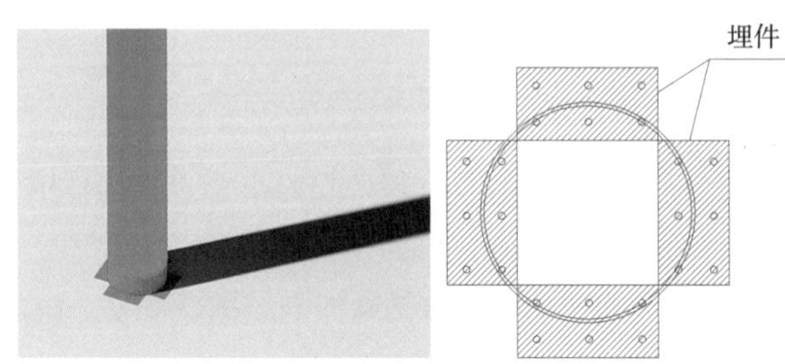

图5.3–9　临时支撑底部固定节点

5.3.2.3　临时支撑顶部节点设计

通过施工模拟分析及卸载验算，临时支撑承担荷载较大，因此临时支撑顶部的模板支撑结构需具有足够的刚度。

临时支撑立管顶部设置端封板，并采用插板加强，钢板厚度20mm；支撑横梁采用双拼的H型钢梁（规格为HN500×200×10×16，模板立管位置设置加劲板，钢材材质Q345B）传递结构荷载，在横梁上焊接角钢L75×5作为龙骨，上铺钢跳板作为操作平台，平台四角设置L50角钢立杆，平台临边防护应拉设双道安全绳，上道钢丝绳离钢梁上表面为1.2m，下道钢丝绳离钢梁上表面为0.6m，钢丝绳固定后弧垂应为10～30mm。结构支撑模板立管采用双D273×25的圆管，并针对内环梁下弦为圆管的形式，在支撑钢管上部设置弧形垫板的支撑模块，弧形垫板尺寸为300mm×1000mm×20mm，钢材材质Q345B，所有连接节点都通过焊接固定，如图5.3–10所示。

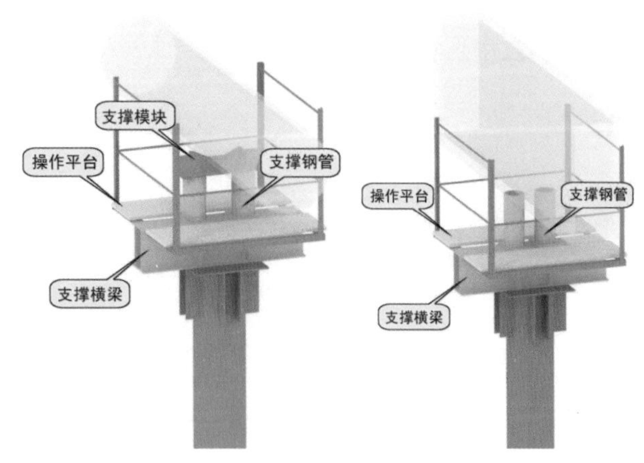

图5.3–10　支撑顶部节点构造示意图

5.3.2.4　临时支撑安装

本工程单组临时支撑由两个三角形格构支撑组成，由D609×10的立管及1.5m高的联系桁架组成。

临时支撑材料进场后，在场内按图组拼成三角格构支撑，采取 150t 履带起重机拼装机械整体拼装的形式，单个三角临时支撑拼装场地需 60m × 10m，布置拼装胎架定位 3 根立管，而后连接联系桁架，联系桁架与支撑立管采用相贯线焊接连接或插板焊接连接，其拼装场地如图 5.3-11 所示，并根据现场施工进度，调整临时支撑拼装场地布置。

图 5.3-11 临时支撑现场拼装

临时支撑拼装完成后，采用 150t 履带起重机分两段吊装就位，分段重量 17t，150t 履带起重机采用61m主臂工况、22m吊装半径安装，其起重能力22t，满足起重吊装要求，如图5.3-12所示；分段间采用法兰连接，由 12 个 8.8 级 M24 螺栓连接，如图 5.3-13 所示。

图 5.3-12 临时支撑吊装

由于临时支撑下段安装时，低区看台已施工完成，临时支撑需穿过预留的施工洞口，因此最下端的水平联系桁架需后装，当临时支撑定位完成后，由液压小推车将水平桁架输送至安装位置，并在支撑或预留洞口设置挂点，采用捯链将水平桁架安装就位。在临时支撑安装过程中，需采用全站仪测量定位支撑立杆的平面位置，并采用缆风绳调节支撑的垂直度，确保支撑的垂直度满足规范要求，而后进行支撑与埋件的焊接或支撑分段间的螺栓连接，完成临时支撑的安装。

临时支撑吊装就位后，由于临时支撑高度较高，最大高度达到 56.4m，安装过程中应采用缆风绳进行临时固定，每道支撑至少设置 3 根缆风绳，缆风绳规格为 ϕ 12 钢丝绳，如图 5.3-14（a）所示。缆风绳下部拉结点根据实际位置布置在结构楼板上或地面上，地面上锚固点通过预埋地锚进行设置，如图 5.3-14（b）所示。安装完成经检验合格后，拆除定位缆风绳。

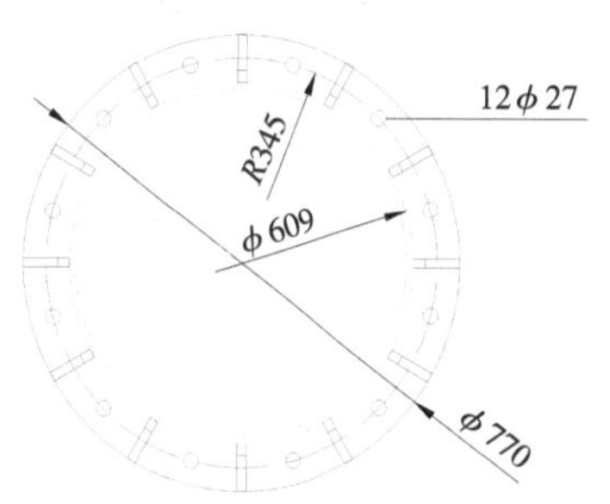

图 5.3-13 法兰连接大样图

（a）缆风绳设置

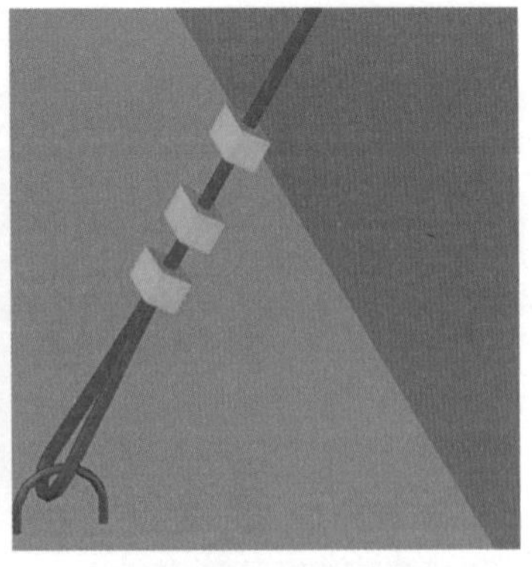

（b）缆风绳下部拉结设置

图 5.3–14　缆风绳布设

5.3.3　内环梁吊装技术

5.3.3.1　压力桁架分段划分

综合考虑履带起重机起重性能、现场安装便利性、制作工厂加工能力和构件运输能力，对内环梁进行分段，详细分段、分块原则如图 5.3–15 所示。以 3 ~ 4 个节间为一个吊装单元，共分成 23 个分段，分段情况见图 5.3–16 和表 5.3–2。

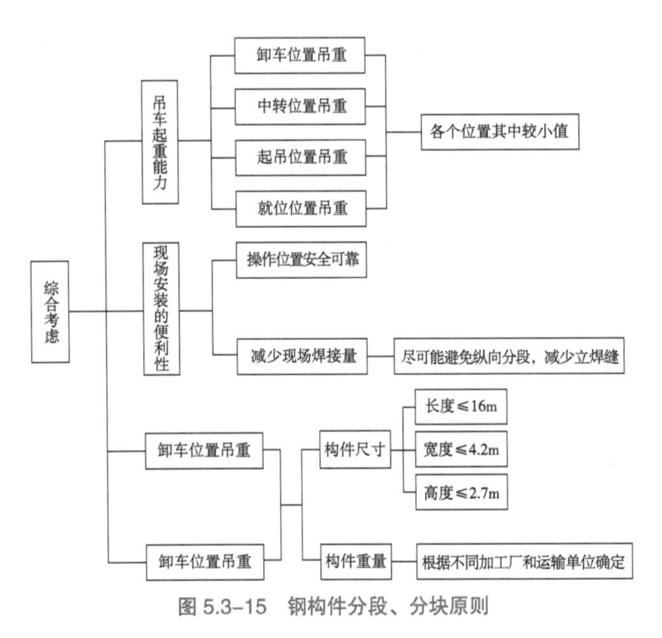

图 5.3–15　钢构件分段、分块原则

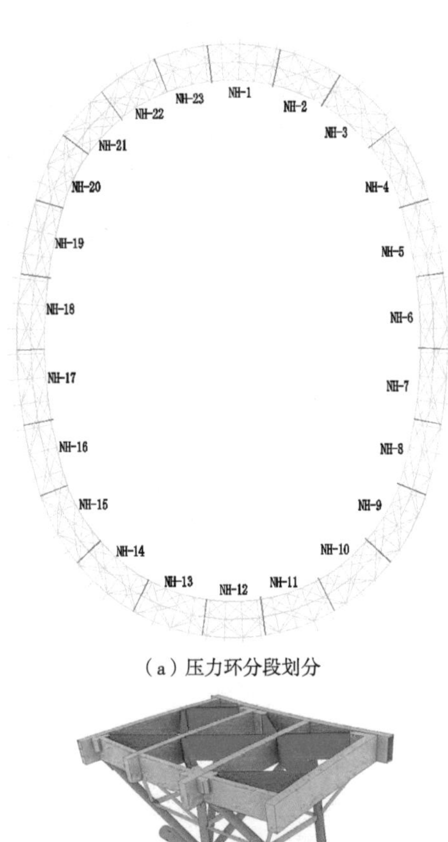

（a）压力环分段划分

（b）单个内环梁分段

图 5.3–16　内环梁分段示意

表 5.3-2　　内环梁分段详情

分段编号	分段长度（mm）	分段重量（t）	分段编号	分段长度（mm）	分段重量（t）
NH-1	22560	204	NH-13	22314	203.1
NH-2	22190	186	NH-14	22472	202
NH-3	22776	203.3	NH-15	23002	251
NH-4	23705	254.2	NH-16	20273	207.5
NH-5	21278	206.3	NH-17	23790	219.7
NH-6	23794	208	NH-18	21295	212.2
NH-7	21290	204	NH-19	23783	220.9
NH-8	22777	202.1	NH-20	21224	220.6
NH-9	23007	251.6	NH-21	18591	157.3
NH-10	22475	202.8	NH-22	17705	172.2
NH-11	22327	203.1	NH-23	15546	152.7
NH-12	18178	174.4			

5.3.3.2　内环梁地面拼装

在屋盖开口下方进行拱壳内环梁分段的地面拼装，由于受场内施工场地影响，无法设置固定的拼装胎位，内环梁分段拼装胎架拟设置在安装位置的前进方向，并尽量满足分段吊装半径需求，避免履带起重机吊装分段时带载行走。

由于内环梁结构自身高度大，上下弦最大高差 11m，因此拼装支撑采用格构式立柱和 D609 × 10 钢管立柱，立柱下部设置钢路基箱，路基箱之间可拉设型钢连续梁，以增加桁架分段拼装时胎架的稳定性。拼装胎架示意图如图 5.3-17 所示。

拼装胎架设置需满足构件拼装形态（角度）与就位时一致的要求，既确保了吊装时的稳定性，同时也避免了高空无法调整构件吊装形态的问题。

采用履带起重机，将内环梁分段和下弦分段吊装定位于支撑模板上，复测牛腿和杆件端部定位坐标，满足拼装精度要求后固定吊装定位与腹杆相连的径向拱肋，一端与内环梁连接，另一端搁置固定于支撑胎架上，并将内环的其余杆件分段拼装定位。分块拼装定位并经过检验合格后进行杆件的焊接，焊接采用 CO_2 气体保护焊对称施焊。焊后进行探伤、涂装。分块拼焊完成后，在上弦平面铺装钢跳板、立面安全绳等吊装安全措施，做好吊装前的准备工作，如图 5.3-18 所示。

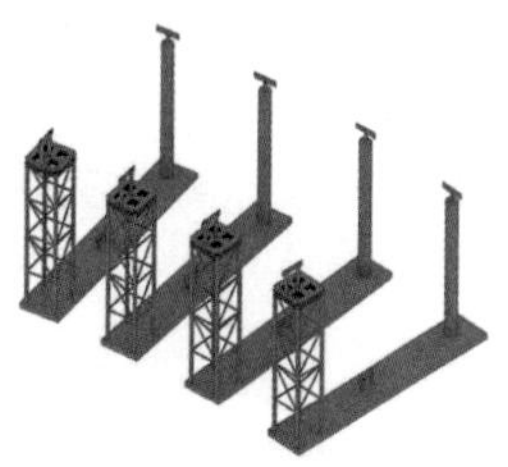

（a）拼装胎架

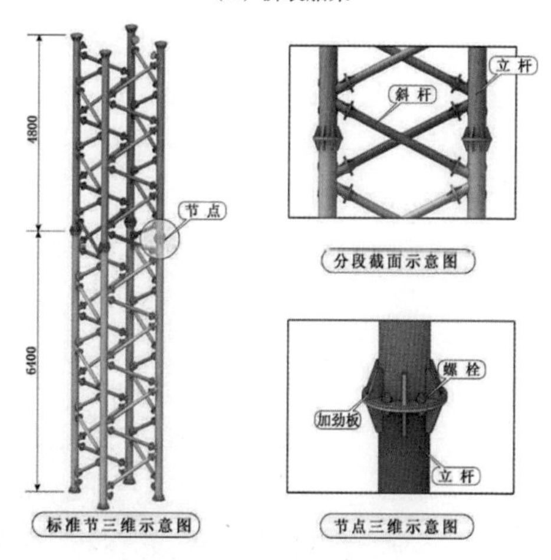

（b）格构支撑标准节示意图

图 5.3-17　拼装胎架示意图

（a）内环梁和下弦分段的定位

（b）径向拱肋的定位

（c）腹杆的拼装定位

（d）径向拱肋的定位

（e）上弦水平交叉杆件的定位

（f）拼装验收

（g）吊装前准备

图 5.3-18　内环梁地面拼装

5.3.3.3　内环梁吊装

采用 1250t 履带起重机进行分段吊装，安装半径 22m，起重能力 227t。对于重量超过 207t 的分段，采取部分上平面斜杆高空散装的方案，确保拼装分段重量满足起重吊装要求。

内环梁分段吊装前复测临时支撑顶部的定位模板，平面位置和标高均需满足安装精度要求，并且定位模板标高为按照设计要求进行预起拱之后的定位标高。临时支撑复测无误后，采用 1250t 履带起重机，采取 4 点 8 根钢丝绳吊装内环梁分段，如图 5.3-19 所示。由于每个桁架分段重心位置不同，钢丝绳较粗，无法通过调节钢丝绳长度来确保分段吊装稳定，因此采用固定钢丝绳长度（12m），根据重心位置模拟分析吊耳位置，吊耳设置在径向拱肋与内环梁相交节点位置，确保桁架分段整体的空间相对位置与安装形态（角度）一致，可直接吊装就位，既确保了吊装时的稳定性，同时也避免了高空无法调整构件吊装形态的问题，减少大量高空校正的工作。内环梁分段就位后与支撑模板焊接固定。内环梁吊装完成后如图 5.3-20 所示。

图 5.3-19　内环梁分段吊装

图 5.3-20　内环梁吊装完成

5.3.4　主拱肋整体吊装技术

5.3.4.1　分段划分

径向主拱肋吊装分段长度超长，最长的分段达 47m，单根最重 56t，因此在工厂加工制作时拆分成 3 ~ 4 个运输分段，分段避开节点位置，分段长度 10 ~ 13.5m，分段重量 12 ~ 18t，其分段示意如图 5.3–21 所示。

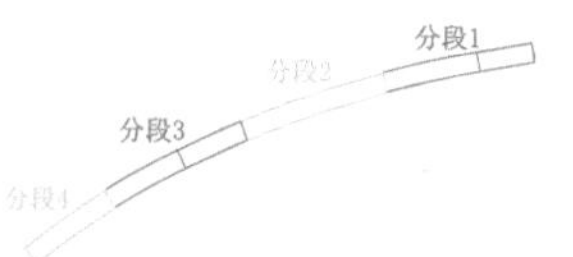

图 5.3–21　主拱肋分段

5.3.4.2　地面拼装

根据结构形式特点，主拱肋采用 1250t 履带起重机整根安装的方案吊装，因此加工分段运至现场后，在场内进行分段对接拼装，拼装采取正拼的施工工艺，如图 5.3–22 所示。考虑到分段拼装及安装吊装过程中的变形，需要在深化建模时通过计算分析考虑结构自重变形后的结构安装形态来调整理论模型。

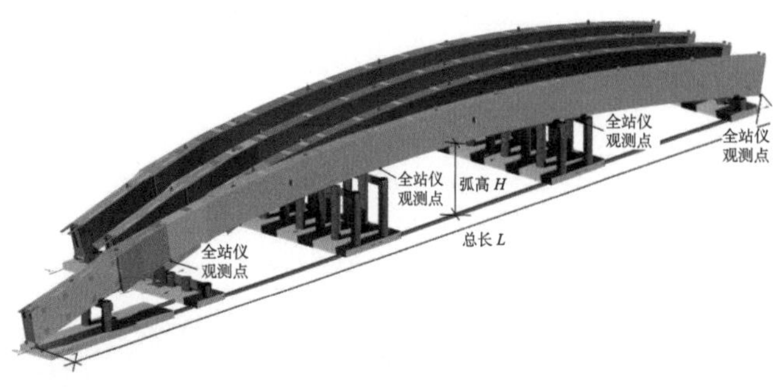

（a）主拱肋拼装示意

（b）现场拼装

（c）拼装尺寸检查

图 5.3–22　主拱肋地面拼装

5.3.4.3　主拱肋吊装

主拱肋对接拼装验收合格后，采用 1250t 履带起重机进行整根吊装。采用四根钢丝绳四点吊装的方式，和内环梁吊装相同，通过固定钢丝绳长度（8m+14m）经计算机重心模拟分析精准放样吊点位置，吊耳设置在主拱肋的侧立面，对应主拱内部 T 形肋的位置，确保桁架分段整体的空间相对位置与安装形态（角度）一致，可直接吊装就位，既确保了吊装时的稳定性，同时也避免了高空无法调整构件吊装形态的问题，减少大量高空校正的工作。主拱肋吊点布置示意图和现场吊装如图 5.3–23 和图 5.3–24 所示。

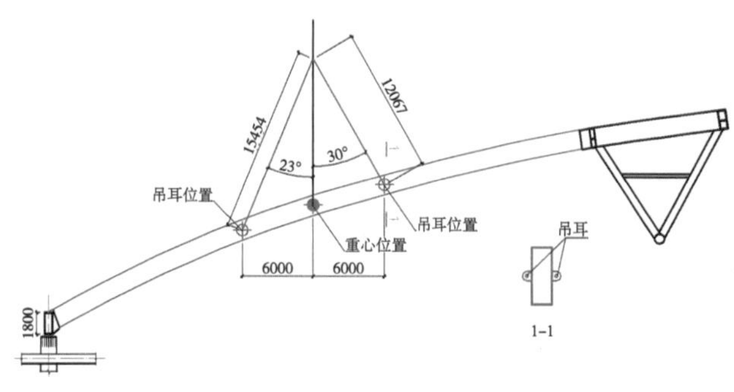

图 5.3–23　主拱肋吊点布置示意图

图 5.3–24　主拱肋吊装

由于主拱肋吊装单元长度超长，为确保超长径向主拱构件高空吊装稳定性，1250t 履带起重机吊装定位后，立即将两端定位焊接，同时采取拉设缆风绳或同步安装交叉斜撑的方式增强主拱肋的稳定性，即最先安装两根主拱肋，左右各拉设两道缆风绳，后续安装主拱肋，利用塔式起重机同步安装两根交叉斜撑，严格控制端口空间位置坐标，安装就位后进行焊接固定，形成稳定体系。

5.3.4.4 吊装模拟计算

采用 Midas Gen 进行主拱肋吊装时的模拟验算。塔式起重机拉索采用 D100 截面，仅考虑结构自重，强度验算时按 1.3D、变形验算时按 1.0D 考虑。

主拱肋截面形式以及模拟计算结果如图 5.3-25 所示。

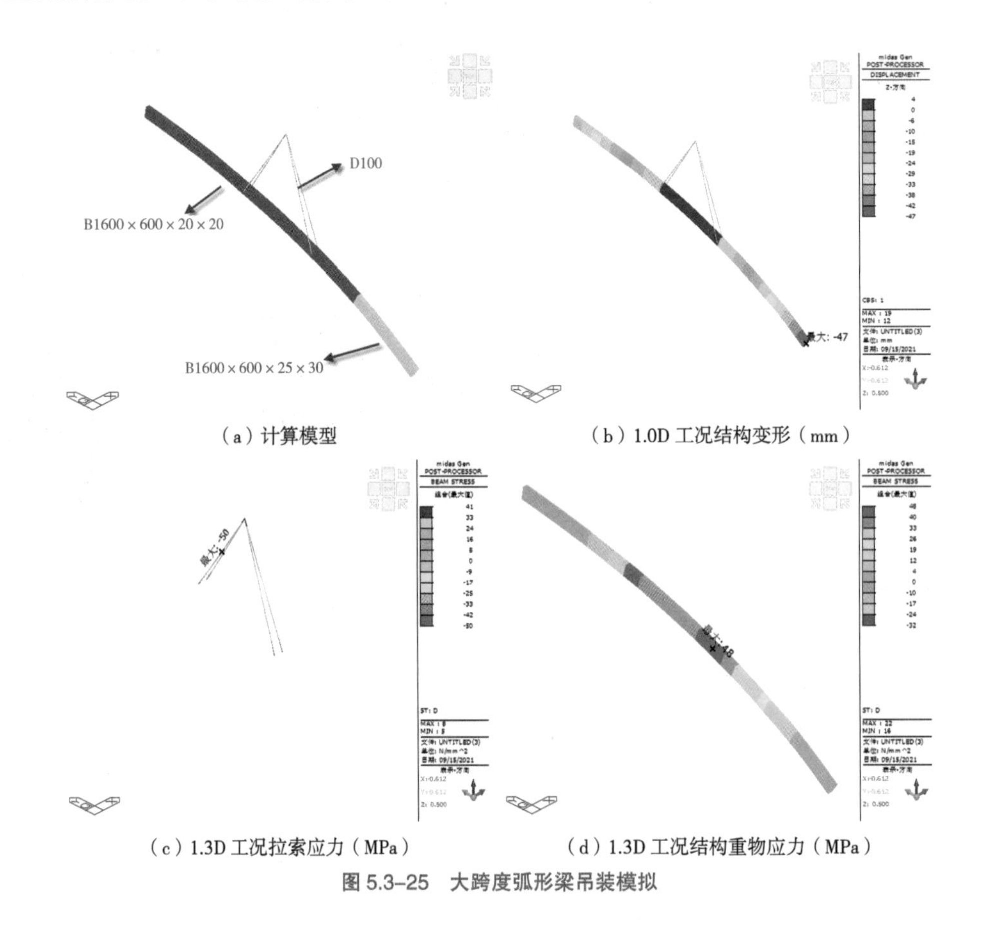

(a) 计算模型　(b) 1.0D 工况结构变形（mm）

(c) 1.3D 工况拉索应力（MPa）　(d) 1.3D 工况结构重物应力（MPa）

图 5.3-25　大跨度弧形梁吊装模拟

结构最大竖向变形为 47mm，拉索最大应力为 50MPa<305MPa，结构最大应力为 48MPa<305MPa，符合起吊要求。

5.3.5 外环梁安装技术

混凝土看台柱顶设置一圈受拉外环梁结构，外环梁通过下部的抗震支座与下部的混凝土柱连接，混凝土柱间距约 9.5m，外环梁截面尺寸▭ 1800 × 700 × 90 × 90、▭ 1800 × 700 × 60 × 80，具有截面尺寸大、壁厚厚的特点。根据施工思路，外环梁采用 130t 汽车起重机在看台结构外围地下室顶板就近吊装。

5.3.5.1　分段划分

根据 130t 汽车起重机起重性能和吊装半径，对外环梁进行分段划分。将外环梁在每个柱间划分成柱顶节点段和非节点段，分段重量约 16t，如图 5.3-26 所示。

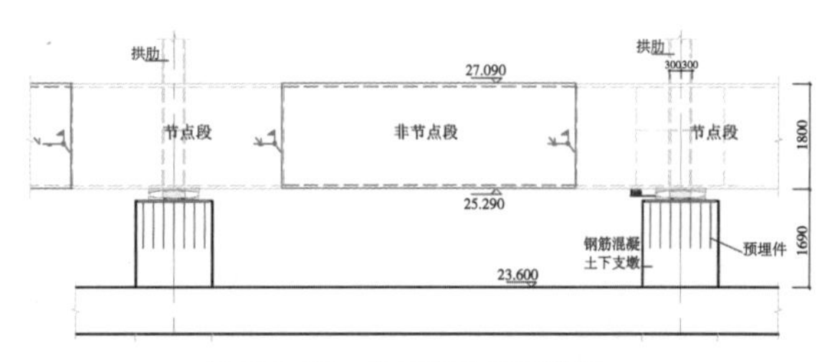

图 5.3-26　外环梁分段示意图

5.3.5.2　支座安装

外环梁分段吊装前，环梁下部的支座先进行安装定位，支座吊装采用塔式起重机进行。由于设计图纸要求需采取适宜的施工措施保证支座在钢结构整体卸载后滑移至墩柱中心，因此支座先只按照卸载计算确定的支座安装位置进行定位和临时固定，与埋件不焊接。抗震支座重量约 3t，采用结构外围设置的 8 台塔式起重机吊装。

图 5.3-27　外环梁节点段现场吊装

5.3.5.3　外环梁吊装

柱顶节点段外环梁分段安装，采用 130t 汽车起重机站位在看台结构外侧地下室顶板吊装（图 5.3-27），分段定位在抗震支座上，定位完成后，焊接分段与支座的焊缝。为确保节点分段安装稳定，在分段两端设置单管临时支撑，支撑采用 D180 × 10 的圆钢管，支撑高度 1.69m，支撑底部混凝土楼面设置固定预埋件，如图 5.3-28 所示。

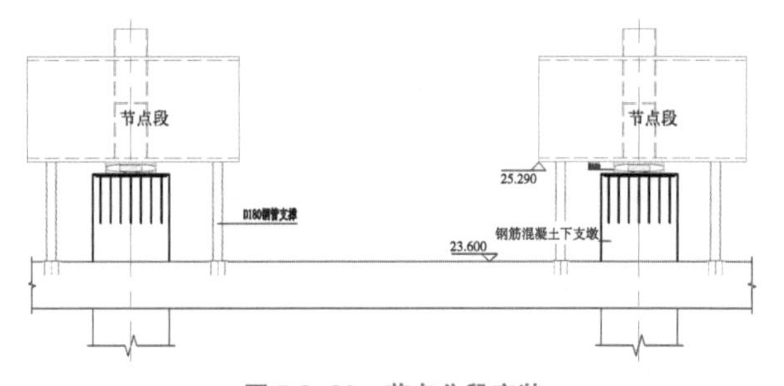

图 5.3-28　节点分段安装

非节点段钢梁安装时，为了安装方便，构件加工时在钢梁上翼缘端部中间设置定位卡板，规格为 20mm × 150mm × 250mm，一端设置两块，卡板间距 400mm，居中对称布置，如图 5.3-29 所示。

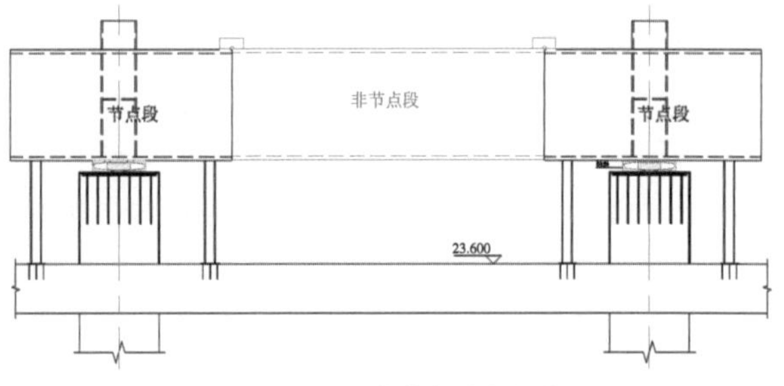

图 5.3-29　非节点分段安装

5.3.6 钢结构合龙

在屋盖结构段对称轴内环梁、外环梁分段位置共设置两条焊接合龙缝，结构从一侧顺序安装，焊接合龙缝位置分段安装但不焊接，待结构全部安装完成，室外温度达到设计要求的合龙温度时，再对合龙缝进行焊接，合龙缝位置的交叉斜撑暂缓安装，待合龙缝焊接完成后再安装焊接，焊接完成后再统一卸载。

5.3.6.1 合龙温度及时间

由于北京多年年平均气温为 11 ~ 13℃，一月份最高气温为 24℃，一月份极端最低气温为 –18℃。考虑到钢结构安装主要集中在 2021 年 12 月 ~ 2022 年 1 月，安装过程温度变化较小，因此根据设计要求并结合施工计划，合龙温度定为 0 ~ 10℃，合龙日期定为 2022 年 2 月下旬。为防止合龙时因温度变化而产生过大的温度变形和温度应力，选择气温相对稳定的情况下进行合龙，合龙安排在午间 10：00 ~ 14：00 进行。

5.3.6.2 合龙焊接控制

由于合龙口数量多，焊接量大，要在短时间内将合龙口焊接完毕，难度较大。为此，合龙时先将所有合龙口（共 8 根合龙缝，2 根外环梁、6 根内环梁）采用卡马焊接固定，并在 1h 内完成。卡马焊接完成后，及时进行合龙口对接焊缝的焊接，做好焊前预热及焊后保温。

5.3.6.3 温度作用分析

温度对结构的影响主要体现在应力和变形两方面，由于本工程结构形式复杂，合龙过程周期较长，结构共同受力、协调变形的过程复杂，所以需要对合龙施工期间的结构温度效应进行分析。

1. 工况设置及荷载组合

根据《建筑结构荷载规范》GB 50009—2012，结构温度作用按如下两种最不利工况计算：

（1）结构最大升温工况：$\Delta T_k^+=T_{max}-T_{0,\ min}$；

（2）结构最大降温工况：$\Delta T_k^-=T_{min}-T_{0,\ max}$。

其中，ΔT_k^+、ΔT_k^-分别为最大升温、降温作用；T_{max}、T_{min} 分别为极端最高气温（24℃）、极端最低气温（–18℃）；$T_{0,\ max}$、$T_{0,\ min}$ 分别为合龙温度最高值（10℃）、合龙温度最低值（0℃）

荷载组合考虑自重和温度作用，按 1.0*D*+1.0*T* 进行分析。

2. 模拟计算

采用 Midas Gen 分别在临时支撑卸载前和卸载后，对临时支撑杆件以及主结构在最大升温、最大降温工况下的变形和应力进行模拟计算，计算结果如图 5.3–30 ~ 图 5.3–33 所示。

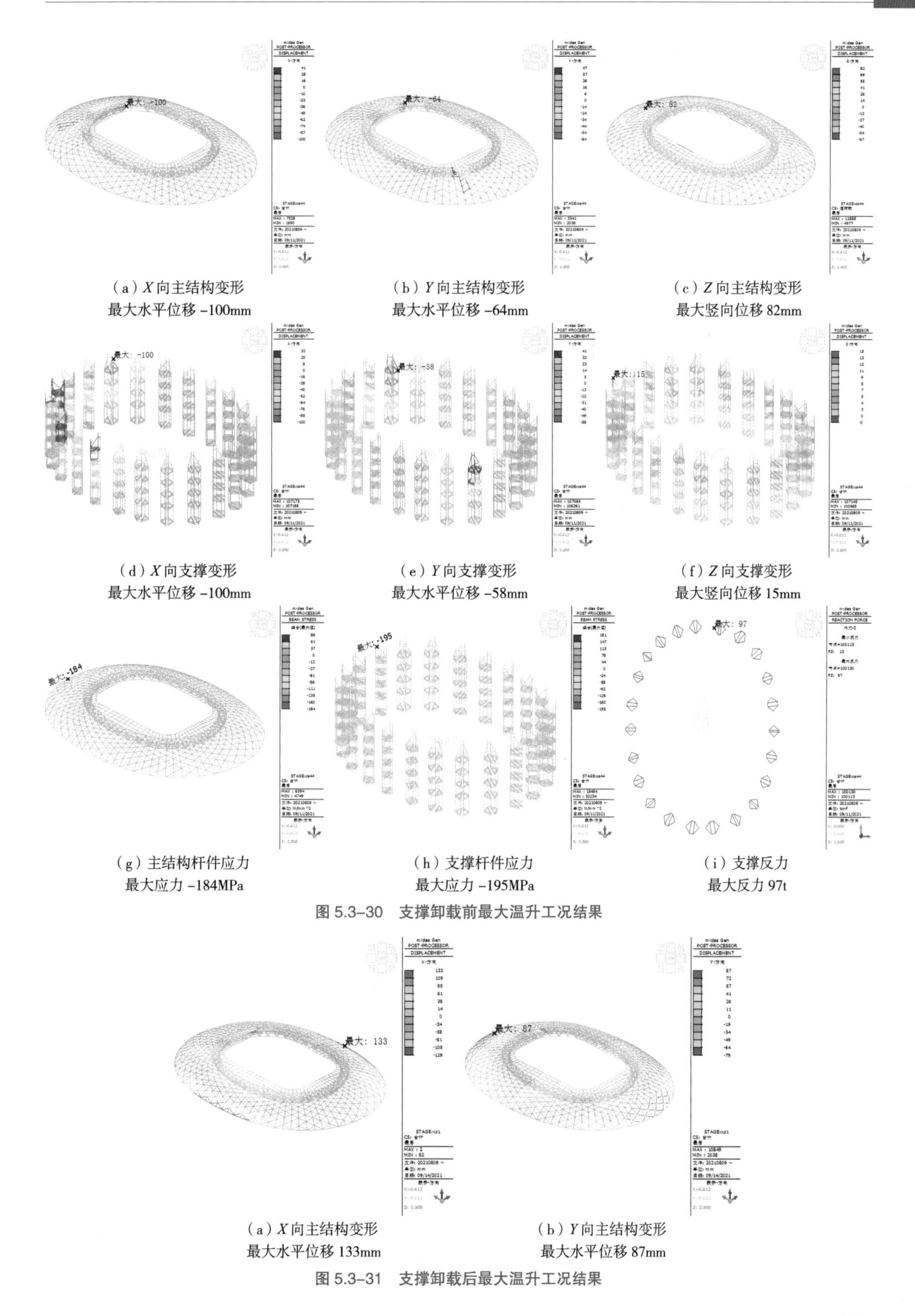

（a）X 向主结构变形
最大水平位移 -100mm

（b）Y 向主结构变形
最大水平位移 -64mm

（c）Z 向主结构变形
最大竖向位移 82mm

（d）X 向支撑变形
最大水平位移 -100mm

（e）Y 向支撑变形
最大水平位移 -58mm

（f）Z 向支撑变形
最大竖向位移 15mm

（g）主结构杆件应力
最大应力 -184MPa

（h）支撑杆件应力
最大应力 -195MPa

（i）支撑反力
最大反力 97t

图 5.3-30　支撑卸载前最大温升工况结果

（a）X 向主结构变形
最大水平位移 133mm

（b）Y 向主结构变形
最大水平位移 87mm

图 5.3-31　支撑卸载后最大温升工况结果

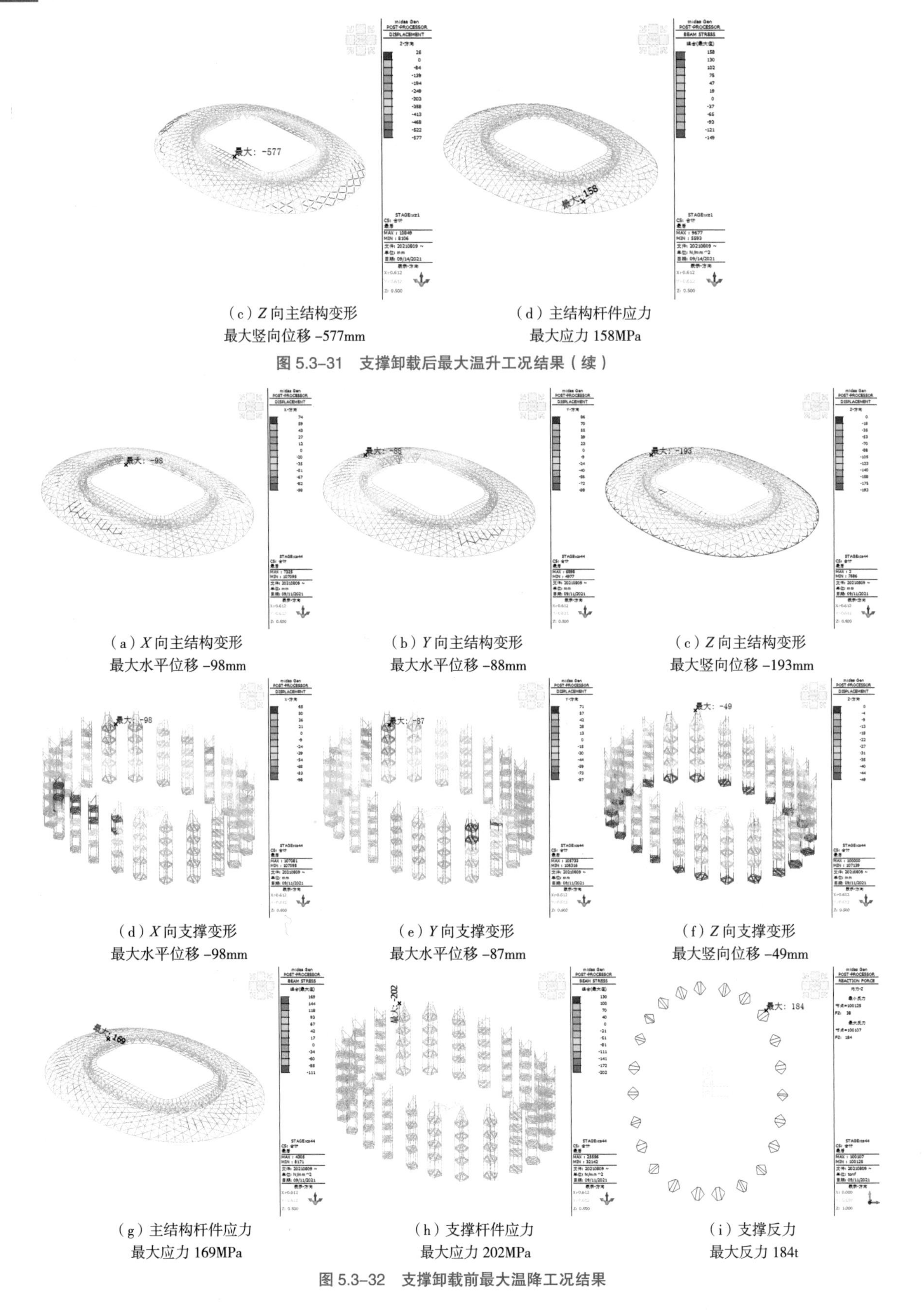

（c）*Z* 向主结构变形
最大竖向位移 -577mm

（d）主结构杆件应力
最大应力 158MPa

图 5.3-31　支撑卸载后最大温升工况结果（续）

（a）*X* 向主结构变形
最大水平位移 -98mm

（b）*Y* 向主结构变形
最大水平位移 -88mm

（c）*Z* 向主结构变形
最大竖向位移 -193mm

（d）*X* 向支撑变形
最大水平位移 -98mm

（e）*Y* 向支撑变形
最大水平位移 -87mm

（f）*Z* 向支撑变形
最大竖向位移 -49mm

（g）主结构杆件应力
最大应力 169MPa

（h）支撑杆件应力
最大应力 202MPa

（i）支撑反力
最大反力 184t

图 5.3-32　支撑卸载前最大温降工况结果

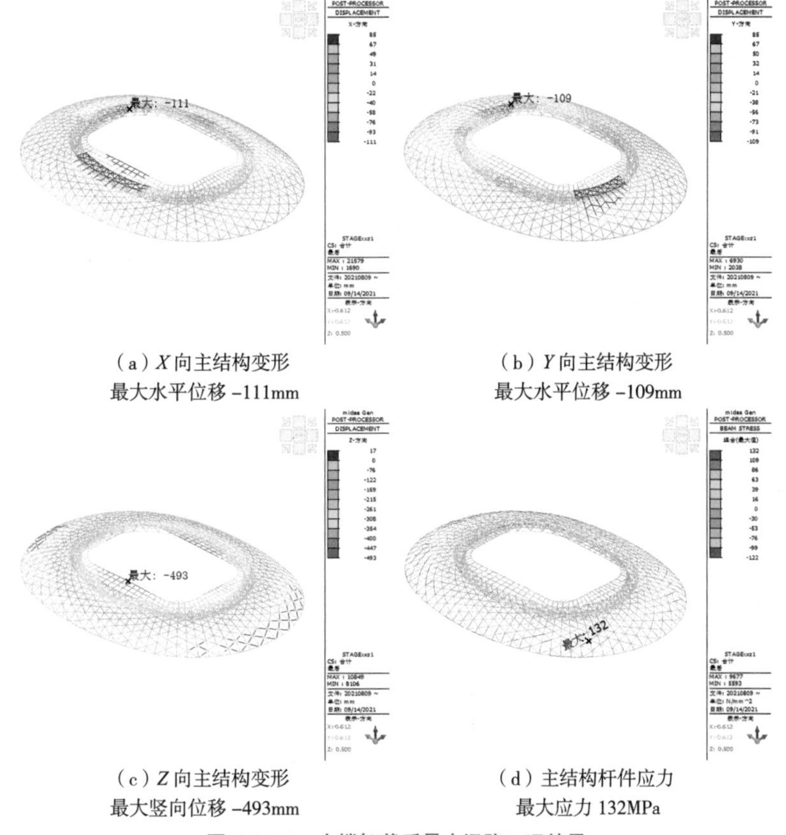

（a）X 向主结构变形
最大水平位移 -111mm

（b）Y 向主结构变形
最大水平位移 -109mm

（c）Z 向主结构变形
最大竖向位移 -493mm

（d）主结构杆件应力
最大应力 132MPa

图 5.3-33　支撑卸载后最大温降工况结果

对模拟结果进行分析可知，最大变形出现在临时支撑卸载后，其中最大升温工况下，主结构最大水平变形 133mm，最大竖向变形 -577mm；最大降温工况下，主结构最大水平变形 -111mm，最大竖向变形 -493mm。临时支撑杆件的最大应力，最大升温工况下为 195MPa，最大降温工况下为 202MPa，均小于材料的抗拉强度设计值 305MPa，满足要求。

5.4　大跨度拱壳屋盖卸载技术

本工程屋盖结构安装高度极高，且为超大悬挑单层空间拱壳结构。将大悬挑开口空间拱壳钢结构进行合理的单元分块划分，充分研究钢结构与混凝土结构构造特点，设计支撑体系，利用大吨位吊装机械将分块安装就位，减少高空安装焊接工作量、降低安全风险，最后进行支撑体系卸载及支座焊接锁定。

5.4.1　卸载难点分析

（1）卸载支撑点数量多，卸载覆盖面积及卸载工作量大。结构安装过程中设置有 23 组格构支撑架，每个支撑架设置有 6 个支撑点，卸载点数量多，工作量大。

（2）结构复杂，卸载计算分析工作量大。为确保整个结构经过卸载后，平稳地从支撑状态向结构自身承受荷载的状态过渡，必须对整个卸载过程进行周密的分析计算，对计算结果进行分析，以指导卸载过程的实施。

（3）同步控制要求高。在卸载过程中，各支点之间的同步控制要求较高；同时，同一卸载支架单元上各支点的载荷要控制在与理论计算基本一致的范围内。

（4）卸载过程中的监测要求高。由于本工程施工方案的特殊性，待施工完成后进行卸载，在此期间均须对钢结构进行监测，确保钢结构施工变形符合规范要求。

5.4.2 卸载方案

5.4.2.1 卸载原则

临时支撑卸载是将钢结构罩棚从支撑受力状态下，转换到自由受力状态的过程，即在保证钢结构罩棚与临时支撑体系整体受力安全的前提下，主体结构由施工安装状态顺利过渡到设计状态。卸载方案遵循卸载过程中结构构件的受力与变形协调、均衡、分级卸载并便于现场施工操作等原则，并在卸载过程中密切观测监测变形控制点的位移量。

5.4.2.2 方案设计

临时支撑拆除过程中由于无法做到绝对同步，支撑点卸载先后次序不同，其轴力必然造成增减。为确保整个结构经过卸载后，平稳地从支撑状态向结构自身承受荷载的状态过渡，必须对整个卸载过程进行周密的分析计算，确定合理的施工方案。临时支撑卸载包括同步卸载和多级循环卸载等方式。同步卸载又可分为等比例同步和等值同步两种，对于大型工程而言，同步卸载操作方式较为复杂。多级循环卸载指的是按照一定的顺序对临时支撑进行卸载，循环操作直至卸载完成。对于对称的大型工程，可以按照对称轴划分区域，再进行多级循环卸载。结合北京工人体育场钢屋盖的特点，最终确定采取分区分级对称卸载方法，卸载分区的示意图如图 5.4–1 所示。卸载过程遵循结构构件的受力与变形协调、分区分级均衡缓和、便于现场施工的操作原则。根据卸载原则和模拟计算分析，具体的卸载顺序如下：

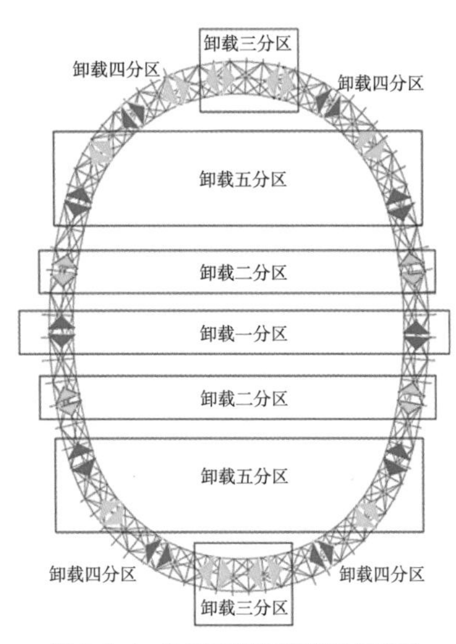

图 5.4–1 临时支撑卸载分区示意图

（1）对 23 组临时支撑所有下弦支撑点（中部立杆）一次切割卸载完成，如图 5.4–2（a）所示；

（2）按卸载分区顺序，卸载一分区（短轴两个临时支撑）内支撑上弦支撑点（指定区域内外支撑）的卸载，如图 5.4–2（b）所示；

（3）卸载二分区南北共 4 个临时支撑上弦支撑点卸载；

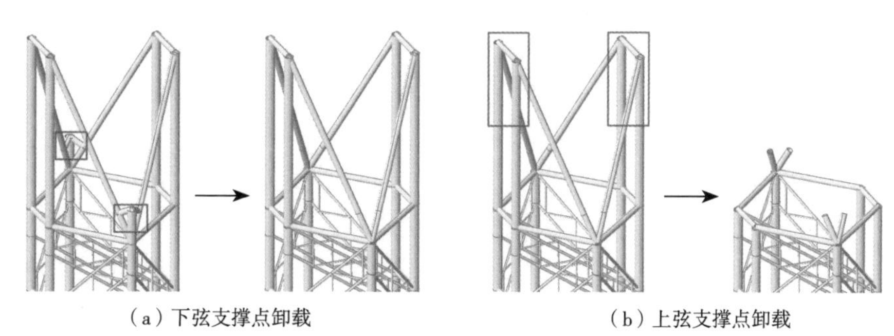

（a）下弦支撑点卸载　　（b）上弦支撑点卸载

图 5.4–2　临时支撑上下弦支撑点卸载示意图

（4）卸载三分区长轴共 4 个临时支撑上弦支撑点卸载；

（5）卸载四分区南北共 5 个临时支撑上弦支撑点卸载；

（6）卸载五分区 8 个临时支撑上弦支撑点卸载。

卸载方法的示意图如图 5.4–3 所示。下弦卸载和卸载 1 ~ 4 分区卸载采取火焰切割侧面开豁口的方式、两次卸载完成的方法卸载：（1）切除支撑钢管中的其中一根；（2）切除一半支撑钢管，切割长度 70mm 左右；（3）拆除支撑顶部钢管。卸载 5 分区卸载采取火焰环向切割分级卸载的方法，分七级等比例卸载完成，每级卸载量为 37 ~ 44mm。

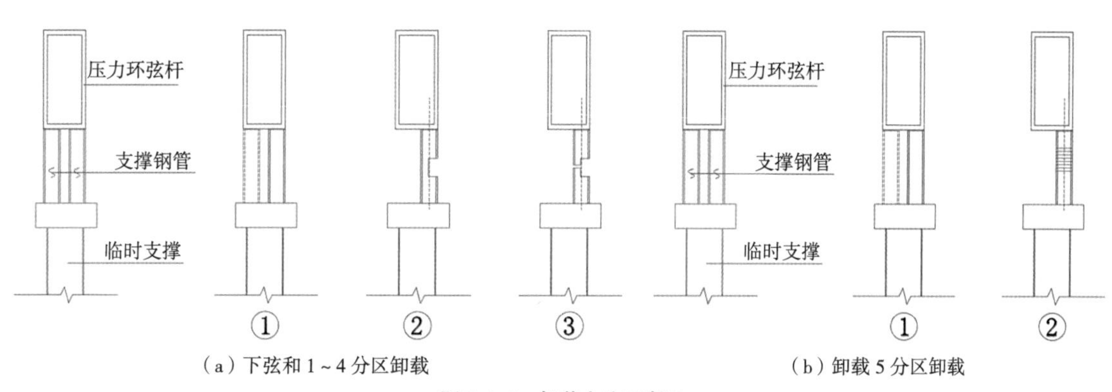

（a）下弦和 1 ~ 4 分区卸载　　（b）卸载 5 分区卸载

图 5.4–3　卸载方法示意图

5.4.3　卸载过程数值模拟

在卸载过程中，影响结构安全的因素很多，支架的设计、卸载方案的选择、卸载过程的有效控制等均会对结构本身产生很大影响。因此卸载是本钢结构施工过程中的一个关键重要环节，有必要对卸载过程实施精确合理的数值模拟分析。根据施工方案，采用有限元软件 Midas Gen 对临时支撑的拆除过程进行模拟分析，共计算了 *XZ*1 ~ *XZ*6 共 6 个卸载施工工况（图 5.4–4）。

临时支撑拆除完成后，钢屋盖结构变形（*X* 向、*Y* 向、*Z* 向）和应力分别见图 5.4–5 和图 5.4–6。可见结构卸载完成后最大 *X* 向变形为 83mm，最大 *Y* 向变形为 40mm，最大 *Z* 向变形为 –478mm，分别位于结构短轴方向外环梁、长轴方向内环桁架和短轴方向悬挑部分。结构卸载完成后最大应力为 –118MPa，小于材料的强度设计值 305MPa。可见卸载完成时结构的变形和应力都处于设计允许范围内，满足《钢结构设计标准（附条文说明）》GB 50017—2017 要求。

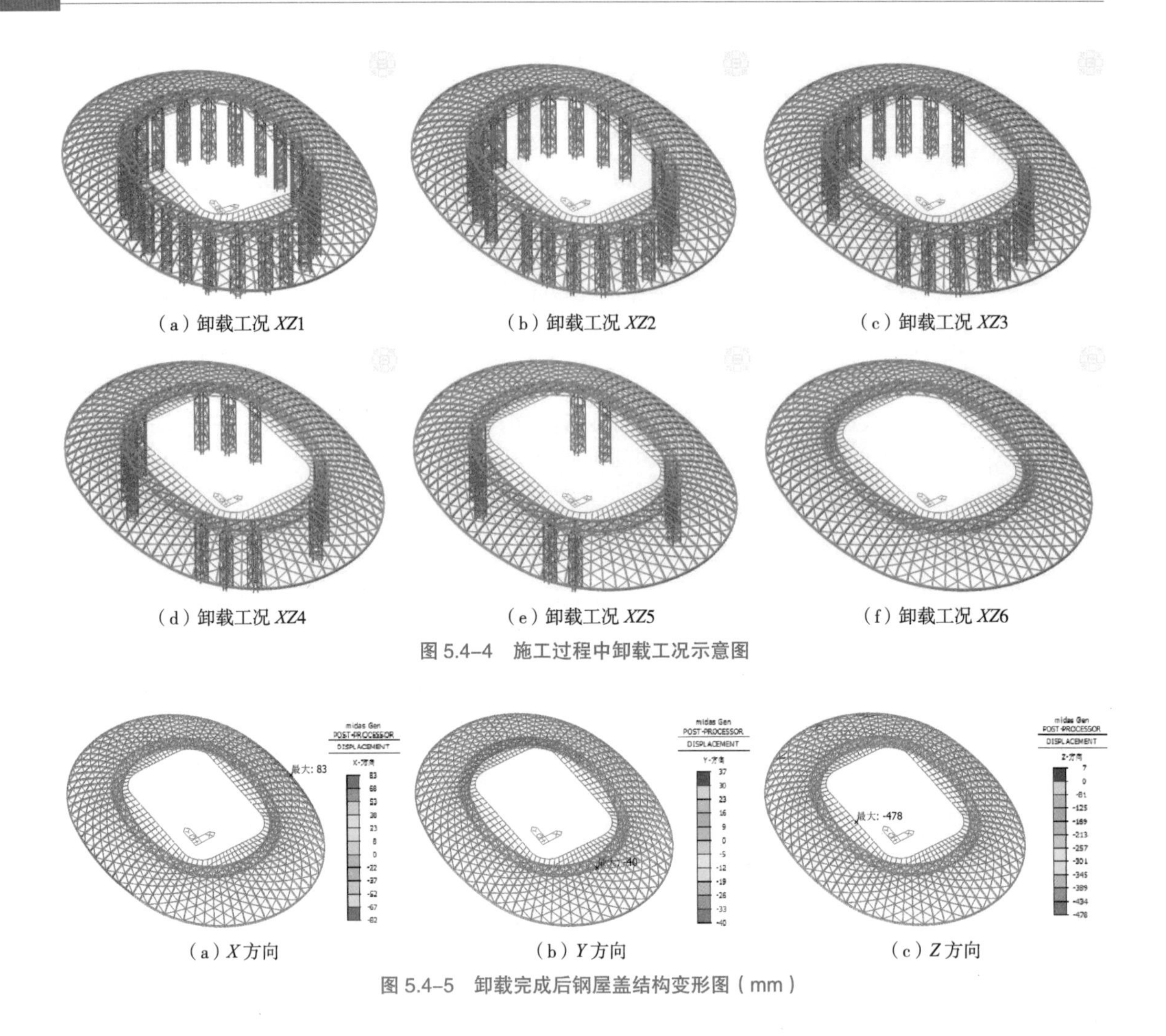

（a）卸载工况 *XZ*1　（b）卸载工况 *XZ*2　（c）卸载工况 *XZ*3

（d）卸载工况 *XZ*4　（e）卸载工况 *XZ*5　（f）卸载工况 *XZ*6

图 5.4-4　施工过程中卸载工况示意图

（a）*X* 方向　（b）*Y* 方向　（c）*Z* 方向

图 5.4-5　卸载完成后钢屋盖结构变形图（mm）

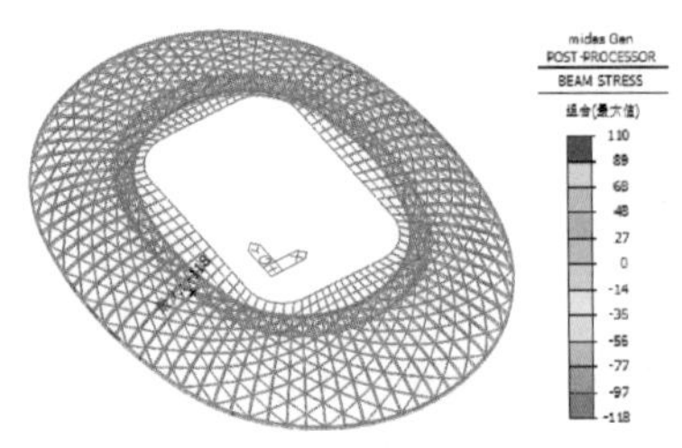

图 5.4-6　卸载完成后钢屋盖结构应力图（MPa）

表 5.4-1 为施工过程中钢屋盖结构和临时支撑的变形、应力情况。由表 5.4-1 可知，随着卸载的进行，钢屋盖主结构以 *Z* 方向的变形为主，*X* 方向、*Y* 方向的变形相对较小。主结构 *Z* 方向的最大变形随着卸载不断增加，在支撑拆除完成时，主结构的变形达到最大。内环桁架的 *Z* 方向的变形规律也遵循该规律。而结构在施工过程中的最大应力并不发生在支撑拆除完成时。对于主结构而言，在 *XZ*3 工况下的应力为 145MPa，是施工过程中的最大应力，大于卸载完成时的 -118MPa。支撑的最大应力和顶部杆件的最大轴力也不发生在支撑拆除完成时，分别位于 *XZ*4 和 *XZ*3 工况下。这说明该结构在卸载过程中受力变化非常复杂，结构的最大应力可能发生在支撑拆除的过程中，因此对于各个施工工况进行建模分析是非常必要的。经过检验，主结构、支撑、顶部杆件在施工过程中的应力均未超过材料的强度设计值，说明卸载方案对于本结构而言是适用的，在施工过程中结构具有良好的安全性。此外，卸载过程中临时支撑的整体稳定性经过验算也满足要求。

表 5.4–1　　施工过程中各工况下结构的受力和变形情况表

工况	主结构最大 X 向变形（mm）	主结构最大 Y 向变形（mm）	主结构最大 Z 向变形（mm）	内环桁架 X 向最大变形（mm）	内环桁架 Y 向最大变形（mm）	内环桁架 Z 向最大变形（mm）	主结构最大应力（MPa）	支撑最大应力（MPa）	顶部杆件最大轴力（t）
XZ1	–25	–28	–73	8	–16	–19	–83	–94	–130
XZ2	–25	–28	–73	–7	–15	–31	–92	–98	–170
XZ3	33	–22	–102	33	–15	–95	145	–191	–295
XZ4	27	–26	–102	27	–24	–91	135	–206	–271
XZ5	30	–48	–125	20	–48	–114	–109	–185	–287
XZ6	83	–40	–478	46	–40	–354	–118	—	—

5.4.4　工程实际变形与模拟结果对比

实际工程中钢屋盖的卸载时间为 2022 年 3 月 20 日 ~ 2022 年 4 月 29 日，每级卸载完成后，需采用全站仪对测量点同步观测临时支撑及环桁架的卸载变形情况，及各支撑立柱顶面与内环梁弦杆接触情况。根据卸载计算，在变形较大的受压环内环梁上设置卸载变形观测点，各观测点的位置如图 5.4–7 所示。观测点张贴测量专用的反射贴片，每步每级卸载完成后全站仪测量观测点变形值，如变形值与卸载施工验算变形趋势不符或异常，立即停止卸载，分析原因并研究对策，确保卸载施工安全。

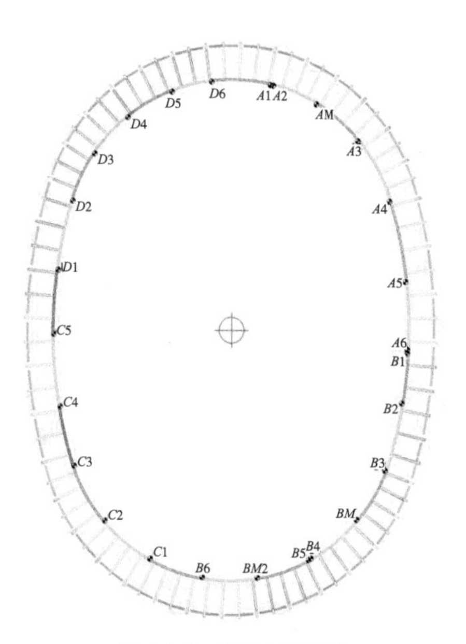

图 5.4–7　观测点布置图

图 5.4–8 为各卸载工况下观测点 Z 方向实际变形监测数据与数值模拟结果的对比图。由图 5.4–8（a）~ 图 5.4–8（c）可知，在卸载初期，观测点 Z 方向变形较小，因此受到温度、风荷载等因素的影响更为明显，导致环桁架变形的实际监测数据和数值模拟误差较大，甚至规律相反。随着卸载的进行，观测点 Z 方向变形增大，受到温度、风荷载等因素的影响变小，因此观测点的实际监测数据和数值模拟误差变小，且规律基本一致，如图 5.4–8（d）~ 图 5.4–8（f）所示。根据卸载后期实际变形监测数据与数值模拟结果差距较小可知，结构整体施工质量情况良好，满足设计与规范要求，同时也证明了施工模拟分析的准确性。

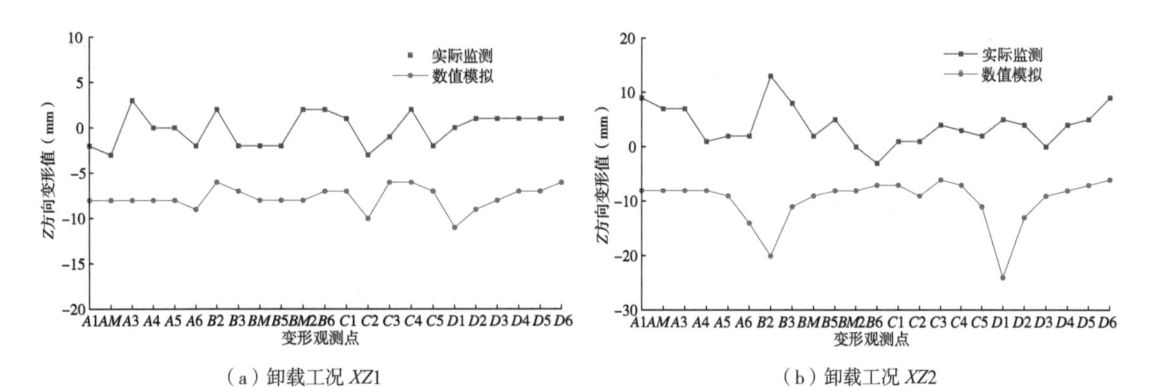

（a）卸载工况 XZ1　　（b）卸载工况 XZ2

图 5.4–8　观测点 Z 方向监测数据与数值模拟结果对比图

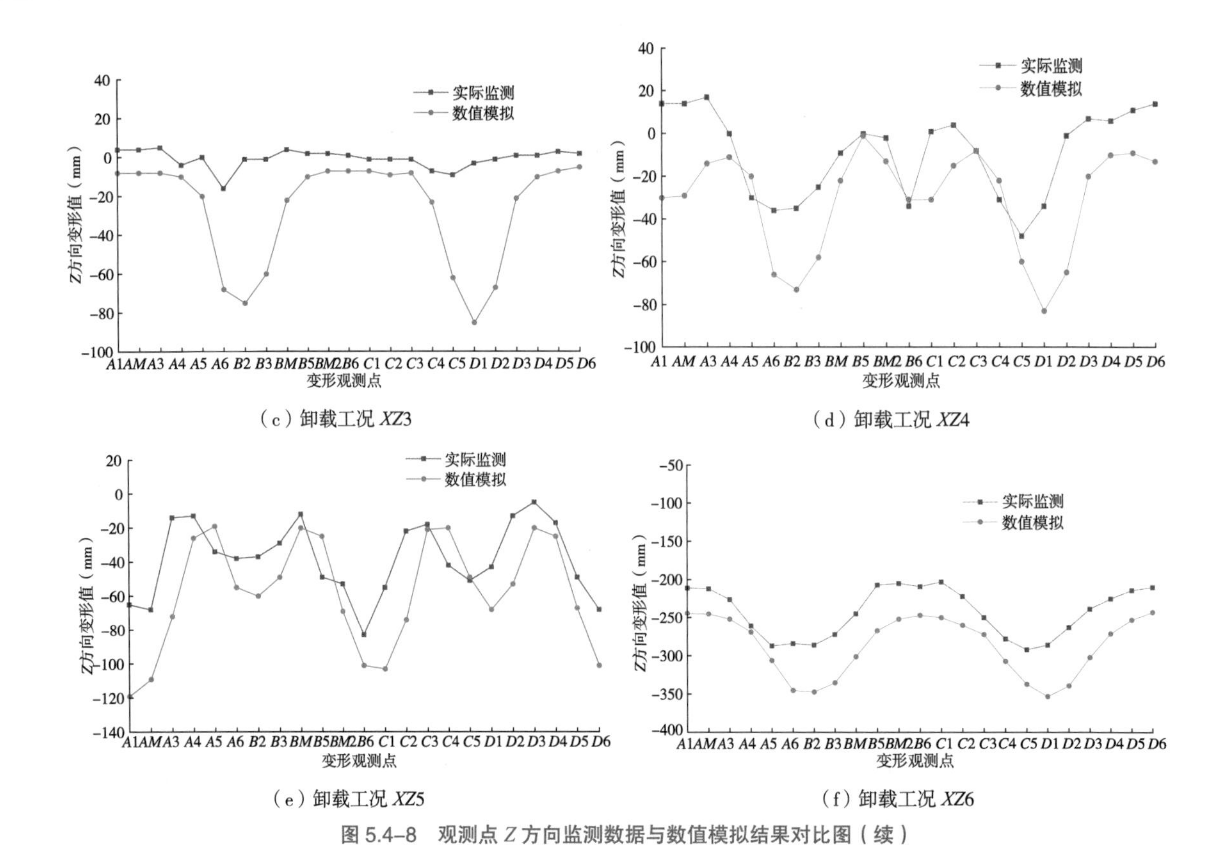

（c）卸载工况 $XZ3$　（d）卸载工况 $XZ4$

（e）卸载工况 $XZ5$　（f）卸载工况 $XZ6$

图 5.4–8　观测点 Z 方向监测数据与数值模拟结果对比图（续）

5.5　钢结构数字化技术应用

5.5.1　钢构件生产全过程数字化技术应用

罩棚钢结构采用大开口单层网壳结构，弧形主拱肋、内压力环桁架构件超高、超长，均需散件发运现场后进行拼装，因此对工厂加工的单根构件精度要求高，加之构件数量巨大，而且工期紧迫，多重因素的叠加，给工厂构件生产带来巨大挑战。

为解决上述难题，钢构件从深化设计到工厂加工、构件运输，全过程应用 BIM 技术，通过 BIM 模型信息共享，测绘与数据结合，平台集成管理等方式，保证构件加工精度，同时大幅提升构件生产效率，确保钢结构施工顺利进行。BIM 应用流程详见图 5.5–1。

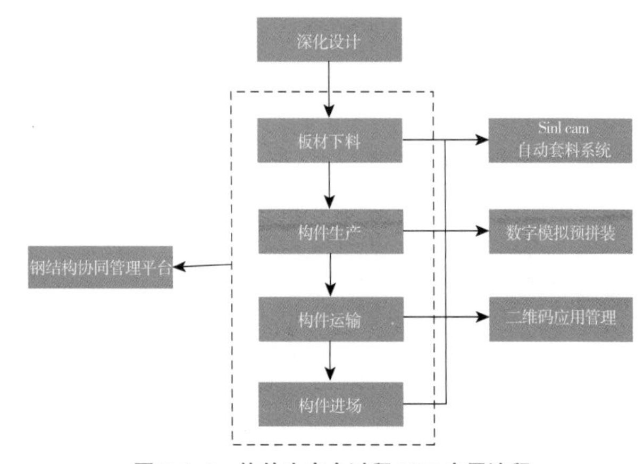

图 5.5–1　构件生产全过程 BIM 应用流程

5.5.1.1　运用 BIM 模型辅助设计

项目将钢结构深化设计前置至设计阶段，深化设计根据建筑形体采用曲线对主拱、压力环、受拉环等结构进行拟合，建立钢结构 BIM 模型，见图 5.5-2，辅助设计师在设计阶段与其他专业进行碰撞检测、专业协调；同时提前协调细部构造节点设计，对空间异形节点结合实际加工及现场安装可行性，优化节点构造，见图 5.5-3 ~ 图 5.5-8，并由设计方负责人进行整体校核、审查，最终使得深化模型及图纸满足结构受力和建筑要求，完美实现建筑效果，加快施工进程。

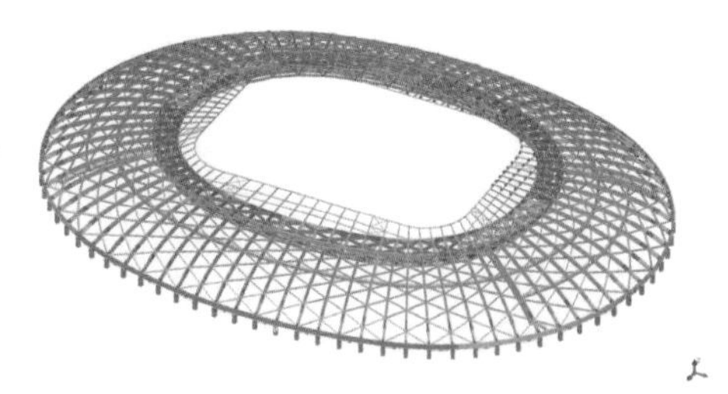

图 5.5-2　罩棚整体 BIM 模型轴侧图

图 5.5-3　拱肋变截面节点

图 5.5-4　拱肋与斜撑次内环梁连接节点

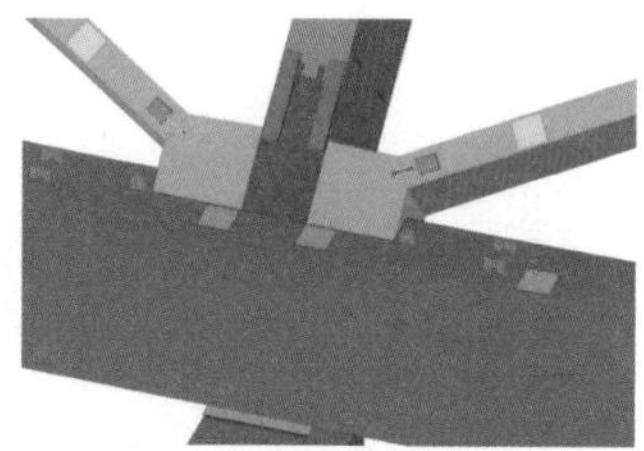

图 5.5-5　拱肋与外环梁及斜撑连接节点

图 5.5-6　拱肋与斜撑连接节点

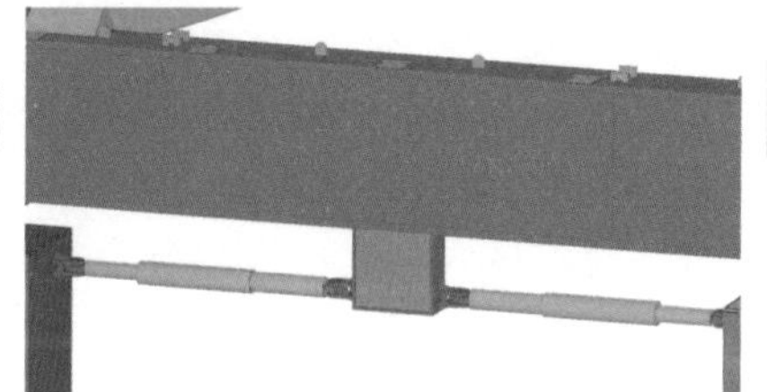

图 5.5-7　黏滞阻尼器连接节点

图 5.5-8　受压环与内环马道连接节点

5.5.1.2　钢结构深化 BIM 模型信息共享

项目采用 CAD、Rhino 等软件进行曲线放样，便于各方可视化对接。曲线确定后，倒入 Tekla Structures 软件进行节点建模，如图 5.5-9 所示，三维模型经过设计院校审后，深化人员可应用 Tekla 软件自动生成图纸，输出材料表、构件清单、加工图纸、安装布置图、切割控制编码等，如图 5.5-10 所示，并将信息上传至 BIM 云空间，为材料管理、构件制作、现场安装业务上的信息共享和可视化管控提供载体。

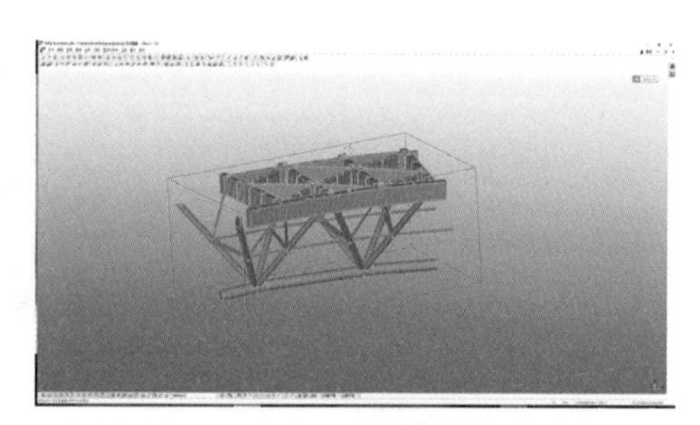

图 5.5-9　Tekla 软件中提取桁架分段模型

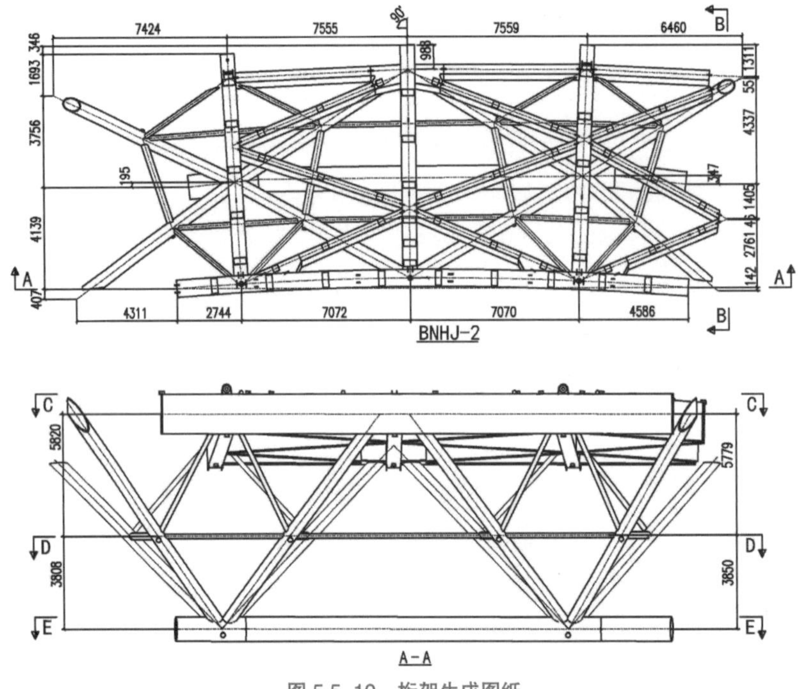

图 5.5-10 桁架生成图纸

5.5.1.3 sinocam 自动套料

项目零件数量多，板形各异，厚度、材质种类多，采用传统的零件套料，既耗费人工，影响加工周期，也难以控制材料损耗，通过 BIM 模型信息数据共享，利用 sinocam 自动套料系统，将模型零件信息导入，实现软件自动生成套料排版图，覆盖本工程的所有零部件，做到钢板 100% 的数控切割率，材料利用率提升约 2%，同时节约排版时间，如图 5.5-11 ~ 图 5.5-14 所示。

5.5.1.4 数字模拟预拼装

项目采用地面拼装、高空大分段吊装的总体思路，内压力环桁架及主拱肋均需现场地面拼装。为保证现场拼装精度，工厂杆件加工完成后需进行预拼装。传统的实体预拼装不仅需要足够

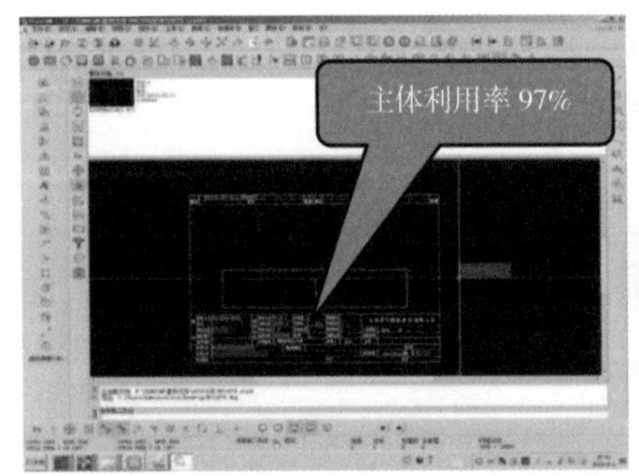

图 5.5-11 sinocam 自动套料系统

图 5.5-12 拱肋主体数控切割

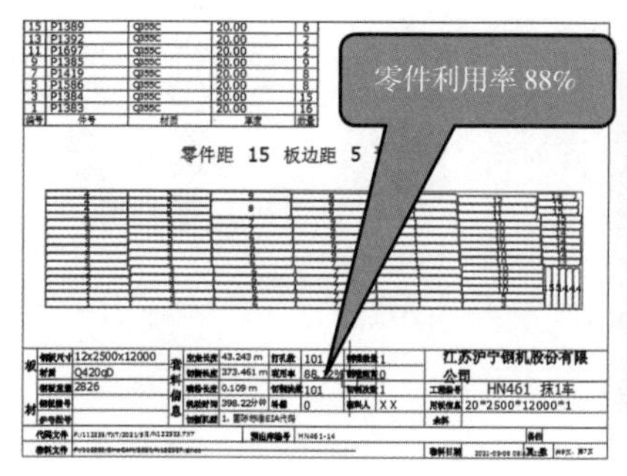

图 5.5–13　零件板自动套料

图 5.5–14　零件数控切割

的场地，且将所有构件在工厂装、拆一次耗费时间，相应人工成本增加。采用数字模拟预拼装，在每个运输单元加工完成后利用全站仪测量、三维激光扫描等技术，收集构件数据信息，将实际加工构件数据与理论 BIM 模型数据进行比对，从而实现数字模拟预拼装，及时发现单构件的不合格品，防止构件运至现场无法拼装。

根据不同的结构形式选择不同的数字模拟预拼装方案，既能保证拼装精度又能提高工作效率。

（1）主拱肋特点：现场需进行地面多段拼装，整体构件超长，对主拱肋构件分段接口控制面进行标定，见图 5.5–15，可发现分段构件均为单平面，构件接口形式较为统一，关键控制数据便于测量。

根据主拱肋特点，适宜采用地样法和全站仪测量其端口处的几何尺寸及其相对构件基准线的定位尺寸，见图 5.5–16，通过与模型构件理论数据进行对比，控制板边差、错边值、间隙及平面弧度等数据偏差，见图 5.5–17，从而保证构件精度。

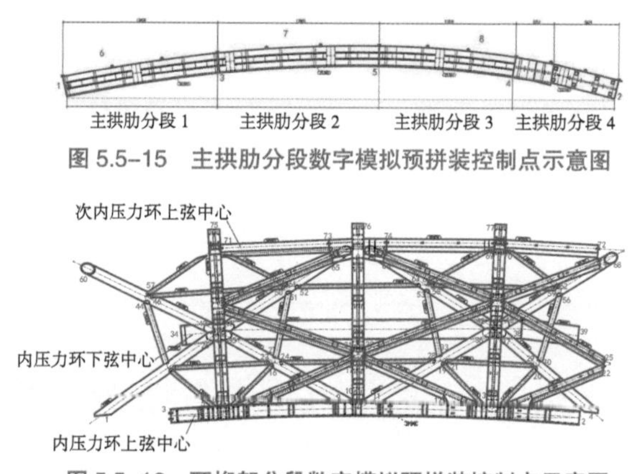

图 5.5–15　主拱肋分段数字模拟预拼装控制点示意图

图 5.5–16　环桁架分段数字模拟预拼装控制点示意图

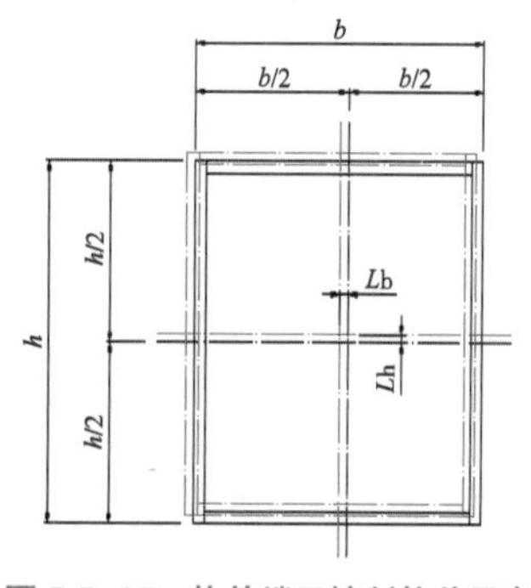

图 5.5–17　构件端口控制偏差示意

（2）内压力环桁架特点：形体复杂，现场拼装接口多，接口形式、方向各异，关键控制数据体量大。

适宜采用三维激光扫描并进行数据处理，如图 5.5–18 所示，得出构件实际外形点云模型，如图 5.5–19 所示，获取到的三维点云模型在天宝扫描仪的专业合模软件 Realworks 中进行对比检测，从而控制构件外形、接口等均满足现场拼装精度要求。

图 5.5-18　Trimble TX8 三维激光扫描构件

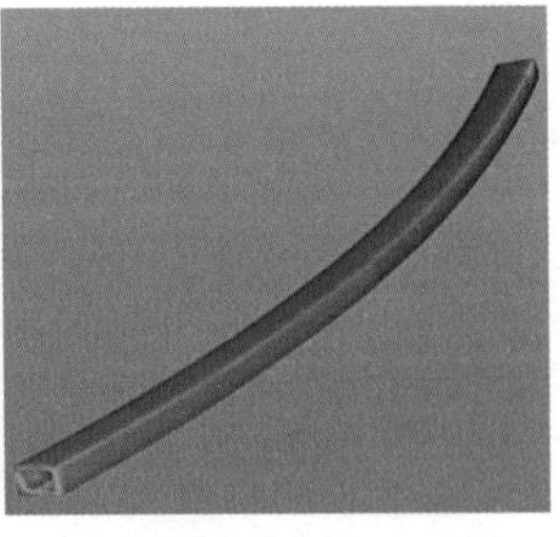

图 5.5-19　杆件扫描点云图

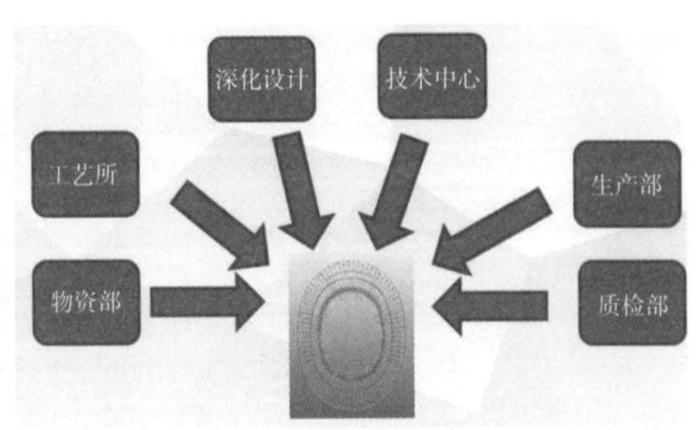

图 5.5-20　BIM 模型与各相关部门

5.5.1.5　钢结构协同管理平台

以 BIM 模型为基础，建立钢结构与其相关的各部门协同管理平台，如图 5.5-20 所示，并通过管理平台对构件图纸、材料、组拼、焊接、运输各阶段进行管控，使得构件生产全过程 BIM 信息化管理，从而确保构件信息的及时性、关键工序的可追溯性、资源调配的合理性，为现场安装的顺利进行奠定基础，见表 5.5-1。

表 5.5-1　　构件生产 BIM 信息化管理

协同管理平台工作协同内容	专业间相互协同，字段之间协同，节段内部协同。 方法：按专业和任务段划分安排子项，设定相同的项目基点，链接到中心文件。 优点：互相了解，互不干扰，结果实时更新与共享。
构件图纸信息录入与现场进度计划相匹配	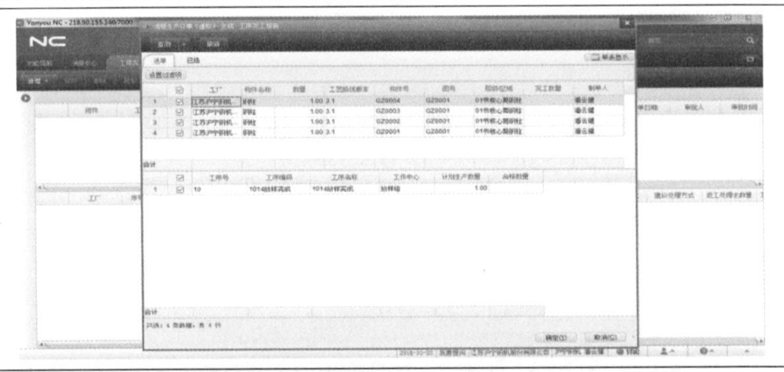
构件加工进度跟进可查	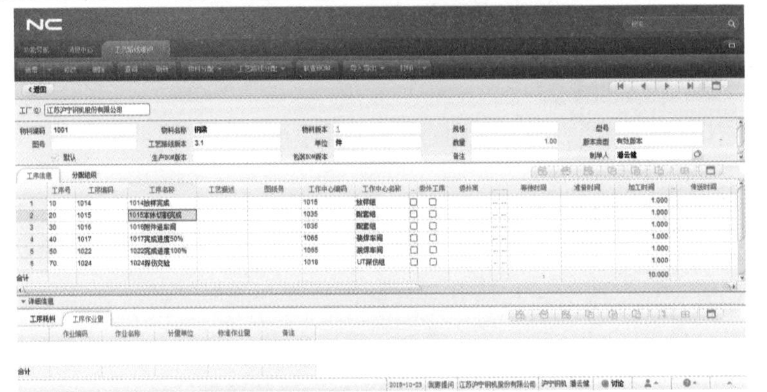

续表

平台信息与手机 App 联网	

5.5.1.6　二维码应用管理

为钢构件编制专属的二维码并贯穿其全生命周期，使构件材料及样品在仓储和流转过程中可识别、可追溯，防止材料非预期使用，确保产品的代表性和真实性，建立构配件全过程追溯体系，见图 5.5-21 智能化办公室生成二维码流程。

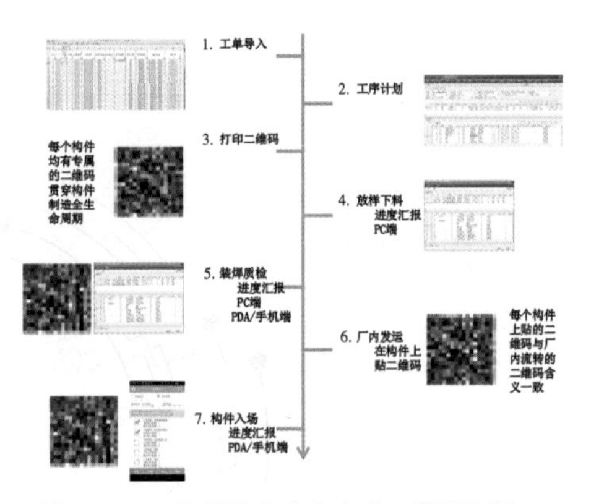

图 5.5-21　智能化办公室生成二维码流程

项目开工后会第一时间在加工厂的 BIM 平台录入项目基本信息进行建档。

（1）在加工厂的管理平台为构件基础数据建档。

（2）在沪宁系统内导入构件名称 + 构件辅助属性项。

（3）构件加工过程维护：贯穿构件加工全过程，可依据项日关键管控点进行增加或减少。

（4）不同工序人员不同权限。

技术部门采用 PC 客户端报工的方式记录每个构件的生产信息，相关信息会通过系统自动附加给二维码中，二维码从建档到结束格式都是统一的。

采用二维码信息集成，如图 5.5-22 所示，构件贴上相应标识牌，工人用手机 App 进行扫码，见图 5.5-23，扫码后可展示原材料、构配件等信息，确保材料及样品在仓储和流转过程中可识别、可追溯，防止材料非预期使用，确保产品的代表性和真实性。图 5.5-24 为构件二维码基本信息，图 5.5-25 为构件二维码生产信息。

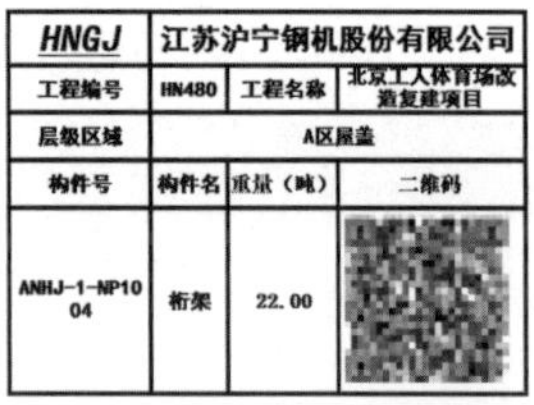

HNGJ	江苏沪宁钢机股份有限公司		
工程编号	HN480	工程名称	北京工人体育场改造复建项目
层级区域	A区屋盖		
构件号	构件名	重量（吨）	二维码
ANHJ-1-NP1004	桁架	22.00	

图 5.5-22　构件信息标识牌

图 5.5-23　工人扫二维码报工

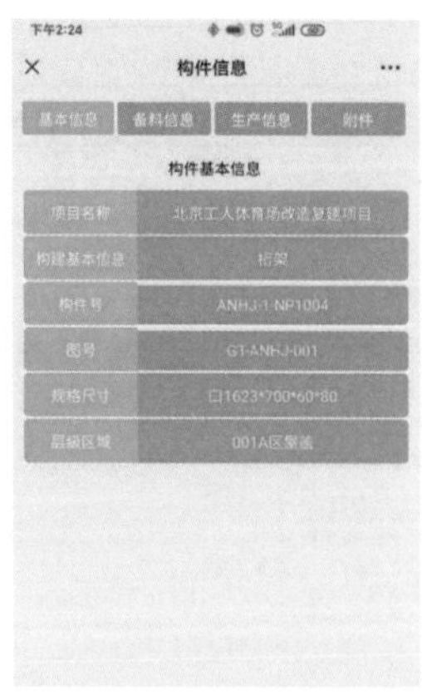

图 5.5-24　二维码构件基本信息

图 5.5-25　二维码构件生产信息

5.5.2　钢结构现场施工数字化技术应用

罩棚钢结构采用整体性较好的大开口单层网壳结构，钢结构工程量约 1.64 万 t，平面投影长 270m、宽 203m，在场地内屋盖开设 85m × 125m 的孔洞，结构成型后利用网壳结构的特点承担屋面荷载，结构体系新颖，弧形环梁及径向梁构造难度大，施工变形控制要求高，为钢结构现场施工带来巨大挑战。

为解决上述难题，项目运用数字化技术，对钢结构施工过程充分应用 BIM 技术，确保钢结构施工顺利进行。

5.5.2.1　钢结构 BIM 模拟施工进行方案优化

在项目开始施工前使用 fuzor 进行施工模拟，如图 5.5-26 所示流程。它具有 NavisWork 模型运算速度 +Lumion 的表现效果 +BIM 工作流程 +Revit 间无缝实时同步，通过施工模拟可以检查施

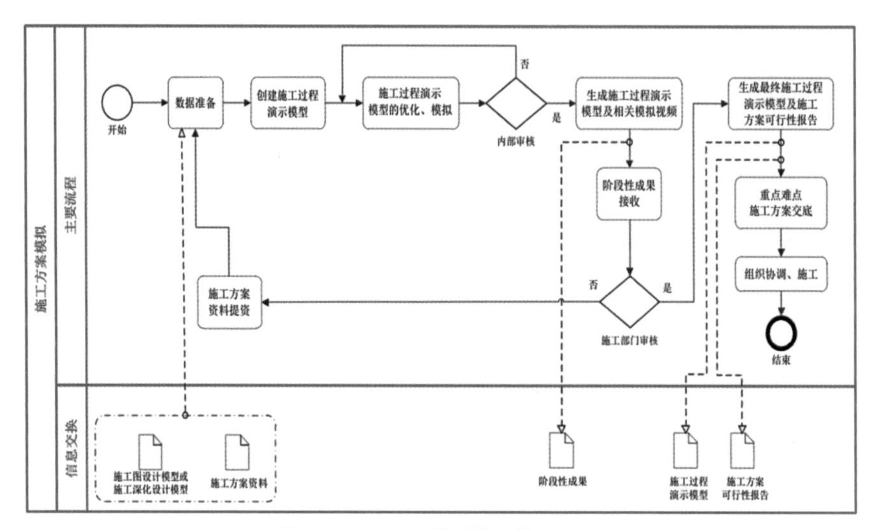

图 5.5-26　BIM 模型施工模拟流程

工方案的可实施性，更直观地向领导介绍方案和发现问题，并能够实时调整和修改工期。

工程钢屋盖径向梁悬挑跨度大，安装精度及变形控制难度大，通过 BIM 技术对三种安装方案过程模拟，综合对比各种安装思路，直观对比优缺点，最终采用方案三“受压环分段吊装、主拱整根吊装”的安装思路进行结构施工，见表 5.5–2。

表 5.5–2　　**方案对比分析**

安装方案	方案内容	BIM 模型可视化方案演示
方案一	受压环设置提升架整体提升，主拱采用履带起重机整根吊装	
方案二	受压环高空散装，主拱分段吊装	
方案三	受压环分段吊装，主拱整根吊装	

5.5.2.2　钢结构施工前可视化交底

因为行业特点，一线的建筑施工作业人员普遍受教育程度不高，面对传统的、枯燥的交底单，往往反映不愿看、看不懂、记不住，交底流于形式，相关的措施规定不能有效传递至工地现场，这也是质量隐患，事故多发的重要原因。而 BIM 的表达方法“所见即所得”，更有利于施工人员直观领悟，让其能真正看到、听到、说到、做到，提高建筑从业人员的整体素质，奠定企业文明施工、安全生产的良好基础。尤其是近年建筑形式各异和造型复杂的建筑方案频出，光靠建筑参与人自行“脑补”显然并非最优解决之道。BIM 提供了全程动态的可视化的解决方案不失为一种简单易行高效的方法，如图 5.5–27 所示。

施工漫游动画可以生动直观地给人们展现有关施工的各种具有实在感的场景信息，如图 5.5–28 对屋盖施工支撑架设置的 BIM 模拟，以及图 5.5–29 清水混凝土柱完成效果，可以产生实体沙盘模型所达不到的仿真空间作用。对后续施工的质量、安全更有保障。

5.5.2.3 钢结构卸载变形检测

项目采用三维激光扫描对选定的检测公共点进行检测测量，如图 5.5–30 所示，通过对比原始数字模型和虚拟三维点云模型，见图 5.5–31，分析两者的偏差情况，以保证屋面罩棚钢结构构件的安装精度。待钢结构卸载完成后对钢网架进行三维激光扫描，校核施工安装误差，见图 5.5–32，通过对比分析，确保钢结构施工精度满足后续工序需求，从而保证项目整体施工顺利进行。

5.5.2.4 逆向建模

在罩棚有合理偏移距离的情况下，为保证幕墙完成面达到建筑要求，对幕墙支撑埋件进行三维扫描测量，如图 5.5–33 所示，通过逆向建模返尺幕墙深化，确保深化图纸的准确性；全三维建

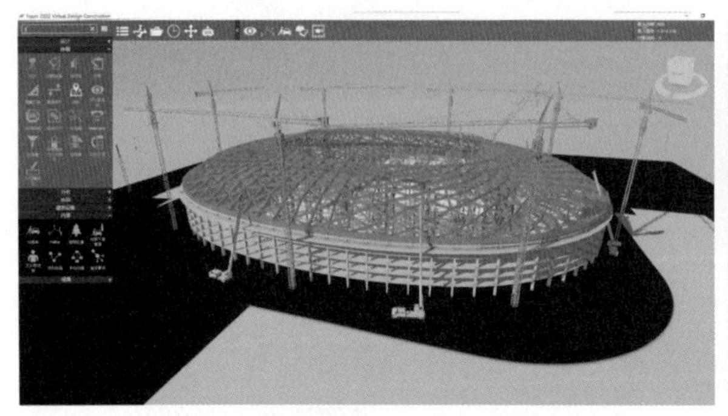

图 5.5–27　施工交底 BIM 模型演示

图 5.5–28　BIM 模型漫游支撑架设置

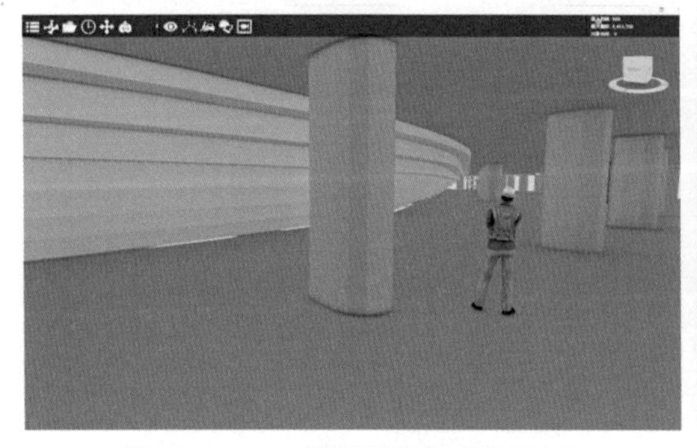

图 5.5–29　BIM 模型漫游清水混凝土柱

图 5.5–30　三维激光扫描钢结构

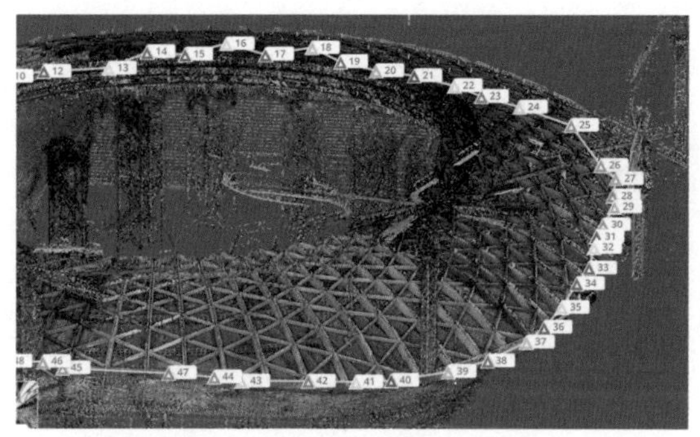

图 5.5-31　扫描结果与理论 BIM 模型比对

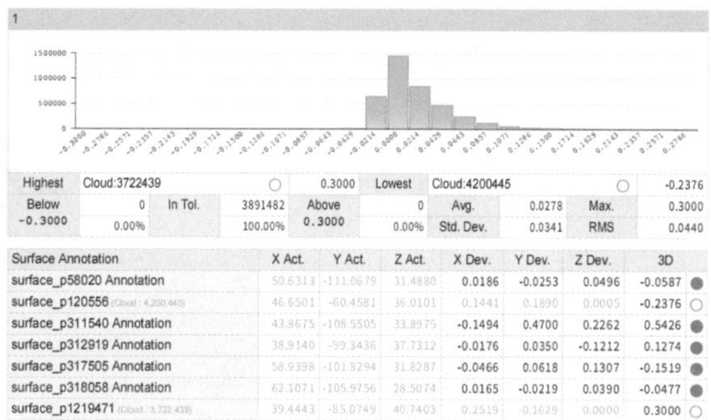

图 5.5-32　卸载扫描及误差分析

模，见图 5.5-34，为现场施工提供三维定位点，确保板块的安装定位，见图 5.5-35。

5.5.3　应用总结

工人体育场是北京市十大建筑之一，是近现代优秀建筑代表，工人体育场改复建项目既要传承工人体育场文体精神，同时也要运用现代技术，展现科技对于项目施工的新助力。项目通过各种数字化技术的应用，极大提升了项目施工的效率，同时也确保了项目施工的质量、精度。

（1）运用 BIM 技术，对钢结构施工进行全过程 BIM 应用，有效地节省了项目成本，确保了钢结构施工质量，推动整体钢结构施工进程。

（2）在施工过程中，对钢结构构件的深化设计、加工、运输、安装等阶段进行协同管理，建立施工全过程追溯体系，真正实现了钢结构智能建造。

（3）针对体育场弧形结构，对弧形建筑墙体进行智能放线，通过特征点快速提取及放样，有效缩短测量时间，确保放线精度。

（4）通过对钢结构进行模拟预拼装与变形检测，控制钢构件加工精度，校核施工安装误差，通过三维扫描成果对幕墙构件进行返尺深化，确保深化图纸的准确性，避免后期二次返工。

图 5.5-33　三维返点坐标

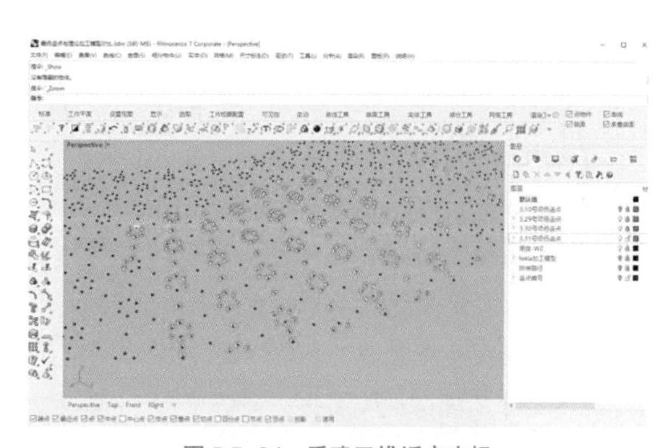

图 5.5-34　重建三维返点坐标

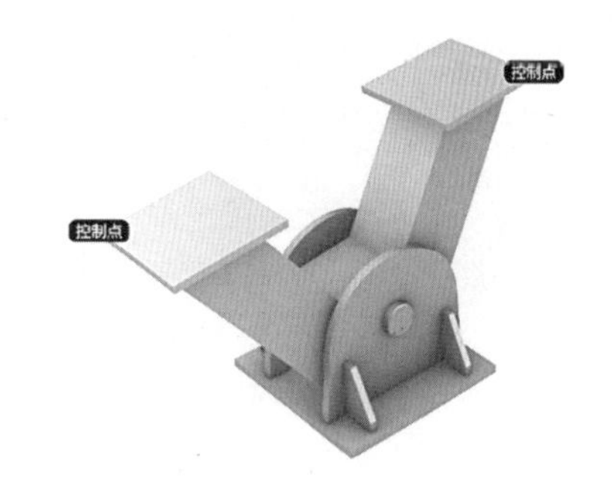

图 5.5-35　U 形牛腿定位点

第 6 章　机电设备在体育场中的应用技术

6.1　弧形管道加工

在大型公共建筑机电安装工程中，金属主干管道直径越来越大，管线造型及曲线越来越复杂，安装精度及弧度要求越来越高。小直径金属管道（DN50 以下）可以利用摵弯器现场加工制作，大直径金属管道传统做法分为两种：一种是将弧形管道分为若干段，“以直代曲”，但这种方法做出来的弧形管道圆润度不足，接头、支吊架数量过多，管道漏水风险高，如图 6.1–1 所示；另一种方法是根据建筑弧形、综合排布定做特殊曲率半径的管道，而定做对建筑结构精准度要求较高，存在管道加工周期长、加工费用高等弊端，如图 6.1–2 所示。如何高效、低成本地制作安装高精度大直径弧形金属管道是一项亟须研究的课题。

图 6.1–1　传统管道工艺

北京工人体育场弧形管道（图 6.1–3）的重难点：

（1）国内最大：北京工人体育场是国内单体面积最大、弧形曲率最复杂、弧形管道体量最多的体育场馆。

（2）弧形管道最多：弧形管道总长度约为 17 万 m。

（3）管径范围最大：最小管径 DN65、最大管径 DN700，其中 DN65 ~ DN250 采用现场加工制作。

（4）涉及系统最多：涉及给水、中水、空调水、消防等 10 余个水系统。

（5）涉及管材种类最多：涉及不锈钢管、镀锌钢管、衬塑钢管等常见金属管材。

图 6.1–2　冷摵弯管道

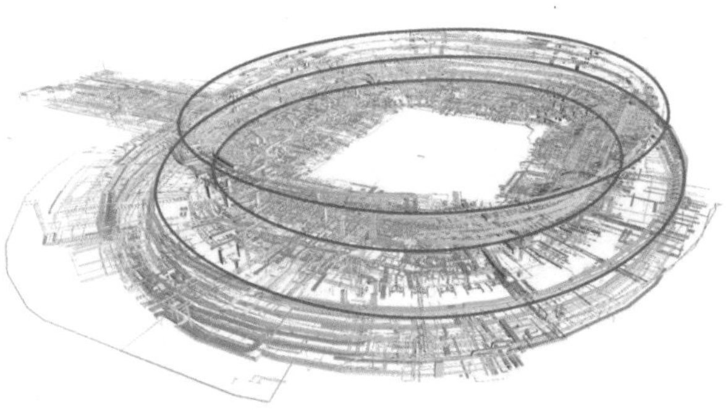

图 6.1–3　工人体育场大管道图

根据实际情况，开发出三点摵弯加工方法：“两点固定、一点推进”，用此方法加工的弧形管道加工精度高，弧形角度可控；弥补了同弧度、同位置多根大直径弧形金属管道无法现场加工的不足。

6.1.1　工艺流程

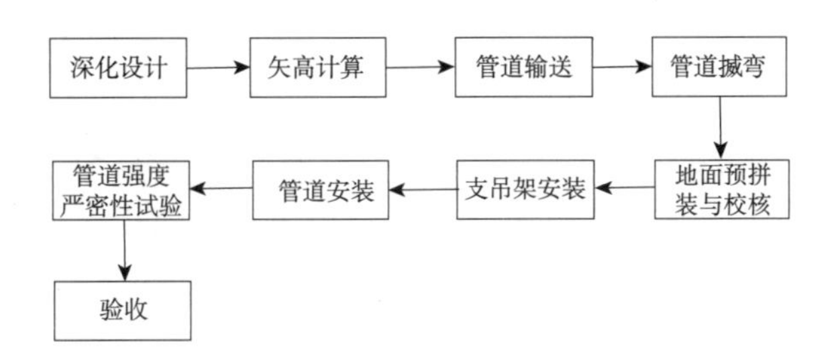

6.1.2　矢高计算

根据建筑弧形特点，通过 BIM 技术，绘制出与建筑相匹配的机电管道深化图，保证弧度与弧长和建筑结构一致。

在 BIM 模型中对管道抓取，将与建筑相匹配的弧形管道分割成若干段小的弧形管道，如图 6.1–4 所示，根据管材不同的直径、长度，通过弦长，根据计算公式 6.1–1 所示，计算出矢高量，即管道摵弯的理论数值；

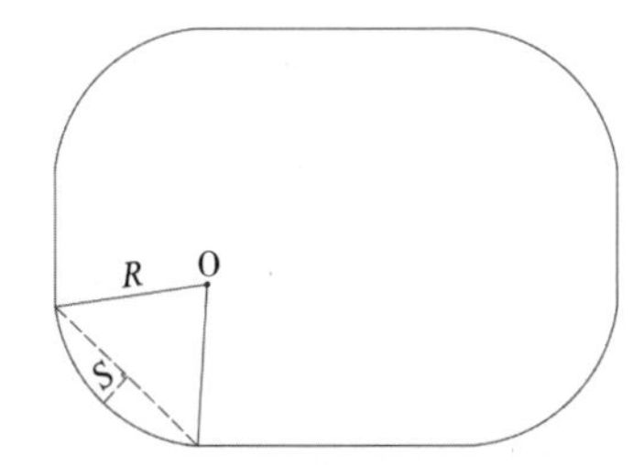

O：圆弧圆心 R：圆弧半径 S：矢高量

图 6.1–4　管道摵弯矢高量示意图

$$S=R+r-\sqrt{(R+r)^2-(A\div 2)^2} \tag{6.1–1}$$

其中，r 是管道半径，S 是矢高量，R 是圆弧半径，A 是限位装置中心距，为固定值 1790mm。

通过试验，总结出不同管材、不同管径的管材回弹值，与计算的矢高量两者相加，得出管道的最终摵弯距离，见表 6.1–1。

表 6.1–1　不同直径、材质管道的最终摵弯距离（mm）

	不锈钢管	镀锌钢管	无缝钢管	衬塑钢管	焊接钢管
DN65	5	6	6	5	6
DN80	5	6	6	4	6
DN100	4	5	5	4	5
DN125	4	4	4	4	4
DN150	3	4	4	4	4
DN200	3	3	3	3	3
DN250	2	3	3	3	3

6.1.3　管道输送与摵弯

利用管道输送平台，将需要摵弯的管道输送到摵弯设备内，保证管道与限位装置紧密贴合，如图 6.1–5 所示。

通过管道输送平台，将管道放置进摵弯机，保证管道与两个限位装置紧密贴合后，利用推动装置按照最终的摵弯距离进行弧度加工，当达到最终摵弯距离后，停止顶推，完成弧形管道加工，如图 6.1–6、图 6.1–7 所示。

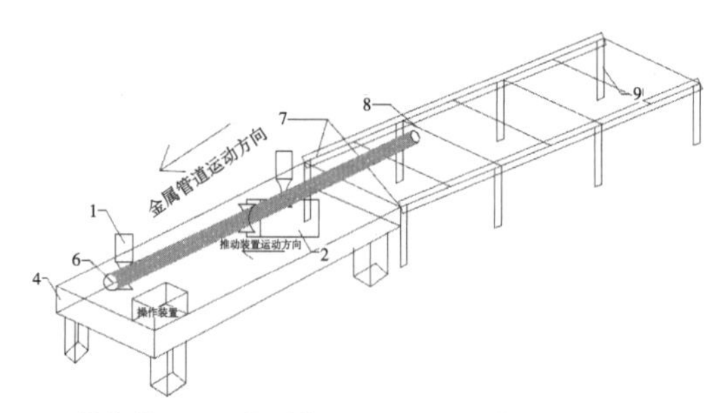

1—限位装置；2—推动装置；4—承重平台；6—金属管道；7—槽钢；8—镀锌钢管；9—钢柱
左侧为管道摵弯平台、右侧为管道输送平台

图 6.1–5　管道摵弯、输送装置示意图

6.1.4　地面预拼装与校核

为保证安装的准确性，对加工完成的弧形管道，逐根粘贴二维码“身份证”，显示管线区域、系统编号、系统类型、材质、公称直径、外径壁厚、圆弧半径、弧长、参照标高、底部高程、厂家、维修人员联系方式等信息，如图 6.1–8 所示。

图 6.1–6　摵弯设备

加工完成的弧形管道，根据二维码信息，将管道运输至安装位置，按照深化图纸位置在地面进行预拼装，每 30m 节选不少于 3 个点，分别测量出与主体结构垂直距离，并与深化图纸相应距离进行对比，符合要求后，对管道接头位置进行定位标识，进行管道及支吊架安装，如图 6.1–9 所示。

图 6.1–7　摵弯实际操作图

6.1.5　支吊架安装

将机电管线及深化后的支吊架 BIM 模型导入自动放线机器人，通过自动抓取支吊架吊点坐标，通过激光将坐标点定位到实体结构上，根据激光点位进行支吊架吊点施工，确保了支架位置准确，如图 6.1–10 所示。

另外管道支吊架制作安装应符合现行《室内管道支架及吊架》03S402 的要求，同时还应符合下列要求：

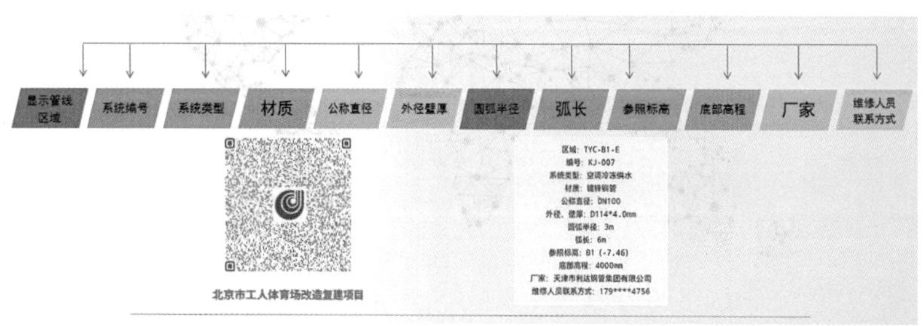

图 6.1–8　管道二维码信息

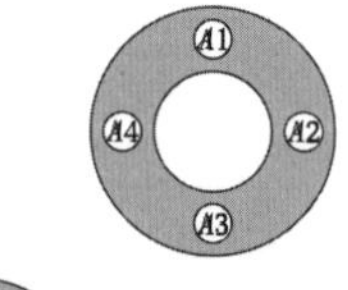

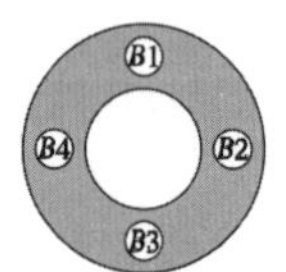

*A*1 与 *B*1 点对点对应；
*A*2 与 *B*2 点对点对应；
*A*3 与 *B*3 点对点对应；
*A*4 与 *B*4 点对点对应；

图 6.1–9　管道校验图

（1）位置正确，埋设应平整牢固。

（2）固定支架与管道接触应紧密，固定应牢靠。

（3）滑动支架应灵活，滑托与滑槽两侧间应留有 3 ~ 5mm 的间隙，纵向移动量应符合设计要求。

（4）无热伸长管道的吊架、吊杆应垂直安装。

（5）有热伸长管道的吊架、吊杆应向热膨胀的反方向偏移。

（a）

（b）

图 6.1–10　支吊架安装

（6）固定在建筑结构上的管道支、吊架不得影响结构的安全。

（7）钢管水平安装的支吊架间距不应大于表 6.1–2 的规定。

表 6.1–2　　钢管管道支架的最大间距

公称直径（mm）		15	20	25	32	40	50	70	80	100	125	150	200	250	300
支架的最大间距（m）	保温管	2	2.5	2.5	2.5	3	3	4	4	4.5	6	7	7	8	8.5
	不保温管	2.5	3	3.5	4	4.5	5	6	6.5	6.5	7.5	7.5	9	9.5	10.5

6.1.6　管道安装

管道安装人员应掌握和了解各种管材及管件主要物理力学性能和连接技术，且管道安装前将直管和管件内、外表面粘接的污垢和杂物及工作面上的泥沙等附着物清除干净。待支吊架施工完成后，利用吊装葫芦，将管道吊装至支吊架上，并按照安装顺序依次吊装，吊装完成后，施工作业人员通过升降设备进行登高作业，将已吊装完成的管道按照地面拼接标识一一对应，确认无误后，将管道接头用连接件进行连接，保证管件与管道接触均匀、缝隙一致。管道安装完成后，再次对安装完成的管道进行扫描录入机器人中，并与深化图纸进行对比，对比无误后，弧形管道完成安装，如图 6.1–11 所示。

图 6.1–11　管道安装图

6.1.7　管道压力试验

现场确认管道系统全部按照设计要求安装完成，确认管道支吊架形式、材质、安装位置正确、数量齐全、焊接合格后，将试验用的临时加固措施进行固定，同时在末端增加盲板，最高点设置放气、溢流口，并设置明显标记，准备就绪后，向管道系统中进行注水，当水从高位溢流后，封闭溢流口，启动试压装置，按照要求进行管道试验自检。

6.2 装配式机房的安装技术

本项目机房总制冷量17026kW，采用3台离心式冷水机组，5台冷冻水循环泵、5台冷却水循环泵，弧形管道管径范围及对应数量见表6.2–1，由表可知，管道最大口径DN700，管线布置依据现场弧形建筑造型进行设计。

表6.2–1 弧形管道管径范围及对应数量

弧形管道管径范围	DN250	DN300	DN400	DN500	DN600	DN700
数量（m）	115	224	118	205	429	109

本项目属于国内民用建筑首例大口径弧形管道装配式预制机房、北京建工集团首个规模化装配式机房，施工难度大，对工厂化预制精度有极高要求，重点难点如下：

（1）管道设备尺寸范围广、体量大、精度要求高。最小弧形管预制管径DN250、最大管径DN700，总预制长度780m。

（2）预制精度高：弧形管道采用工厂化预制，预制管段单段长度8m，预制精度偏差2mm。管道弧度半径101°，法兰与管道弦长角度2°，预制精度偏差0.5°。

（3）装配精度高：弧形管预制构件角度及弧度变化很小，法兰的找正及角度调整精度会直接影响现场装配质量。

（4）运输、吊装难度大：弧形管道重量分布不均匀，预制构件外形尺寸不规则，运输、吊装过程难度大，如图6.2–1所示。

针对项目特点难点，技术人员展开攻关，优化工艺措施，解决了行业内大口径弧形管预制和装配精度控制问题，实现工厂化预制；通过大口径弧形管预制加工设备，可以实现弧形管的工业化批量生产，实现降本提效，绿色工地的目标。利用管道构件编码体系可有效控制施工进度，实现现场的快速装配施工。

图6.2–1 管道吊装图

6.2.1 工艺流程

工艺流程主要包含深化设计、预制加工、测量放线、管道及支架装配，如图6.2–2所示。

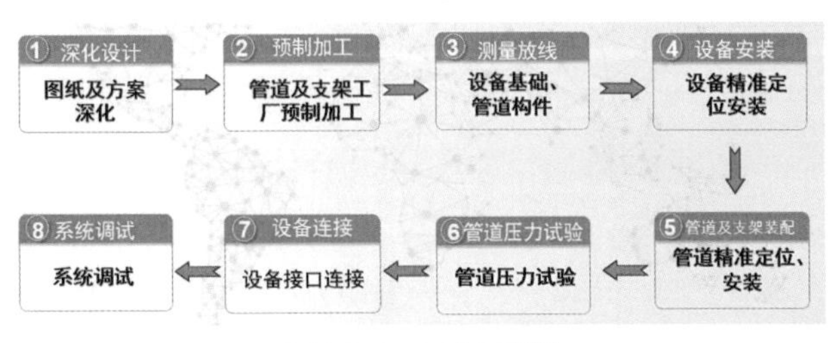

图6.2–2 工艺流程图

6.2.2 安装特点

（1）制订施工工艺技术标准，进行标准化工艺二维码交底，现场挂牌，随时查看。

（2）制定管道部品部件预制加工尺寸允许偏差表，见表6.2–2，借助数显千分尺、角度尺等工具严格控制预制加工精度。

表 6.2-2　　预制加工尺寸允许偏差表

项目		允许偏差
管道与弯头组对内壁错边量		不超过壁厚的 20% 且不大于 2mm
管道与弯头链接	管道角度偏差	± 0.5°
法兰密封与管道中心垂直度	管道角度偏差	± 0.5°
法兰螺栓孔对称水平度		± 2.0mm
管道预制长度尺寸偏差		± 2.0mm

（3）制定管组编码体系，对所有预制构件赋予唯一编码，车间快速生产，现场快速装配，省去了人工分码材料的环节。

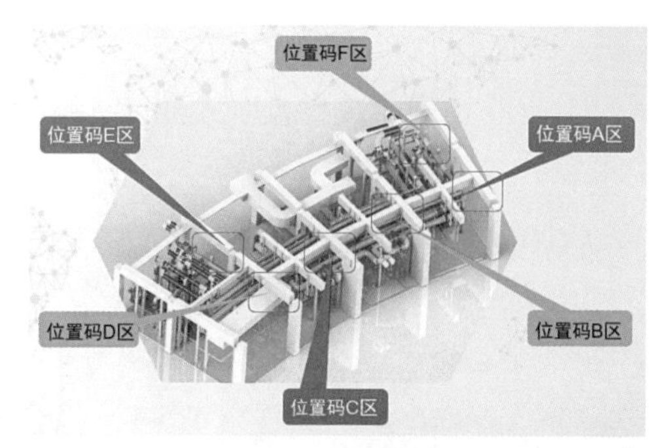

图 6.2-3　分区位置码

本项目弧形管管道构件比较多，并且同管径不用弧度，弧度值差异比较小，管道设计深度 LOD400，设计精度范围可精确至 0.5°（弧度），2mm（长度）。因此如何快速进行现场区分、装配很关键，对于管道支架，我们采用分区编码，根据支架部位，划分了六个区域，每个区域按照先左后右，先上后下的原则又进行了顺序编码，这样就能快速对到场的管道支架进行准确无误地装配。对于管道构件，我们采用位置码 + 顺序码 + 构件特征来进行区分，每个构件的编码都按一定的规律进行编制，发货根据位置码进行区分发货，保证现场施工的连续性及施工质量，如图 6.2-3 所示。

设计阶段即以设备为点、管道构件为线，对每个管道构件赋予一组位置码。车间生产时依据位置码按水流方向确定构件码，每个构件码按下料顺序生成切割码，切割码根据设计要求，对构件特性用字母进行区分预留仪表以及放气泄水口。

（4）研发自动识别管道内外弧度方向的设备，快速确定弧形管道内外弧方向并定位法兰角度，提高了法兰安装精度。

由于弧形管弧度半径达到 101m 左右，依靠尺子测量或者肉眼观察很难准确分辨内弧外弧方向，因此通过自然重力下垂原理，把弧形管放置到滚轮上，管道自然旋转到外弧朝上、内弧朝下的状态，然后通过滚轮下面的升降机调整管道水平度。在预制生产中，为了快速准确找到弧形管道内外弧方向，我们发明了弧形管预制组对设备，如图 6.2-4 所示，采用液压顶升小车，靠自然

（a）

（b）

（c）

图 6.2-4　弧形管预制组对设备

重力情况下，弧形管自然旋转方式确定弧形方向，采用旋转法兰模板确定法兰角度。管道两侧法兰根据内外弧方向，确定法兰角度，采用可旋转式法兰模板，通过电子水平仪以及机械水平仪进行精准校正法兰模板角度，保证法兰与弧形管弦长的角度偏差控制在0.5°以内。

（5）研发了高精度拼装平台，如图6.2-5所示，多角度对法兰、弯头、管道等构件进行拼装，降低现场人工拼装误差。

（6）采用机器人进行切割和焊接，大量减少了人工切割和焊接造成的误差和质量问题。根据装配式切割编码信息制定切割数据，导入智能机器人设备进行自动切割下料，如图6.2-6、图6.2-7所示。

（7）采用测量放线机器人进行三维空间坐标定位，提升管组的测量定位精度，如图6.2-8所示。

（a）

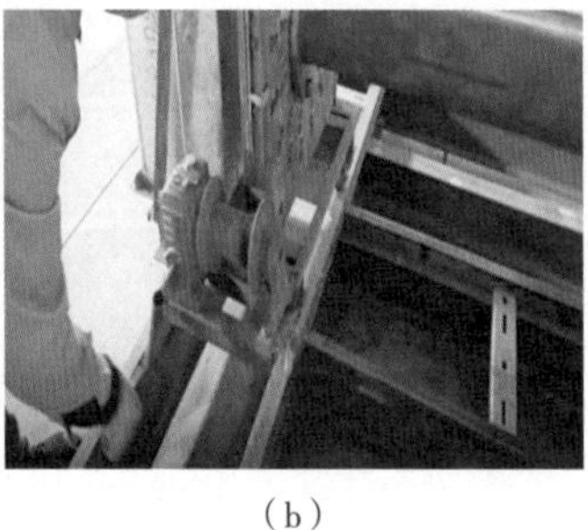

（b）

图6.2-5　高精度拼装平台

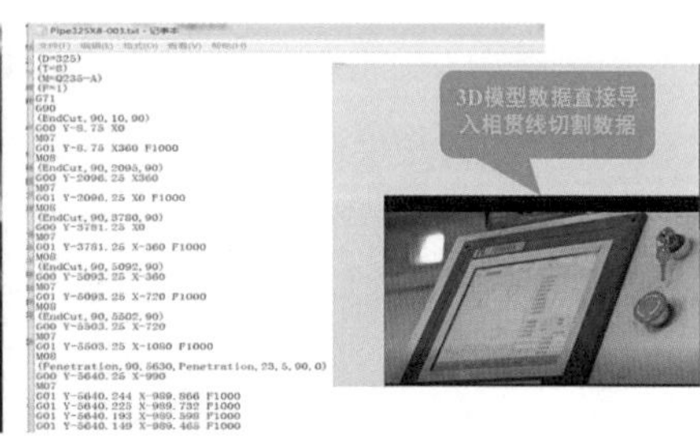

图6.2-6　3D模型导入切割数据

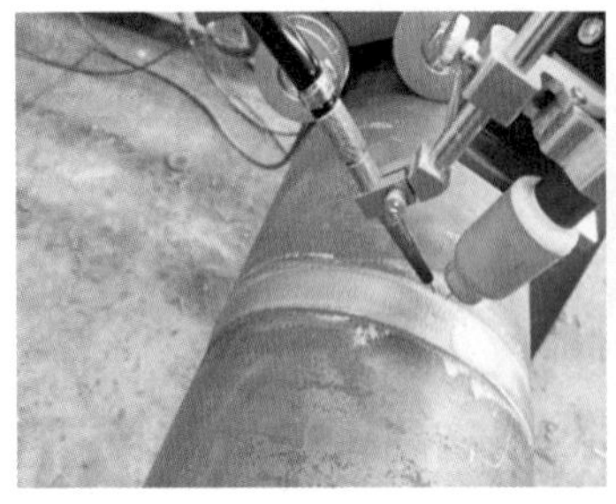

图6.2-7　机器人切割

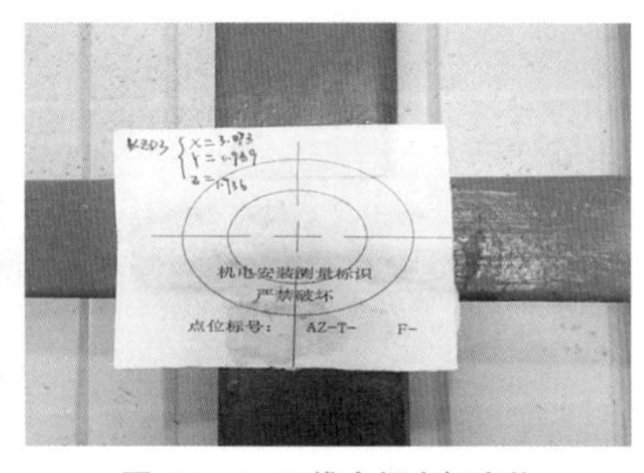

图6.2-8　三维空间坐标定位

6.2.3　安装效果

工体项目大口径弧形管道装配式机房项目（图6.2-9）工艺革新，是笔者单位及国内在该领域内的首次应用，不仅提高了生产效率、节约了工期、提升了施工质量、降低了建造成本，同时也减少了污染、实现了建筑机电安装全过程智能、绿色施工。项目的实施为今后类似工程提供了可借鉴的宝贵经验，同时也为探索以工业化为产业路径的数字化转型提供了借鉴，具有较好的示范引领作用。

图6.2-9　弧形管道装配安装

6.3　冷雾降温系统

北京位于华北平原西北边缘，为暖温带半湿润大陆性季风气候，夏季炎热多雨，冬季寒冷干燥，春、秋短促，年平均气温 10 ~ 12℃。多年统计 6、7、8 三月平均气温为 30℃，场馆内温度更是经常超 36℃。

为了给夏季比赛时运动员和观众提供一个舒适的环境，工体改造复建的建设者们在场馆降温的问题上做了大量的研究和试验，中央空调耗资巨大且后期运维费用很高，强劲通风设备降温效果不明显且会给运动员和观众带来身体不适，最终一种低能耗且效果显著的冷雾降温技术被采纳应用。

新工体在外观上最大的变化是增加了可以覆盖全部观众席的罩棚，这极大提升了其极端天气下的办赛能力和观众的观赛体验，满足亚洲杯及未来更高等级国际足球赛事的办赛要求。为了提升夏季炎热天气观众的看球体验，项目引入了冷雾降温系统，利用 12 台一体化冷雾机组，通过 4500m 不锈钢高压管，带动 3000 个专用冷雾防滴漏喷头，使工体场馆看台区快速实现 3 ~ 8 度的降温效果，如图 6.3–1、图 6.3–2 所示。

图 6.3–1　冷雾系统布置总平面图

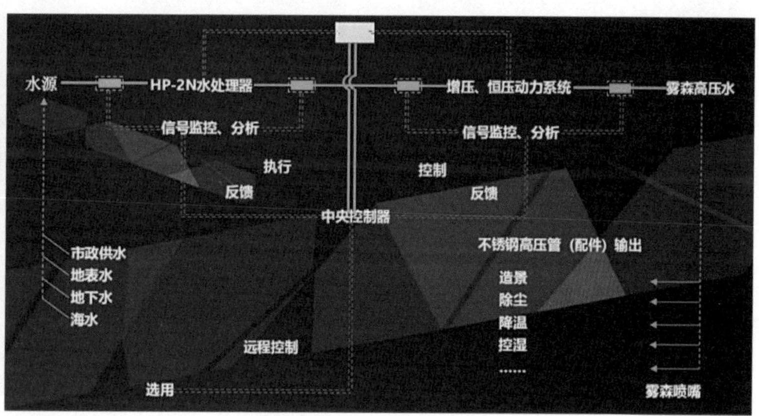

图 6.3–2　冷雾降温系统

6.3.1　冷雾降温系统原理

其原理是：利用微孔高压撞击式雾化技术，使水分子在瞬间分裂成亿万个 1 ~ 10μm 的雾分子，达到气雾状，在周围 3 ~ 8m 的区域内进一步二次物化成直径为 10 ~ 20μm 的“细雾”，吸收空气中的热量，降低空气温度。置身其中，既有潮润的感觉又不会轻易打湿衣物，细腻、自然、完美。

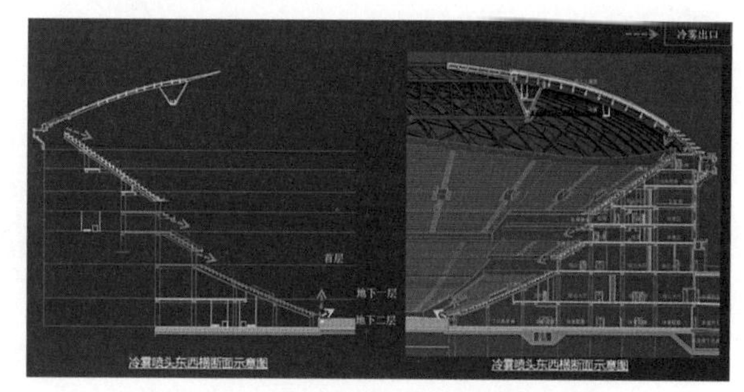

图 6.3–3　冷雾喷头体育场横截面示意图

在体育场内座椅区人员密集场所设置冷雾降温降尘系统。结合座席布置，看台区共设置有 6 层冷雾降温区，降温区域覆盖了座席区 80% 以上的面积，如图 6.3–3 所示。

整个项目共设置有 12 台一体化冷雾机

组，通过 4500m 不锈钢高压管，带动 3000 个专用冷雾防滴漏喷头，最大小时用电量 66kW/h，最大小时用水量为 24m³/h。

6.3.2 冷雾降温系统优点

6.3.2.1 健康的雾

冷雾系统水质标准满足现行国家标准《食品安全国家标准 包装饮用水》GB 19298—2014 的有关规定，满足《高压冷雾工程技术规程》CECS 447—2016 对水质的要求，采用离子交换水处理工艺去除水中钙、镁离子。控制总硬度不大于 80mg/L（以 $CaCO_3$ 计）。引入冷雾机房的生活给水管设置防污染隔断阀等防污染措施，管道内存水需及时循环排空，如图 6.3–4、图 6.3–5 所示。

（a）

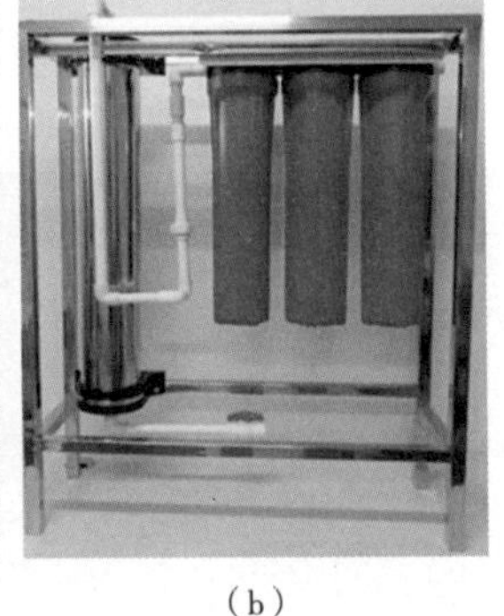

（b）

图 6.3–4 冷雾降温系统滤芯

图 6.3–5 冷雾降温水过滤系统

6.3.2.2 稳定的雾

采用纳米防滴漏冷雾喷头，如图 6.3–6 所示，喷头采用德国 SCHMOLL 精密钻孔机钻孔，主体材质为黄铜或不锈钢，内置不锈钢导流叶片、防滴漏胶塞及 PP 过滤芯。当水压≥ 3.5MPa 时胶塞开启高速水流驱动导流叶片形成离心漩涡，通过陶瓷喷口喷射出锥状雾粒，此喷头最大特点为防滴漏设计，当喷雾主机停止后此喷头将滴水不漏。

6.3.2.3 环保的雾

喷雾降温是以水为原料的纯物理方式，以蒸发吸热原理吸收环境热量，降温过程中不产生有害物质，降温效果迅速，人体舒适度好。降温终端将粒径 5 ~ 8μm 的水雾颗粒由特制的高压喷嘴喷出，在空气中扩散，扩散过程中不断被蒸发，并吸收该区域大量热能，达到降温 3 ~ 8℃的目的，如图 6.3–7 所示。

所以整个降温区域不但降温迅速，而且生成大量负氧离子，观看球赛如沐天然氧吧，可调节至最佳人体舒适度。

图 6.3-6　纳米防滴漏冷雾喷头

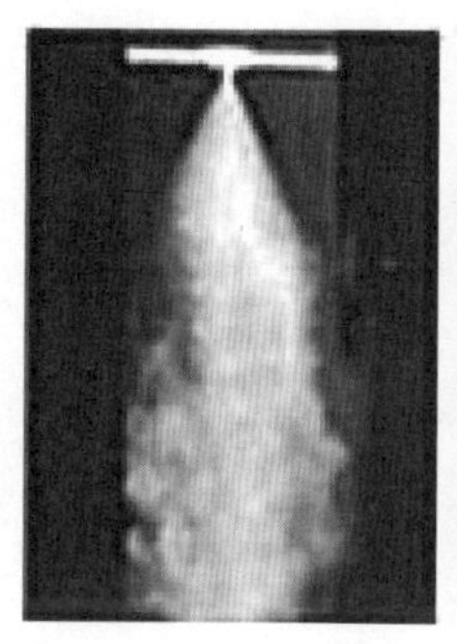

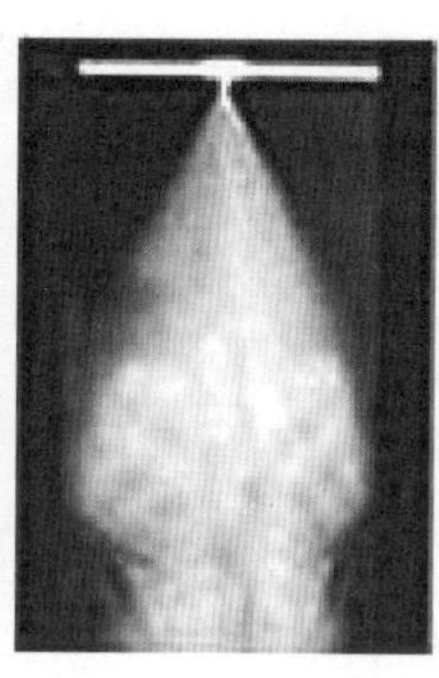

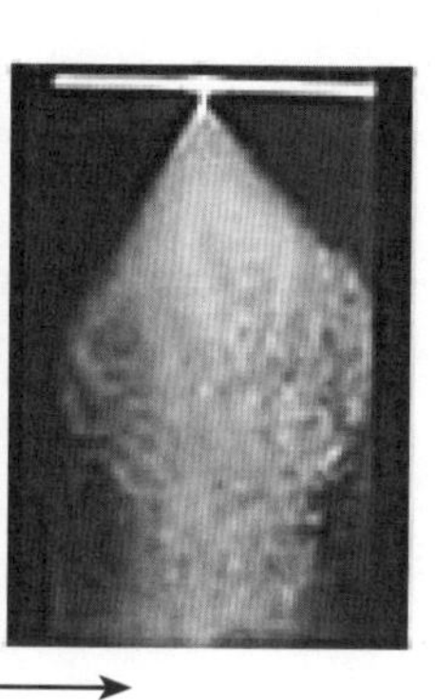

图 6.3-7　高压喷嘴喷出水雾颗粒

冷雾机组开启频率为 1 次 /10min，每次开启时间 2min，每小时累计开启 5 次，累计开启时间 10min，每套机组用水量 1.2m³/h。电费 10 元 /kW，水费 5 元 /m³，见表 6.3-1。

表 6.3-1　　冷雾机运行所需水电费用

机组位置	机组数量（台）	总功率（kW）	喷头数量（个）	小时耗电（kW）	电费（元）	小时耗水（m³）	水费（元）	费用合计（元）
地下二层	6	25.5	1168	4.25	42.5	7.2	36.0	78.5
地上二层	6	31.5	1777	5.25	52.5	7.2	36.0	88.5
合计	12	57.0	2945	9.50	95.0	14.4	72.0	167

6.3.2.4　智慧的雾

采用智慧冷雾系统控制，能够实现智能远程控制、声光电联动控制和温度感应自动控制，如图 6.3-8 所示。

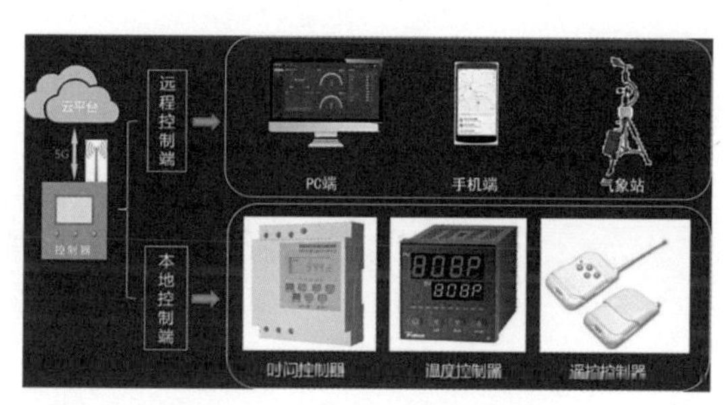

图 6.3-8　冷雾降温智能控制系统

6.3.3　冷雾降温效果

通过对从 2022 年 5 月 15 日至 2022 年 9 月 15 日进行温度监测，共得 50 组数据，如图 6.3-9、图 6.3-10、图 6.3-11 所示，试验结果显示在室内 36℃的高温的情况下，冷雾降温幅度可高达 8℃。所以，通过科学的设计、合理的布局能够使得场馆内 60% 以上的观众席短时实现 5 ~ 8℃的降温效果，为观众营造一个 28℃的最佳观赛温度。

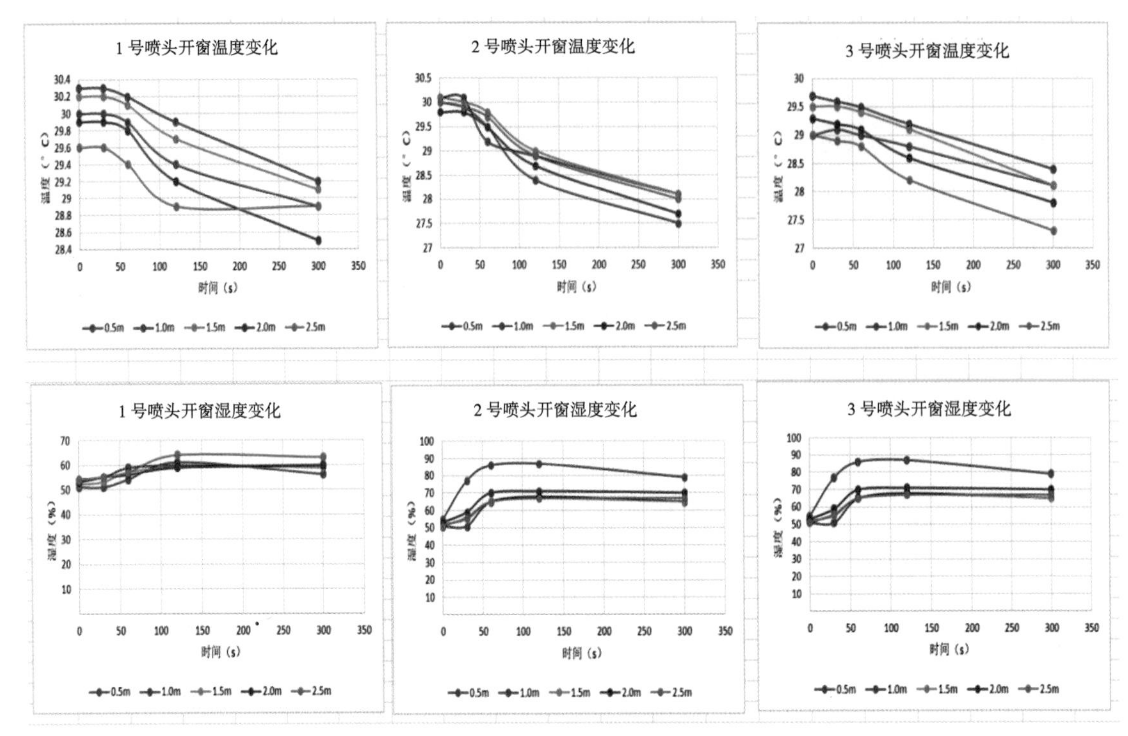

图 6.3-9　7 月 2 日温度数据

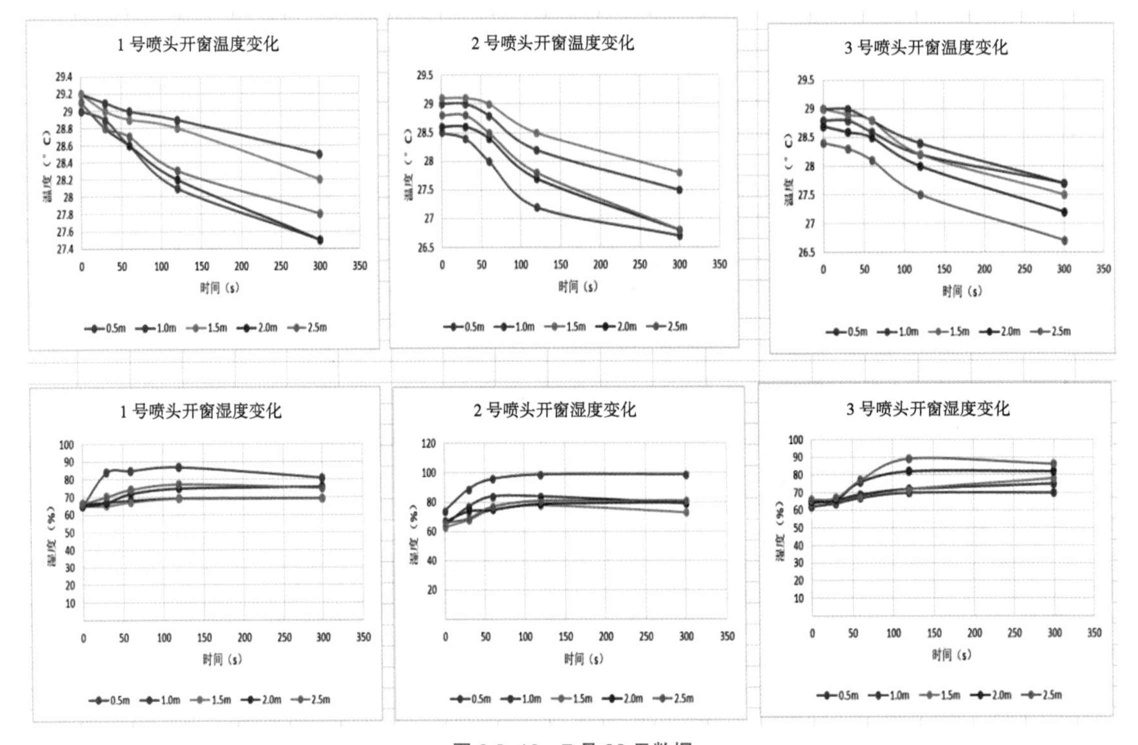

图 6.3-10　7 月 28 日数据

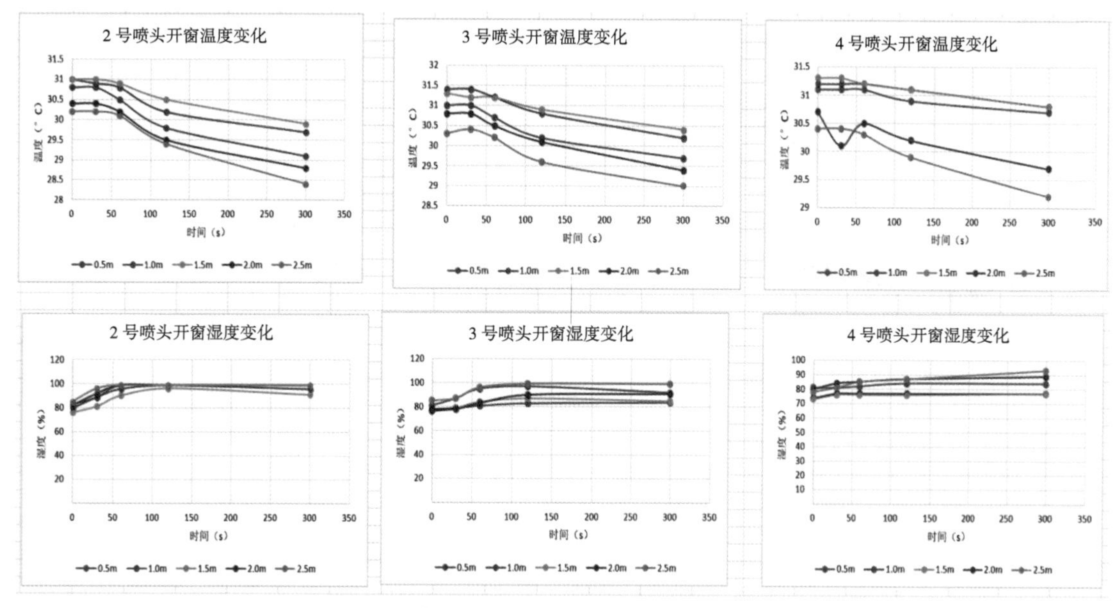

图 6.3–11　8 月 20 日试验数据

6.4　寒带体育场馆保温加热措施

在寒冷的冬季，体育场屋面积雪在融化时容易在冰冷的屋面天沟内产生二次结冻导致屋面天沟存满积冰，对屋面及天沟荷载造成破坏，情况严重时可能导致屋面渗漏甚至坍塌，同时还会在屋檐形成冰柱，严重危及人身安全。而融化的雪水一旦冻结还会造成落水管堵塞或胀裂，甚至导致融雪溢出。为了解决上述问题，采用人工方式或者工程机械来除冰往往事倍功半。因此，北京工人体育场选择防冻系统维持顺畅的通道并及时清除融雪，从而有效地防止冰柱的形成，彻底解决冬季下雪后的隐患，使冬天过得更加无忧无虑。

北京气象台记录的 2009 ~ 2010 年冬季的时程数据如图 6.4–1 所示，根据气象资料趋势，可以预见的是在整个冬季中的降水事件后，冰雪聚积物将逐渐从建筑上脱落，如图 6.4–1 所示，2009 ~ 2010 年，降雪后的日气温围绕冰点气温波动，日最高气温在冰点以上，最低气温在冰点以下。唯一例外是在一月份，当时温度长期低于冰点。当温度低于冰点时，积雪往往会陈化并稠化。雨夹雪或冻雨夹雪之后的气温比较暖和，如图 6.4–1 所示，这可能会在天沟内产生积冰，以及造成冰雪聚积物的频繁脱落。多日温度低于冰点温度，在现有雪层和额外降雪条件下，结合日光照射的可能性以及气温保持或低于冰点等因素，就会产生硬化积雪及可能坠落的冰和冰柱。

基于以上信息，在北京地区，每年冬天会多次出现降雪造成大量积雪，从而导致降雪在冬季融化并二次结冻而淤积在天沟里的可能性是存在的，同时因此还可能导致融冰因天沟淤积无法排出而溢出天沟在屋檐外形成冰柱。

北京工人体育场防冻系统采用自调控技术，发热电缆根据环境温度自动调节每一段的热量输出，雪或冰水之中的电缆发热量最高，而较温暖或干燥区域的电缆发热量会大大降低。而且，自调控发热电缆即使交叉重叠，也绝对不会过热，进一步确保了系统的安全性、自适应性、可靠

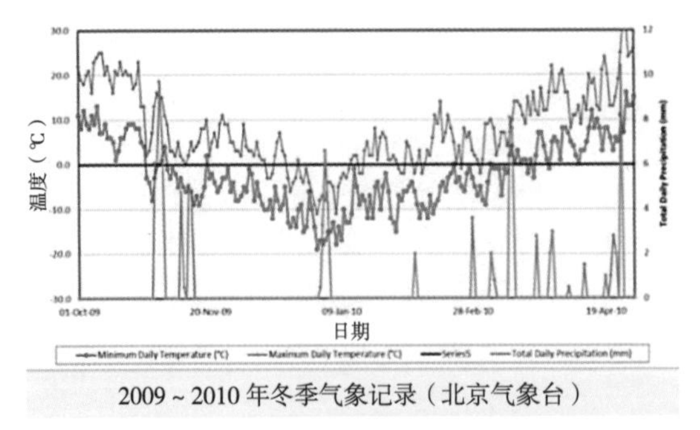

图 6.4–1　2009 ~ 2010 年冬季气象记录

性。该系统具有安全可靠、设计安装简便、经济高效的显著特点，对保护建筑物在雪天的正常运转和寿命延续起到了重要作用。

将伴热电缆铺设在屋顶天沟底部及落水内部，使冰雪融水不会冻结，为冰雪融水提供通畅的排放渠道，保证排水系统在严寒气候条件下正常运行，系统结构如图 6.4–2 所示。

系统控制采用 EMDR—10 控制器，如图 6.4–3 所示，控制器带有温度及湿度探测器，工作过程：空气温度低于设定值（一般为 3℃）时湿度探测器 10min 后启动，如果湿度传感器探测到雨雪信号，发热电缆开始启动。

如果空气温度升高超过设定值，或湿度传感器探测到雨雪信号消失，或空气温度低于设定的最低温度（一般为 -15℃），发热电缆断电。

工作原理：（1）在雪和冰水之中，电缆满负荷输出。（2）待融化的雪水流走后，干燥的发热电缆自动调节到半负载输出。（3）周围温度进一步升高后，发热电缆逐渐降低输出到更低的水平，如图 6.4–4 所示。

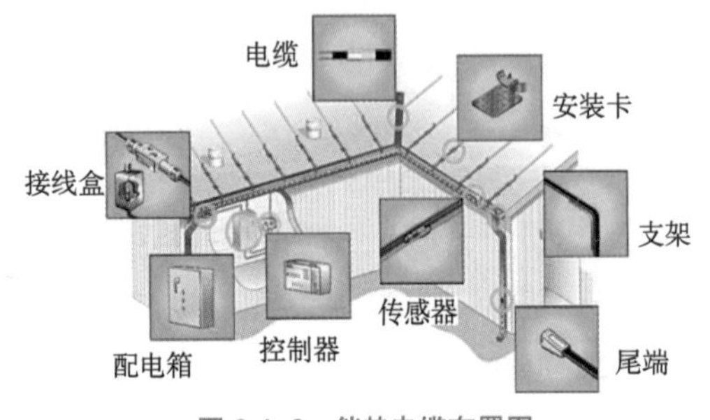

图 6.4–2　伴热电缆布置图

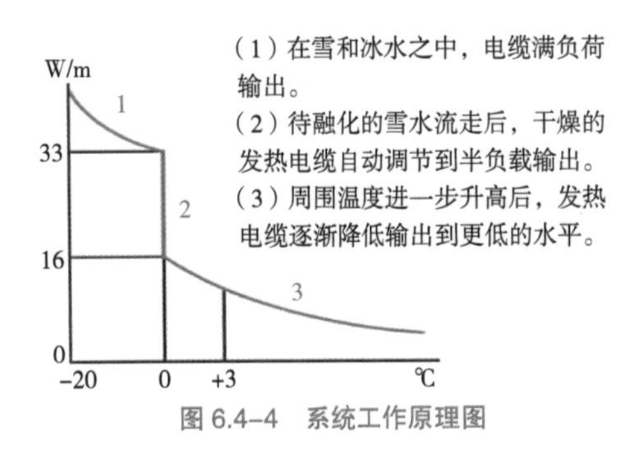

图 6.4–4　系统工作原理图

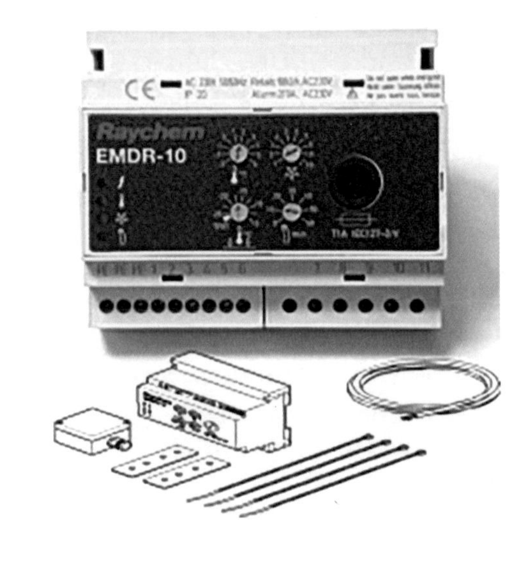

图 6.4–3　EMDR—10 控制器

北京工人体育场防冻系统包含屋面水槽融雪系统、屋面天沟融雪系统、消防水管道防冻系统及虹吸雨水管道防冻系统。

6.4.1　屋面水槽融雪系统

屋顶水槽宽度为 30cm，采用 2 根伴热线，伴热线间距 15cm；伴热线为明装，用专用的固定卡子将伴热线固定于天沟表面，卡子用专用胶粘剂粘在天沟表面，屋面水槽布线方案见表 6.4–1。

表 6.4–1　屋面水槽布线方案

名称	天沟长度（m）	天沟宽度（mm）	水槽数量（个）	伴热线铺设（根）	伴热线型号	伴热线长度（m）	电源接线盒（个）	尾端接线盒（个）	短路开关	配电量（kW）	配电箱	总功率（kW）
弧形水槽	100	300	40	2	GM—2X	8160	80	80	32A	383.52	PDP 1～8	1113
弧形水槽	100	300	40	2	GM—2X	8160	80	80	32A	383.52		
直水槽	45	300	80	2	GM—2X	7360	80	80	32A	345.92		
总计			160			23680	240	240		1113		1113

6.4.2　屋面天沟融雪系统

屋面天沟宽度为 90cm，均采用 6 根伴热线，伴热线间距 15cm；伴热线为明装，用专用的固定卡子将伴热线固定于天沟表面，卡子用专用胶粘剂粘在天沟表面，屋面天沟布线方案见表 6.4–2。

表 6.4–2　屋面天沟布线方案

名称	天沟长度（m）	天沟宽度（mm）	雨水管数量（根）	伴热线铺设道数（根）	伴热线型号	伴热线长度（m）	电源接线盒（个）	尾端接线盒（个）	短路开关	配电量（kW）	配电箱	总功率（kW）
外环沟	802	1000	116	6	GM—2X	4976	48	48	32A	233.87	PDP 1～8	543.13
内环沟	742	900	160	6	GM—2X	4660	48	48	32A	219.02		
连通雨水管	22	DN150	80	1	GM—2X	1920	160	160	32A	90.24		
总计	1566		356			11556	256	256		543.13		543.13

6.4.3　消防水管道防冻系统

业主指定区域内的消防水管道加装电伴热系统，如图 6.4–5 所示。设计参数如下：

最低环境温度：–20℃；

最高环境温度：40℃；

管道需维持温度：5℃；

环境划分：正常环境；

使用环境有没有腐蚀：没有；

保温层材料：橡塑 K=0.034W/m · K（10℃）；

保温层厚度：40mm。

根据管道上述技术条件，经 Raychem 公司软件模拟计算，不同管径的散热量如下：管径为 DN200 及以下管道，其散热量不大于 15W/m，因此管线使用 15XL2—ZH 伴热线，管线伴热比为 1 ： 1。

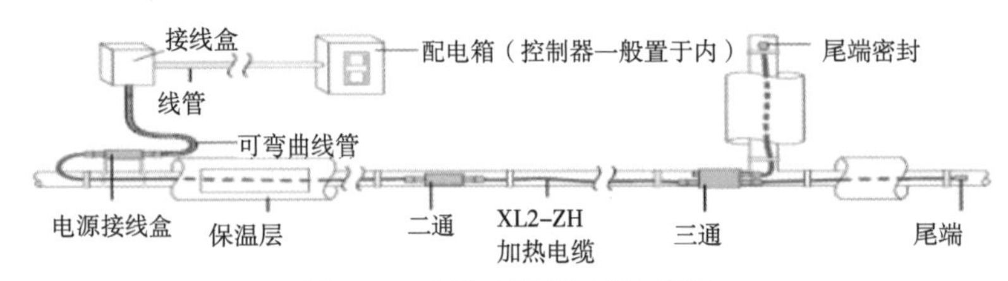

图 6.4–5　消防水管防冻系统示意图

（1）伴热线安装位置（图 6.4–6）。

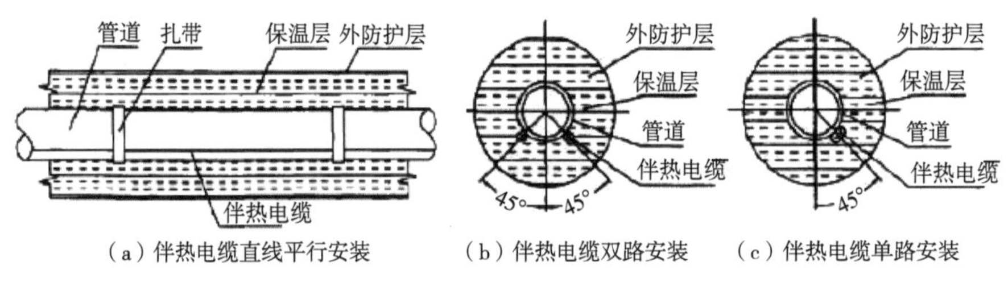

（a）伴热电缆直线平行安装　（b）伴热电缆双路安装　（c）伴热电缆单路安装

图 6.4–6　伴热线安装位置

（2）管道吊装安装图（图 6.4–7）。

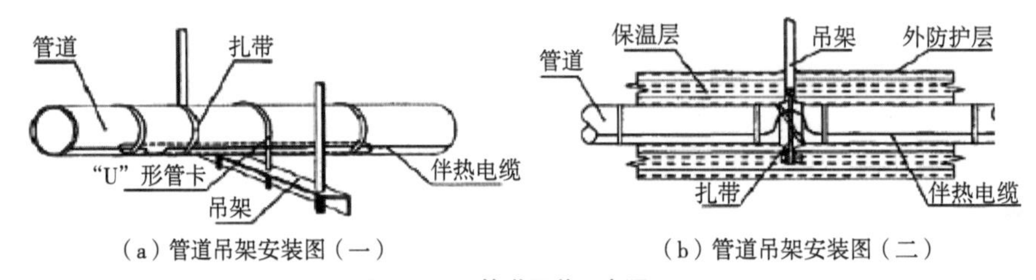

（a）管道吊架安装图（一）　（b）管道吊架安装图（二）

图 6.4–7　管道吊装示意图

（3）直线平行安装时，伴热电缆应沿弯头凸面安装，并在弯头两端及中间作固定，如图 6.4–8 所示。

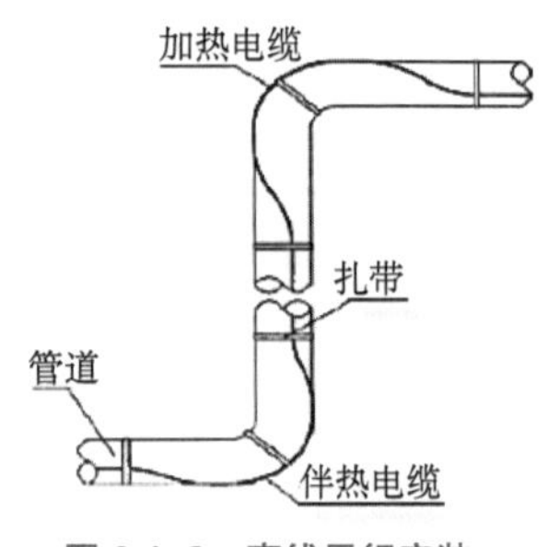

图 6.4–8　直线平行安装

6.4.4　虹吸雨水管道防冻系统

在指定区域内的虹吸雨水管道加装电伴热系统。设计参数如下：

最低环境温度：-20℃；

最高环境温度：40℃；

管道需维持温度：5℃；

环境划分：正常环境；

使用环境有没有腐蚀：没有；

保温层材料：橡塑 K=0.034W/m · K（10℃）；

保温层厚度：40mm。

根据管道上述技术条件，经 Raychem 公司软件模拟计算，不同管径的散热量如下：管径为 DN200 及以下管道，其散热量不大于 15W/m，因此管线使用 15XL2—ZH 伴热线，管线伴热比为 1 ∶ 1。

6.5　雨水收集和排放系统

本项目屋面系统复杂，汇水形式特殊，屋面利用罩棚排水槽汇集至重力雨水管道后，引流至外圈天沟，对虹吸雨水系统设计要求较高。

屋面虹吸式排水系统是利用伯努利方程式，通过周密的水力计算，充分利用屋面与地面的高差产生能量形成虹吸作用，系统内呈满流状态下，快速将屋面雨水排至室外。

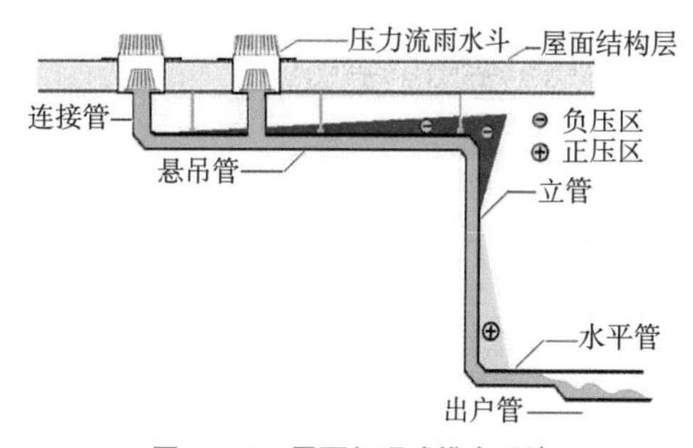

图 6.5–1　屋面虹吸式排水系统

虹吸雨水天沟（图 6.5–1）设置有液位监控预警系统及融雪系统，虹吸雨水管道需要电伴热保温，多专业之间协调配合要求高、难度大；地下室多根悬吊管道并排，几乎没有坡度，距离很长且有弧度，曲率半径不尽相同，施工难度较大。

虹吸屋面雨水排放系统的技术优势：在满水力计算要求下，悬吊管接入的雨水斗数量不受限制，从而减少了立管及埋地管的数量。悬吊管不需设坡度，安装要求空间小，有利于设计和施工。管内流速大，管径小，系统能有较好的自清作用。

外环屋面雨水系统设计重现期 P 为 20 年 [t=5min，q=627L/（s·ha）]，屋面采用溢流管溢流设施，虹吸排水系统和溢流设施总设计重现期为 100 年 [t=5min，q=822L/（s · ha）]。内环屋面设计重现期为 100 年 [t=5min，q=822L/（s · ha）]。雨水量按国家标准要求乘 1.5 的系数。

虹吸雨水系统管材选用 304 不锈钢管，符合《流体输送用不锈钢焊接钢管》GB/T 12771—2019 的规定。不锈钢管材具有良好的耐腐蚀性、热胀冷缩系数小、抗负压能力强、防火等优点。壁厚满足《建筑屋面雨水排水系统技术规程》CJJ 142—2014 对虹吸雨水系统使用的不锈钢最小壁厚要求。

针对该工程屋面形式多样性，采用 69 套排水系统和 80 套重力排水系统。虹吸雨水斗采用 YG100A—GR 型和 YG125A—Ⅱ GR 型两种型号的融雪型雨水斗，共计 143 套；重力雨水斗采用 BYL150A—GR 型的融雪型雨水斗，共计 160 套。

雨排水系统的安装主要包括雨水斗、悬吊系统、管道等的安装。其中管道采用 06Cr19Ni10（S30408）奥氏体非磁性不锈钢，管道连接采用氩弧焊连接。虹吸雨水斗为特殊设计的带防护罩和隔气装置的雨水斗，斗体和尾管采用不锈钢材质 S30408，雨水斗斗盘与不锈钢天沟连接处采用氩弧焊接。

6.5.1 六层悬吊管道的空间位置控制

六层位置需要保证行人通行，这里也是不同曲率的弧形，要求虹吸雨水管道揻弯后再安装，按照理论尺寸精确控制，误差允许只有 50mm 的空间，对施工精度要求较高，如图 6.5-2 所示。

6.5.2 悬吊管道的支吊架设计

为满足本工程施工需要，对各系统管道的支吊架进行了分析计算，并根据结构形式、支吊架、管道进行受力分析，不同的部位的支吊架进行了精心的设计和选型，如图 6.5-3 ~ 图 6.5-5 所示。

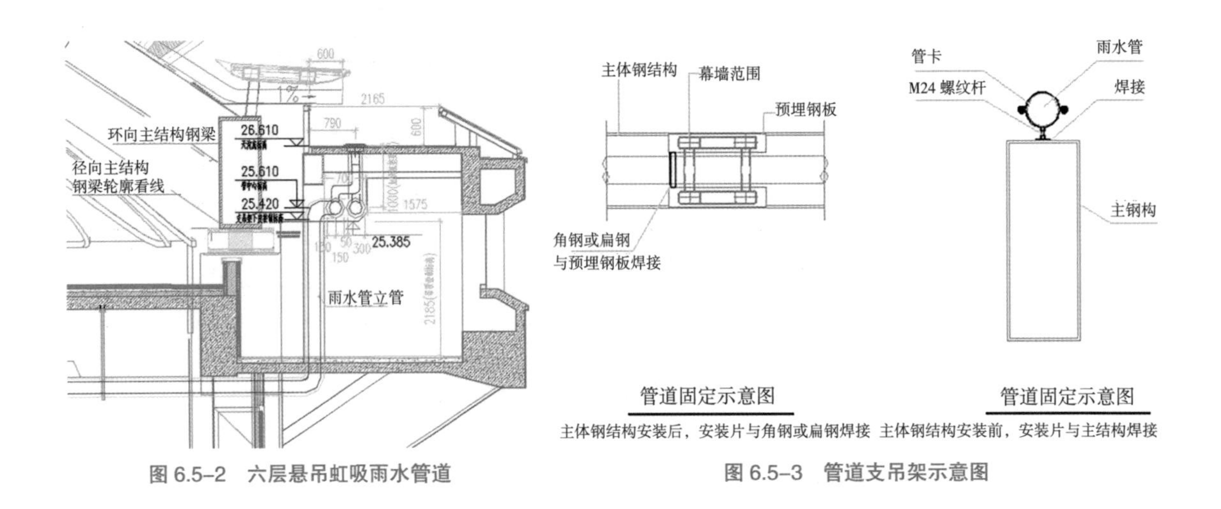

图 6.5-2　六层悬吊虹吸雨水管道

图 6.5-3　管道支吊架示意图

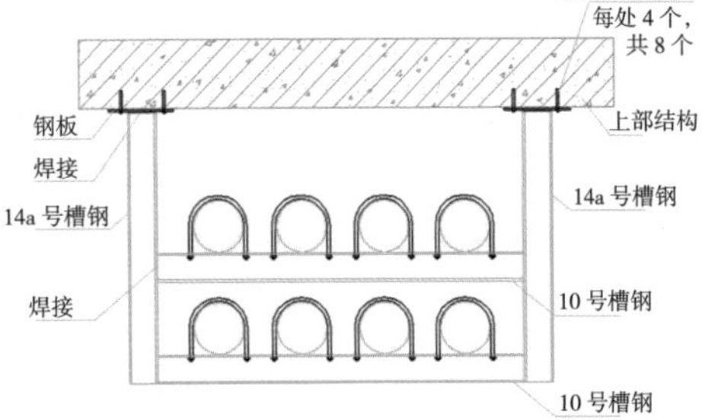

图 6.5-4　多根水平悬吊管双层固定形式

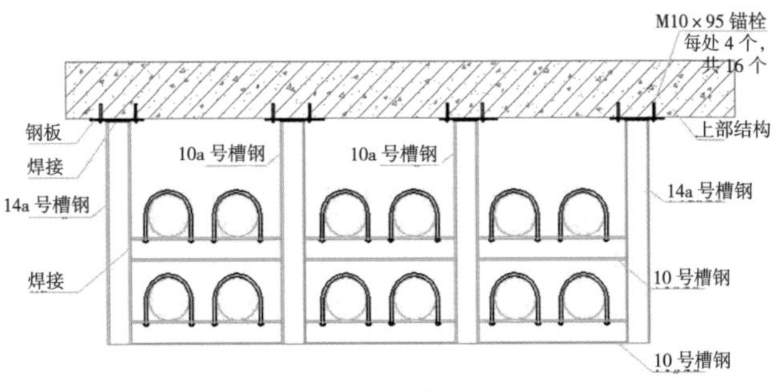

图 6.5-5　多根多组水平悬吊管双层固定形式

6.5.3　超长弧形管道小坡度安装

为满足工程需要，虹吸雨水管道需要按照相应弧度揻弯后安装，确保安装后与建筑本体协调一致。最长虹吸雨水管道水平长度超过 200m，且坡度不大于千分之五，对施工控制精度要求较高。通过深化设计，结合弧度计算，得出所需管道弧度，利用三点揻弯法，将直管段加工成需要的弧形管道，安装完成后，如图 6.5–6 所示，同弧度金属管道误差在 ± 2mm 内。

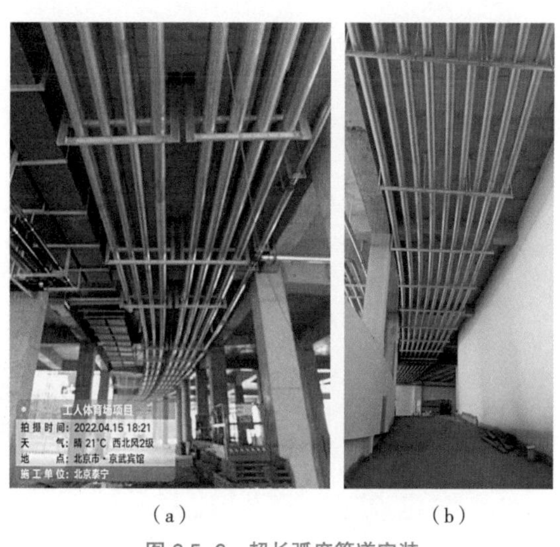

（a）　　（b）

图 6.5–6　超长弧度管道安装

6.5.4　天沟液位检测系统

天沟液位检测系统（图 6.5–7）可以减少 80% 的维护人员、降低清通费用、维护屋面及系统安全。液位信号采集箱放置在外环天沟下方，分东西两侧设置，共两台，功率为 1kW；采集箱采用不锈钢材质，壁挂安装，尺寸为 250mm × 350mm × 200mm。所有接头均进行防潮处理后加热，套管密封封装，户外不低于 IP65 级。液位数据通过采集器记录，采集频率根据需求设置，可设置为 5 ~ 300s 之间，通过 R485 信号与中控室连接。

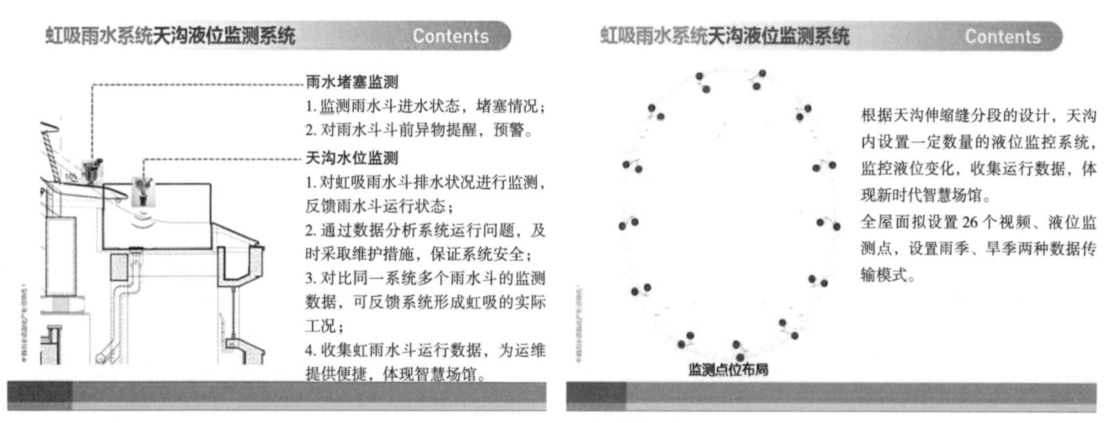

图 6.5–7　天沟液位监测系统

6.5.5 特殊的屋面排水形式

本项目屋面设置两道换向天沟，内环天沟（图6.5-8）采用重力雨水排水系统排至外环天沟。虹吸雨水系统设置在外环天沟，除了自身汇水外还需要连同内环天沟将水一起排至室外。这种排水组织在工程中比较少见，对虹吸系统设计和施工要求较高。

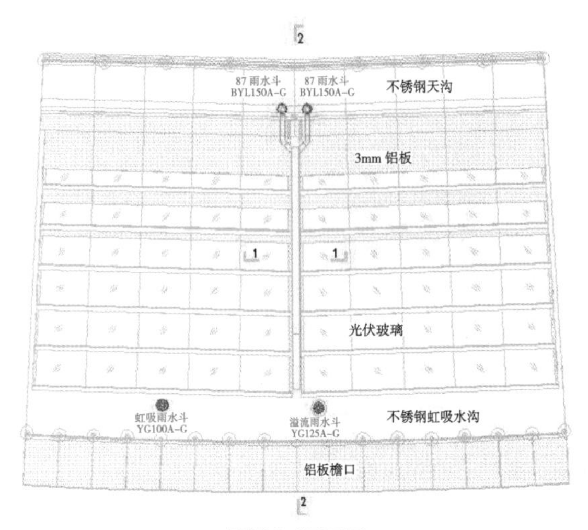

罩棚典型平面图

2-2 剖面

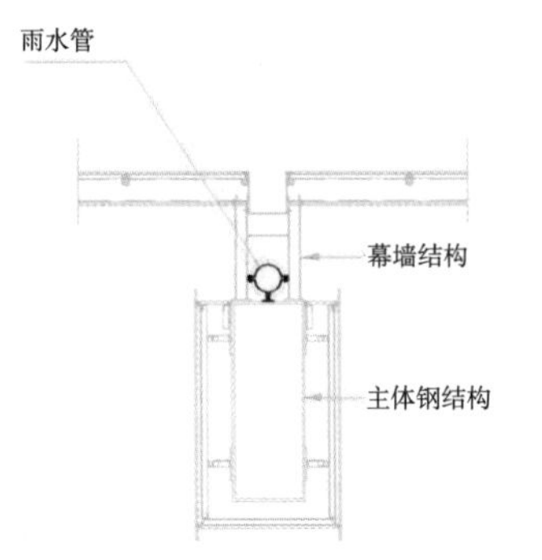

图6.5-8 内环天沟重力排水管道安装固定示意图

屋面幕墙系统建造技术

7.1 幕墙系统设计介绍

该项目主要分为三大幕墙系统，第一系统为通风金属装饰翼系统、第二系统为聚碳酸酯板屋面系统、第三系统为聚碳酸酯板挑檐系统，三大区各成体系而又密切相关，既要体现各区域的独特功能和亮点，又要紧密连接展现整体的功能效果。整体幕墙系统要同时具备遮阳、照明、排水集水、融雪、光伏发电和吸声降噪等功能，屋面幕墙多个系统及功能相互独立又相辅相成。幕墙系统分布如图 7.1–1 所示。

7.1.1 通风金属装饰翼系统

主龙骨选用氟碳喷涂钢方管，面板材料主要有 3mm 厚铝单板、光伏玻璃等，将龙骨与幕墙材料组成超大单元板块，最终实现单元体的装配式安装。此系统主要包含女儿墙外檐 3mm 厚氟碳喷涂铝单板、环向虹吸不锈钢水沟、通风金属装饰翼（由 3mm 厚氟碳喷涂铝单板 + 光伏组件组合而成，薄膜发电组件与建筑物形成完美结合的太阳能发电系统）、环向重力不锈钢水沟，水沟上表面满粘 2mm 厚聚酯纤维内增强型 PVC 防水卷材，确保其良好的水密性能。该系统既要满足日常功能性需求，又是光伏发电的主要载体。通风金属装饰翼系统构造图如图 7.1–2 所示。

7.1.2 聚碳酸酯板屋面系统

这是本工程的主要幕墙系统，占幕墙总面积的 70% 左右。主龙骨选用氟碳喷涂钢方管组成超大不等边三角单元，将幕墙面板材料与三角单元龙骨组装为一个单元板块，单元板块通过可调

图 7.1–1 幕墙系统分布图

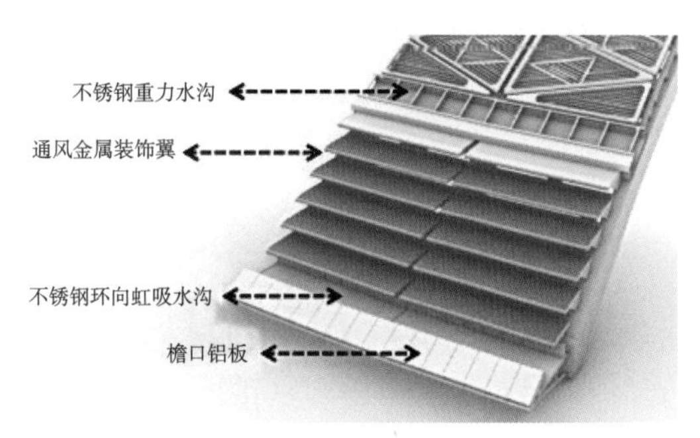

图 7.1–2 通风金属装饰翼系统构造图

节支座与主体结构相连接，实现地面集成化拼装，墙上装配式安装。此做法施工效率高，单元式构件地面组装便捷，安装精度、质量可控。

面板为3mm厚Z形聚碳酸酯板，相邻板材搭接处理，端部采用3mm厚氟碳喷涂铝单板封口，单元底部采用铝合金吊顶格栅，既可以满足室内观视效果，又能起到场馆内吸声功能。三角单元示意图如图7.1–3所示。

7.1.3 聚碳酸酯板挑檐系统

此系统位于主体钢结构最内圈的悬挑梁区域，主要材料包含3mm厚透明聚碳酸酯面板、3mm厚氟碳喷涂铝单板，主龙骨选用氟碳喷涂钢方管。为保证其良好的采光效果，所采用聚碳酸酯板透光率≥ 90%。挑檐系统示意图如图7.1–4所示。

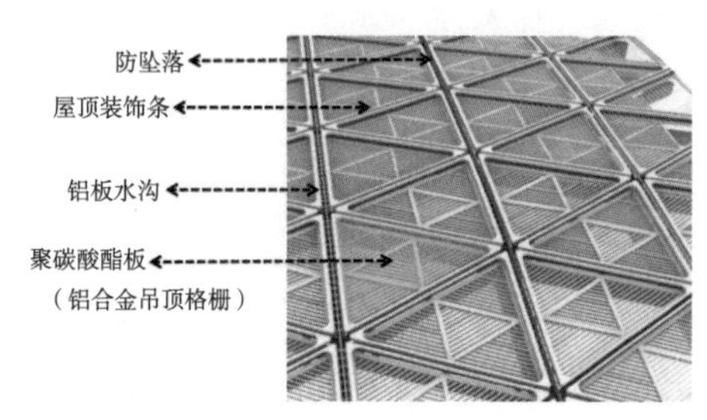

图7.1–3 三角单元示意图

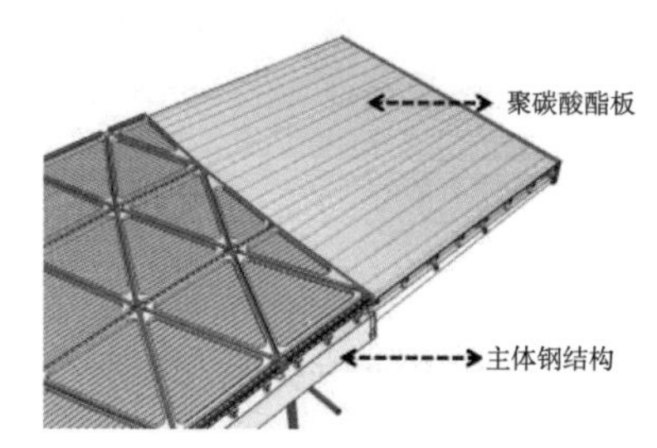

图7.1–4 挑檐系统示意图

7.2 超大三角单元幕墙板块制造技术

7.2.1 单元板块组装技术分析

单元体幕墙系统的特点是强调工厂化加工，所有成品加工在工厂内完成，不受天气等因素影响，生产效率高。其产品质量在加工厂内已经检查、抽查，工厂工人技术熟练、可操作性强，减少了施工现场的工作量，最大限度地缩短生产周期，同时又可以做各种难度造型的板块，适合大批量生产、工期紧凑的项目，工期更容易得到保证。

本项目超大不等边三角单元是将三角钢构作为一个单元，将三角单元龙骨与幕墙材料组装为一樘整体单元体，单元体通过可调节支座与主体结构相连接，最终实现装配式安装的幕墙。该三角形单元体边长最长为9m，分别由V形钢支撑底座、主钢骨架、铝格栅吊顶、2mm厚聚酯纤维内增强型PVC满粘型防水卷材、聚碳酸酯板面板等组成，单樘板块总重量达2t。

7.2.1.1 常规安装思路探讨

采用框架式幕墙设计思路，所有材料逐一安装，推演安装顺序为：主体结构施工→支座安装→PC板钢龙骨安装→吊顶格栅安装→PC板安装→装饰造型支座安装→水槽料及融雪板安装→装饰造型龙骨安装→顶部装饰及泛光灯具安装；安装步骤如图7.2–1所示。

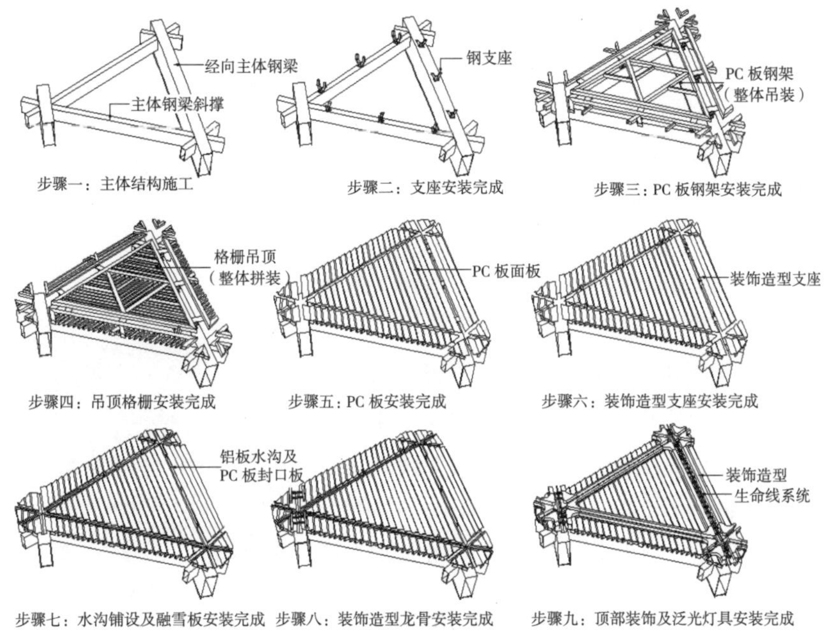

图 7.2–1 常规框架幕墙安装流程图

7.2.1.2 创新安装思路探讨

结合本项目实际情况，经项目团队综合研判，决定线下组装为成品的单元体，然后再整体吊装实现装配式安装。直接在工地开辟单元体流水生产线，借鉴工厂生产管理经验，整套流水生产线总长为 40m，宽度 16m，做到现产现用，同时有利于现场管理人员过程质量监控。

装配式安装工艺流程：设置安全警戒区→吊装设备→校核单元转接件的准确度→运送单元板块至起吊点→单元板块吊装→板块微调→安装就位→清理完成。

（1）定制专用胎架，胎架是一种由钢管焊接制作而成的操作平台，根据所生产的产品确定胎架相应尺寸，因此该架体选用 80×80×6 钢管制作，可为操作者提供舒适的操作平台进行生产组装，又能保证生产过程的架体稳定，提高装配质量和生产效率。操作平台示意图如图 7.2–2 所示。

（2）配备吊车起吊周转，相对于生产车间的大型行车起重设备更灵活，可以实现吊装材料的垂直升降和水平转运。

（3）三角单元钢架加工及氟碳喷涂。

最大边长 9m×9m 三角钢架公路运输困难，为此我们过三角形任一边的中点与相邻边做平行线，把其分割为一块三角形和一块梯形单元，在专业钢件工厂加工完成后运输至工地现场，由现场工人再把二者拼接为一个整体构件，很好地解决了以上难题。同时为增强构件的抗腐蚀能力及减少现场喷涂工作量，需对单元体钢架在出厂前进行喷砂处理，去除表面的锈迹、杂质等，使基材具有较好的粗糙度，一般要求 30～70μm，更加有利于底漆的粘附。除此之外还需要去除油污，常用方法是溶

图 7.2–2 操作平台示意图

剂擦洗、水洗，表面处理要求达到 Sa2.5 级。并将焊接完成的成品进行底漆涂装、中间漆涂装等工作。在施工现场进行组装后对焊口局部打磨，补涂底漆和中间漆装后，进行标准氟碳喷涂，喷涂完成后才能进行下道工序施工。单元体钢架拆分示意图如图 7.2–3 所示。

图 7.2–3　单元体钢架拆分示意图

（4）铝合金吊顶格栅安装。

单根格栅为矩形状，内衬铝合金型材，吸声岩棉包裹憎水玻璃丝布，形成 60mm × 140mm 矩形截面，外饰面板材料为 3mm 厚氟碳喷涂穿孔铝板。若干根铝格栅间距 190mm 组装成为一个铝格栅单元，每樘超大三角形单元体内嵌八樘三角形铝合金格栅单元，通过不锈钢自攻螺钉连接为一个整体。我司对每樘铝合金格栅进行编号，根据设计要求逐一组装。格栅与三角钢单元组合示意图如图 7.2–4 所示。

图 7.2–4　格栅与三角钢单元组合示意图

（5）Z 形聚碳酸酯板（PC 板）安装。

此为单元组件外视面板材料，板材设计成波形为在线共挤一次成型工艺，折线波形板的左端头和右端头设计搭接构造，采用左端在上、右端在下的搭接方式进行屋面板铺装。为适应安装后的 PC 板膨胀状态，其中一端设置为固定支座，而另一端设置为滑移支座，每块 PC 板中放置 4 个固定支座，支座与 PC 板采用自钻自攻钉和 M6 不锈钢螺栓连接，并增加防水胶圈避免水滴渗漏，确保生根与防水的可靠性。聚碳酸酯板三角单元构造图如图 7.2–5 所示。聚碳酸酯板单元实景图如图 7.2–6 所示。

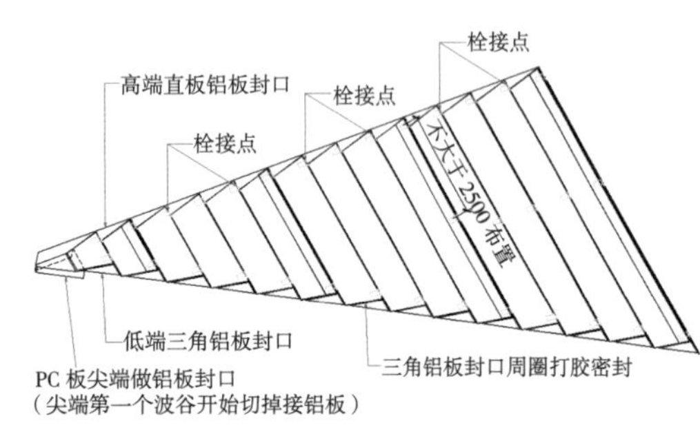

图 7.2–5　聚碳酸酯板三角单元构造图

图 7.2–6　聚碳酸酯板单元实景图

7.2.2　单元板块装配式安装技术分析

7.2.2.1　V 形支座设计

由于钢构跨度大等各种因素影响，主体结构局部会出现较大偏差情况，针对这一偏差情况，必须设计可调节的转换层支座适应这种结构变化。设计团队结合现场测量点位变化情况，通过结构受力分析模拟，创新研究了一种可调节的 V 形支座（相当于立面单元体幕墙的挂接系统），示意图如图 7.2–7 所示。其优势特点如下：

（1）支座形状简化重量减轻，施工安装便捷；

（2）支座调节量在支腿方向，解决竖直方向尺寸偏差，满足单元偏差调整需要；

（3）支座与主体结构连接用销轴固定，实现铰接构造，避免刚性连接弯矩过大影响结构安全。

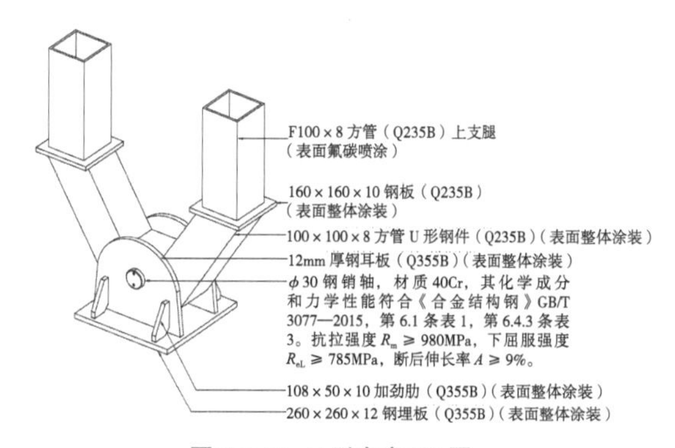

图 7.2–7　V 形支座 3D 图

7.2.2.2　单元板块吊装

本工程幕墙材料最重约 2.5t，其尺寸规格为 9m × 9m 的三角单元，吊装前针对不同部位板块的吊装方式分析研究，合理选择起吊设备和起吊点是提高工效的关键，本项目选用塔式起重机和汽车起重机两种吊装方式。场内材料通过随车吊转运至规划的起吊点位置，有序吊装入位。

图 7.2–8　塔式起重机吊装图

1. 塔式起重机吊装单元板块

重力水沟的吊装区域全部都在塔式起重机的可覆盖区域。在加工厂组装好重力水沟板块后，通过随车吊进行倒运将组装好的重力水沟倒运到相应位置的下方，通过塔式起重机进行吊装固定。吊装材料时要采用两道吊装带，一道主吊绳，另一道二次防护，通知起吊过程中，操作人员及下方起吊人员通过对讲机密切配合缓慢起钩，尤其在材料与钢结构上的转接件接触时，为防止碰撞，必须在钢龙骨下部两端设置至少两根缆风绳，用于单元板块在起吊过程中的稳定控制，单元板块起升过程中，周围 10m 范围内不允许站人，设置好警戒带且应有专人看护，确保操作安全。塔式起重机吊装图如图 7.2–8 所示，塔式起重机布置图如图 7.2–9 所示。

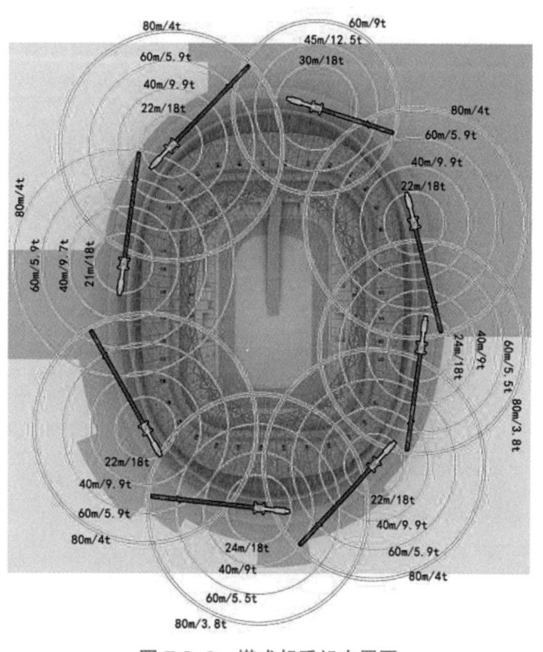

图 7.2–9　塔式起重机布置图

2. 汽车起重机吊装

根据塔式起重机吊臂覆盖范围图，局部幕墙施工面不在吊臂覆盖范围区，针对此区域安排汽车起重机进行相应吊装。项目管理团队首先策划吊车行走路线，其次组织对支车位置进行地面承载力验算，确保结构使用安全，准备充分后再进行吊装作业。由于此单元不存在相互之间的插接关系，所以施工顺序选择相对灵活，可以从任意一点开始有序吊装，操作方便工效高。三角单元安装示意图如图 7.2–10 所示。

图 7.2–10 三角单元安装示意图

7.3 聚碳酸酯板材料性能及安装技术

7.3.1 聚碳酸酯板材料物理性能分析

7.3.1.1 透光率性能分析

聚碳酸酯板是一种分子链中含有碳酸酯基的高分子线型聚合物，是一种无色透明的无定性热塑性材料，是 5 大通用工程塑料中唯一具有良好透明性的热塑性工程塑料，具有极高的透明度，可见光透过率可达 90%，可以满足很多对光学、颜色要求高的应用场景，能与玻璃相媲美。聚碳酸酯波形板实物图如图 7.3–1 所示。

图 7.3–1 聚碳酸酯波形板实物图

7.3.1.2 抗撞击性能分析

聚碳酸酯板与同规格厚度的玻璃相比，聚碳酸酯板的重量更轻，不到玻璃重量的一半，撞击强度是普通玻璃 的 250 ~ 300 倍，同等厚度亚克力板的 30 倍，是钢化玻璃的 2 ~ 20 倍，用 3kg 锤以下两米坠下也无裂痕，有“不碎玻璃 ”和“响钢”的美称。

7.3.1.3 隔热、隔声性能分析

夏天保凉，冬天保温，聚碳酸酯阳光板有更低于普通玻璃和其他塑料的热导率（*K* 值），隔热效果比同等玻璃高 7% ~ 25%，PC 板的隔热最高至 49%。从而使热量损失大大降低，用于有暖设备的建筑，属环保材料。其本身具备一定的阻燃效果，可达到 V–2 级阻燃，是自熄型工程塑料。其隔声效果明显，比同等厚度的玻璃和亚加力板有更佳的音响绝缘性，在厚度相同的条件下，PC 板的隔声量比玻璃提高 3 ~ 4dB，在国际上是高速公路隔声屏障的首选材料。

7.3.1.4 黄色指数变化性能分析

聚碳酸酯板按照《塑料 实验室光源暴露试验方法 第 4 部分：开放式碳弧灯》GB/T

16422.2—2022 标准，经 5000h 人工气候老化试验后，透光率变化值（按《透明塑料透光率和雾度的测定》GB/T 2410—2008 标准）小于 3%，黄变指数变化值（按《塑料黄色指数试验方法》HG/T 3862—2006 标准）小于 3，技术指标需提供“国家化学建筑材料测试中心”或“国家化学建材质量监督检验中心”相应的检测报告。

相关检测数据见表 7.3–1。

表 7.3–1　　检测数据

序号	检验项目	单位	检验结果	检验方法
1	透光率（3mm）	%	91.0	GB/T 2410—2008
2	黄色指数	—	2.6	HG/T 3862—2006
氙灯老化（1000h）				GB/T 16422.2—2022
3	透光率变化（3mm）	%	-1.0	GB/T 2410—2008
4	黄色指数变化	—	0.8	HG/T 3862—2006
5	色差 ΔE*	—	0.36	GB/T 15596—2021
氙灯老化（2000h）				GB/T 16422.2—2022
6	透光率变化（3mm）	%	-1.7	GB/T 2410—2008
7	黄色指数变化	—	1.9	HG/T 3862—2006
8	色差 ΔE*	—	1.23	GB/T 15596—2021
氙灯老化（4000h）				GB/T 16422.2—2022
9	透光率变化（3mm）	%	-1.9	GB/T 2410—2008
10	黄色指数变化	—	2.2	HG/T 3862—2006
11	色差 ΔE*	—	1.38	GB/T 15596—2021
氙灯老化（5000h）				GB/T 16422.2—2022
12	透光率变化（3mm）	%	-2.0	GB/T 2410—2008
13	黄色指数变化	—	2.9	HG/T 3862—2006
14	色差 ΔE*	—	1.85	GB/T 15596—2021

7.3.2　聚碳酸酯板力学性能试验分析

对跨度 3.5m 的聚碳酸酯波形板在水平、倾角安装方式下，完成了 2 支座约束类型、3 支座约束类型模拟 2 个不同跨度工况的弹性阶段和破坏阶段的力学性能试验。试验结果表明 3 支座约束类型的聚碳酸酯波形板刚度和承载能力显著增强；2 支座约束类型倾角安装方式的聚碳酸酯波形板刚度大于水平安装方式，3 支座约束类型在前 6 级加载下水平安装方式的刚度更大。

7.3.2.1　单跨板试验方案

（1）单跨板加载试验对象为长度 3.5m 的聚碳酸酯波形板，板厚 3mm，宽度 1305mm，波峰间距 300mm，波峰高度 98mm，共计 5 个波峰，4 个波谷（图 7.3–2）。本次试验需研究不同工况下波形板的挠度情况，由于波形板为不规则 Z 字形，故将位移计设置在波峰底部，从图中左侧至

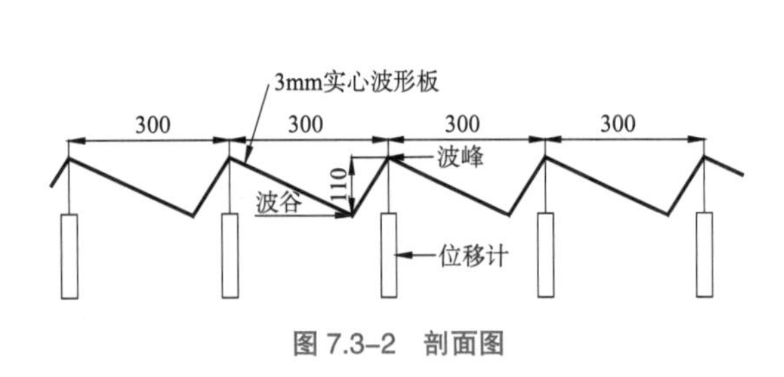

图 7.3–2　剖面图

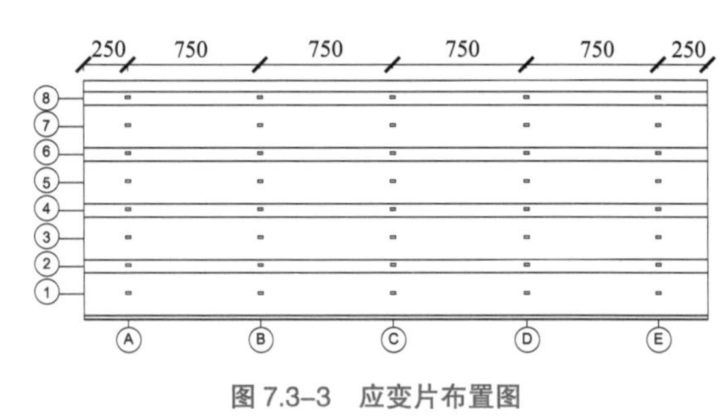

图 7.3–3　应变片布置图

右侧分别编号 1 ~ 5 号；应变片布置横向分为 A ~ E 共 5 轴，纵向在 8 个板面的中心处，共计 40 个应变片，均水平向张贴（图 7.3–3）；由于在全跨加载和半跨加载下，波形板最大挠度出现在跨中位置，故在 *C*、*D* 轴布置 2 排共计 10 个位移计。示意图如图 7.3–3 所示。

单跨板加载试验分半跨加载和全跨加载 2 个试验步骤，分为 5 级加载，全跨加载每级加载为 2 块 10.7kg 荷载块，对称布置于左右半跨；半跨加载每级加载为 1 块 10.7kg 荷载块，布置于右半跨；荷载块的布置应尽量均匀分布地布置在波形板上。在屋盖第二系统分区外圈，波形板的安装角度最大约 25°，安装角度会对波形板的刚度产生一定影响，为对比研究不同安装区域的波形板刚度变化，试验分为波形板水平布置和倾角布置 2 个工况。

（2）试验结果

①水平全跨加载（图 7.3–4、图 7.3–5），由于 3.5m 波形板跨度较大，在 1 级荷载作用下，波形板的变形较为明显，在 *C* 轴中部及中上部波峰位置的 3、4 号测点位移 *WC*3、*WC*4 分别为 18.19mm 和 18.97mm，变形明显大于 *C* 轴端部位置，整块板的变形情况为中心大于两端。当荷载作用为 9.41kg/ ㎡时，波形板的最大变形为 28.43mm，略大于 *L*/125（*L* 为波形板跨度），最大应力为 630.80kPa。取各轴板面应力最大点数据，靠近两端支座附近的 *A*、*E* 轴及跨中 *C* 轴处最大应力均在中部的第 5 板面，而 *B*、*D* 轴则在靠近端部的位置，随着荷载的增加，*E* 轴应力的增速大于其他各轴。

②水平半跨加载（图 7.3–6、图 7.3–7），波形板半跨加载的挠度变化趋势与全跨加载总体上一致，在每级荷载作用下，挠度基本保持在为全跨加载的 1/2。取加载的右半跨板面应力数据，在 *C* 轴，靠近外侧端部处的应力大于中部位置，最大应力依然为 *E*5 点，且变化趋势最明显。

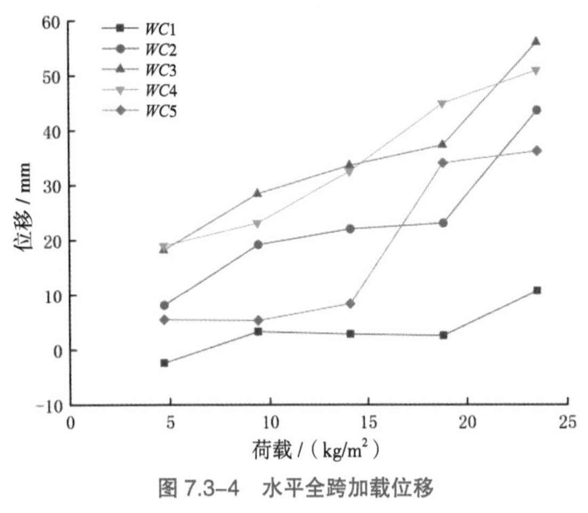

图 7.3–4　水平全跨加载位移

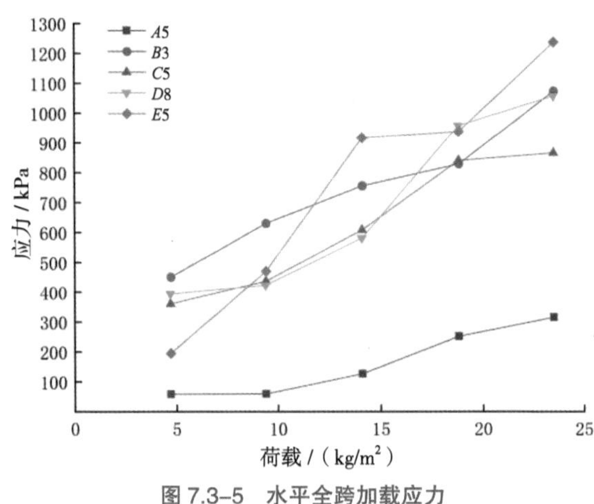

图 7.3–5　水平全跨加载应力

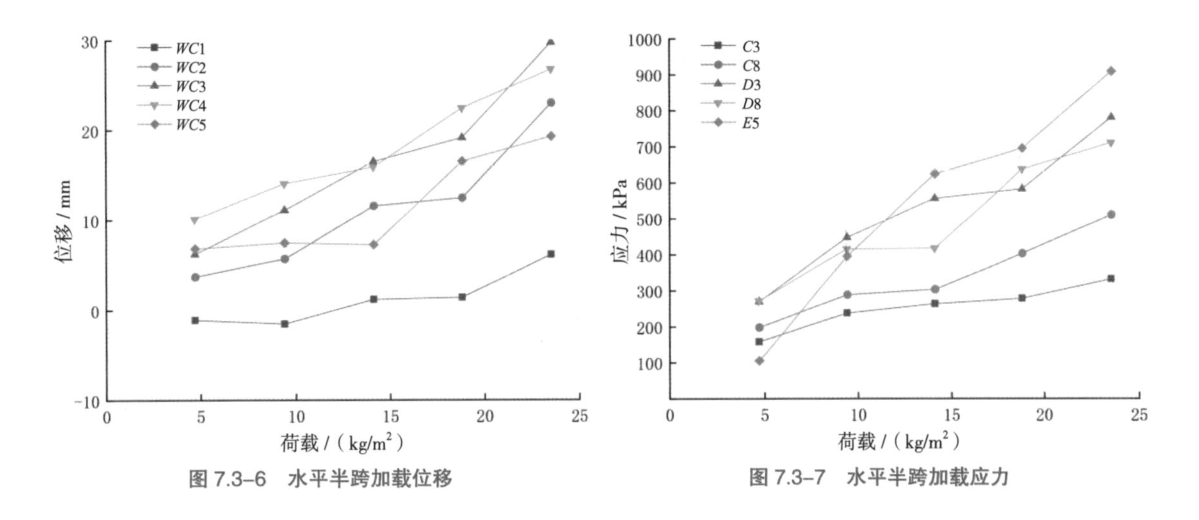

图 7.3-6　水平半跨加载位移　　图 7.3-7　水平半跨加载应力

③倾角全跨加载（图 7.3-8、图 7.3-9），对于支座倾角布置，波形板的刚度有明显的变化，在前 3 级荷载作用下，挠度变化平缓；在 23.52kg/m² 荷载作用下，波形板最大变形为 27.89mm（$L/125$），最大应力 737.85kPa。与水平全跨加载相比，在同级荷载作用下，应力有较大幅度的下降。

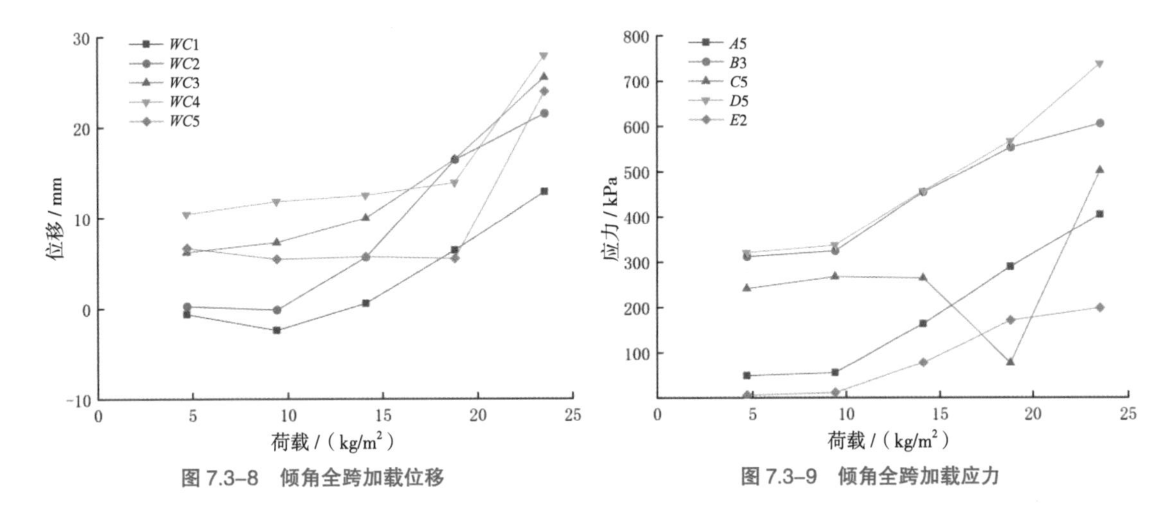

图 7.3-8　倾角全跨加载位移　　图 7.3-9　倾角全跨加载应力

④倾角半跨加载（图 7.3-10、图 7.3-11），倾角半跨加载的挠度与全跨加载相比，小于其 1/2，也小于水平半跨加载的 1/2；应力变化较为平缓，在各级荷载作用下，$D5$ 处的应力均远大于其他各点。

7.3.2.2　双跨板试验研究

1. 试验方案

在 3.5m 跨度的波形板跨中增设一道支座，形成双跨结构对其进行加载试验研究。双跨板试验分为弹性阶段和破坏阶段，弹性阶段为波形板水平布置和倾角布置 2 个工况的全跨加载和半跨加载，破坏阶段波形板为水平布置。应变片布置与单跨板试验一致；弹性阶段位移计布置在 B、D 两轴波峰底部；为防止破坏阶段位移计受损，将位移计倒置布置在 B、D 两轴波峰顶部，并在

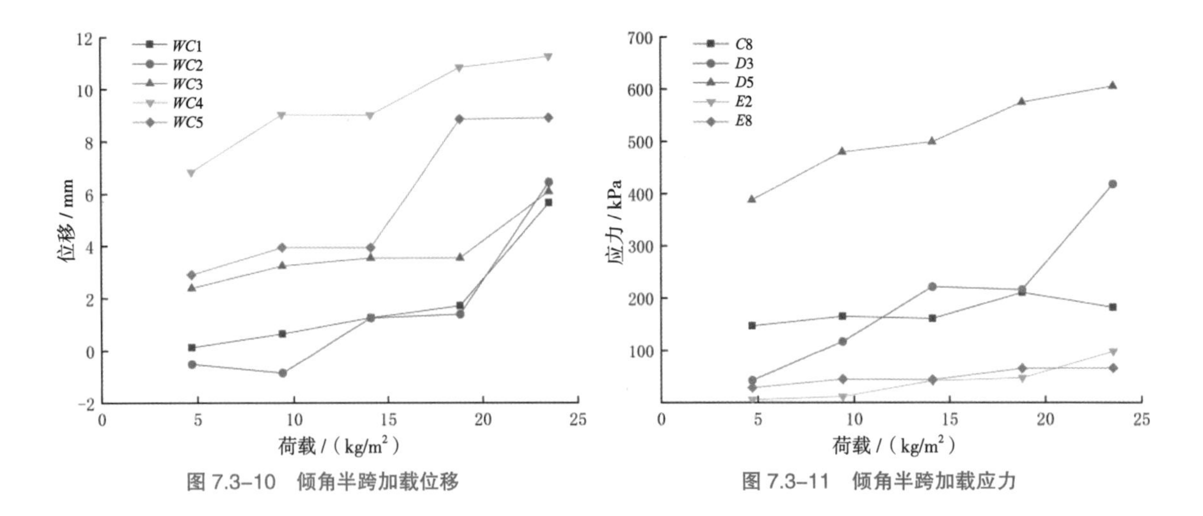

图 7.3-10 倾角半跨加载位移

图 7.3-11 倾角半跨加载应力

波峰位置处粘贴限位环，防止位移器滑动。

弹性阶段分为 8 级加载，每级加载均使用 10.7kg 的荷载块，破坏阶段分为 10 级加载，使用 10.7kg 和 51kg 荷载块，加载方案见表 7.3-2。

表 7.3-2 加载方案（kg/m²）

级数	1	2	3	4	5	6	7	8	9	10
弹性加载	4.70	14.11	23.52	32.92	47.03	56.44	65.85	75.25	—	—
破坏加载	37.63	56.44	65.85	84.66	103.47	122.29	141.1	159.91	182.88	205.3

2. 试验结果

（1）水平全跨加载：如图 7.3-12、图 7.3-13 所示，双跨板试验由于在跨中部位增设一道支座，波形板刚度显著增强，在 4 级荷载作用下，最大挠度 11.61mm，最大应力 393.62kPa。在前 3 级加载下，荷载块主要分布在波形板中部区域，波形板两端向上变形，后续加载下（图 7.3-14），*B*、*D* 两轴端部 1 号、5 号点位移均有明显增大，且后续加载波形板端部挠度均大于中部，中部

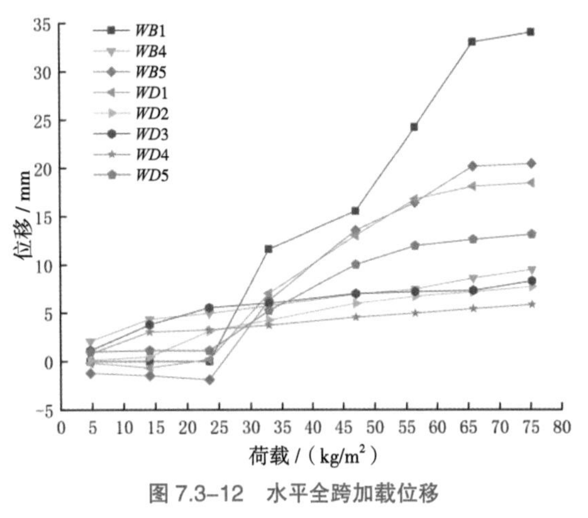

图 7.3-12 水平全跨加载位移

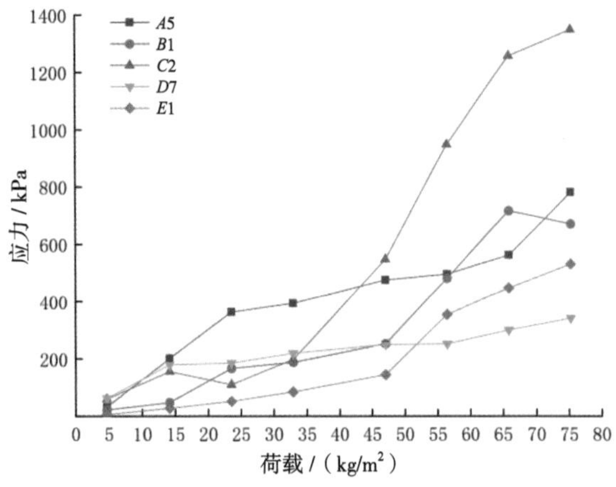

图 7.3-13 水平全跨加载应力

的挠度变化较为平缓，说明波形板端部的刚度弱于中部。C2 点的应力在 4 级荷载作用后有明显的提升，但依然维持线性增长。

（2）水平半跨加载：相较于单跨板水平半跨和水平全跨加载试验，双跨板水平加载试验约束条件发生了改变，其半跨加载试验的挠度变化并不是全跨加载挠度的 1/2，但总体的变化趋势保持一致。各板面的应力增长趋势较为一致（图 7.3–15、图 7.3–16）。

图 7.3–14　双跨 6 级加载

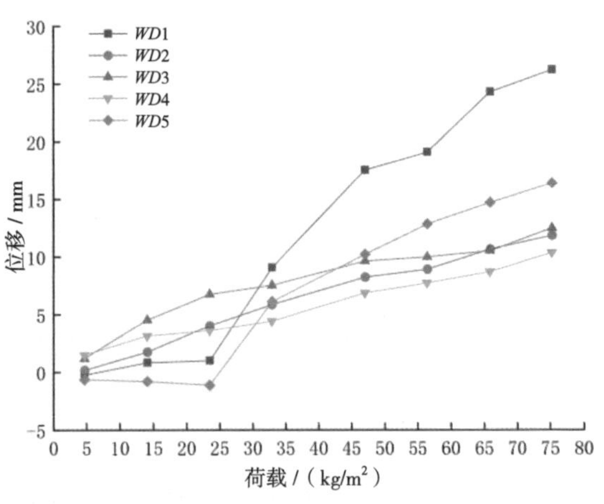

图 7.3–15　水平半跨加载位移

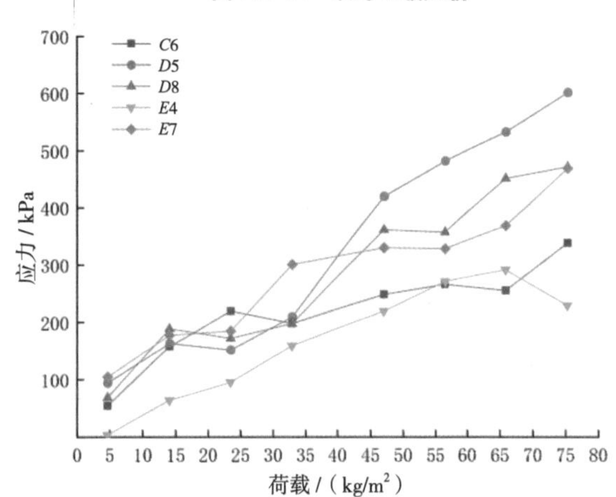

图 7.3–16　水平半跨加载应力

（3）倾角全跨加载：倾角安装对波形板的刚度产生了影响，在 6 级加载前，倾角安装的最大挠度大于水平安装；6 级加载开始，最大挠度小于水平安装。靠近两侧端部的 1、5 号点位移在 3 级加载后有明显的上升，但 WB1 位移的变化趋势倾角安装小于水平安装。跨中 C 轴应力在 2 级加载后变化趋势显著上升，与水平全跨加载相比，应力更大（图 7.3–17、图 7.3–18）。

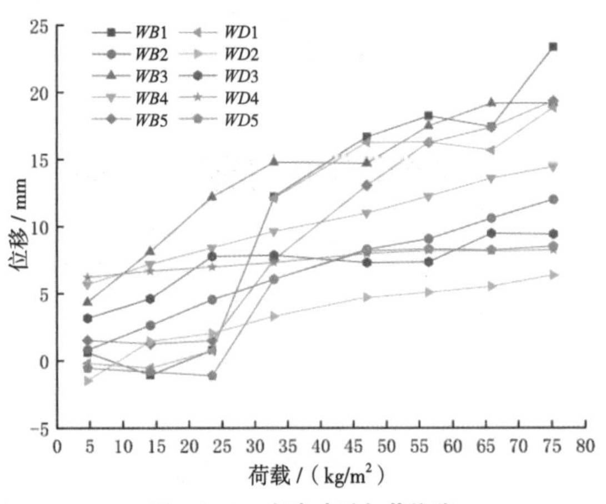

图 7.3–17　倾角全跨加载位移

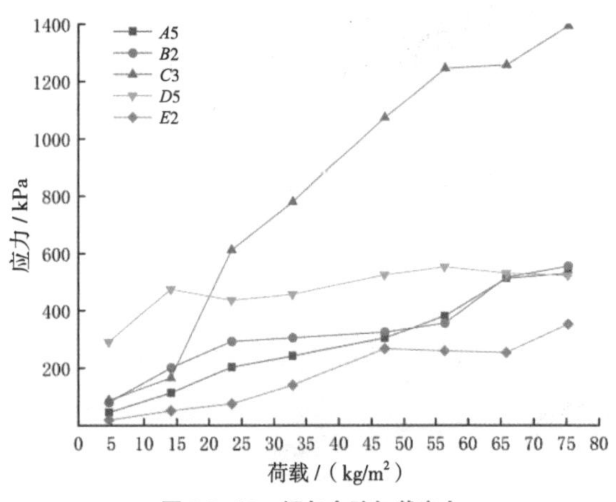

图 7.3–18　倾角全跨加载应力

（4）倾角半跨加载：如图 7.3–19、图 7.3–20 所示，最大挠度与倾角全跨加载基本相似，*WD*1 的在 3 级加载后有显著的增大，其他各点位移变化趋于一致。最大应力相比有所减小。

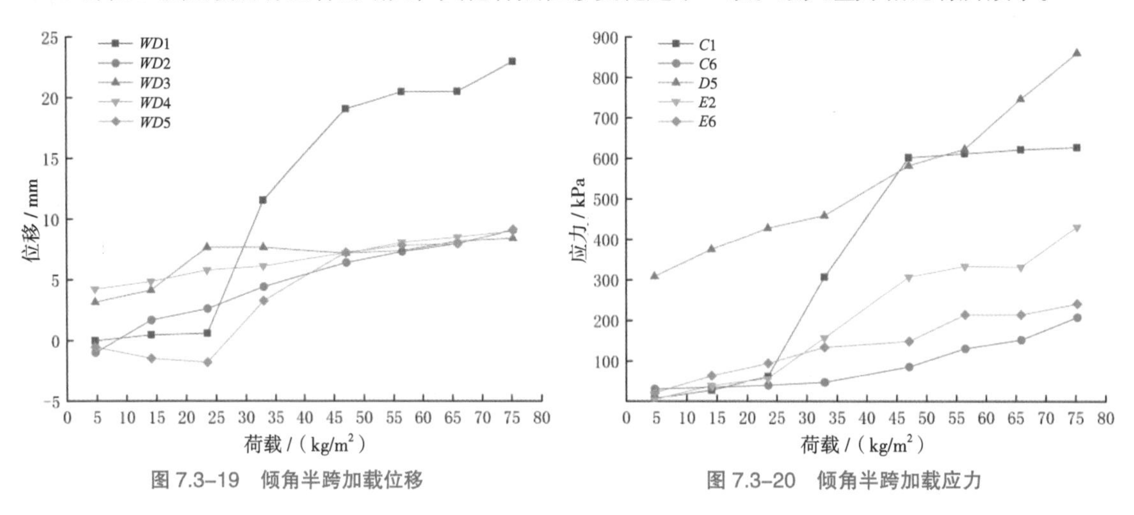

图 7.3–19　倾角半跨加载位移

图 7.3–20　倾角半跨加载应力

（5）水平破坏：根据加载方案，逐级对双跨水平布置的波形板进行加载至破坏，每级加载后进行数据采集和观察，至第 10 级加载完成数据采集后，观察阶段板面发出开裂声音，随后波形板破坏坍塌至地面，如图 7.3–21、图 7.3–22 所示。

通过观察，发现两处破坏点，*C* 轴中部 *C*3 与 *C*4 之间，第二道波谷处，其中 *C* 轴波谷位置均有扭转变形；第 5 道波峰处，*D*8 点附近端部断裂；伤口裂纹均为粗糙状，如图 7.3–23 ~ 图 7.3–26 所示。

图 7.3–21　2 级加载

图 7.3–22　10 级加载

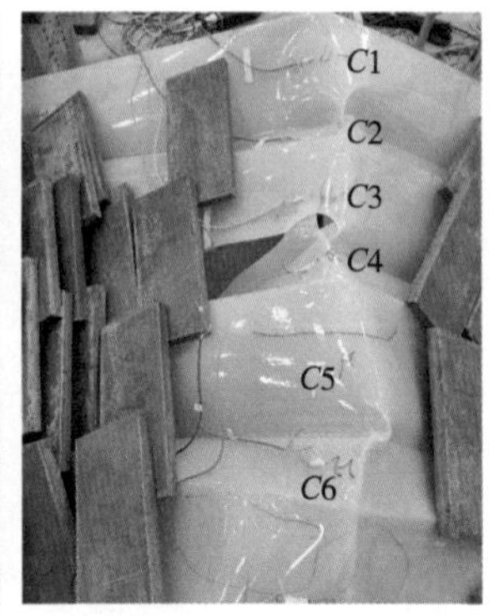

图 7.3–23　*C* 轴破坏点

图 7.3–24　第二道波谷裂纹图

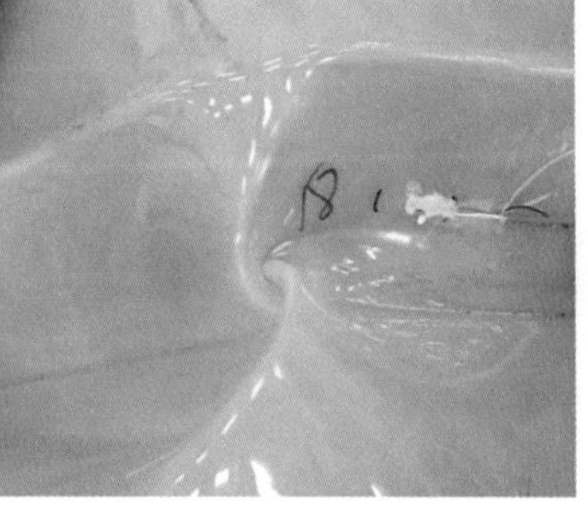

图 7.3–25　*C* 轴扭转变形图

图 7.3–26　*D*8 破坏伤口裂纹图

*WB*1、*WB*2、*WB*4 在 8 级加载后位移变化趋势有显著的上升，*WD*2，*WD*4 在 9 级加载后，*WD*3 在 6 级加载后位移变化趋势有显著的上升。自 4 级加载后，*C*2 点的应力急剧上升，产生应力集中。对比 *C* 轴各点应力，靠近端部的 *C*2 点受拉应力，在中部的 *C*5 点受压应力，且在 4 级加载后显著增大。由于波形板断面为波形，受荷载作用下，除产生竖直向下的变形，也会向断面水平向产生变形，跨中 *C* 轴底部的支座约束限制了其向两侧的水平变形。在 *C* 轴处受荷载的压力和支座的反力作用，最终造成了脆性破坏。位移如图 7.3–27、图 7.3–28 所示，应力如图 7.3–29、图 7.3–30 所示。

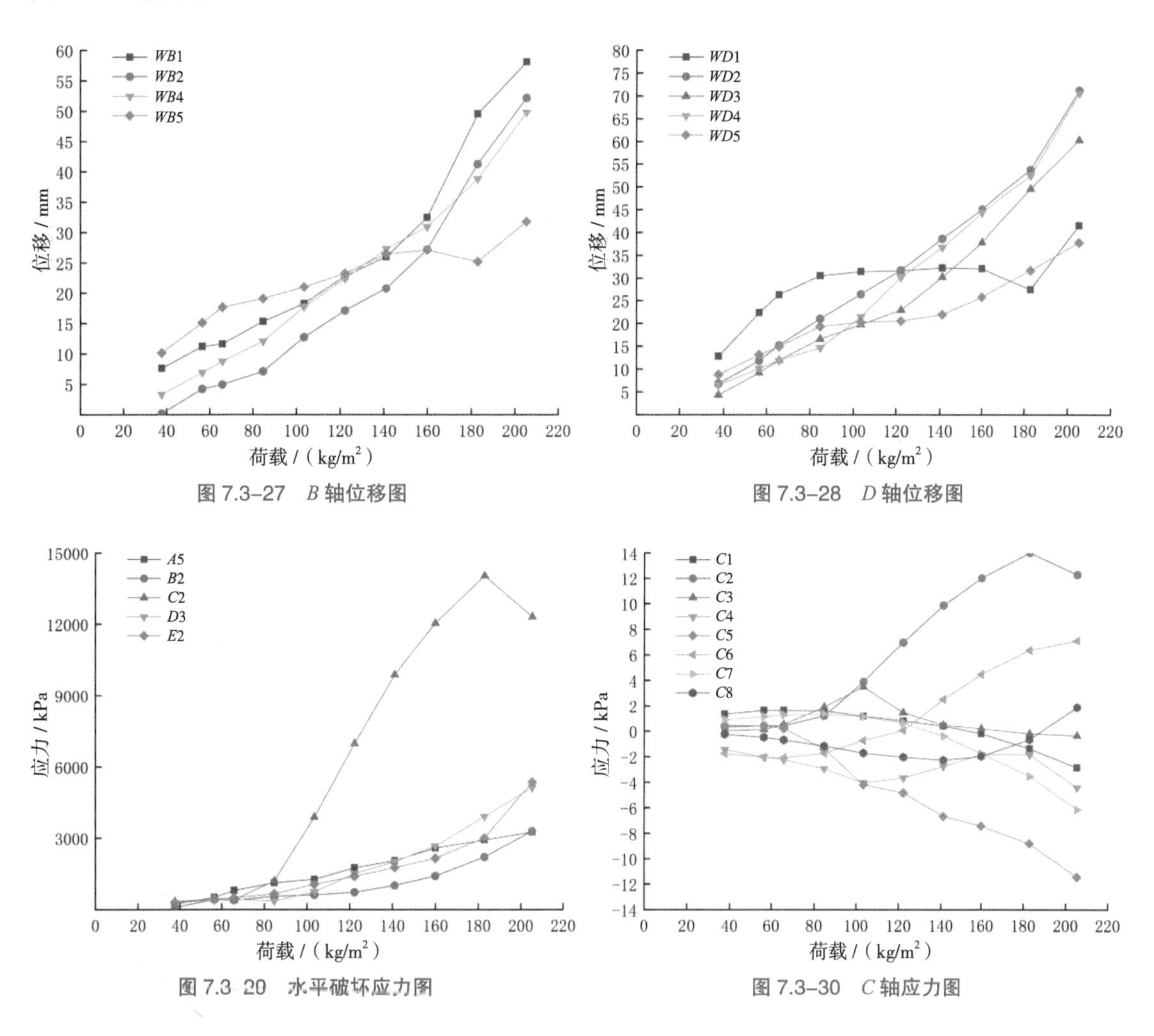

图 7.3–27　*B* 轴位移图

图 7.3–28　*D* 轴位移图

图 7.3–29　水平破坏应力图

图 7.3–30　*C* 轴应力图

7.3.2.3　有限元计算

通过有限元计算软件 ANSYS Workbench 建立了 3 支座约束类型的波形板计算模型，模拟计算了波形板水平破坏的 10 级加载过程，对各级加载的位移数据与试验数据拟合对比。模拟计算结果显示，波形板的变形端部大于中部区域，与试验结果较为一致，最大变形达 76.97mm。对比 *B* 轴位移，试验数据与模拟数据均为端部 1 号点位移最大，在前 5 级加载，拟合程度良好；对比 *D* 轴位移，在前 3 级加载，拟合程度良好，如图 7.3–31 ~ 图 7.3–33 所示。

7.3.2.4 试验结论

（1）不同数量支座约束，不同角度安装方式对聚碳酸酯波形板的刚度影响较大，以波形板最大变形达 $L/125$ 为参照，2 支座约束类型（$L/125$=28mm）水平安装方式下加载荷载 9.41kg/m^2，最大变形 28.43mm，倾角安装方式下加载荷载 23.52kg/m^2，最大变形 27.89mm；3 支座约束类型（$L/125$=14mm）水平安装方式下加载荷载 47.03kg/m^2，最大变形 15.54mm，倾角安装方式下加载荷载 32.92kg/m^2，最大变形 14.77mm。

（2）不同角度安装方式对聚碳酸酯波形板的刚度具有非规律性，2 支座约束类型下，水平安装方式的波形板刚度小于倾角安装方式，3 支座约束类型下，水平安装方式的波形板刚度在前 6 级加载下的波形板刚度大于倾角安装方式，后 3 级加载下小于倾角安装方式。

（3）3 支座类型水平安装方式的聚碳酸酯波形板的破坏出现在跨中 C 轴支座处附近中部第 3 块板面和 D 轴端部第 8 块板面，均为突然断裂的脆性破坏。且破坏后 C 轴波谷位置有明显的扭转变形。

（4）通过有限元计算软件，建立了波形板计算模型，模拟 3 支座约束类型 10 级加载过程，结果表明波形板端部变形大于中部区域，最大变形 76.97mm，与试验结果较为一致。

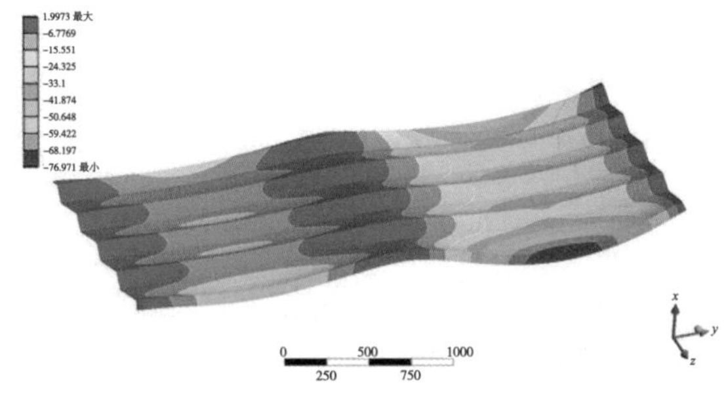

图 7.3–31 10 级加载位移云图（mm）

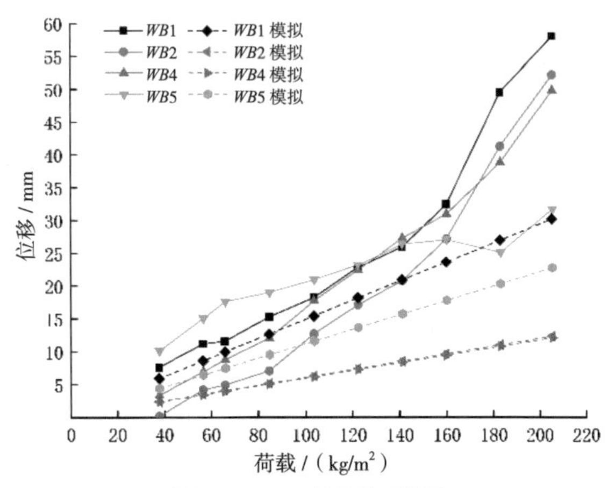

图 7.3–32 B 轴位移对比图

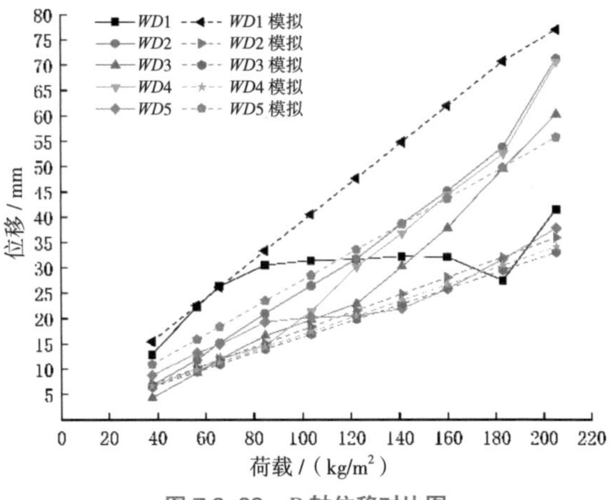

图 7.3–33 D 轴位移对比图

7.3.3 聚碳酸酯板安装技术分析

本项目聚碳酸酯板的波形为在线共挤一次成型工艺，研究聚碳酸酯板固定方式，设计专用支座增强底座的稳定性确保结构安全性能。考虑聚碳酸酯板材料受温度变化影响会有伸缩量，必须采用一端定点固定剩余固定点滑移支座固定的方式应对材料形变。通过模型模拟结合受力计算，采用多种类支座固定聚碳酸酯板，能够满足材料因温度变化产生的形变，又能够通过受力计算，采用此种做法将会极大地保证工程质量。安装中的聚碳酸酯板实景图如图 7.3–34 所示。

（1）聚碳酸酯屋面板为定制折线波形板，波峰间距 300mm，波峰与波谷净高差 98mm，单块板材有效宽度 1200mm（不含搭接尺寸），折线波形板的左端头和右端头设计搭接构造，采用左端

图 7.3-34　安装中的聚碳酸酯板实景图

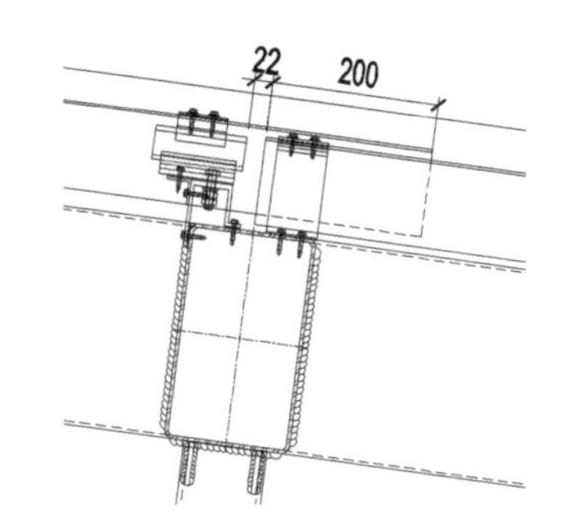

图 7.3-35　聚碳酸酯板短边搭接构造尺寸图

在上右端在下的搭接方式进行屋面板铺装。

考虑聚碳酸酯折线波纹板的线性热膨胀系数较高（约为玻璃的 6 倍），外界温度对板材的热胀冷缩效应比较显著，在 80° 温差条件下，每米的伸缩量达到 5.2mm，板材尺寸越长末端的伸缩量就会越大。考虑聚碳酸酯板的伸缩量、屋面的檩条分格间距尺寸及运输尺寸限制，本工程的板材最长按 10m 定尺加工，在超过 10m 的区域进行了短边搭接的构造进行防水处理，即采用自下而上的板材铺装顺序，保证上下板的搭接量不小于 200mm（图 7.3-35）。在有足够的搭接尺寸时，雨水会沿屋面坡度排走，板材之间预留 10mm 的空隙防止形成虹吸效应又能防止雨水倒灌。

（2）聚碳酸酯板连接固定点构造研究。

聚碳酸酯折线波形板采用点式固定的方式，根据板型尺寸和板厚的强度等限值，本工程的聚碳酸酯折线波形板固定点的最大长度间距为 2500mm，宽度方向上每个波峰处都需要设置固定点。与此同时还需要考虑聚碳酸酯折线波形板的热胀冷缩对固定点的影响，所以本次聚碳酸酯折线波形板的固定点有两种连接形式，一是固定端的连接点，二是滑移端的连接点。聚碳酸酯板连接节点图如图 7.3-36 所示，连接点实物照片如图 7.3-37 所示。

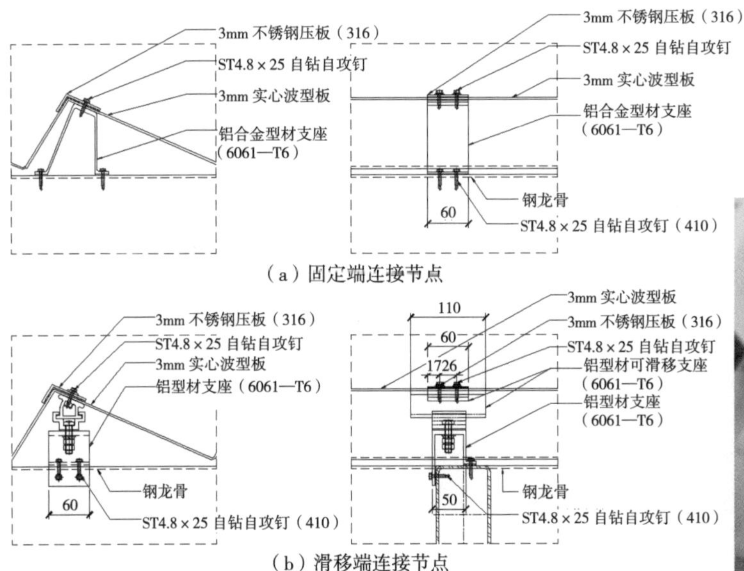

图 7.3-36　聚碳酸酯板连接节点图

图 7.3-37　聚碳酸酯板连接点实物照片

7.4 BIPV 光伏幕墙建筑一体化应用技术

光伏建筑一体化（即 BIPV Building Integrated PV，PV 即 Photovoltaic）是一种将太阳能发电（光伏）产品集成到建筑上的技术，是应用太阳能发电的一种新概念，简单地讲就是将太阳能光伏发电方阵安装在建筑的围护结构外表面（例如幕墙上）来提供电力，光伏材料与建筑的集成是 BIPV 的一种高级形式，它对光伏组件的要求较高。光伏组件不仅要满足光伏发电的功能要求同时还要兼顾建筑的基本功能要求。研究建筑幕墙与光伏一体化应用，实现太阳能电池组件与幕墙单元结合而成的光伏组件发电，把结构使用安全和美学完美结合，确保安全可靠，提高发电效率，同时发挥发电、防雨作用，通过模拟分析得出最优方案。研究光伏建筑一体化工艺，实现光伏系统与建筑幕墙一体化制作及应用，施工现场安装便利，为建筑提供日常运行所需的电力支撑，赋能城市绿色建设。光伏单元板块成品图如图 7.4–1 所示。

图 7.4–1　光伏单元板块成品图

7.4.1 定制异形光伏组件　满足结构性能

该工程光伏幕墙系统由不同尺寸的超大异形幕墙板块组成，标准厚度光伏组件无法满足超大异形板块的结构性能。为应对这一问题，团队将常规 2mm、3.2mm 厚的标准光伏组件，设计为 6mm 厚的双玻定制光伏组件，并采用 POE+EVA 组合胶膜，使定制异形光伏组件具有低水汽透过率、高运行安全性、长久耐老化性等优势，满足了超大板块单元体的结构性能和建筑的个性化需求。

本工程共安装两千多块单晶组件，组件水平铺设，安装容量为 351.2kWp，首年发电量约为 292966.65kWh。本项目组件布置共分为南、北两个区，每区组件经过不同的串联后接入 6kW 组串式逆变器，不同组串接入逆变器不同的 MPPT 输入端，逆变器出线接入汇流箱；交流汇流箱输出电缆接入低压并网柜，本项目由 2 台并网柜接入配电室低压侧。单晶使用寿命不低于 30 年，质保期不少于 12 年。第 1 年功率衰减：单晶不高于 2.5%；以后每年的衰减率不超过 0.5%。胶膜三维模型示意图如图 7.4–2 所示。

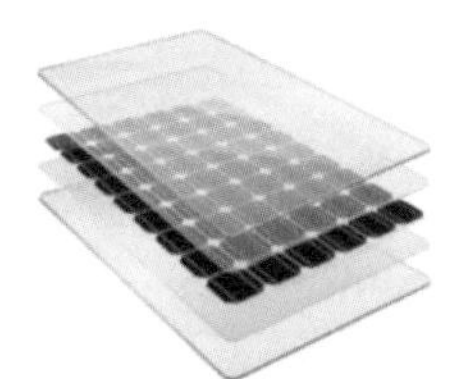

图 7.4–2　胶膜三维模型示意图

7.4.2 光伏组件与幕墙板块一体化应用

该系统的光伏组件尺寸规格多、排布方向多，造成串并联系统复杂，给系统设计和材料加工增加了难度。为解决这一难题，团队从 100 多种面板尺寸中选择了最优的电池排布类型，把相同朝向的上下共计 6 层光伏组件，通过小型逆变器的方式串为一组，完美地将光伏组件与幕墙板块合为一体。光伏玻璃产品如图 7.4–3 所示，光伏组件线路三维示意图如图 7.4–4 所示。

图 7.4–3　光伏玻璃产品图

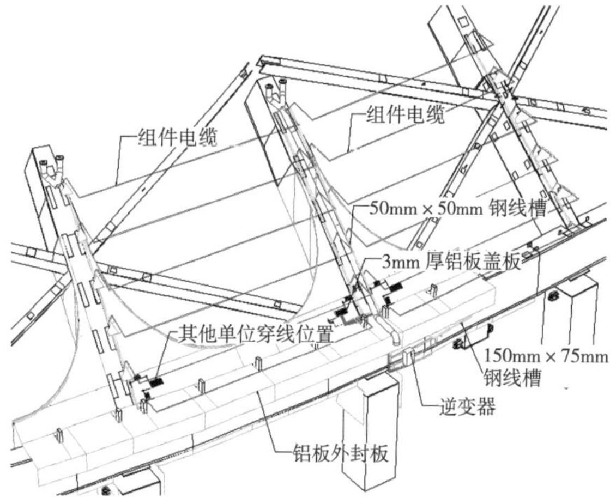

图 7.4–4　光伏组件线路三维示意图

7.4.3　光伏幕墙单元体组装工艺

依据幕墙板块规格尺寸定制相应的光伏组件。在工厂经过光伏玻璃注胶副框、钢件固定、铝型材组装件安装、铝板安装、接线、密封等工序，采用隐框幕墙的做法，把光伏组件和幕墙材料板块合为一体，形成装配式单元体，安装于屋面，实现光伏建筑幕墙一体化应用。

钢龙骨在工厂切割加工焊接为一体，定制精加工铝型材装饰条，与钢龙骨螺栓连接可调节；安装底面开缝系统定制金属铝板；定制化无边框双玻光伏组件，外片玻璃彩釉处理，晶硅电池片排布采用 5BB 方案，隐藏焊带和汇流线，根据隐框玻璃幕墙做法，工厂组装精加工铝合金副框；最后安装顶面定制铝板和光伏组件，打胶密封，再将整个结构单元安装在主体结构上。材料组装示意图如图 7.4–5 所示，光伏幕墙单元体成品如图 7.4–6 所示。

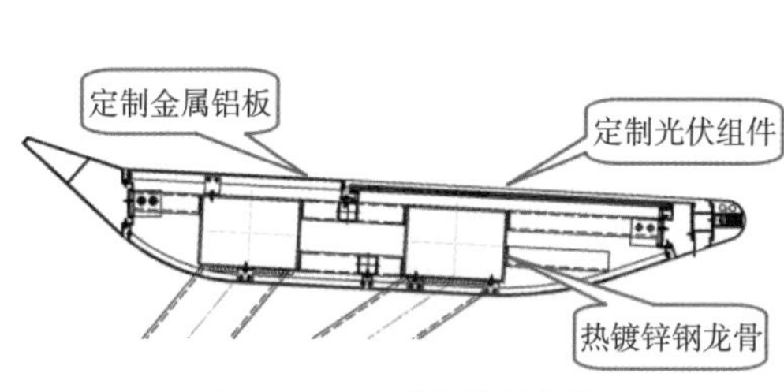

图 7.4–5　材料组装示意图

图 7.4–6　光伏幕墙单元体成品

其主要优点有：

（1）现场安装便利，精度高；整体结构单元式设计，光伏组件采用玻璃幕墙隐框系统组框做法与铝板、型材密封机械固定处理。

（2）效果统一，美观大气；构件前后造型处采用定制铝型材保证平整度；光伏组件外片玻璃同相邻金属颜色彩釉处理，内衬黑色胶片，晶硅电池片焊带及汇流条隐藏；电气线路隐藏。

（3）安全可靠，提高发电效率；同入槽原理，光伏组件完成面略低于相邻铝板、铝型材，光伏组件外表面无遮挡，减少积灰情况。

7.4.4 光伏幕墙装配式安装工艺

把所有材料预制成整体单元体产品，现场使用时直接吊装单元体就位安装，只需进行转接件连接即可，操作简单高效。具体安装采用安全绳、手拉葫芦配合吊装，起吊点在两侧吊装孔区域。安装过程中使用全站仪测量点位，用手拉葫芦调整角度，装饰翼支腿插芯进行调整高度，确保相邻单元体水平标高在同平方米，保证排水坡度，确保装配质量。吊装中的光伏幕墙如图 7.4–7 所示，光伏幕墙安装完成实景图如图 7.4–8 所示。

图 7.4–7 吊装中的光伏幕墙

图 7.4–8 光伏幕墙安装完成实景图

7.5 屋面幕墙系统抗风揭性能技术研究

7.5.1 概述

抗风揭检测的试验原理是在实验室模拟风荷载的条件下对检测试件施加风荷载，经过系统多次循环加载，模拟金属屋面系统在不同荷载情况下的受风情况，根据试件在试验过程中的变形以及连接固定等整体的变化进行评估，从而判定检测试件的抗风性能。

工人体育场钢结构屋面中间为大开口，受周边建筑物影响，其风荷载分布与参考规范取值差异较大，为准确把握屋盖的风荷载情况，对本项目进行了风洞试验（刚性模型测验试验）研究，确定风压系数和围护结构幕墙设计所需的风荷载。并以此风荷载为基础对整体屋面幕墙系统进行动态压力抗风揭和静态压力抗风揭测试，检测出屋面的实际抗风荷载能力，验证幕墙系统抗风揭性能，为建筑的可靠性提供判断依据，也为建筑的安全性提供保障。抗风揭检测试验样板图如图 7.5–1 所示。

图 7.5–1 抗风揭检测试验样板图

7.5.2 试验试件选取

（1）试件尺寸选取各部位跨度最大的板块，其代表规格三边尺寸为 9804mm、9225mm、9475mm；

（2）试件包含杆件及连接件（含栓、钉、焊缝、垫圈、密封措施等）；

（3）试件包含完整的主水沟和次水沟等主要构造；

（4）试件的安装和受力状况应尽可能和实际相符。

抗风揭检测试验样板尺寸图如图 7.5-2 所示。

7.5.3　试件的生产安装及材料

安装的试件选取实际工程使用的材料，按照实际的尺寸进行安装，紧固件和安装方式也应当根据图纸的实际尺寸，采用与工程相同的安装方式。试件四周与试验箱之间的空隙用封边板材收口，密封胶填注。抗风揭检测试验样板龙骨布置图如图 7.5-3 所示，单元体连接节点构造详图如图 7.5-4 所示。

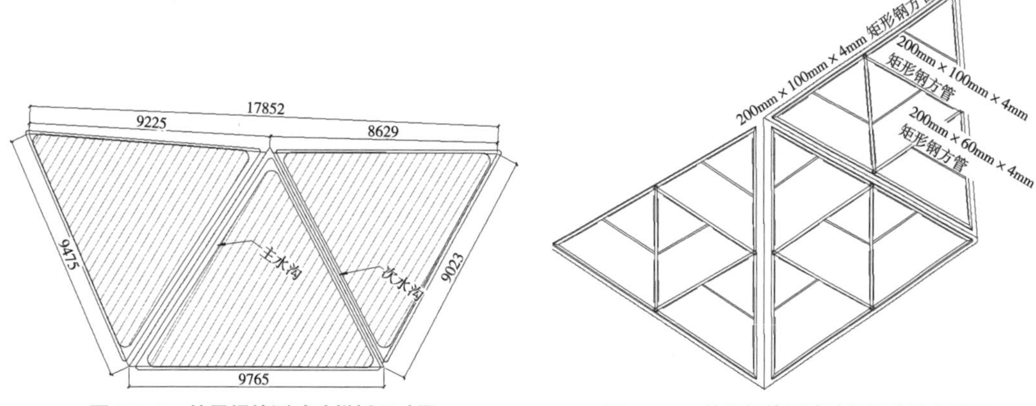

图 7.5-2　抗风揭检测试验样板尺寸图

图 7.5-3　抗风揭检测试验样板龙骨布置图

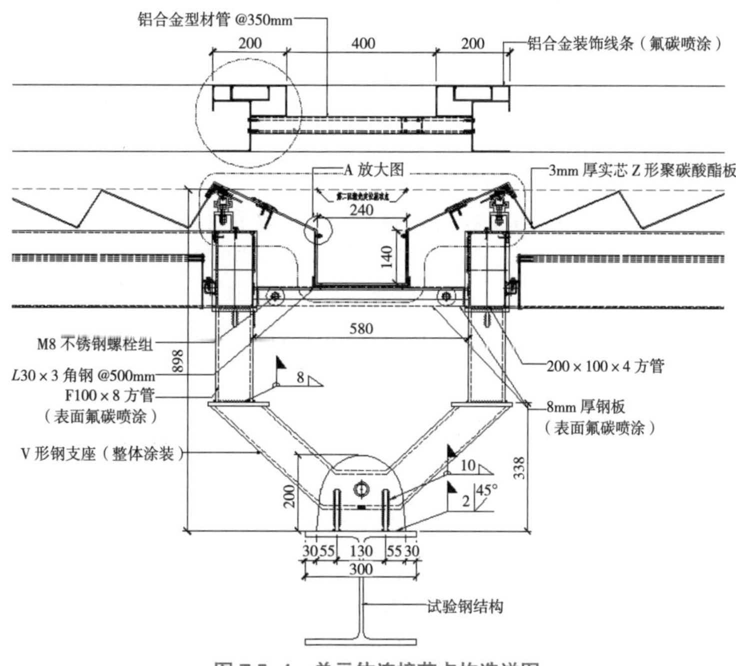

图 7.5-4　单元体连接节点构造详图

7.5.4 检测的荷载

抗风揭试验荷载标准取现行国家标准《建筑结构荷载规范》GB 50009 和本项目的风洞试验报告的最不利风荷载数值。风荷载检测标准值取为 $-1.32kN/m^2$。屋面板系统动态抗风揭检测值应满足 1.4 倍风荷载标准值，即 $-1.85kN/m^2$。动态抗风揭检测结束后应按《钢结构工程施工质量验收标准》GB 50205—2020 中第 C.0.3—6 条的要求继续进行静态风荷载检测至其破坏失效。压力差说明：当试件外表面所受的压力大于内表面所受的压力时，压力差值为正值，反之为负值。

7.5.5 检测标准

抗风揭检测程序按照《钢结构工程施工质量验收标准》GB 50205—2020 中附录 C 的要求进行，检测结果的合格判定标准为：

（1）动态风荷载检测结束，试件未失效；

（2）继续进行静态风荷载检测至其破坏失效，试件破坏时取得的压力荷载数值不低于相应试件承受荷载标准值的 2 倍，即 $-2.64kN/m^2$。

7.5.6 检测程序

7.5.6.1 动态压力抗风揭检测

（1）对试件下部箱体施加稳定正压，同时向上部压力箱施加波动的负压，待下部箱体压力稳定，且上部箱体波动压力达到对应值后，开始记录波动次数（图 7.5–5）；

（2）波动负压范围应为负压最大值乘以其对应阶段的比例系数，详见表 7.5–1；

（3）波动压力周期为（10 ± 2）s；

（4）动态风荷载检测一个周期次数为 5000 次，检测不应小于一个周期。

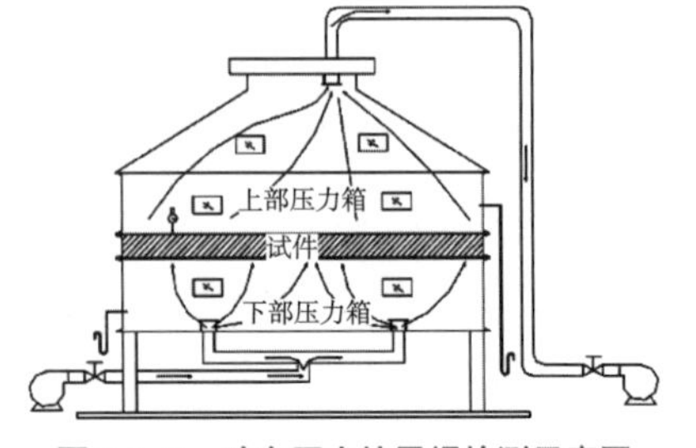

图 7.5–5 动态压力抗风揭检测示意图

表 7.5–1 动态压力抗风揭检测过程

第 1 阶段	1	2	3	4	5	6	7	8
控压目标（%）	0 ~ 12.5	0 ~ 25.0	0 ~ 37.5	0 ~ 50	12.5 ~ 25.0	12.5 ~ 37.5	12.5 ~ 50.0	25.0 ~ 50.0
循环次数	400	700	200	50	400	400	25	25
第 2 阶段	1	2	3	4	5	6	7	8
控压目标（%）	0	0 ~ 31.2	0 ~ 46.9	0 ~ 62.5	0	15.6 ~ 46.9	15.6 ~ 62.5	31.2 ~ 62.5
循环次数	0	500	150	50	0	350	25	25
第 3 阶段	1	2	3	4	5	6	7	8
控压目标（%）	0	0 ~ 37.5	0 ~ 56.2	0 ~ 75.1	0	18.8 ~ 56.2	18.8 ~ 75.0	37.5 ~ 75.0

续表

循环次数	0	250	150	50	0	300	25	25
第 4 阶段	1	2	3	4	5	6	7	8
控压目标（%）	0	0 ~ 43.8	0 ~ 65.6	0 ~ 87.4	0	21.9 ~ 65.6	21.9 ~ 87.5	43.8 ~ 87.5
循环次数	0	250	100	50	0	50	25	25
第 5 阶段	1	2	3	4	5	6	7	8
控压目标（%）	0	0 ~ 50.0	0 ~ 75.0	0 ~ 100.0	0	0	25.0 ~ 100.0	50.0 ~ 100.0
循环次数	0	200	100	50	0	0	25	25

7.5.6.2　静态压力抗风揭检测

（1）从 0 开始，以 –0.07 kPa/s 加载速度加压到 –0.7kPa；

（2）加载至规定压力等级并保持该压力时间 60s，检查试件是否出现破坏或失效；

（3）排除空气卸压回到零位，检查试件是否出现破坏或失效；

（4）重复上述步骤，以每级 –0.7 kPa 逐级递增作为下一个压力等级，每个压力等级保持该压力 60s，然后排除空气卸压回到零位，再次检查试件是否出现破坏或失效；

（5）重复测试程序直到试件出现破坏或失效，停止试验并记录破坏前一级压力值。

7.5.7　本节小结

通过动态压力抗风揭检测，在整个检测过程中试件未破坏或失效；通过静态压力抗风揭检测，在整个检测过程中试件未破坏或失效的压力差值为 2.112kPa。由此判断试件在试验过程中的变形以及连接固定等整体的变化符合设计要求，试件的抗风性能优良，施工现场从原材料质量开始把控，包括构件加工、组装、安装过程品控管理，打造精品工程，保证项目如期交付使用。做试验的目的就是要验证屋面系统的抗风性能，检测出金属屋面的抗风荷载能力，以保障建筑幕墙的使用安全。

7.6　屋面幕墙系统吸声性能研究

7.6.1　基本概要

北京工体足球场场地扩声系统语言清晰度 STIPA 由电声和建声两个组成部分共同作用组成，二者共同作用，缺一不可。任何一部分的缺失都将造成语言清晰度 STIPA 不能满足国家或国际指标要求。

研究聚碳酸酯板下置格栅的吸声性能，本项目通过定尺格栅尺寸及调整格栅间距布置的方式，将体育场内的建学声音和电学声音进行吸附，穿孔矩形格栅外形尺寸 60mm × 140mm，净距 190mm 布置，穿孔直径 3mm，孔间距 5mm，穿孔率达 25%；其材料组成为定型 3mm 空腔铝合金型材，腔体内填充容重为 64kg/m³ 的玻璃棉，外包憎水玻璃丝布。铝格栅实景图如图 7.6–1 所示，铝格栅位置关系图如图 7.6–2 所示，铝格栅尺寸示意图如图 7.6–3 所示。

图 7.6–1　铝格栅实景图

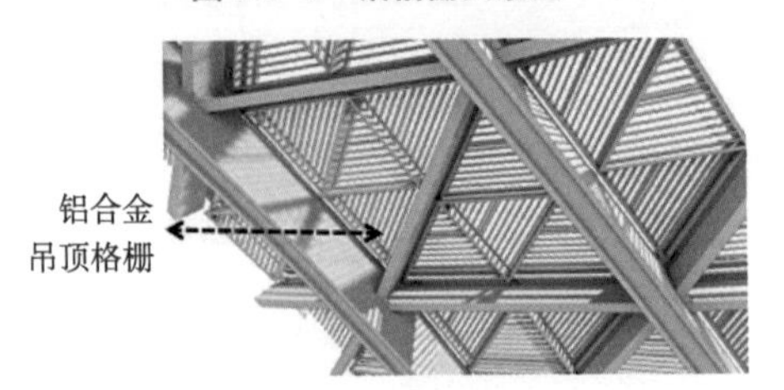

图 7.6–2　铝格栅位置关系图

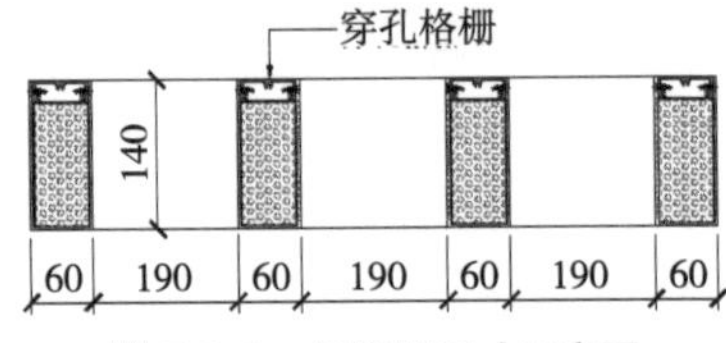

图 7.6–3　铝格栅尺寸示意图

7.6.2　模拟说明

北京工体足球场属于超大型的体育空间，建筑面积约 10 万 m²，观众席空间建筑容积约 160 万 m³。根据格栅吸声材料覆盖面积，分别核算观众空场条件下声衰变时间和观众满场条件下声衰变时间（在声学计算中 80% 上座率即视为满场，因此在本次计算中以 80% 上座率为计算条件）。

吸声系数测试在混响室中进行，由于混响室容积只有 200m³，且测试过程在完全扩散的声场环境中进行，因此当实验室数据用于实际工程中进行计算时，根据经验，需要对实验室吸声系数按照不同的频率进行适当折减，以保证计算结果能够真实预测建成后的状态。

7.6.3　“空场”条件下的建声技术分析

（1）在本次计算中不同位置的吸声系数设置见表 7.6–1。

表 7.6–1　不同位置的吸声系数

位置	材料	125	250	500	1000	2000	4000
吸声顶面	吸声格栅	0.14	0.28	0.43	0.48	0.48	0.48
普通顶面		0.15	0.15	0.15	0.1	0.1	0.1
球场	草坪	0.1	0.2	0.3	0.3	0.3	0.3
座席区	塑料座椅（坐人）	0.20	0.15	0.15	0.10	0.10	0.08
墙面	穿孔吸声板	0.4	0.7	0.7	0.6	0.6	0.6
天空		1.0	1.0	1.0	1.0	1.0	1.0

（2）混响时间计算结果见表 7.6–2；声衰变曲线图如图 7.6–4 所示，从图中可以看出，按照此格栅做法，观众席中频 500Hz 平均声衰变时间为 5.0s。

表 7.6–2　声衰变时间表（s）

频率（Hz）	125	250	500	1000	2000	4000
声衰变时间	6.5	5.5	5.0	5.0	4.4	3.3

（3）观众席声衰变时间分布图。

①观众席大部分区域在 125Hz 的声衰变时间为 6.0 ~ 8.5s 之间，如图 7.6–5 所示；

②观众席大部分区域在 250Hz 的声衰变时间为 5.0 ~ 6.5s 之间，如图 7.6–6 所示；

③观众席一半区域在 500Hz 的声衰变时间为 4.5 ~ 5.8s 之间，如图 7.6–7 所示；

④观众席一半的区域在 1000Hz 的声衰变时间为 4.8 ~ 6.5s 之间，如图 7.6–8 所示；

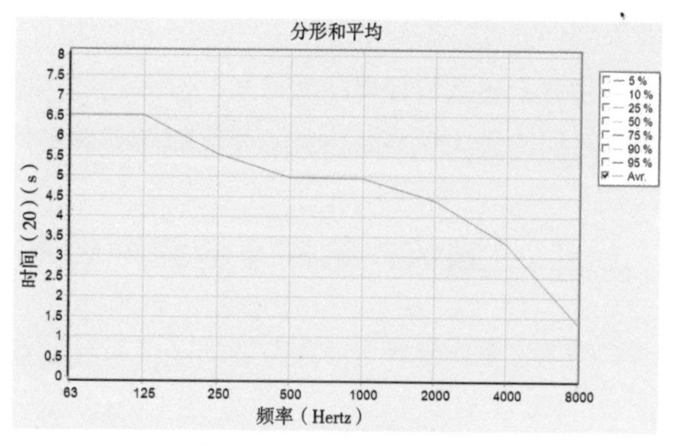

图 7.6–4　声衰变曲线图

⑤观众席区域在 2000Hz 的声衰变时间为 4.0 ~ 5.3s 之间，如图 7.6–9 所示；

⑥观众席区域在 4000Hz 的声衰变时间为 3.0 ~ 4.0s 之间，如图 7.6–10 所示。

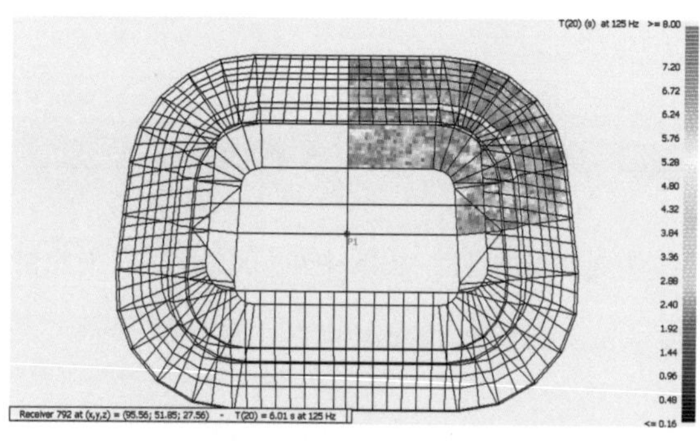

图 7.6–5　声衰变时间图（6.0 ~ 8.5s 之间）

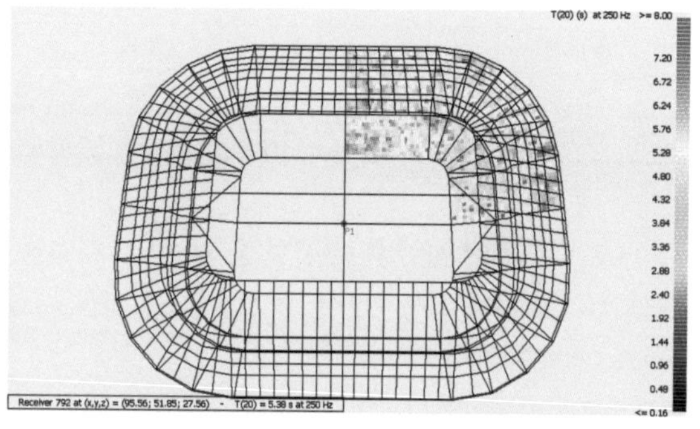

图 7.6–6　声衰变时间图（5.0 ~ 6.5s 之间）

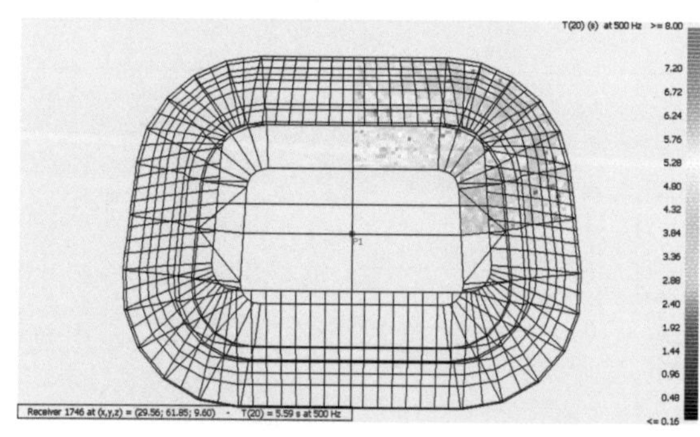

图 7.6–7　声衰变时间图（4.5 ~ 5.8s 之间）

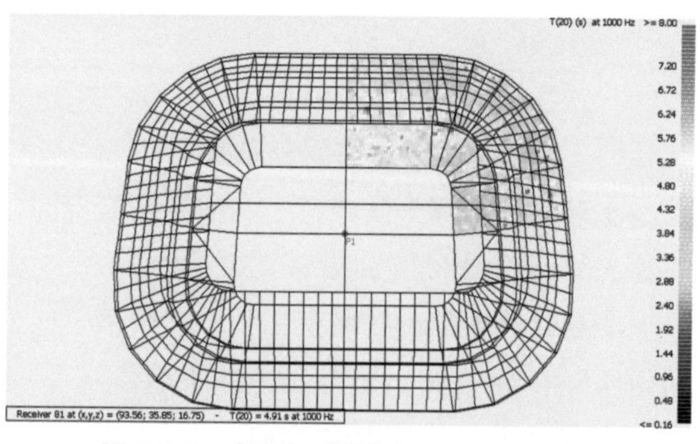

图 7.6–8　声衰变时间图（4.8 ~ 6.5s 之间）

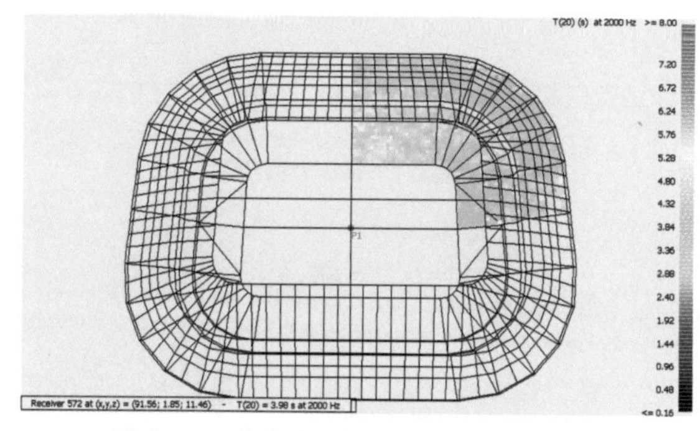

图 7.6–9　声衰变时间图（4.0 ~ 5.3s 之间）

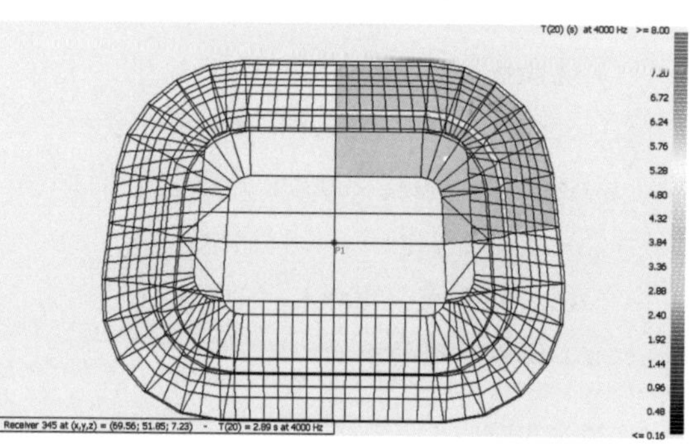

图 7.6–10　声衰变时间图（3.0 ~ 4.0s 之间）

（4）计算结果分析

通过上述基数计算结果可知，按照现有格栅数量计算，观众席空场的情况下，观众席区域声衰变时间约为 4.5 ~ 5.8s，约一半区域能够满足使用要求，另外一半区域较规范规定指标偏长。

7.6.4 “满场”条件下的建声技术分析

（1）在本次计算中不同位置的吸声系数设置见表 7.6–3。

表 7.6–3　　不同位置的吸声系数

位置	材料	125	250	500	1000	2000	4000
吸声顶面	吸声格栅	0.14	0.28	0.43	0.48	0.48	0.48
普通顶面		0.15	0.15	0.15	0.1	0.1	0.1
球场	草坪	0.1	0.2	0.3	0.3	0.3	0.3
座席区	塑料座椅（坐人）	0.45	0.45	0.50	0.55	0.55	0.55
墙面	穿孔吸声板	0.4	0.7	0.7	0.6	0.6	0.6
天空		1.0	1.0	1.0	1.0	1.0	1.0

（2）混响时间计算结果见表 7.6–4，声衰变曲线图见图 7.6–11，从图中可以看出，按照此格栅做法，观众席中频 500Hz 平均声衰变时间为 4.5s。

表 7.6–4　　声衰变时间（s）

频率（Hz）	125	250	500	1000	2000	4000
声衰变时间	6.0	5.0	4.5	4.4	3.8	3.0

（3）观众席声衰变时间分布图。

①观众席大部分区域在 125Hz 的声衰变时间为 5.0 ~ 6.5s 之间，如图 7.6–12 所示；

②观众席大部分区域在 250Hz 的声衰变时间为 4.5 ~ 5.5s 之间，如图 7.6–13 所示；

③观众席一半区域在 500Hz 的声衰变时间为 4.2 ~ 5.2s 之间，如图 7.6–14 所示；

④观众席一半的区域在 1000Hz 的声衰变时间为 3.8 ~ 4.8s 之间，如图 7.6–15 所示；

⑤观众席区域在 2000Hz 的声衰变时间为 3.0 ~ 4.0s 之间，如图 7.6–16 所示；

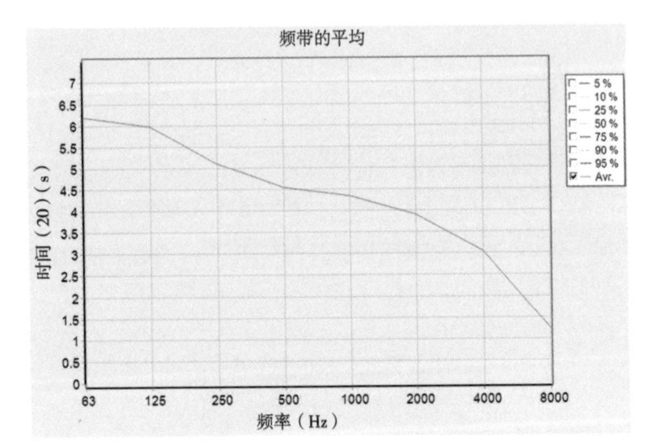

图 7.6–11　声衰变曲线图

⑥观众席区域在 4000Hz 的声衰变时间为 2.5 ~ 3.5s 之间，如图 7.6–17 所示。

（4）计算结果分析。

通过上述基数计算结果可知，按照现有格栅数量计算，观众席 80% 上座率的情况下，观众席区域声衰变时间约为 4.2 ~ 5.2s，大部分区域能够满足使用要求，少部分区域较规范规定指标偏长。

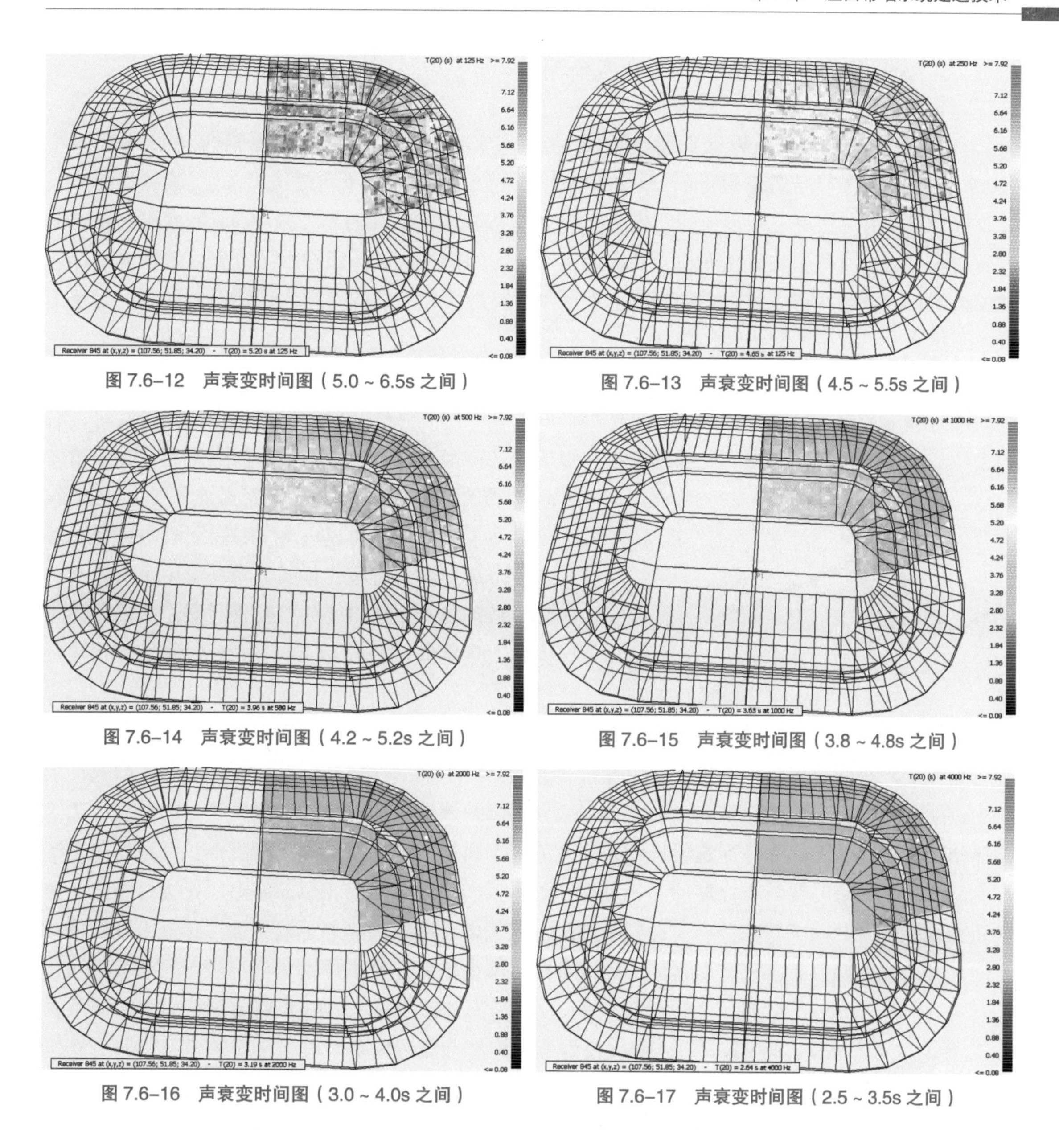

图 7.6–12　声衰变时间图（5.0 ~ 6.5s 之间）

图 7.6–13　声衰变时间图（4.5 ~ 5.5s 之间）

图 7.6–14　声衰变时间图（4.2 ~ 5.2s 之间）

图 7.6–15　声衰变时间图（3.8 ~ 4.8s 之间）

图 7.6–16　声衰变时间图（3.0 ~ 4.0s 之间）

图 7.6–17　声衰变时间图（2.5 ~ 3.5s 之间）

7.7　聚碳酸酯板幕墙系统防渗漏分析

屋面幕墙系统防水要求非常高，要做到“滴水不漏”，施工控制非常严格，对聚碳酸酯折线波纹板的防水构造提出了新的挑战。如何确保在施工阶段控制质量，打造精品工程、百年工程，是施工过程中控制的重点也是难点。聚碳酸酯折线波纹板固定支座有四种类型，分布在框架龙骨的特定位置。在聚碳酸酯 Z 形波峰两端选用不同种类支座固定，上端选用固定支座保证受力安全性能，下端选用滑移支座应对四季温度变化对聚碳酸酯板产生变形影响。中间固定点根据 Z 形波长确定，保证相邻固定点间距不小于 2.5m 的距离，屋面幕墙的支座固定数量近 10 万个。每个固定点均设有严密的防渗漏措施，支座与面板契合度要求极高。

7.7.1 聚碳酸酯板构造防渗漏分析

（1）本项目聚碳酸酯板的波形为在线共挤一次成型工艺，定制折线波形板，波峰间距300mm，波峰与波谷净高差98mm，单块板材有效宽度1200mm（不含搭接尺寸）。聚碳酸酯折线波纹板通过波峰与波谷之间形成的凹槽将板材分成有规律的宽300mm、深98mm的水沟，板材上表面的雨水通过这些水沟有序流动，自上而下沿水沟凹槽进入到屋面排水系统里，聚碳酸酯折线波纹板的折线波纹构造既可以增加板材的平面刚度又能形成天然的排水沟构造，使整个屋面系统有组织排水。

（2）针对板材搭接处的防水构造的解决思路是采用板材长边有序搭接干密封处理的方式。聚碳酸酯折线波形板的左端采用尖角折弯造型，而右端采用波峰处凹口的构造，在搭接安装时，右端带凹口的位置在下、左端在上紧密搭接，形成瓦式搭接构造，通过右端凹口造型与左端尖角之间形成的空腔来解决板材紧密贴合形成的虹吸效应，将吸上来的水通过这个空腔阻断虹吸路径顺着空腔排走。以上措施能够既美观又简单有效地形成密封搭接构造，较传统的打胶密封操作简单且性能优良。聚碳酸酯板长边搭接构造尺寸图如图7.7-1所示。

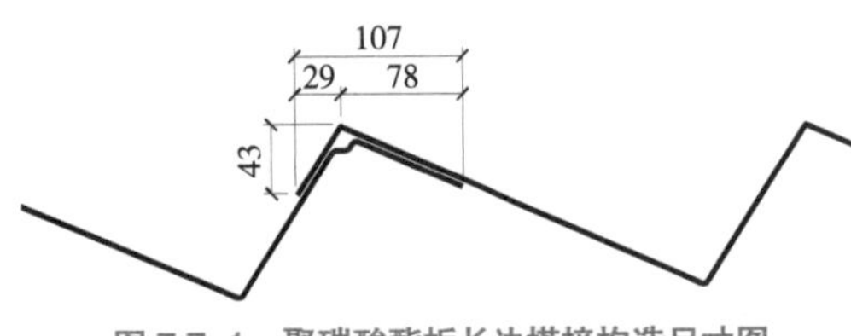

图7.7-1 聚碳酸酯板长边搭接构造尺寸图

（3）聚碳酸酯板连接固定点防水构造研究。

聚碳酸酯折线波形板的连接点均为螺钉穿透板材将不锈钢压盖与铝合金底座相连，形成夹板将聚碳酸酯折线波形板夹在中间，最终由铝合金底座把聚碳酸酯折线波形板所承受的荷载传递给主体结构。所有的螺钉都是穿透板材的，这就造成了所有的钉孔都是漏水隐患点，针对所有连接点的防水处理都是需要着重处理的。一是不锈钢压板和聚碳酸酯板之间的缝隙需要进行密封，为防止雨水从两者之间的缝隙侵入，设置丁基防水胶带进行粘贴，此外不锈钢螺钉穿透丁基防水胶带时的孔会被丁基胶带自密实密封住，保证了雨水不会从钉孔及不锈钢压板与聚碳酸酯板之间的缝隙侵入；二是不锈钢压板上的钉孔需要进行密封，因不锈钢压板为可视构件且数量较多，对于常规的钉头打胶的操作不予考虑，为此从国外进口专用的橡胶密封垫圈配套不锈钢螺钉使用，从螺钉最外层解决螺钉渗水问题。通过以上两种措施自上而下解决了所有聚碳酸酯折线波形板的连接点的密缝处理。聚碳酸酯板连接点防水节点图如图7.7-2所示。

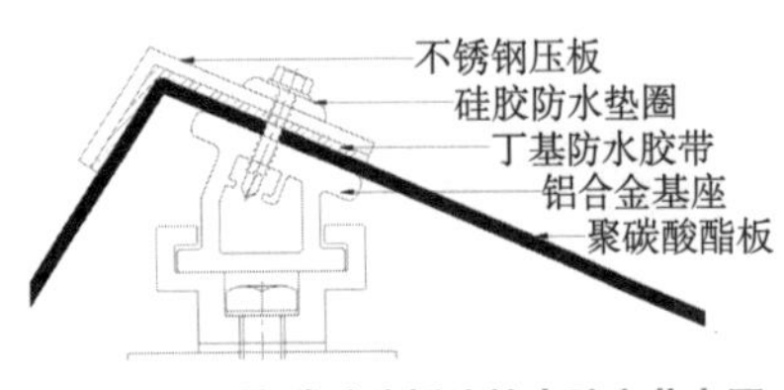

图7.7-2 聚碳酸酯板连接点防水节点图

①滑移端的封堵防水措施。

聚碳酸酯板端头的防水封闭既不能影响聚碳酸酯板的热胀冷缩位移又必须保证防水的密缝完整性，还需要保证折线板凹槽里的水顺利排到铝板水沟内。为此，首先把聚碳酸酯板的端头延伸至水沟内侧，并保证在热胀冷缩时始终有一定的搭接量，使聚碳酸酯板上面的水能够全部排进水沟内侧。其次为解决聚碳酸酯板的滑移伸缩带来的位移量，在聚碳酸酯板波谷位置设置一道通长的风琴密缝胶条配合型材形成一道伸缩缝，在聚碳酸酯板伸缩变形时还能有效的保证搭接量从而保证密封性。由于聚碳酸酯板为折线波形状，两个波谷之间的位置有个三角形空腔，为防止雨水倒灌，设置 2.5mm 铝板进行封口处理，封口铝板下部与风琴胶条的型材打胶密缝，上部与聚碳酸酯板打胶密缝。至此，聚碳酸酯板内侧从封口铝板至风琴胶条最终到铝板水沟做成一道可伸缩的封闭构造，有效地阻断雨水从聚碳酸酯板滑移端的渗透。聚碳酸酯板滑移端封闭措施节点图如图 7.7–3 所示。

②固定端的封堵防水措施。

采用通长的 Z 形铝板将聚碳酸酯板的整个断面进行封堵，Z 形铝板的下端与铝板水沟相连接，上端将聚碳酸酯板的连接构件全部遮挡，在聚碳酸酯板的上表面与 Z 形封堵铝板之间设置一道 1mm 铝板封堵，将上端头完全的封闭上。聚碳酸酯板固定端封闭节点剖面图如图 7.7–4 所示，聚碳酸酯板固定端封闭节点断面图如图 7.7–5 所示。

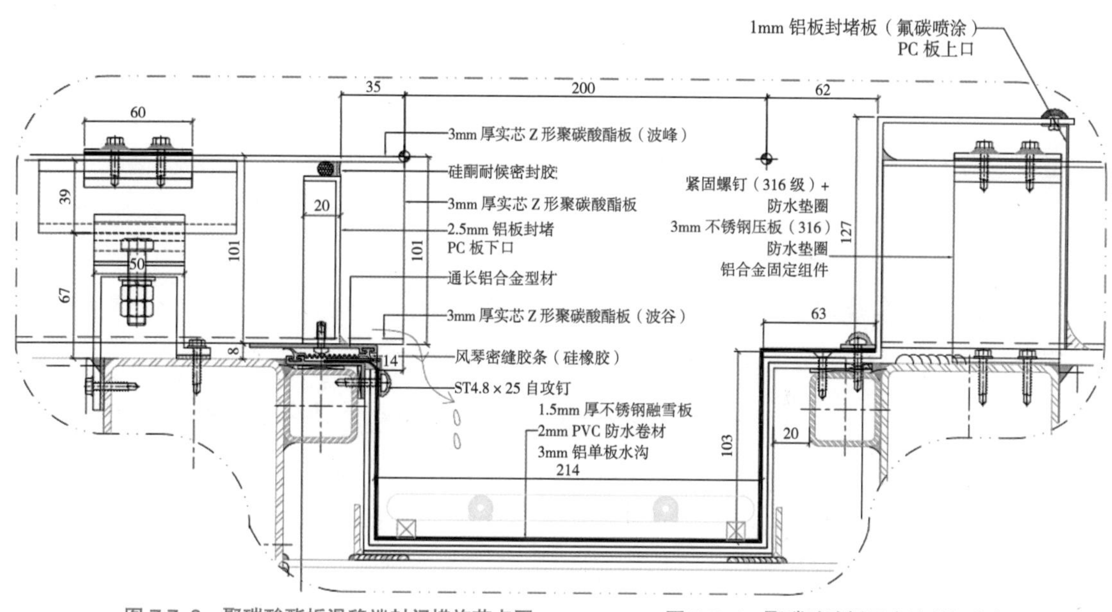

图 7.7–3　聚碳酸酯板滑移端封闭措施节点图　　　图 7.7–4　聚碳酸酯板固定端封闭节点剖面图

7.7.2　铝板水沟防水构造研究

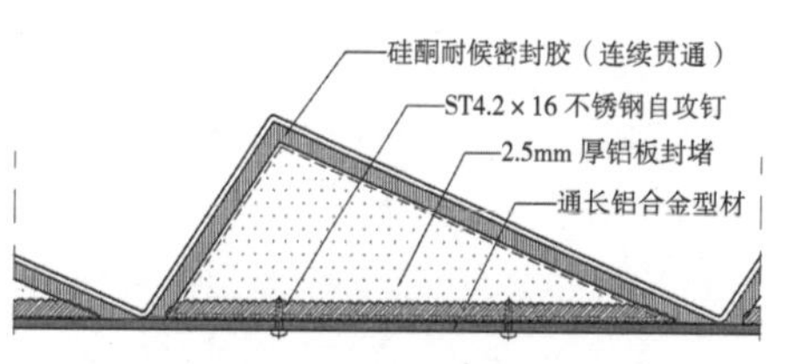

图 7.7–5　聚碳酸酯板固定端封闭节点断面图

三角形聚碳酸酯折线波形板单元块之间的铝板水沟作为屋面的重要组成部分又是水流汇集的载体，对防水的要求更高。横纵交接的造型使得铝板水沟的交接点和交接面非常多且角度各不相同，对水沟的防水构造提出了更高的要求。所有铝板水沟的设计均采用瓦式搭接的做法，自下而上安装，形成上搭下的排水构造。

根据排水系统的排水线路，可知道六角花瓣为各方向水流的交汇处，防水效果尤为重要。所以此处水槽铝板要尽可能地做到高效防水，不能出现拼缝成为漏水隐患。从整个屋面的安装顺序上看，在三角形单元板块安装完毕之后再进行铝板水沟的安装，每条主水沟会与四条次水沟形成交点，即六条水沟汇集一个交叉点上，交叉点的设计非常关键。为此，根据 BIM 模型对所有的水沟交叉点设计成一体的转换交接板，六个方向的水沟均与此转换交接板进行搭接的连接方式，避免各种角度的拼接缝相接在水流汇集之处。水沟安装三维示意图如图 7.7-6 ~ 图 7.7-11 所示。

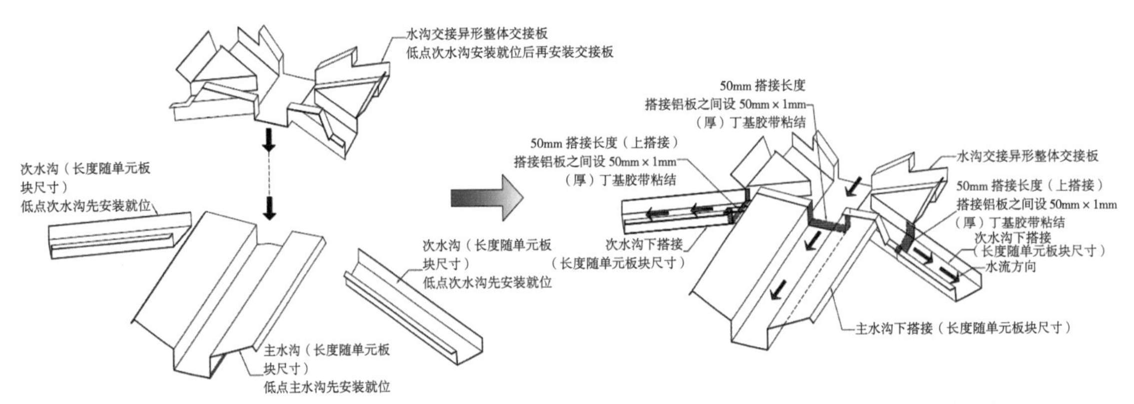

图 7.7-6　低点水沟安装三维图

图 7.7-7　低点水沟和拼接异形板安装三维图

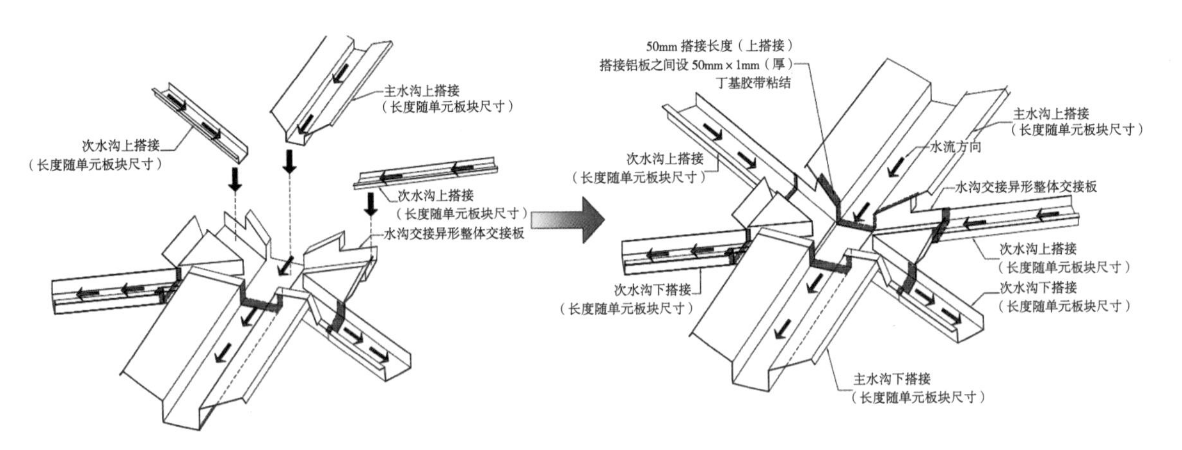

图 7.7-8　高点水沟安装三维图

图 7.7-9　水沟铝板安装完成三维图

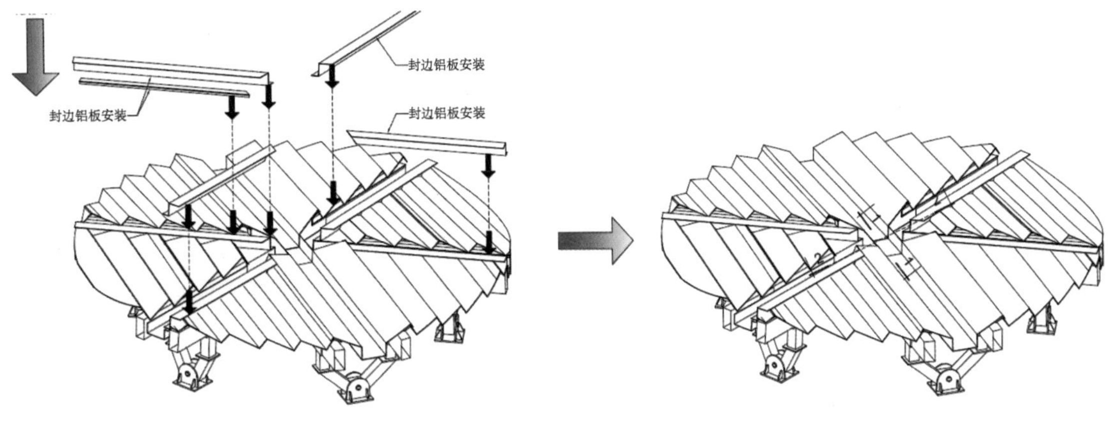

图 7.7-10　安装封边板三维图

图 7.7-11　主次水沟整体安装完成三维图

水槽的安装遵循瓦式搭接的原理，自下而上地安装，搭接尺寸不小于 50mm，水沟铝板搭接处采用丁基胶带密缝。为提高铝板水沟的防水性，在所有水沟铝板安装完成之后，通长满铺一层 PVC 防水卷材，PVC 防水卷材也采用自下而上的顺序安装，所有搭接位置均采用高搭低的瓦式搭接构造，搭接尺寸不小于 50mm。铝板水沟安装搭接构造密缝图如图 7.7–12 所示。

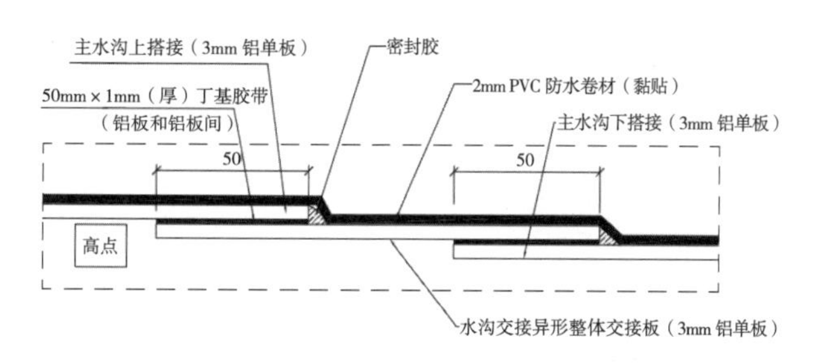

图 7.7–12　铝板水沟安装搭接构造密缝图

7.7.3　现场施工质量分阶段管理

质量管理是永恒不变的主题，良好的系统设计需要配套体系的质量管理，方能出好的产品。幕墙产品的防水是重中之重，水沟质量把控可从以下三个阶段进行：

（1）第一阶段：原材进场验收，对进场异形花瓣铝板成品件进行闭水试验，确保铝板无渗漏点。

（2）第二阶段：铝板安装是严格按照节点及施工顺序从上到下，严把质量关。针对异形花瓣及收边收口铝板密封胶，严控打胶质量。对胶缝不饱满，厚度不够位置进行重点关注并处理。铝板水沟安装实物照片如图 7.7–13、图 7.7–14 所示。

图 7.7–13　铝板水沟安装实物照片

图 7.7–14　屋面水槽安装现场照片

（3）第三阶段：在施工 PVC 防前对易漏部位进行全部淋水检测，确保无隐患后再进行下一道工序。

第 8 章　绿色与低碳建造技术

8.1　绿色与低碳建造规划

8.1.1　绿色施工组织管理

为贯彻“以资源高效利用为核心，以环保优先为原则”的指导思想，追求高效、低耗、环保、统筹兼顾，实现经济、社会、环保（生态）综合效益最大化的绿色低碳施工模式，笔者单位本着绿色施工的指导思想，精心打造集环保与智慧建造于一体的精品绿色建筑。

绿色施工是指工程建设中，在保证质量、安全等基本要求的前提下，通过科学管理和技术进步，最大限度地节约资源和减少对环境负面影响的施工活动，实现节能减排（节能、节地、节水、节材、人力资源节约和环境保护）的总体目标。

8.1.1.1　绿色施工组织管理机构

为创建集环保与智慧建造于一体的精品绿色建筑，项目部建立健全了绿色施工管理体系，完善责任分配制度，明确以项目经理为绿色施工第一责任人，负责绿色施工的组织实施及目标实现，并将绿色施工相关责任划分到各个部门负责人，再由部门负责人将本部门的责任划分到个人，且在施工过程中负责监督指导、检查打分，保证责任分配与绿色施工整体目标的有序进行。项目组织机构图如图 8.1-1 所示：

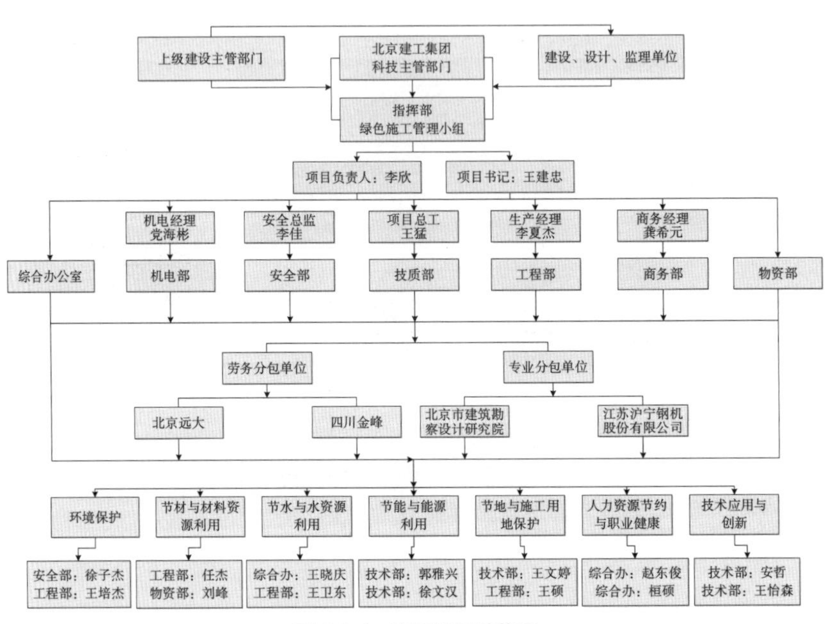

图 8.1-1　项目组织结构图

8.1.1.2　岗位管理职责

项目部各岗位管理职责见表 8.1-1。

表 8.1-1　　岗位管理职责表

岗位	职责
集团	1. 集团科学技术管理部组织科技示范工程立项申报。 2. 监督指导科技示范工程过程管理。 3. 参与“科技示范工程”中期检查、竣工验收。 4. 汇总备案“科技示范工程”立项、中期检查、竣工验收相关资料。 5. 组织科技示范工程的培训交流
指挥部	1. 对项目部进行交底，提供现行有效的相关政策性文件，并宣贯相关要求。 2. 监督项目部按时完成立项、中期和终期验收节点，每季度应检查科技示范工程过程管理和完成情况。 3. 中期和终期验收前，应到项目检查整体准备情况，重点检查资料收集整理、汇报材料和验收会务安排策划是否符合验收要求
组长（项目负责人）	1. 履行第一责任人的作用，对项目的绿色施工负全面领导责任。贯彻执行安全生产的法律法规、标准规范和其他要求，落实各项责任制度和操作规程。 2. 负责确定绿色施工目标和管理组织，明确职能分工，主持项目绿色施工目标的考核。确保绿色施工各项费用的投入及目标的实现。 3. 领导、组织项目全体管理人员负责对施工现场可能节约因素的识别、评价和控制措施，并落实负责部门。 4. 组织进行绿色施工过程评价，负责组织编写“项目绿色施工管理计划”。 5. 定期召开项目绿色施工管理工作会议，布置落实绿色施工控制措施，认真研究与分析当前项目绿色施工管理情况，对存在的问题及时进行整改。 6. 负责对分包队伍和供应商的评价和选择，保证分包队伍和供应商符合绿色施工示范工地的标准要求
副组长（总工）	1. 负责绿色施工评价阶段、施工过程的划分。 2. 负责在绿色施工组织设计中对绿色施工技术措施及专项施工方案的编制。 3. 负责绿色施工费用的有效使用。 4. 参与进行绿色施工过程评价及编写“项目绿色施工管理计划”。 5. 组织项目经理部的环境意识教育和环保措施培训。 6. 协助项目经理制定环境保护管理办法和规章制度，并监督实施。 7. 组织人员进行环境因素辨识，编制重大环境因素清单和环境保护措施，组织环保措施交底并监督措施的落实。 8. 负责项目施工生产和日常管理工作。 9. 对施工全过程进行有效的监控，确保工程文明施工、环境保护和创优目标的实现
技术部	1. 编制绿色施工专项方案，并负责对项目管理小组人员进行方案交底。 2. 对施工工艺进行研究，结合本工程施工实际情况，制定可行的节能、节水、节地、节材和环境保护的控制措施。 3. 负责本工程资源能源计划与实际消耗的原因分析工作，并向绿色施工管理小组组长及副组长汇报。 4. 及时公布在节约资源与减少环境负面影响的施工生活与生产的部位。 5. 负责绿色施工技术措施的落实情况检查工作
工程部	负责对施工中在现场的工人进行绿色安全文明施工的教育和培训。 1. 负责对现场所有工人进行技术交底工作，履行签字手续，并对规程、措施及交底执行情况经常检查，随时纠正违章作业。 2. 负责落实方案制定的五节一环保措施。 3. 负责对本工程资源能源计划与实际消耗的统计工作。 4. 及时在资源消耗大的施工生产部位挂设相应的绿色施工措施牌。 5. 将每日绿色施工内容记入施工日志
质量部	1. 负责对施工过程中的质量监督，对可能引起质量问题的操作进行制止、指导、督促。避免返工的出现，减少浪费。 2. 负责进行工序间的验收，确保施工质量合格后再进行下道工序，减少返工造成的资源浪费

续表

岗位	职责
安全部	1. 组织对现场相关人员进行绿色施工教育工作及安全教育工作，增强施工人员的绿色环保意识和安全意识。 2. 做好绿色施工宣传。 3. 做好过程监控。对现场存在的不符合项，要求限期内整改到位。 4. 制定卫生急救、保健防疫、消防安全等制度。 5. 对每日应消毒部位进行检查并确认。 6. 定期进行噪声监控
机电部	1. 编制用水及用电制度，并对本工程各区域进行用水用电监控。 2. 统计并记录每月生活区、办公区、施工区的用水、用电量。对用水用电资料及时予以归档，发现重大偏离项及时向组长及副组长报告。 3. 对塔式起重机等大型机械每月用电情况进行单独统计并分析
商务部	1. 严格执行两算对比制度，合理提供施工材料总计划。 2. 对绿色施工措施进行核算，编写经济性、可行性报告。 3. 参加对绿色施工计划的评估，对绿色施工措施进行价值分析
物资部	1. 按照项目绿色施工计划要求，组织各种物资的供应工作。 2. 负责供应商的有关评价资料的收集，针对绿色施工的实施对供应商进行分析、评价，建立合格供应商名录。 3. 负责对进场材料按场容标准化要求堆放，保证物资码放整齐，标识齐全，减少二次搬运。 4. 协调有毒、有害等材料的供应商将包装或废弃物及时退场回收。 5. 执行材料进场验收制度，杜绝不合格产品进入现场。 6. 执行材料领用审批制度，限额领料，杜绝浪费
资料室	1. 负责绿色施工档案管理工作，整理收集施工资料。 2. 负责绿色施工规范的整理、收集，编制规范目录

8.1.1.3 绿色施工管理制度

项目部制定绿色施工各项管理制度，明确各项管理制度的责任部门、责任人。将绿色施工管理制度形成制度体系，按照节能减排及对分包管理进行分类；随着工程绿色施工工作的开展，逐步完善补充相关制度。

8.1.2 绿色施工指标策划

项目按照笔者单位的有关规定，参照各类评价指南，制订项目绿色施工策划指标，具体指标见表 8.1–2。

表 8.1–2　　项目绿色施工策划指标

序号	类别	项目	要求目标值
1	环境保护	扬尘控制	实时检测，PM2.5 与 PM10 不超过当地气象部门公布的数据值
		噪声与振动控制	1. 各施工阶段昼间噪声：≤ 70dB； 2. 各施工阶段夜间噪声：≤ 55dB

续表

序号	类别	项目	要求目标值
1	环境保护	建筑垃圾排放量	本工程既为现浇混凝土结构。 现浇混凝土结构：建筑垃圾产量不大于 280t/ 万 m^2。 本工程共产生建筑垃圾不大于 1.078 万 t
		建筑废弃物控制	有毒、有害废弃物分类率达 100%，合规处理达 100%
		污废水控制	污废水 100% 经检测合格后有组织排放
		烟气控制	1. 工地食堂油烟 100% 经油烟净化处理后排放。 2. 进出场车辆、设备废气达到年检合格标准。 3. 集中焊接应有焊烟净化装置
		资源保护	施工范围内文物、古迹、古树、名木、地下管线、地下水、土壤按相关规定保护达 100%
2	节材与材料资源利用	建筑实体材料损耗率	结构、机电、装饰主要材料损耗率比定额损耗率降低 30%
		非实体工程材料可重复使用率	工地临房（办公、住宿、集装箱、试验、加工棚）、道路、安全防护、脚手架、模板支撑及木枋（模板除外）、围挡、工程临时样板等临时设施可重复使用率达到 70%
		模板周转次数	模板周转次数不低于 6 次
		材料资源利用率	1. 建筑垃圾再利用和回收率不低于 50%。 2. 建筑材料包装物回收率 100%
3	节能与能源利用	施工用电与照明	比额定用电节省不低于 10%，节能照明灯具使用率达到 100%
		材料运输	就地取材，距现场 500 公里以内生产的建筑材料用量占建筑材料总用量不低于 70%
4	节水与水资源利用	节水控制	施工用水比设计用水降低 10%，节水设备（设施）配置率 100%
		非传统水源利用	非传统水源回收再利用率占总用水量不低于 20%
5	节地与土地资源保护	节地控制	1. 临建设施占地面积有效率利用率大于 90%。 2. 职工宿舍使用面积满足 2.5m^2/ 人
6	人力资源与职业健康安全	人力资源节约	总用工量节约率不低于定额用工量的 3%
		职业健康安全	1. 安全教育考核 100% 及特种工种持证 100%。 2. 对身体有毒有害的材料及工艺使用进行检测和监测，并采取有效的控制措施。 3. 危险作业环境个人防护器具配备率 100%。 4. 对身体有毒有害的粉尘作业采取有效控制

8.1.3　绿色施工实施管理

（1）在绿色施工过程中，施工现场悬挂绿色施工宣传标识，对整个施工过程实施动态管理，加强对施工策划、施工准备、材料采购、现场施工、工程验收等各阶段的管理和监督。

（2）项目阶段性施工之前，根据绿色施工要求进行图纸会审和深化设计。工程技术交底包含绿色施工要求。

（3）施工过程中，有对保证绿色施工全过程的相应技术措施和检测手段与检测记录，并对有关节能环保的材料、设备进行相关检验、检测及验收。

（4）绿色施工培训。

①结合本工程项目的特点，有针对性地对绿色施工作相应的宣传，通过宣传营造绿色施工的

氛围。并定期对职工进行绿色施工知识培训，增强职工绿色施工意识。绿色施工培训由专人进行详细记录，写明培训时间、培训地点、授课人、记录人、培训对象及人数、培训内容简介（可将讲义或课件作为附件）、培训效果等内容并有参加培训人员签名和培训现场影像资料。

②项目部拟采用多种形式进行绿色施工培训，通过外出培训、授课培训、会议培训、交底培训、样板培训及参观学习等方式对项目管理人员及项目分包人员进行培训，提高项目人员绿色施工意识及能力。

③项目一般管理人员培训以公司培训和项目部培训为主，培训主要内容为国家、行业、地方绿色施工相关规范、标准、规程，施工组织设计、施工方案中有关绿色施工的章节，绿色施工科技示范工程实施方案，工程应用的新技术、新工艺、新材料、新设备等。参加培训人员包括主要分包单位负责人和相关人员。

④操作工人培训由项目部组织，利用安全教育和集中学习课堂对操作工人进行节材、节水、节能、节地和环境保护知识培训，增强工人绿色施工意识。

项目在开工初期就根据项目自身特点，制定了项目全周期的绿色施工培训计划，具体计划见表 8.1–3。

表 8.1–3　　绿色施工培训计划

培训时间	会议拟题	培训内容简介
2021 年 2 月	绿色施工管理策划会	明确各部门绿色施工管理责任；对分包单位进行绿色施工培训
2021 年 6 月	绿色施工样板培训会	对绿色施工新技术通过先做出样板，再组织施工人员对样板进行参观观摩、讲解示范，再推广应用
2021 年 12 月	绿色施工教育培训会	对绿色施工进行宣传教育，请业内的专家讲解绿色施工的概念、意义、做法等
2022 年 2 月	绿色施工专项学习会	进行绿色施工各项指标的专项培训
2022 年 6 月	绿色施工交流会	选派主要管理人员参加协会组织的绿色施工培训，再将培训内容对公司及项目全员进行讲解
2022 年 10 月	绿色施工汇报会	对目前绿色施工取得的成果进行汇报

8.1.4　绿色施工评价管理

8.1.4.1　绿色施工自我评价

（1）项目的自我评价阶段分为地基与基础施工阶段、主体结构施工阶段、装饰装修工程和机电安装施工阶段。

（2）评价要素包括技术创新与应用、施工管理、环境保护、节材与材料资源利用、节水与水资源利用、节能与能源利用、节地与土地资源保护和人力资源节约与职业健康安全八个要素。

（3）评价频次：每个阶段每个月评价一次，每个阶段不少于一次。

（4）可参照《中国施工企业管理协会工程建设项目绿色建造（施工）水平评价现场检查参照技术指标（试行）》进行自我评价。

8.1.4.2　总结整改

项目部每次自我评价后召开评价分析会，根据自我评价记录，对存在的问题确定整改时间、整改人和整改措施进行整改，并对整改结果进行评价，使项目的绿色施工持续改进，确保各项指标完成。

8.2　绿色施工控制措施

8.2.1　环境保护措施

工程施工过程中，环境污染主要类别有大气污染、水污染、土壤污染、噪声污染、固体废物污染、光污染等。

8.2.1.1　资源保护

（1）对在施工现场发现的文物、古迹、古树、名木、地下水及土壤源采取有效的保护措施进行保护，避免破坏；同时对资源保护分类建立统计台账，记录现场内资源情况及相应保护措施情况，具有可追溯性。

（2）采用科学方案，对土方开挖、基坑支护等方案进行深化、优化，能够保护现场内及周边环境的水土资源，杜绝地下水被污染和水土流失。

（3）保护现场四周原有自然形态，减少对未规划区域自然植被、土壤的破坏，保护现场四周原有地下水形态，减少抽取地下水。

（4）当现场原有绿化影响现场布置时，尽量对苗木进行移栽，必要时可采取移动绿化方式。

8.2.1.2　扬尘控制

（1）现场安装空气质量监测设备，对施工现场进行布点监测，现场计划安装监测设备 3 台；安排专人记录项目所在地气象部门公布的日空气质量相关数据，实时与监测设备采集到的数据进行对比，对超标情况进行报警。

（2）制定超标应急预案，当有超标情况发生时，立刻通知管理领导，执行应急预案相关措施，停止相关施工作业、记录原因、解决方法及处理情况等。

（3）施工现场设置喷水雾降尘系统、自动喷雾系统及塔式起重机洒水系统，控制现场扬尘情况。同时配有洒水车、道路清扫车、降尘雾炮机等设备，洒水车围绕现场进行持续洒水，雾炮机放置在扬尘重点区域进行重点降尘，如图 8.2–1 所示。安排专人对现场洒水降尘情况进行记录。

（4）施工现场出口设置高效洗车池，保持进出场车辆清洁。洗车池配有水循环系统，采用基坑降水及雨水。现场计划安装洗车池 3 处。

（5）运送土方、垃圾、设备及建筑材料等时，不污损场外道路。运输容易散落、飞扬、流漏

图 8.2-1　降尘雾炮机

图 8.2-2　生活垃圾封闭管理站

的物料的车辆，必须采取措施封闭严密。

（6）施工现场主要道路和材料堆放区、加工区采用混凝土进行硬化处理。裸露的场地采用种植绿化等措施。

（7）对易产生扬尘的堆放材料采取覆盖措施，对粉末状材料封闭存放。

（8）现场内易产生扬尘的施工作业等采取相应防尘、抑尘或降尘措施，不扩散到周边环境中；如土方施工阶段，采取洒水、覆盖等措施；机械剔凿作业时采用局部遮挡、掩盖、水淋等防护措施；建筑物垃圾清理采用封闭容器吊运等，如图 8.2-2 所示。

（9）施工现场禁止使用袋装水泥、砂浆，现场禁止搅拌混凝土、砂浆。

（10）车辆运输防尘：保证运土车、垃圾运输车、混凝土搅拌运输车、大型货物运输车车辆运行状况完好，表面清洁。散装货箱带有可开启式翻盖，装料至盖底为止，限制超载。挖土期间，在车辆出门前，派专人清洗泥土车轮胎；运输坡道上设置钢筋网格振落轮胎上的泥土。在完全硬化的混凝土道路上设置淋湿地毡，防止车辆带土和扬尘。与运输单位签署环保协议，使用满足本地区尾气排放标准的运输车辆，不达标的车辆不允许进入施工现场。

8.2.1.3　有害气体排放控制

（1）进出场车辆及机械设备有害气体排放应符合国家年检合格标准。

（2）电焊烟气的排放应符合现行的国家及北京市地方标准《大气污染物综合排放标准》DB11/T 501—2017 的规定。现场内的集中焊接全部采用焊烟净化装置。

（3）现场内的食堂全部设置油烟净化装置，并定期维护保养，保证油烟 100% 经净化处理后排放。

（4）现场严禁使用煤作为燃料，现场严禁焚烧各类废弃物。

8.2.1.4　工程废弃物控制

（1）制定建筑垃圾减量化计划，建筑垃圾的回收再利用率应不低于 50%；采用有效技术及措施减少废弃物的产生，建筑固体废弃物产生量控制在小于 280t/ 万 m^2，本工程施工产生的建筑固体废弃物总量小于 1.078 万 t。

（2）建筑垃圾按照有关规定进行分类，分为可回收垃圾与不可回收垃圾两类，分别集中收集到现场封闭式垃圾站，垃圾站设置为可回收垃圾站与不可回收垃圾站，定期清运。对于有毒有害废弃物必须分类收集、封闭存放，并交由有资质的单位合规处理。

（3）专人记录建筑垃圾的排放手续、清理记录、出场记录及回收记录等，确保相关台账齐全，具有可追溯性。同时对建筑垃圾的回收再利用措施及数量进行单独记录。

（4）建筑垃圾排放量及相关记录按照地基基础阶段、主体结构阶段、装饰装修和机电安装三个阶段分别进行统计总结。

（5）在工程施工中，针对建筑垃圾的减量化，项目主要采取以下措施：

①通过合理下料技术措施，准确下料，尽量减少建筑垃圾。

②实行“工完场清”等管理措施，每个工作在结束该段施工工序时，在递交工序交接单前，负责把自己工序的垃圾清扫干净。充分利用建筑垃圾废弃物的落地砂浆、混凝土等材料。

③提高施工质量标准，减少建筑垃圾的产生，如提高墙、地面的施工平整度，一次性达到找平层的要求，提高模板拼缝的质量，避免或减少漏浆。

④尽量采用工厂化生产的建筑构件，减少现场切割。

（6）在工程施工中，针对建筑垃圾的回收再利用，项目主要采取以下措施：

①废旧材料的再利用：利用废弃模板来定做一些围护结构，如遮光棚，隔声板等；利用废弃的钢筋头制作楼板马凳、地锚拉环等。

②利用木方、木胶合板来搭设道路边的防护板和后浇带的防护板。

③每次浇筑完剩余的混凝土用来浇筑构造柱、水沟预制盖板和后浇带预制盖板等小构件。

（7）现场内的生活垃圾全部按照相关规定进行分类收集，要求分包单位办公及生活区域同样按照要求进行分类，并派专人对每天的生活垃圾回收量进行统计。

8.2.1.5　污水排放控制

（1）施工现场污水排放符合现行北京市地方标准的有关要求。

（2）现场道路和材料堆放场地周边设排水井及排水管道。现场内雨水、污水分流排放。

（3）现场与市政管线接口处设置水质监测点，对施工现场排放的污水进行合规检测处理合格后，排入市政管网。对于不能排入市政管网的污水按规定处理后，达标排放。

（4）pH 值测试：现场加强监测，对经过沉淀池的施工及生活污水进行 pH 值测定，特别是现场试验室排放的污水。每周由专人使用广泛试纸测定一次，并留有记录。

（5）对于特殊污废水，建立处理记录台账，具有可追溯性。

对于化学品等有毒材料、油料的储存地，设置隔水层，做好防渗漏及收集和处理工作。

（6）确保现场设置的沉淀池、隔油池、化粪池等不发生堵塞、渗漏、溢出等现象，并配有餐余垃圾桶，避免剩饭剩菜直接排入污水管线。委托专业环保部门进行隔油池、化粪池的清掏，并派专人记录。

（7）有毒有害废弃物如电池、墨盒、油漆、涂料等应回收后交有资质的单位处理，不能作为建筑垃圾外运；杜绝污染水土。

（8）散料堆场四周应设置防冲墙，防止散料被雨水冲刷流失，而堵塞下水道或污染附近水体及土壤。

8.2.1.6　光污染控制

（1）尽量避免或减少施工过程中的光污染。施工现场夜间室外低处照明配有钢制定型灯架，起到防护及遮挡作用，透光方向集中在施工范围。夜间不使用的照明设备全部关闭。

（2）电焊作业采取遮挡措施，避免电焊弧光外泄，可采用以下措施：

①小型焊件在加工棚中焊接。

②钢结构焊接部位设置遮光棚，防止强光外射对工地周围区域造成影响。

③对于板钢筋的焊接，可以用废旧模板钉维护挡板。

④对于大钢结构采用钢管扣件、防火帆布搭设，可拆卸循环利用。

8.2.1.7　噪声与振动控制

（1）建筑施工场界环境噪声排放限制：各施工阶段昼间不超过70分贝，夜间不超过55分贝。

（2）实时噪声值监测，监测方法执行《建筑施工场界环境噪声排放标准》GB 12523—2011。安排专人采用手持噪声监测仪器，每天早晚各一次，对所有噪声点进行检测并采集记录数据，对目标值及实际值每天进行对比分析。

（3）制定噪声监测超标后的应急预案，记录相关数据、处理措施及处理结果。

（4）采用低噪声、低振动的机具进行施工，机械设备应定期保养维护。

（5）施工噪声较大的机械设备应采取隔声与隔振措施，避免或减少施工噪声和振动。如密闭式木工加工房。具体措施如下：

①通过采用密闭式木工加工房，减少施工噪声的产生。

②空压机施工防噪声具体措施：隔声罩与消声器对空压机噪声的降低将起到显著的作用，对振动较突出的机组，还应采取隔振措施。

③对L形固定往复式空压机，在进气口安装适当的消声器后，整机噪声一般可降到90dBA。如果进一步降低噪声，需要在空压机上覆盖隔声罩。

④对螺杆式空压机，采用排气口消声器的隔声罩，将组噪声降到85dBA以下（1m距离）。

⑤对移动式空压机，主要是在柴油机排气口采用适当的排气消声器，在压缩机进气口安装进气消声器，在柴油机和压缩机座下安装适当的减振装置以及整个机组采用隔声罩使机组的噪声降到85dBA以下。

8.2.1.8　设施安全

（1）施工前应调查清楚地下各种设施，做好保护计划，保证施工场地周边的各类管道、管线、建筑物、构筑物的安全运行。安排专人进行统计记录，具有可追溯性。

（2）在施工现场发掘的所有文物、古迹以及具有地质研究或考古价值的其他遗迹、化石、钱币或物品属于国家所有。施工过程中一旦发现上述文物，立即停止施工，采取有效合理的保护措施，防止任何人员移动或损坏上述物品，并立即报告当地文物行政主管部门。

8.2.2　节材与材料资源利用措施

8.2.2.1　节材措施

（1）根据工程实际情况，对材料资源进行策划，制定合理的材料目标；对于建筑实体材料，结构、机电、装饰装修主要材料损耗率比定额损耗率降低 30%；对于非实体工程材料，可重复使用率不低于 70%。

商品混凝土定额损耗率为 1.5%，目标损耗率为≤ 1.05%；钢筋定额损耗率为 2.5%，目标损耗率为≤ 1.75%；木方定额损耗率为 2%，目标损耗率为≤ 1.4%；木模板周转次数达 6 次以上。

（2）采取技术和管理措施提高模板、脚手架等的周转次数。木模保证最小周转次数为 6 次。尽量减少整木模板、整木方的切割。

（3）材料运输工具适宜，装卸方法得当，防止损坏和遗撒。根据现场平面布置情况就近卸载，避免和减少二次搬运。

（4）根据施工进度、库存情况等合理安排材料的采购、进场时间和批次，减少库存。

（5）现场材料堆放有序。储存环境适宜，措施得当。保管制度健全，责任落实。

（6）本工程全部使用预拌混凝土和散装预拌砂浆，使用高强钢筋和高性能混凝土，减少资源消耗。

（7）应用 BIM 技术对复杂部位的钢筋、模板、钢结构、机电管线等节点综合进行深化设计，避免翻样、加工、安装错误造成拆改浪费。

（8）在保证设计要求的情况下，大截面砌块代替小截面砌块，减少砂浆使用。落地灰及时清理、收集和再利用。

8.2.2.2　结构材料节材措施

（1）对于混凝土，工程通过以下措施进行控制：

①预拌混凝土和商品砂浆，准确计算采购数量、供应频率、施工速度等，在施工过程中动态控制。

②项目部在混凝土浇筑方面，每次需详细核对图纸，做到精确计算，拌站订货时最后保留 $10m^3$ 左右的机动，确保最后二车数据的精确。

③浇捣前安排质量人员会同木工监护对模板支撑系统进行仔细复查，以避免或减少爆模造成的混凝土浪费，每次浇筑混凝土后的余料进行合理利用，利用混凝土搅拌运输车及泵管内的余料制作保护层垫块以及对临时道路进行修补。

④浇捣时安排施工员旁站，严格控制结构标高，力求将标高控制在规范允许的最大负偏差。

⑤对每次浇筑混凝土后的余料进行合理利用，利用混凝土搅拌运输车及泵管内的余料制作保护层垫块以及对临时道路进行加固及修补。

⑥随时回收施工和振捣过程中撒在模板外面的混凝土碎料，加入适量的黄砂、水泥，可用于现场制作的小型过梁和转角混凝土块。

（2）对于钢筋和钢构件，工程通过以下措施进行控制：

①优化钢筋配料方案，利用电脑配合人工放样，提高钢筋原材的使用率。项目部设置钢筋工作室对钢筋配料单进行复核和优化，无误后方可进行加工，尽量减少钢材的浪费。

②工程竖向钢筋接头采用直螺纹套筒连接方式，尽量避免使用冷搭接方式，节省绑扎搭接长度。对梁及大底板钢筋采用直螺纹技术连接。钢筋直径16mm及以上，采用直螺纹套筒连接，减少钢筋用量。

③项目部做到深化研究设计图纸，合理进料。现场对工人进行详细的技术、质量交底，减少因返工造成钢筋或其他材料不必要的浪费。

④充分利用短、废料钢筋，增加钢筋利用率。对现场使用过的短、废料钢筋加工成马凳作为钢筋支架，较细的废钢筋加工成吊钩，用于吊挂灭火器，废钢管用于脚手架硬拉接、钢平台预埋件，旧彩钢板用于施工机械的防雨盖板等。

⑤现场保管：在施工现场，钢材必须妥善保管，堆放顺序与构件制作、工程安装顺序相配合，周转期短的避免长期存放。

⑥施工过程中派专人控制钢筋单位的加工损耗，降低钢材消耗；并做好防锈处理，不可与酸、盐、油一起存放，以防止钢筋腐蚀带来的不必要损失。

⑦优化钢结构制作和安装方法。钢结构构件采用工厂制作，现场分段拼装、吊装等方法，减少方案的措施用钢量。

8.2.2.3 装饰装修材料节材措施

（1）当屋面或墙体等部位采用基层加设保温隔热系统的方式施工时，应选择高效节能、耐久性好的保温隔热材料，以减小保温隔热层的厚度及材料用量。

（2）装饰装修施工前进行深化设计。如石材、幕墙、瓷砖、架空地板等材料，在施工前，应进行总体排版设计，减少非整块材的数量。

（3）防水卷材、油漆及各类涂料基层必须符合要求，避免起皮、脱落。各类油漆及胶粘剂应随用随开启，不用时及时封闭。

（4）门窗、屋面、外墙等围护结构选用耐候性及耐久性良好的材料，施工确保密封性、防水性和保温隔热性。

（5）根据建筑物的实际特点，优选屋面或外墙的保温隔热材料系统和施工方式，例如保温板粘贴、保温板干挂、聚氨酯硬泡喷涂、保温浆料涂抹等，以保证保温隔热效果，并减少材料浪费。

（6）加强保温隔热系统与围护结构的节点处理，尽量降低热桥效应。针对建筑物的不同部位保温隔热特点，选用不同的保温隔热材料及系统，以做到经济适用。

8.2.2.4　周转材料节材措施

（1）选用耐用、维护与拆卸方便的周转材料和机具。

（2）生活区、办公室临建均采用集装箱式房屋。施工现场、办公区、生活区封闭采用定型钢制围挡，可重复使用。

（3）安全防护设施定型化、工具化、标准化，采用可拆迁、可回收材料。

（4）办公区、生活区部分地面使用可重复利用的混凝土方砖。

（5）对于木材和模板，工程通过以下措施进行控制：

①做好模板计算工作，确保翻样的损耗率小于 3%。

②对于上部结构使用的木模板进行加强管理，增加模板翻用次数，延长模板使用寿命。

③施工现场制定废旧方木、模板管理、使用、维修、再利用制度，对随意裁取模板者进行经济处罚措施。

④对于拆下的模板进行整修和调换，尺寸较小且不能用于以后施工的模板，进行重新加工、切割可以用作临边洞口的盖板、柱子与楼梯踏步的护角，此外废旧木方可以用于排架下的垫木以及脚手架上的防滑条。

⑤拆下来的模板，如发现翘曲、变形，应及时进行修理。破损的板面应及时进行修补，提高再利用率。

⑥模板应存放在室内或敞棚内干燥通风处，露天堆放时要加以覆盖。模板底层应设垫木，使空气流通，防止受潮。

⑦模板每使用 2 次后应反面使用，防止模板的变形累加，保持模板的平整度。

⑧在清水模板使用完成之后普通混凝土继续使用。

8.2.2.5　资源再生利用措施

（1）钢筋废料制作成马凳、预埋件、定位钢筋、排水沟篦子、同条件试块钢筋笼等。

（2）浇筑用剩的混凝土制作成混凝土方砖、后浇带预制板等。

（3）利用废旧模板用于结构预留孔洞的防护或楼梯踏步保护、墙柱护角等。

（4）建筑材料包装物及时回收，回收率达到 100%。

（5）现场办公用纸分类摆放，纸张两面使用，废纸进行回收。

8.2.3　节水与水资源利用措施

8.2.3.1　节约用水措施

（1）根据工程特点及当地气候，制定项目用水指标，计划用水量节省不低于定额用水量的 10%。

（2）在签订专业分包或劳务合同时，将节水定额指标纳入合同条款，对分包进行计量考核。

（3）项目办公区、生活区、施工区采用分路供水，分别设置水表；同时项目分区、分阶段对用水情况进行统计总结，留存计量记录，并与各阶段定额指标进行比对，对用水情况进行考核管理。

（4）施工现场、办公区、生活区的生活用水采用节水系统和节水器具，节水器具配置率100%。浴室、洗漱池全部张挂节水标语。

（5）生活区集中设置集中开水提供点，自来水可直接饮用，方便、卫生。

（6）办公区、生活区及施工现场均设置雨水收集管网和蓄水池，使水资源得到梯级循环利用。

（7）合理布置现场临水线路，采用合理的管径、管路，减少管网和用水器具漏水。

（8）现场配备高效洗车机，与以往的水管冲洗相比，效率更高，用水量更少，而且洗轮机配有水循环系统，冲洗用水全部使用雨水。

（9）混凝土养护采用压力喷壶及覆膜保水，节约用水，严禁无措施浇水养护混凝土。

8.2.3.2 非传统水源利用

（1）根据当地气候及自然资源条件，同时针对工程特点制定非传统水利用指标，项目非传统水源回收再利用量占总用水量的比例不低于20%。

（2）根据地域情况，建立可再利用的水收集处理系统，进行非传统水的收集利用；同时对项目非传统水的收集及利用情况进行计量统计，具有可追溯性。

（3）用于正式施工的非传统水必须经过科学的水质检测，并保留检测报告；现场应优先使用检测合格的非传统水。

（4）项目基坑降水全部储存使用；同时在施工中充分收集自然降水用于路面的洒水降尘、冲洗车辆、绿化浇水等，如图8.2-3所示。

图8.2-3 洗车池

8.2.4 节能与能源利用措施

8.2.4.1 节能措施

（1）根据当地气候和自然资源条件，结合项目自身情况，制定了合理的能源控制目标，项目部施工用电量比工程施工设计用电量降低10%。

（2）项目办公区、生活区、施工区采用分区设置电表，同时项目分区、分阶段对用电情况进行统计总结，留存计量记录，并与各阶段定额指标进行比对，对用电情况进行考核管理。

（3）项目优先使用国家、行业推荐的节能、高效、环保的施工设备和机具。地方政府明令淘汰的施工设备机具和产品严禁使用。

（4）现场内大型机械做到一机一表，专人定期进行用电量统计，定期进行对比分析，判断大型机械性能变化，及时进行设备维护和保养。

（5）项目充分利用太阳能、空气能等可再生的自然能源，设置太阳能路灯、太阳能热水器和空气能热水器等，并对自然能源利用情况进行计量记录，具有可追溯性。

（6）项目采用就地取材原则，选择距离较近的供应商购买材料，距离控制在 500 公里以内。目前项目材料产地统计见表 8.2–1：

表 8.2–1　　项目材料产地统计表

材料	产地	距离（km）
混凝土	北京	20
钢筋	河北	150
木模板	河北	150
盘扣脚手架	河北	150
钢管脚手架	北京	20

（7）利用 BIM 技术，提前对现场模型进行路灯布设模拟，通过路灯照射范围，在保证施工现场照明充分的前提下，合理安排路灯位置及数量，减少重复布设，在节省材料、减少投入的同时节省大量能源资源。

8.2.4.2　机械设备与机具

（1）项目塔式起重机使用变频塔式起重机，消防泵房使用变频消防泵。

（2）合理安排施工塔式起重机部署，做到塔式起重机跨区覆盖，实现施工机具资源共享。

（3）建立重点耗能设备技术档案，定期进行设备维护、保养。

8.2.4.3　临建设施

（1）项目现场内的临建设施及安全防护设施均采用定型化、工具化、标准化、可拆迁的回收材料。

（2）生产、生活及办公临时设施的体形、朝向合理，充分利用自然通风和采光。

（3）临时设施工人生活区采用节能材料，墙体、屋面使用隔热性能好的材料，顶棚采用吊顶，减少夏天空调、冬天取暖设备的使用时间及耗能量。

（4）项目充分利用场内既有建筑、市政设施和周边道路；分别利用工人体育场东路、工人体育场西路、工人体育场南路、工人体育场北路作为材料周转运输道路，如图 8.2–4 ~ 图 8.2–7 所示。

图 8.2–4　工人体育场北路

图 8.2-5　工人体育场东路

图 8.2-6　工人体育场南路

图 8.2-7　工人体育场西路

8.2.4.4　施工用电及照明

（1）项目建立了临时用电管理制度及奖罚制度，对管理人员及分包人员进行教育培训，灌输节约用电理念。

（2）办公区、生活区室内照明全部使用 LED 光源的节能灯具，现场照明采用 LED 灯具并配有定时装置，根据日照时间及时进行调整。节能照明灯具使用率达到 100%，生活区采用 36V 低压照明线路和 USB 手机数据充电口，如图 8.2-8 ~ 图 8.2-10 所示。

（3）办公区、生活区采取限时拉闸断电方式，控制空调、照明灯的电力浪费。

图 8.2-8　办公室 LED 管灯

图 8.2-9　办公区走廊声控节能灯

图 8.2-10　工人宿舍 USB 低压充电插座

8.2.5　节地与施工用地保护措施

8.2.5.1　施工现场用地指标

（1）工程施工场地均在经相关部门批准的临时用地范围内，审批手续齐全。工程明确在施工中若需占用红线外临时用地，需办理相关手续。

（2）分阶段对现场进行总平布置，充分利用场地原有建筑物、道路、管线等，合理紧凑安排，减少材料的二次搬运，尽量减少占地，加大绿化面积；同时计算统计各阶段内场平布置各区域的占地面积，用于持续改进。

图 8.2-11　施工现场平面布置图

（3）施工总平面图布置合理紧凑，临时设施占地面积有效利用率大于 90%，职工宿舍使用面积满足 2.5m^2/ 人，施工现场平面布置见图 8.2-11。

8.2.5.2　施工现场节地措施

（1）施工场地布置合理并实施动态管理，生活区与生产区分开布置，设置标准的分隔设施。

（2）施工现场道路形成环形通路，提高利用效率，减少道路占用土地；临时道路布置与原有道路及永久道路兼顾考虑，充分利用拟建道路为施工服务，同时所有道路在满足方便运输的同时也要满足相关消防要求。

（3）施工现场仓库、加工厂、作业棚、材料堆场等布置靠近已有交通线路或即将修建的正式或临时交通线路，缩短运输距离。

（4）对深基坑施工方案进行优化，减少土方开挖和回填量，最大限度地减少对土地的扰动，保护周边自然生态环境。

（5）施工降水期间，委托专业的第三方单位对基坑内外的地下水、构筑物实施有效监测，制定相应的保护措施及预案。

（6）现场施工区、场外集中办公区、生活区空地进行绿化，种植一些花草树木。

8.2.6　人力资源节约与职业健康安全措施

8.2.6.1　人力资源

（1）针对本工程特点，制定了合理的人力资源节约目标，工程总用工量节约率不低于定额用工量的 3%。需明确，总用工量指各工种作业人员，不包括管理人员。

（2）根据工程实际情况，与预算分析相结合，分阶段制定劳动力使用计划，确定定额用工量，合理投入施工作业人员，并阶段性与实际出勤对比分析，结果用于持续改进。

（3）项目进出现场采用人员通道闸机快速人脸识别的方式，如图 8.2-12 所示，能够准确记录施工人员信息，建立真实准确的劳动力使用台账，并分阶段、分工种地统计汇总，与定额量进行对比分析。

（4）项目将在施工过程中通过提前深化设计、优化施工方案、技术创新等措施提高施工效率，实现人力资源的节约。

图 8.2-12　人员通道闸机

8.2.6.2　职业健康安全

（1）根据项目部职业健康管理实际，对现场人员进行实名制管理，并制定《职业病预防措施管理办法》《劳动保护用品管理规定》《突发疾病疫情应急预案》等相关规定。并定期对从事有职业病危害作业的人员进行体检。

特殊环境条件下施工，有防止高温、高湿、高盐、沙尘暴等恶劣条件及野生动植物伤害措施和应急预案。

（2）办公区、生活区均设置在施工现场外，并设置封闭式围挡，使生活办公区与施工场地分开。

（3）现场设有医务室，并配备常用药品和急救用品。能够针对作业人员的一些发烧、中暑等情况进行诊断，留有相关诊断记录及药品发放记录，具有可追溯性。

（4）生活区、生产区、办公区有专人负责相应的环境卫生，对厕所、卫生设施、排水沟及阴暗潮湿等地带定期消毒，并留有相应的清理记录，具有可追溯性。

（5）生活区设有宿舍、食堂、厕所、开水间、盥洗间、淋浴间、活动室等，为施工人员提供卫生、健康、舒适的生活环境。同时设置生活超市，保证商品质量和食品安全。

（6）生活区宿舍、食堂安装空调，保证施工人员在夏季和冬季有一个舒适的住宿环境。

图 8.2–13　项目现场宿舍

（7）办公区及生活区设置应急疏散、逃生标识、应急照明及消暑防寒设施，设专人管理；同时在每个楼层设置应急逃生路线图。

（8）制定食堂卫生、食材、器具及用水等管理制度，并制定食品留样制度，专人进行记录，具有可追溯性；食堂具备卫生许可证，炊事员持有效健康证明上岗。食堂各类器具清洁，个人卫生、操作行为规范。

（9）现场宿舍人均使用面积不小于 2.5m^2，并设置可开启式外窗，如图 8.2–13 所示。

（10）现场配备合适的文体、娱乐设施。

8.2.6.3　劳动力保护

（1）项目建立合理的休息、休假、加班等管理制度。

（2）合理安排工序，减少夜间、雨天、严寒和高温天作业时间。

（3）施工现场危险地段、设备、有毒有害物品存放等处设置醒目安全标识，配备相应应急措施。

（4）在有毒、有害、有刺激性气味、强光和强噪声环境中施工的人员，佩戴相应的防护器具和劳动保护用品，深井、密闭环境、防水和室内装修施工时，设置通风设施，确保危险作业环境个人防护器具配备率和劳动保护用品配备率达 100%；同时留有防护器具发放记录，具有可追溯性。

（5）工程中超过一定规模危险性较大的分部分项工程全部提前进行专家论证，按照相关规定设置标识、记录牌等。

（6）现场采用低污染、低危害的机械设备和环保材料，例如模板隔离剂、涂料等采用水性材料。

8.3　绿色施工专项技术

8.3.1　防尘降噪专项技术

8.3.1.1　组织机构

1. 组织机构

成立北京工人体育场改造复建项目（一期）扬尘控制组织领导小组，负责指挥及协调工作，人员组成如下：

组长：李欣

副组长：王建忠

成员：龚希元、王猛、李夏杰、武长迪、李佳、董晓鹏、温耀琦

项目部、安全部全部负责日常工作。所属各单位应成立相应的治理管理领导小组，明确各部门责任，做到责任到人。

2. 工作职责

组长：负责领导项目部各部门和所属各单位开展污染治理工作，促进施工生产与当地居民生活、员工职业健康的和谐统一。

副组长：负责治理污染的宣传和教育工作。加强与北京市及朝阳区环保部门的沟通，尽量做到不扰民。

组织工程技术人员研究降低施工噪声和粉尘的办法。根据现场实际情况，优先选用优良的机械设备和施工工艺。及时跟踪最新的治理噪声和粉尘污染的措施，吸收并应用到本工程施工生产中。

组织噪声和粉尘污染的排查和治理。领导和组织相关部门及所属单位对噪声和粉尘进行监测。督促所属各单位合理安排施工生产，避免施工噪声和粉尘影响当地居民生活。检查督促所属各单位和现场施工人员做好职业健康防护。

与北京市市政府及朝阳区区政府取得沟通，获得体育场周边居民的支持。将体育场周边居民的意见和要求及时反馈给施工现场，现场根据周边居民的意见和要求采取措施，满足周边居民的合理要求。

项目部各部门成员：在组长和副组长的领导下，根据部门职责开展好噪声和粉尘监测和治理工作。

项目部所属各单位成员：接受组长、副组长的领导和项目部各部门的协调。成立相应的噪声和粉尘治理管理领导小组，组织本区域内施工、管理人员做好施工现场噪声和粉尘治理工作。

8.3.1.2　现场管理措施

本工程进场的材料多，故派人负责总平面图管理、指挥，协调材料进出场。合理的总平面布置对维护现场场容场貌、搞好创“绿色环保工地”施工生产、提高现场管理水平、提高社会信誉

都极为重要。

（1）工地主要通道进行硬化，材料场地平整夯实，其他裸露地进行绿化。

（2）工地大门口设置蓄水池、沉淀池、自动洗车装置，由工地门卫负责。

（3）现场材料、周转材料必须根据施工总平面布置图进行堆放，并设围栏和材料标示，做到场内施工道路顺畅，材料有序堆放。

（4）对现场的排水沟定期进行治理，保证排水畅通。

（5）加强对施工道路的管理，随时对施工道路进行修理，确保道路畅通，保证材料顺利进场。

（6）现场施工用水用电管线的布置必须根据施工总平面图进行布置，电工每天对现场每个配电箱进行检查，并做好检修记录，发现损坏的电气必须立即更换。加强对现场水、电管线的保护工作，特别是对穿过道路的水管、电线应大于规范规定的埋置深度。

（7）现场进行全封闭施工，用围墙将施工现场与周边分隔开来，与施工无关的人员不得进入施工现场。

（8）总平面精心规划、精心布置，现场施工区、加工区、办公区和生活区相对隔开。

（9）做好施工降噪处理，尽量采用低噪声施工机具，尤其在休息时间内尽量避免对周围环境的污染。现场每天定时洒水降尘，现场堆放的水泥、沙石等必须采取防飞扬措施。

（10）降尘处理，避免对周围环境的污染。现场每天定时洒水降尘，现场堆放的水泥、河砂等必须采取防飞扬措施。

（11）做好场地门前三包工作，进出工地的运输车辆必须按现场指定的线路行驶，对抛撒物随时派人清扫。

8.3.1.3 施工期间水污染（废水）的防治措施

（1）加强对施工机械的维修保养，防止机械使用的油类渗漏进入地下水中。

（2）在生产和生活区分别设置沉淀池、污水处理池，生产和生活废水及污水在排入市政排水系统前必须经过有效处理。

（3）施工人员集中居住点的生活污水及生活垃圾特别是粪便要集中处理，防止污染水源，厕所需设化粪池。

（4）冲洗集料或含有沉淀物的操作用水，应采取过滤沉淀池处理。

（5）清洗油罐、机械设备配件时，必须在指定区域设有隔油池。

（6）生活区食堂设置专门的隔油池和油烟净化装置。

（7）配备焊机净化装置。

8.3.1.4 施工期间固体废物的防治措施

（1）为了注意环境卫生，施工项目用地范围内的生活垃圾在围墙内设置堆放点，由施工单位各自倾倒至指定地点，不得在围挡外堆放或随意倾倒，并交环保部门集中处理。

（2）在施工现场设置密闭式垃圾站，将施工期间的固体废弃物分类定点堆放在密闭式垃圾站。

（3）在施工期间产生的废钢材、木材、塑料等固体废料应予回收利用，并由材料员负责。

（4）场内严禁将有害废弃物用作土方回填料，施工废料集中堆放、及时处理。

8.3.1.5　粉尘控制措施

（1）设专人清运现场建筑垃圾，施工现场清扫前应洒水润湿后再将垃圾铲入特制的加盖的斗车内，集中运至地面后及时处理，防止扬尘。

（2）严禁高空抛撒建筑垃圾。

（3）总平面范围内及工地周围边场地派人每天 2 次巡视、清扫。

（4）松散颗粒材料砌筑砖墙围挡堆放，表面用彩条布遮盖防止刮风粉尘弥漫，影响环境卫生。

（5）在环绕施工现场的围挡上面设置自动喷雾设施，在施工期间定点定时地开启，进行降尘。

（6）搅拌台进行全封闭，并在搅拌台口设置水龙头进行降尘。

（7）水泥罐、水泥库房进行全封闭。

8.3.1.6　施工期间噪声分析

施工期间主要噪声源为各类施工机械设备运转噪声和渣土车在运输及装卸中产生的噪声，结合项目施工的特点，对施工现场产生的噪声进行识别，组织相关人员进行分析评价，并填写《噪声影响调查表》，见表 8.3–1。

表 8.3–1　噪声影响调查表

序号	部位（机械）	因素名称	类别	可能的影响
1	混凝土输送泵	施工机械噪声	噪声	噪声扰民
2	混凝土插入式振捣棒	施工机械噪声	噪声	噪声扰民
3	混凝土搅拌运输车	施工机械噪声	噪声	噪声扰民
4	挖掘机	施工机械噪声	噪声	噪声扰民
5	土方运输车辆	施工机械噪声	噪声	噪声扰民
6	旋挖钻机	施工机械噪声	噪声	噪声扰民
7	电锯、电刨	施工机械噪声	噪声	噪声扰民

8.3.1.7　降噪措施

1. 噪声标准

按照《中华人民共和国环境噪声污染防治法》和《建筑施工场界环境噪声排放标准》GB 12523—2011 的规定执行。

在明显场界，施工场界噪声限值：

6：00～22：00　　　　不超过 70dB

22：00～6：00　　　　不超过 55dB

2. 结构阶段噪声控制措施

（1）在正常使用下，易产生噪声超限的机械，如搅拌机、电锯、电刨等，采用封闭的原则控制噪声的扩散。封闭材料应选择隔声效果好的材料，其几何尺寸视现场情况决定。

（2）尽量选择低噪声设备，最大限度降低噪声。要为操作工人配备相应的劳动保护用品。

（3）车辆噪声采取保持技术状态完好和适当减低速度的方法进行控制。

（4）模板、脚手架支设、拆除搬运、修理作业、塔式起重机指挥哨音、混凝土剔凿施工过程等，这些施工过程噪声的产生多数为人为因素。施工现场提倡文明施工，通过对全体有关人员进行培训、教育，培养环境观念，树立正确的环境意识，减少环境噪声污染，使作业人员在工作中对噪声影响予以控制。

（5）模板、脚手架支设、拆除、搬运时必须轻拿轻放，上下左右有人传递；钢模板、钢管修理时，禁止用大锤敲打；使用电锯锯模板，切割钢管时，应及时在锯片上刷油，且模板、锯片送速不能过快。

（6）在噪声敏感区域均需选低频振捣棒。振捣棒使用完毕后，及时清理干净，保养好；振捣混凝土时，禁止震钢筋或钢模板。

（7）加强对混凝土泵、混凝土罐车操作人员的培训及责任心教育，保证混凝土罐车平稳运行。

3. 其他噪声控制措施

（1）对于电锯、电刨等噪声源较大的车间进行封闭式作业活动时，劳动者应穿戴防噪声的护耳设备。

（2）对于土石方爆破产生的噪声应做好宣传，取得当地居民的谅解。距离爆破现场较近的人员应采取护耳措施。

（3）在人口稠密区域进行强噪声作业时，需严格控制作业时间。特殊情况必须昼夜施工时，尽量采取降低噪声的措施，并会同建设单位与地方政府或居民协调，求得谅解。非居民区或非人口密集区施工，各工区可结合现场情况制定噪声控制措施。

（4）从声源上降低噪声。尽量选用低噪声设备和工艺，尽量选用环保型机械设备；从声源处安装消声器消声。

（5）从传播途径上控制噪声。对于噪声较大的设备，如空压机、发电机等，应采取吸声、隔声、隔振和阻尼等声学处理方法降低噪声，必要时设立专用工作间，以降低噪声。

（6）施工现场应切实采取措施，控制噪声的产生。如进场使用的机械设备要定期维护保养；施工过程中严禁机械设备超负荷运转；禁止夜间使用噪声比较大的机械；模板、脚手架等支拆、搬运、修理应轻拿轻放，修理时禁止使用大锤敲打，尽量降低人为产生的噪声等。

（7）当由于施工工艺或其他原因，必须连续作业或进行夜间施工时，相关单位要在施工前 15 日向地行政主管部门申报，并通报社区居民等相关方，争取得到社区及相关方的认可和谅解。

（8）在高考期间和高考前半月内，应加强对环境噪声污染监管，按国家有关环境噪声标准，对各类环境噪声源进行严格控制，防止和减少噪声扰民。

（9）加大治理噪声的宣传和奖惩力度，充分利用教育、经济等手段做好噪声的治理。

8.3.1.8　噪声监测

施工现场应加强环境噪声的长期监测。测量方法、条件、频度、测点的确定等需要符合国家有关环境噪声的管理规定，对噪声超标因素及时进行调整。

发现不符合时，按事件、事故、不符合、纠正与预防措施管理程序处理，作好记录。

项目部、安全部负责对施工过程中施工噪声控制的效果进行监督检查。

8.3.1.9　应急措施

为了确保重大环境污染发生以后，项目部能迅速、高效、有序地开展重大环境源的治理及善后工作，采取切实有效的措施及时控制污染源，及时制止重大环境污染源的继续发生，最大限度地降低对环境的污染，特制定项目部环境污染应急准备和响应。

事件处理程序：

（1）施工现场和基地发生一般的环境（如噪声超标）污染，项目部环境污染应急响应指挥部组织相关人员及时处理、中止施工，并制定相应的处理方案及采用有效措施，确保能达标时方可继续施工。

（2）当施工现场及基地发生较为重大的环境污染，项目部应及时组织人员进行抢险，同时采取有效措施，切断污染源及时制止污染的后续发生，并及时上报上级单位及有关部门。

（3）对很严重的环境污染发生（如火灾发生）后，要首先报警、找出污染源并切断污染源，组织项目部人员进行自救并立即向上级单位及有关部门上报事件的初步原因、范围、估计后果。如有人员在该严重的环境污染中受到人身伤害，则应立即向当地医院进行救治并打（120）电话求救。同时通知环保部门进行环境污染的检测。当上级单位接到通知以后，指挥部人员赶赴现场，按各自职能组织抢险，成立抢险组。

（4）当火灾发生后遵循消防预案有关规定，采取切实有效的措施最快速度切断火源，断绝着火点，控制火势及至熄灭火灾。并做好现场的有效隔离措施，及火灾后的善后处理工作。及时有组织地分类清理、清运，最大限度地减少环境污染。当发生大量有害有毒化学品泄漏后，应及时采取隔离措施，采取适当防护措施后及时清理外运，或采取隔离措施后及时委托环保部门处理、检测，以求将对环境的污染降低到最低限度。

8.3.2　现场隔声屏围挡专项技术

8.3.2.1　工体现场隔声屏围挡设计

本工程为北京某大型体育场，位于繁华市区，为降低施工对周边环境的影响，保障文明施工，采用 5m 高隔声屏围挡。围挡主要由立柱和隔声屏面板构成，立柱为 200mm × 200mm ×

8mm × 12mm 热轧 H 型钢，每两个立柱间距为 3m，中间安装隔声屏面板，每块隔声屏宽 1m，材料为超细吸声玻璃棉。

立柱底端通过尺寸为 200mm × 100mm × 8mm 的柱脚加劲板和 450mm × 450mm × 10mm 的热轧型钢板焊接，再通过 6 根 M20 螺栓与混凝土基础连接，每根立柱下设独立基础，基础尺寸为 1000mm × 2000mm × 1400mm。围挡设计图见图 8.3-1 ~ 图 8.3-4。

该围挡计划长期使用，在满足降噪、防尘、防火效果的基础上，为提高结构安全储备，考虑当地 100 年一遇的大风，按 12 级风荷载校核该围挡的承载力及变形性能。

图 8.3-1　围挡效果图

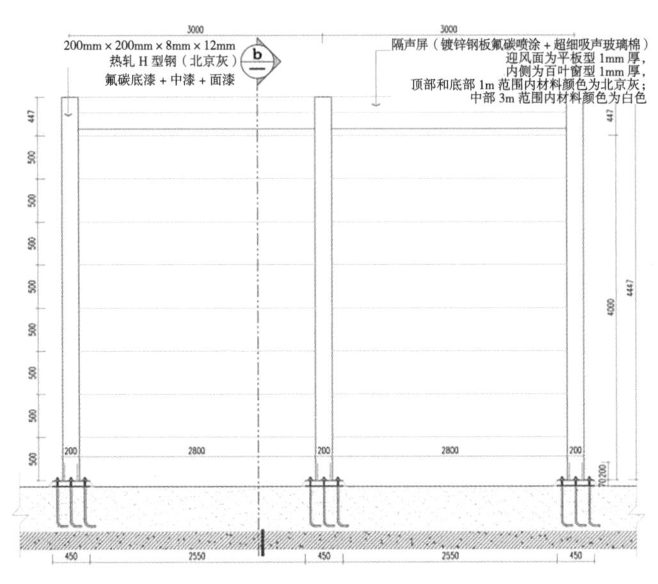

图 8.3-2　围挡立面图

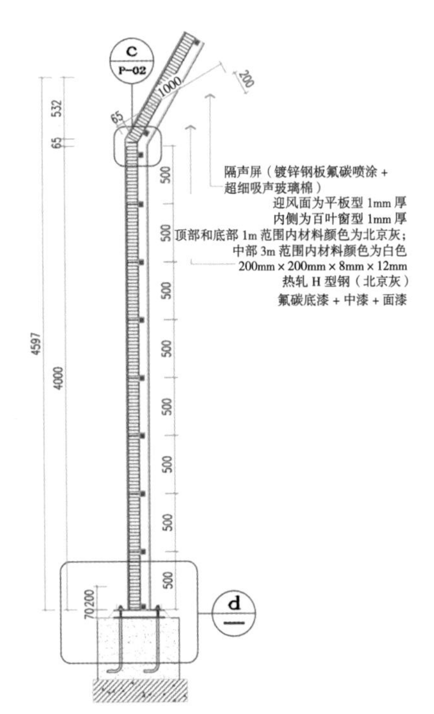

图 8.3-3　围挡剖面图

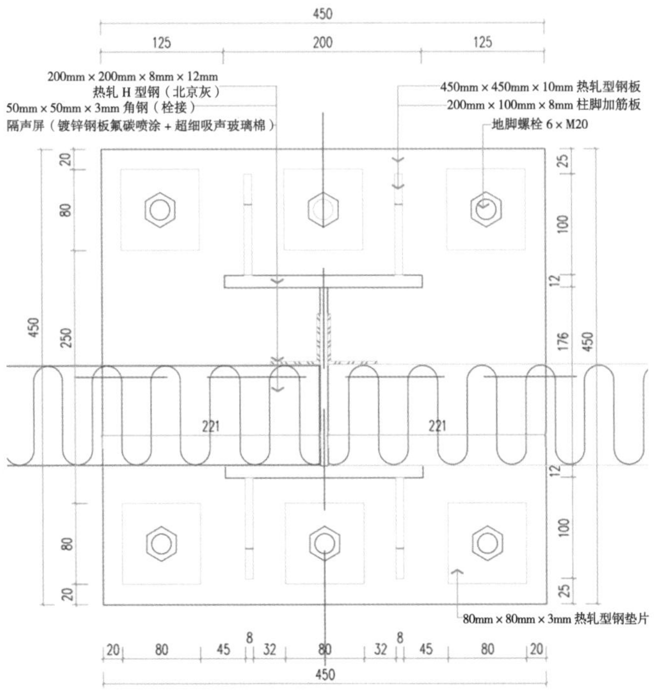

图 8.3-4　立柱底端节点图

8.3.2.2　围挡隔声效果分析

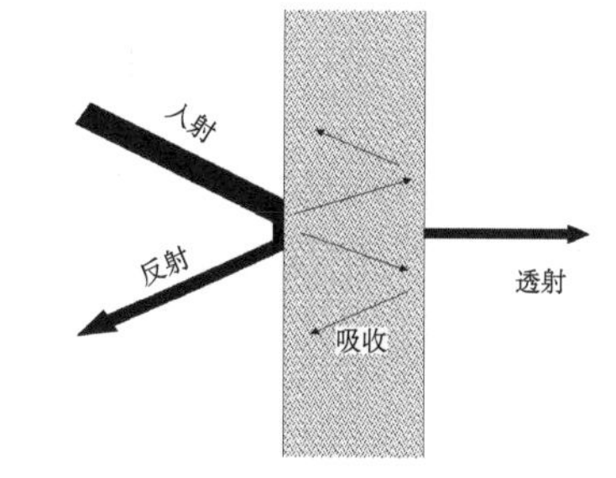

图 8.3–5　隔声示意图

通常我们将隔声分为反射和吸收两部分，如图 8.3–5 所示。本工程所使用的隔声屏围挡，通过自身结构形式将施工所产生的一部分噪声通过反射的方式留在施工现场，再通过内部填充材料吸收一部分，从而达到很好的效果。

材料的隔声性能与材料本身的性质和外表面的声阻抗有关，本隔声屏围挡主要采用的隔声材料为超细吸声玻璃棉，它是一种多孔材料，内部结构十分松散，在玻璃纤维之间由于相互堆叠形成许多微小孔隙，当声波入射到材料表面时，根据其表面特性，声能会被材料反射、散射一部分，进入超细吸声玻璃棉内部的声波会被材料内部吸收一部分，其余的声波将穿过材料继续传播，如图 8.3–6、图 8.3–7 所示。

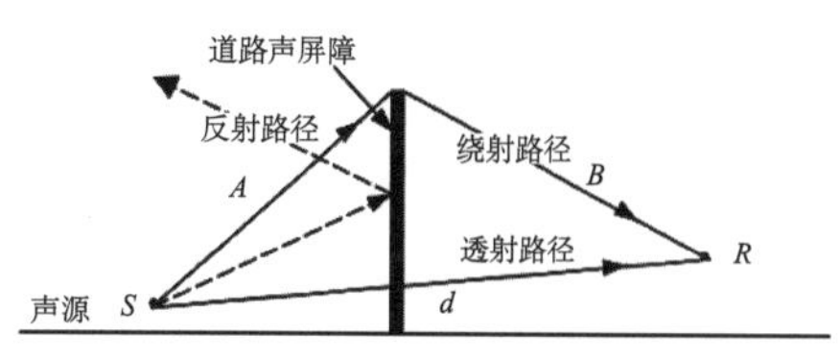

图 8.3–6　声波传播路径图

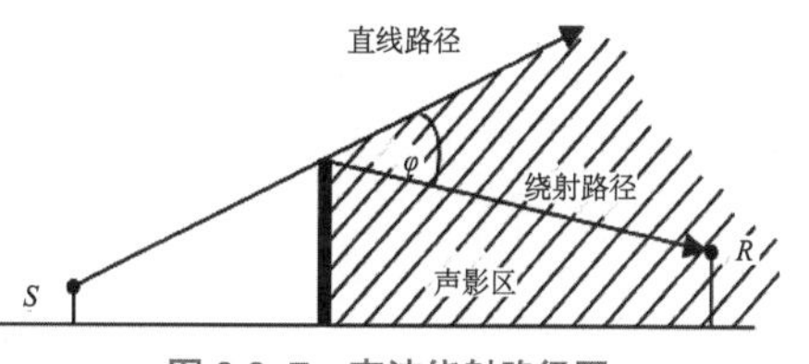

图 8.3–7　声波绕射路径图

吸声材料主要针对中、高频段噪声进行降噪，能够有效地减少施工对周围居民生活的影响，使用的吸声玻璃棉为 40kg/m^3，可吸收 5.6 分贝。

表 8.3–2

围挡降噪量计算

受声点距离（m）	受声点高度（m）	降噪量（dB）
30	5	15.9
	10	13.5
	15	12.0
	20	7.2
45	5	16.2
	10	14.4
	15	13.3
	20	9.7

通过模拟计算分析，施工噪声经过反射和吸收，可降低噪声 15 ~ 20dB，见表 8.3–2。

8.3.2.3　抗风承载力计算

以单个立柱考虑其承载力，建立结构受力模型，如图 8.3–8 所示。

风荷载按照 12 级风考虑，根据相关气象资料，12 级风速为 32.7 ~ 36.9m/s，则其基本风压为：

$$\omega_0 = \frac{1}{2}\rho v_0^2$$

式中：ρ——空气密度（t/m^3）；

$\rho=0.00125e^{-0.001z}$（z 为地区海拔高度，项目海拔高度按 40m 考虑）；

v_0——基本风速（m/s）。

考虑最不利影响，按照最大风速 36.9m/s 计算，当地 12 级风基本风压为 $\omega_0=0.848\text{kN/m}^2$。

围挡结构风压：

$$W_k=\beta_{gz}\mu_z\mu_{s1}\omega_0$$

式中：μ_z——风压高度变化系数，查表得：$\mu_z=0.650$；

μ_{s1}——局部风压体型变化系数，型钢和组合构件取 1.30；

β_z——阵风系数，取 $\beta_{gz}=2.05$。

则有，风荷载标准值 $W_k=2.05\times0.65\times1.3\times0.848=1.469$（$\text{kN/m}^2$）。

立柱间距为 3m，围挡高度为 5m，风压在立柱上的作用可按均布荷载考虑；

均布荷载：$q=1.469\times3=4.407$（kN/m）

最大弯矩 $M_{max}=\dfrac{1}{2}ql^2=\dfrac{1}{2}\times4.407\times5^2=55.09$（kN·m）

最大剪力 $V_{max}=ql=4.407\times5=20.35$（kN）

立柱与基础采用 6 根螺栓连接，则一排螺栓所受拉力：

$N=\dfrac{M_{max}}{L_{螺栓}}=\dfrac{55.09}{0.2}=275$（kN），则单个螺栓承受的拉力为 92kN。

需验算螺栓的抗拉力及螺栓本身的抗拉强度。

螺栓采用一级钢 M20，其他系数均可查表得：

标准埋深为 170mm，实际埋深为 680mm；

埋深影响系数 $f_T=\dfrac{680}{170}=4$；

混凝土强度影响系数 $f_{B,N}=1.05$；

锚栓抗拉标准设计值 $N_0=52.4\text{kN}$；

则螺栓抗拉设计值 $N_0=N_0f_Tf_{B,N}=220.08\text{kN}>92\text{kN}$；

螺栓不会被拔出。

螺栓本身抗拉强度，查表 HAS8.8 级，钢材的抗拉设计值为 120.1kN＞92kN。

6 个螺栓共同承担剪力 20.35kN，则每个螺栓承受剪力为 3.39kN。

混凝土强度影响系数 $f_{B,N}=1.1$；

螺栓边 / 间距对剪力的影响 $f_{AR,V}=1.0$；

螺栓抗剪标准值为 $V_0=10.3\text{kN}$。

对应的螺栓抗剪设计值为 $V_0=V_0f_{B,V}f_{AR,V}=11.33\text{kN}>3.39\text{kN}$；螺栓不会被剪断。

螺栓本身抗剪强度，查表 HAS8.8 级，钢材的抗剪设计值为 86.4kN＞3.39kN，抗剪验算通过。

该围挡可承受 12 级风荷载。

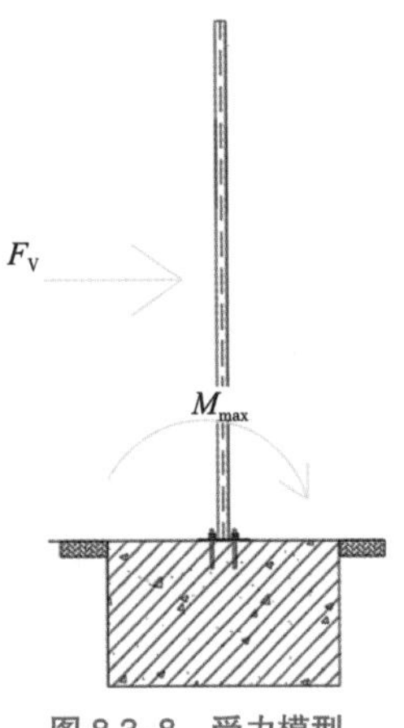

图 8.3–8 受力模型

8.3.2.4　SAP2000 内力及变形计算

采用 SAP2000 软件进行建模分析，以 12 跨结构为例，定义模型截面、荷载工况、节点约束等，并采用有限元分析方法，将模型划分为若干小单元，运行后得到分析结果：

立柱底部最大弯矩 M_{max} = 48kN・m

立柱底部最大剪力 V_{max} = 18kN

立柱顶端最大位移为 23.8mm

经 SAP2000 钢结构校核，结构各构件应力比均满足设计规范，如图 8.3–9、图 8.3–10 所示。

图 8.3–9　结构弯矩分析结果

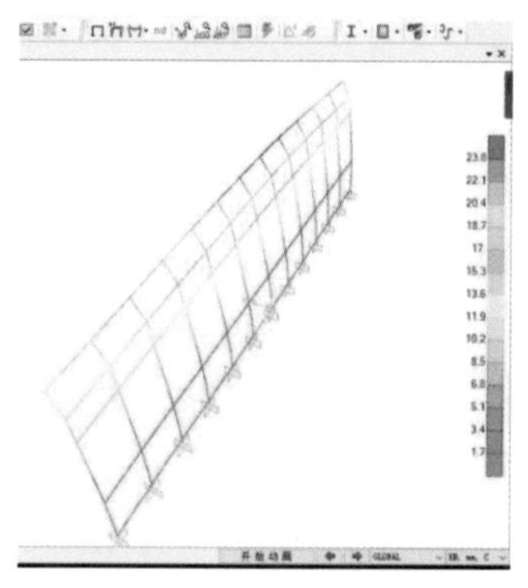

图 8.3–10　结构位移云图

8.3.2.5　结论

通过对北京工人体育场施工现场隔声屏围挡研究，对其隔声效果及在 12 级风荷载作用下结构承载力和变形性能进行了分析，分析结果表明，该围挡在满足隔声效果的前提下，能够承受 12 级风荷载作用。

第 9 章 体育工艺

9.1 锚固草坪施工技术

专业足球场对于草坪理化性能、抗铲性、耐阴性等都须满足国际及国内足球单项组织要求。相比体育场内，由于周圈看台及顶部罩棚的影响，通风效果不好，导致草坪表面空气流通性差，会产生明显的聚热、聚湿效应，夏季高温高湿的环境下容易出现积水烂根及病虫害等现象，冬季低温的情况下草坪进入休眠无法使用。常规足球场草坪固壤性能差，比赛中容易被整块地铲起破坏。因此研究一种符合国际标准专业足球场草坪是亟待解决的难题。工体项目研发了一种专业足球场锚固草坪施工方法，该方法采用了天然草加固系统（锚固型）提高了草坪的稳固性和平整度；自动喷灌系统满足定时定量对草坪补水作业；地下低温加热系统和地下真空通风排水系统满足了草坪适宜温湿度要求。该方法已在工程中成功应用，达到了国际专业足球场草坪种植及养护的要求。

9.1.1 工艺原理

（1）采用天然草加固系统（锚固型），植入人造草纤维天然草根系与人造草纤维相互缠绕，扎根更深，草更强壮，通过人造纤维特殊截面，与根系层沙基产生一定缝隙，达到良好的导水性能，快速将积水导入排水层，减少积水并增加透气性，减少土壤板结几率；纤维从地面向上突出2cm，为天然草坪提供有效的支撑，增大天然草坪的耐踏能力，减少天然草的磨损率。锚固草坪剖面图如图 9.1-1 所示。

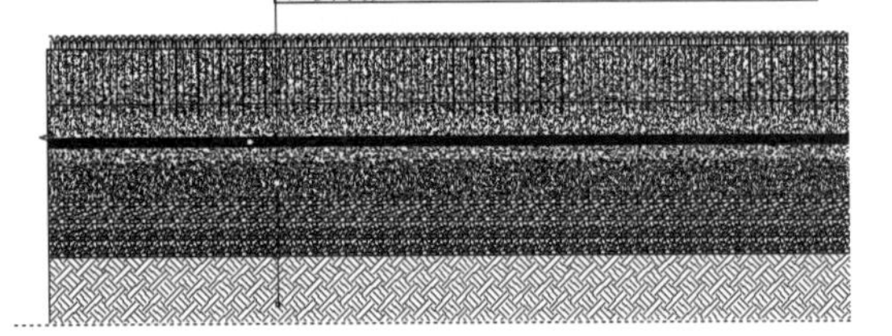

图 9.1-1 锚固草坪剖面图

（2）采用自动喷灌系统，喷灌泵变频控制。草坪场地采用地埋式喷头进行喷灌，按照设定，定时对草坪进行喷灌作业，满足草坪生长所需水分。

（3）采用地下低温加热系统，利用市政供热为热源，通过板式换热器换热至以低温丙二醇为热媒的草坪加热系统管道为草坪增温，通过控制系统控制温度，使草坪表面正下方根部保持 8 ~ 10℃适宜草生长的温度。

（4）采用地下真空通风排水系统，地下通风系统为专用风机和特殊设计的管网与地下管道网络相连，再通过机组施压，在场地积水过大时开启吸气模式、在场地温度较高或较为潮湿时开启吹气模式，通过不同模式，实现加快排水、降低温度及输送空气的功能，为草坪生长创造有利条件。

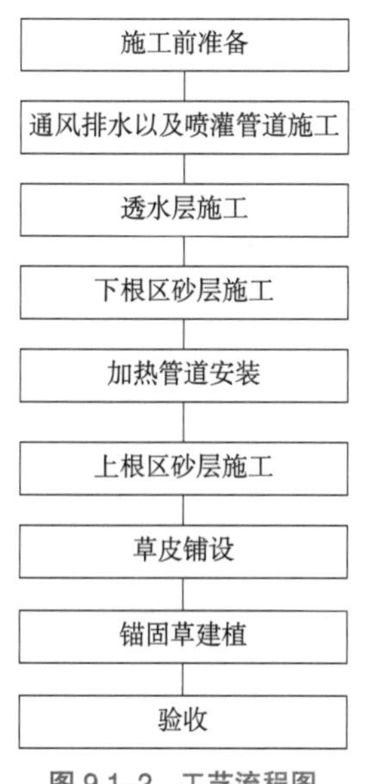

图 9.1-2　工艺流程图

9.1.2　工艺流程及操作要点

锚固草坪工艺流程如图 9.1-2 所示：

9.1.2.1　施工前准备

根据工艺坡度设计，场地坡度采用“龟背”形设计，由中间向四周放坡。在场地平整时，先进行标高的复测，根据复测的结果初步平整，用激光扫平仪再进行二次精平。

9.1.2.2　通风排水以及喷灌管道施工

根据深化设计的通风排水系统和喷灌系统图纸，测量确定管沟位置，放线标记，挖机开挖管沟达到设计埋深和设计通气排水坡度，超挖部分用人工散土垫平并夯实平整。全场人工铺设无纺布隔离层，管沟内人工铺设碎石层，开始通风排水以及喷灌管道安装，管道安装好后用与垫底规格相同的碎石回填管沟，直至管沟填满。地下通风主管道要严格按照深化设计坡度进行铺设。

9.1.2.3　透水层施工

透水层包括碎石层和介质层，碎石回填到管沟顶之后，铺设碎石渗水层，最后铺设介质层，分层压实，从边上往中间铺设，用运输车运输碎石，然后用推土机的履带进行镇压，铺设的厚度、碎石的粒径和压实度应符合设计要求。

9.1.2.4　下根区砂层施工

透水层铺设完成后，铺设下根区砂层，铺设厚度满足加热管埋设要求，铺设完成后进行刮平、压实和设计坡度找平，满足设计要求的平整度，种植砂应从边上往中间铺设，要轻轻铺设，而且人要站在砂上将砂轻轻摊开。砂运进场不能用重车，只能是人力车或者小翻斗车（1t）。在刚铺好的砂层上垫上木板，利于人力车或翻斗车通行。种植砂进场铺设后，用人工或小推土机进行一次粗平整，接着喷水沉降，然后用推土机的履带进行镇压。种植砂镇压结束后，精确测量各网点坪床面的标高，然后把种植砂刮平，并确保坡面的坡度。

9.1.2.5 地下加热管道安装

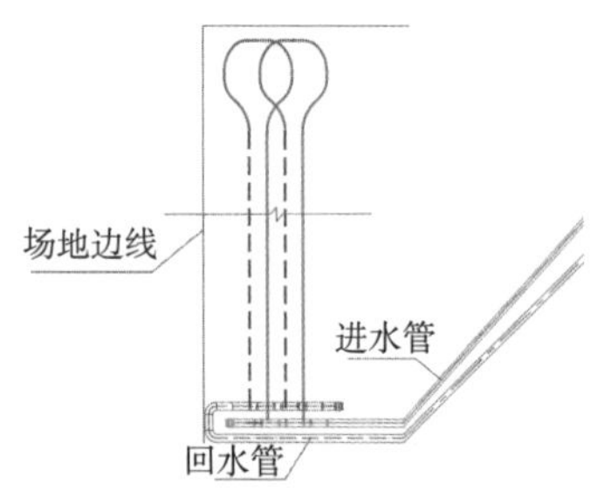

图 9.1-3 草坪加热系统大样图

足球场场内采用专用安装设备，进行地下加热管道安装，支管为无缝整管，整体埋深符合设计要求，如图 9.1-3 所示。草坪加热系统管道均采用热熔连接方式的高密度 PPR 管，管道承压 1.6MPa，系统工作压力 0.4MPa，草坪下 DN25 热供支管埋深 250mm，间距为 250mm，全场整铺。供热主管埋深 450mm 管道接至换热机房。

9.1.2.6 上根区沙层施工

地下加热管道铺设后，开始上根区沙层铺设，摊铺方法同下根区，摊铺压实后的厚度应满足设计要求，并设计将坡度沉降完成的沙面层进行人工精修，网格状打点后，采用刮尺进行检查、修补找平。

9.1.2.7 草皮铺设

草坪错缝铺设，覆沙并碾压，铺设完成后，及时浇水养护。

9.1.2.8 锚固草建植

锚固草通过大型电驱动机械车的扦插技术植入下根区沙层，扦插各株锚固草间距和深度应当满足设计要求。

9.1.2.9 验收

专业足球场锚固草坪验收包括植入人造草纤维数量、场地规格画线朝向、表面硬度、牵引力、足球反弹高度、球滚动距离、平整度、垂直变形、冲击吸收、转动力矩等。

9.1.3 质量控制

9.1.3.1 管材

各种管道的配件应采用与管材相应的材料，并应符合相应设计规范。管道试压方法为在工作压力的 1.5 倍的水压或气压的情况下保持不漏水或不漏气。

9.1.3.2 坪床标准

（1）上层沙区：植根区上层沙，土壤沙粒径要求需符合标准，上根区材料粒径级配见表 9.1-1。

上根区材料由经过检验、均匀混合、不包含石块的中细沙、土壤和有机物组成，有机物应该没有大的结块和土块。

表 9.1-1　　上根区材料粒径级配

粒径（mm）	级配
4	100
2	97 ~ 100
1	95 ~ 100
0.5	65 ~ 95
0.25	20 ~ 45
0.125	5 ~ 15
0.063	0 ~ 5
0.002	0 ~ 3

（2）下层沙区：植根区下层沙，材料应选用中细砂，以防磨损或化学作用破坏。其粒度范围应符合标准，下根区材料粒径级配见表 9.1-2。下根区的材料使用经过检验的中细砂，可以抵抗磨损和化学作用的破坏。该材料不含细微颗粒，碳酸钙含量不应超过 1%。

表 9.1-2　　下根区材料粒径级配

粒径（mm）	级配
8	100
4	100
2	100
1	95 ~ 100
0.5	65 ~ 98
0.25	15 ~ 55
0.125	0 ~ 3
0.063	0 ~ 1

（3）中间介质层：中间层材料可以保证根区与砾石层形成良好的桥接作用，至少有 90% 的粒径在 1 ~ 4mm 之间。

（4）透水碎石层：透水碎石层采用级配碎石，透水层碎石粒径级配见表 9.1-3，其粒度范围应符合标准。

表 9.1-3　　透水层碎石粒径级配

粒径（mm）	级配比例
8	90 ~ 100
6	80 ~ 90
4	15 ~ 30
2	0 ~ 10
1	0 ~ 2

（5）土工布隔离层：材质≥ 200g/m^3，用人工滚铺，布面要平整，并适当留有变形余量。

（6）每天铺设结束前，对当天所有铺设的土工布表面进行目测以确定所有损坏的地方都已作上标记并立即进行修补，确定铺设表面没有可能造成损坏的杂物，如细针、小铁钉等。

（7）整个比赛场地、辅助区尺寸和场地朝向及坡度符合设计要求。基础要求：坡度应符合场地完工后坡度的要求；根据现场地勘的资料，确定足球场场地基层填挖深度，基础的形状应避免任何凹陷及存水，应压实防止沉降，基层下基础如果使用填充土，压实至少保证最低标准为 90% 的普氏密度。

9.1.3.3 锚固草标准

植入纤维要求（FIFA 标准）：材质选用 PE 单丝，每株不少于 6 束单丝纤维，全场 100% 天然草，按正常比例换算，植入人造纤维含量约占天然草总量的 5%，符合设计要求和 FIFA 要求。

9.2 草坪养护技术

9.2.1 草坪初期养护重点

建植后的新草坪需 4 ~ 6 星期的特殊养护。在此期间，草坪需频繁浇水以促进根系活跃生长与扎根。要保持土壤湿润直到幼苗达到 50mm 高，然后逐渐减少浇水次数。在这段时期，需供给幼苗充足的肥料以满足其活跃生长的需要，有利于生长健壮的成熟草坪草的形成，在新草坪首次修剪之前进行轻度滚压，可以促进草根与匍匐茎的生长，应注意的是：在建植草坪后的六个月内，对新建草坪要精心护理，尽量不使用草坪，以减少对幼苗的损伤。

9.2.2 草坪成坪后的养护重点

9.2.2.1 灌溉

由于沙质土壤保水力差，所以加强灌溉始终是足球场地最关键的养护管理措施。灌水时间应少量多次，一般在清晨或傍晚灌溉较好。夏季为了降温，中午也可以进行喷灌。此外，冬季干旱时期加强灌水也是很有必要的。

9.2.2.2 修剪

遵循“1/3”修剪原则。根据草坪用途确定修剪高度，修剪高度范围为 2 ~ 5cm。

9.2.2.3 施肥

在草坪第一次修剪后立即施氮肥，施肥量为 5g，之后每年施 2 ~ 3 次，每次 10 ~ 20g 为宜，所施肥料最好采用草坪专用缓释肥。草坪专用缓释肥是指肥料施于土壤后，以某种调控机制或措施预先设定肥料在草坪草生长季节的释放模式，养分缓慢释放出来，使养分的释放规律与植物的养分吸收同步，从而达到提高肥料利用率的目的。施用草坪专用缓释肥不仅可避免对环境的污染和对人体的潜在危害，而且能避免草坪疯长，减少修剪次数和病虫害的发生，大量节省用工，施肥应结合修剪、滚压、灌水进行。

9.2.3　夏季高温高湿环境下的养护重点

工体冷季型草坪建植草坪品种为混播草地早熟禾，主要有：80% 高档草地早熟禾 HGT、15% 百斯特（Barrister）、5% 新歌莱德（NuGlade）。冷季型草适宜生长温度在 15 ~ 25℃，气温高于 30℃生长缓慢。七八月份的炎热夏季，冷季型草坪草进入生长不适阶段。此时若管理不善极易出现各种问题，如斑秃等，严重时甚至造成大面积死亡。冷季型草坪夏季养护管理技术总结如下：

9.2.3.1　修剪

冷季型草坪有春、秋季两个生长高峰，而夏季为休眠期，生长缓慢，修剪次数要相对减少。

（1）修剪原则是一次不要修剪太多，尤其是夏季，要严格按照三分之一规则进行修剪。如果一次修剪过多，剪掉一半或一半以上，就会使光合作用减弱，甚至把生长点或茎秆剪掉，使植株受到严重破坏，此时如遇病菌侵染可造成大面积草坪病害，严重时可造成草坪全部死亡。

（2）高度因品种不同而异。夏季要适当提高修剪高度，提高草坪草地上部的高度，地下部根系也随之向下加深，能够提高草坪草对病害及其他环境胁迫的抗性。推荐修剪高度：高羊茅在 7 ~ 8cm，早熟禾 5 ~ 6cm，多年生黑麦草 4 ~ 6cm，混播草坪可控制在 5 ~ 7cm。修剪应在露水干后，早晚进行，避免露水对伤口的侵蚀。

（3）剪草机刀片要锋利好用，最好使用甩刀式剪草机，如果用固定刀片式剪草机一定要及时磨刀，提高剪草质量，减少病害侵入的几率。在草坪不平或剪草机刀片较钝的情况下，避免在同一高度、同一方向多次重复修剪。

（4）剪下的草屑应及时清理，夏季是多雨季节，草屑落到草坪内虽然增加了营养和土壤的有机质，但会影响草坪内的通风，增加草坪草感染病菌的几率。因此，修剪后要及时移走草屑，可以减少病菌传染。

（5）技术要求：

①每次修剪掉的部分应不超过草坪草茎叶组织自然高度的 1/3。

②修剪高度应依据草坪草种特性及生长时期确定，比赛期间应为 25 ~ 30mm。

③修剪前应清除草坪上的杂物。

④每次修剪应变换行进方向，避免同一地点以同一方式、同一方向重复修剪。

⑤修剪过程出现不规则条痕时应立即停止修剪并调整剪草机。

⑥修剪方向应垂直于边线，应采用直线匀速行进方式。

⑦应在草坪干爽状态下进行，并整齐、无遗漏、无重剪，草屑应及时运出场外进行处理。

9.2.3.2 灌溉

夏季虽然是多雨季节，但降雨并不均衡，降雨间隔时间有时会持续很长，此时必须进行浇水。

（1）浇足浇透水。华北地区雨季在七八月，雨水较多，蒸发量较大，而且空气湿度大，高温高湿，在此期间除注意草坪排涝外，每10d要浇一遍透水，特别是小雨过后要及时补水，防止返盐碱而烧伤叶面。浇水时要一次浇透30cm深度，等草坪出现轻微萎蔫时再进行灌溉。少量多次浇水是引起草坪发病的主要原因之一。

（2）浇水的最佳时间是日出的时候，原则上晚上要保持叶片干燥，防止发病。也可在傍晚日落时浇水，但此时容易感染病害，要配合喷施杀菌剂。尽量不要在傍晚和晚上浇水。值得注意的是，一定不能在高温的中午浇水，否则，容易造成灼烧和感病，一旦发生很难补救。

（3）浇水要均匀一致，防止局部过干过湿，过湿易引起根部病害。某些病原可随水的流动传染给健康草坪。因此良好的灌溉方式和灌溉系统非常必要。

（4）技术要求：

①单次灌溉宜浇透根系层。

②宜选择在清晨，高温季节可选择中午进行短时灌溉降温。

③应保证灌溉均匀性，若有盲点应及时进行补充。

④地埋式喷灌每次灌溉结束后应检查喷头是否回位。

⑤封冻水浇灌时间宜为11月下旬，返青水浇灌时间宜为3月上旬。

9.2.3.3 施肥

原则上炎热的夏季不能多施肥，冷季型草坪草夏季生长缓慢，氮肥用量减少，施肥量也应减少。但对某些施肥少、颜色发黄的草坪，在浇水次数过多、降雨量较大的情况下也应及时施少量氮肥，但量不宜过大，否则会刺激茎叶生长，减少根系养分供应，造成草坪抗性减弱。夏季氮肥不能施用过量，但磷、钾肥可提高草坪草的抗性，夏季至少施一次钾肥和磷肥，以提高草的抗病性和耐热能力。在草坪缺肥的情况下，可配合打药追施0.5%尿素和0.5%的磷酸二氢钾溶液，施肥和打药可同时进行。施肥技术要求如下：

（1）应依据土壤养分测试结果并结合草坪外观及使用需求进行配方施肥。

（2）土壤pH $\geqslant$ 8.0时，应先进行土壤改良再进行施肥。

（3）施肥前应明确标识出施肥路线及区域范围；施肥时应保持速度均匀一致，保证肥料分布均匀。

（4）颗粒肥撒施应采用专业草坪撒肥机在草坪干爽状态下进行，施肥后应及时浇水。

（5）叶面肥应稀释至安全浓度后再进行喷施，施后不宜立即浇水。

（6）应保留所施肥料种类及浓度的记录。

9.2.3.4　防治病虫害

夏季是草坪病虫害发生的高峰期。由于夏季高温高湿，冷季型草坪生理代谢十分缓慢，抵抗力较差，草坪病虫害严重。主要害虫有淡剑夜蛾、棉铃虫、黏虫、小地老虎、蜗牛等。防治方法是结合修剪，及时清除剪掉的草屑，并适当控制水肥。安装杀虫灯，诱杀成虫。可根施 50% 辛硫磷乳油 500 ~ 800 倍液，喷洒 2.5% 溴氰菊酯 2000 ~ 3000 倍液，连续喷 3 次，每次间隔 10 ~ 15d。灭杀蜗牛使用蜗克星颗粒剂，每亩撒施 250 ~ 550g。

病害主要有褐斑病、枯萎病、草坪锈病等。防治方法是用 70% 甲基托布津可湿性粉剂 1000 ~ 1500 倍液，20% 粉锈宁乳油 1000 ~ 1500 倍液，50% 多菌灵可湿性粉剂 1000 倍液，50% 退菌特可湿性粉剂 1000 倍液等，连续喷施 3 ~ 5 次，每次间隔 7 ~ 10d。除甲基托布津和多菌灵不能交替使用外，其他药剂可交替使用。为了增强草坪的抗性，结合每次修剪对草坪喷洒百菌清、多菌灵等杀菌剂，将病害消灭在萌芽状态，使草坪正常生长。

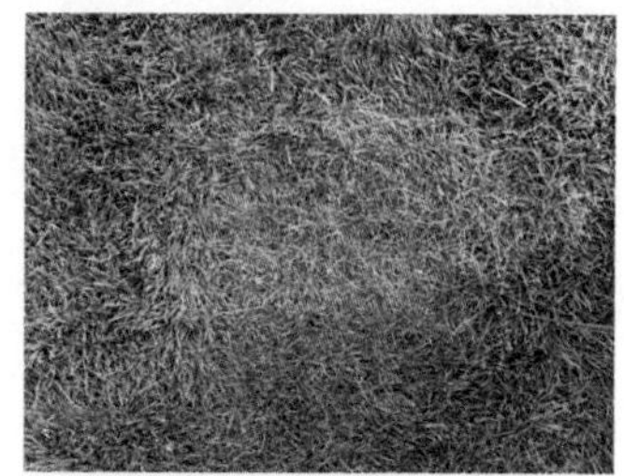
图 9.2-1　草坪病虫害

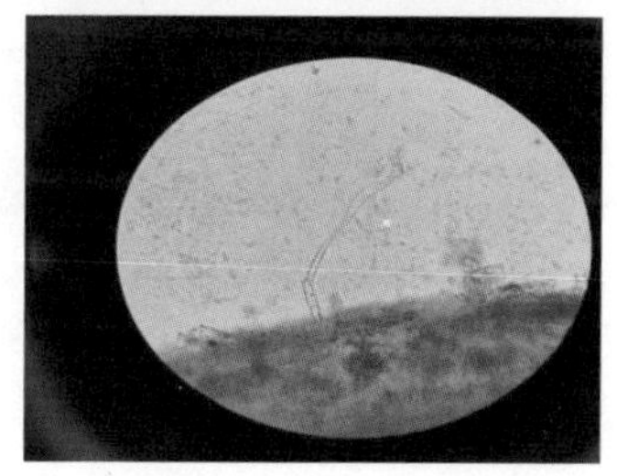
图 9.2-2　显微镜下察看

项目在温室模拟了北京夏季高温高湿环境（其中温室内空气温度最高 39.8℃，平均空气温度 20.33℃，土壤温度最高 21.2℃，平均土壤温度 17.64℃），试验地草地早熟禾草坪在无提前防治及加强养护措施下发生一定规模的草坪病害，如图 9.2-1、图 9.2-2 所示。新特效药剂喷克菌、醚菌酯、阿米西达等对真菌引起的病害有特效。对草坪病虫害如果能及时发现、及时防治，不会引起大的危害。但大多数情况下是发现太晚，防治效果不太显著。因此，搞好预测预报是防治草坪病虫害成败的关键。

9.2.3.5　通风

对工体场内空气进行流动性分析，场地特点、模拟环境、照明负荷情况如下：

（1）工体场地特点：开敞高大空间；群集密度高；负荷特性特殊，区域要求差异明显；进风、排风位置受限；地下球场。

（2）模拟环境：室外风速场：根据北京历史气象参数，选取夏季主导风向及风速中位数，东南风 2.5m/s；室外温度：根据北京市 7 ~ 8 月 18：00 ~ 20：00 平均室外温度，取值 27.4℃；室内负荷：观众席 65000 人均布，轻度劳动状态，50kcal/h，184g/h；球场 25 人，重度劳动状态，115kcal/h，408g/h；

（3）照明负荷：50% 对流；50% 散热均布；

经分析，可得如下结果

1）观众席矢量图

观众席上方 1m 高斜面 + 草坪上方 1.5m 斜面矢量图，来流覆盖区域风速较高，最高可达 2m/s 以上，局部区域风速较低，低于 0.1m/s。

2）速度云图

速度云图如图 9.2-3 所示，速度场分区较明显，局部风速高达 2m/s 以上，主要集中在一层进、

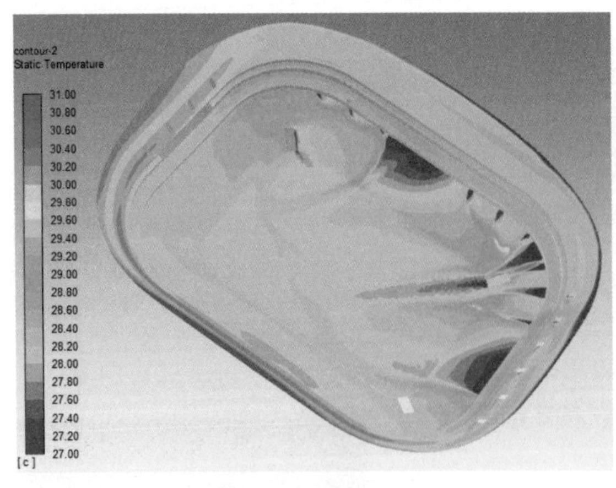

图 9.2–3 速度云图

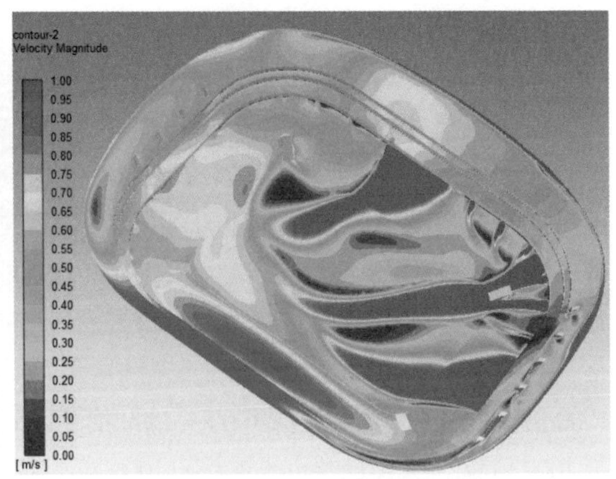

图 9.2–4 温度云图

出风位置。草坪上方 1.5m 高平面平均风速 0.572m/s；地下观众区平均速度 0.736m/s；地上观众区平均速度 0.578m/s。局部存在通风死区，点选位置风速 0.05 ~ 0.1m/s 之间。

3）温度云图

温度云图如图 9.2–4 所示，温度局部分区较明显，局部温度达到 29.6℃，进风位置温度较低，在 27.2℃左右。草坪上方 1.5m 高平面平均温度 28.3℃；观众区平均温度 28.3℃。

4）草坪养护工况

室外风速场：根据模拟时间点北京历史气象参数，选取夏季主导风向及平均风速。

室外温度：根据模拟时间点北京市 7 ~ 8 月历史平均室外温度选取平均温度。

室外和草坪的温度场、风速场指标监测数据见表 9.2–1。

表 9.2–1 监测数据

时间	室外平均温度（℃）	室外平均风速（m/s）	草坪平均温度（℃）	草坪平均风速（m/s）	1.5m 平面平均风速（m/s）
9：00	26.3	1.8	29.9	0.12	0.35
11：00	28.3	1.85	31.2	0.22	0.48
13：00	29.8	2.5	31.4	0.26	0.64
15：00	30.2	2.66	31.6	0.32	0.67
17：00	29.5	2.78	31.3	0.26	0.43
19：00	27.4	2.28	29.4	0.15	0.35

在夏季高温时段，根据工体场地内预设的各传感器反馈的温度数据，适时开启真空通风降低土壤温度，已达到为根系降温的作用。同时结合场地内的鼓风机为草坪表层进行通风。同时注意夏季剪草高度适时放高，以保持草叶对根茎的保护，并停止施氮肥，适当补充钾肥。

9.2.4 人工照明补光养护

为了改善工体微环境的光照情况，保证运动场草坪正常生长，补光系统被引入运动场草坪的日常养护作业中。

工体补光系统的运用着重研究以下方面：

（1）受工体地理位置影响，不同体育场内的遮阴规律存在差异。

（2）补光养护要结合工体建筑对草坪遮阴的影响。

（3）高密度比赛与活动加速了草坪损害，适时的补光保证草坪快速恢复及再生。

（4）冬季极寒天气中人工照明补光保持草坪温度和草的持续性生长。

9.2.4.1　球场透光率与气候研究

所有专业足球运动员都需要高且一致的球场质量，这将为运动员提供安全且耐久的场地。要在整个赛季中获得高且稳定的球场质量，多种因素都会发挥作用，其中草坪的生长非常重要。

为了在赛事后促进生长和快速恢复，草坪需要在短期内产生大量的生物质。这种生物质是由在光合作用过程中合成的碳水化合物产生的。光合作用以及草坪生长受到多种因素的影响，例如光能、水、养分、二氧化碳和温度。为了获得在使用后可以快速恢复的高质量草坪，所有这些生长因素都需要保持平衡。此外，土壤条件和适当的草皮维护是前提条件。如果上述任何一个变量超出最佳范围，即使所有其他变量都处于最佳水平，草坪草的生长也会开始下降。

北京工人体育场的透光率分析分为 13 个时段。详细的高分辨率透光率图像如图 9.2–5 所示。颜色代表在给定的 4 周时间内到达球场的外部自然光的百分比（分数）。透光率是根据新北京工人体育场的体育场尺寸和北京过去 5 年当地气候数据计算得出的。传输值是每小时的每小时计算。

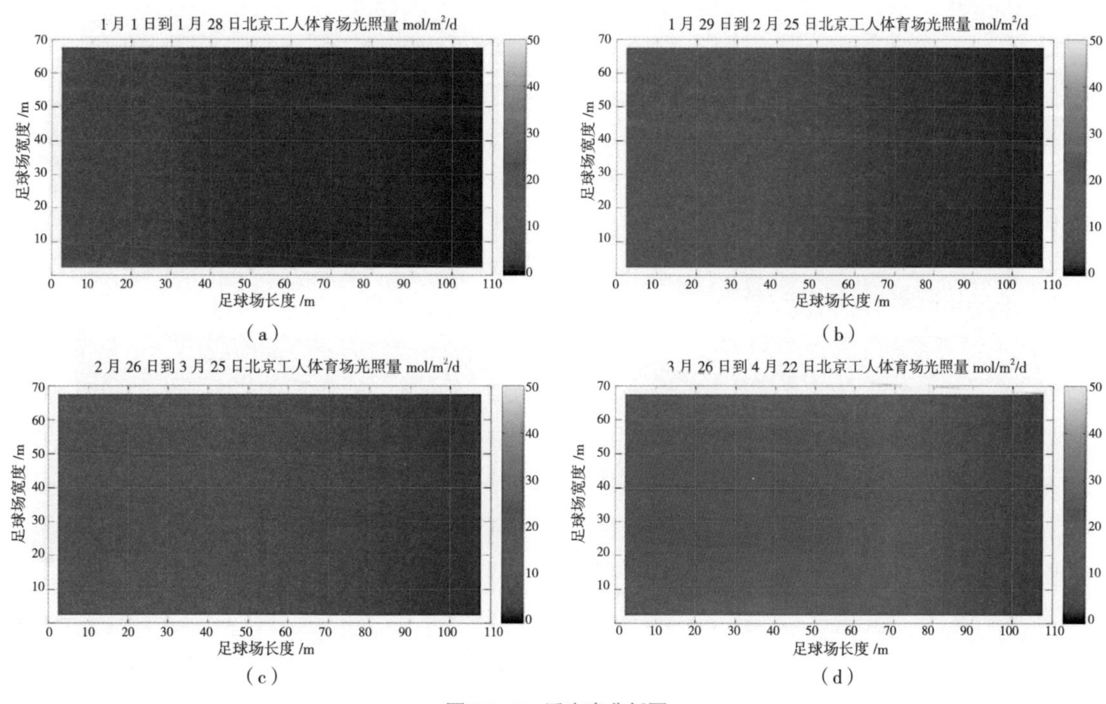

（a）　（b）　（c）　（d）

图 9.2–5　透光率分析图

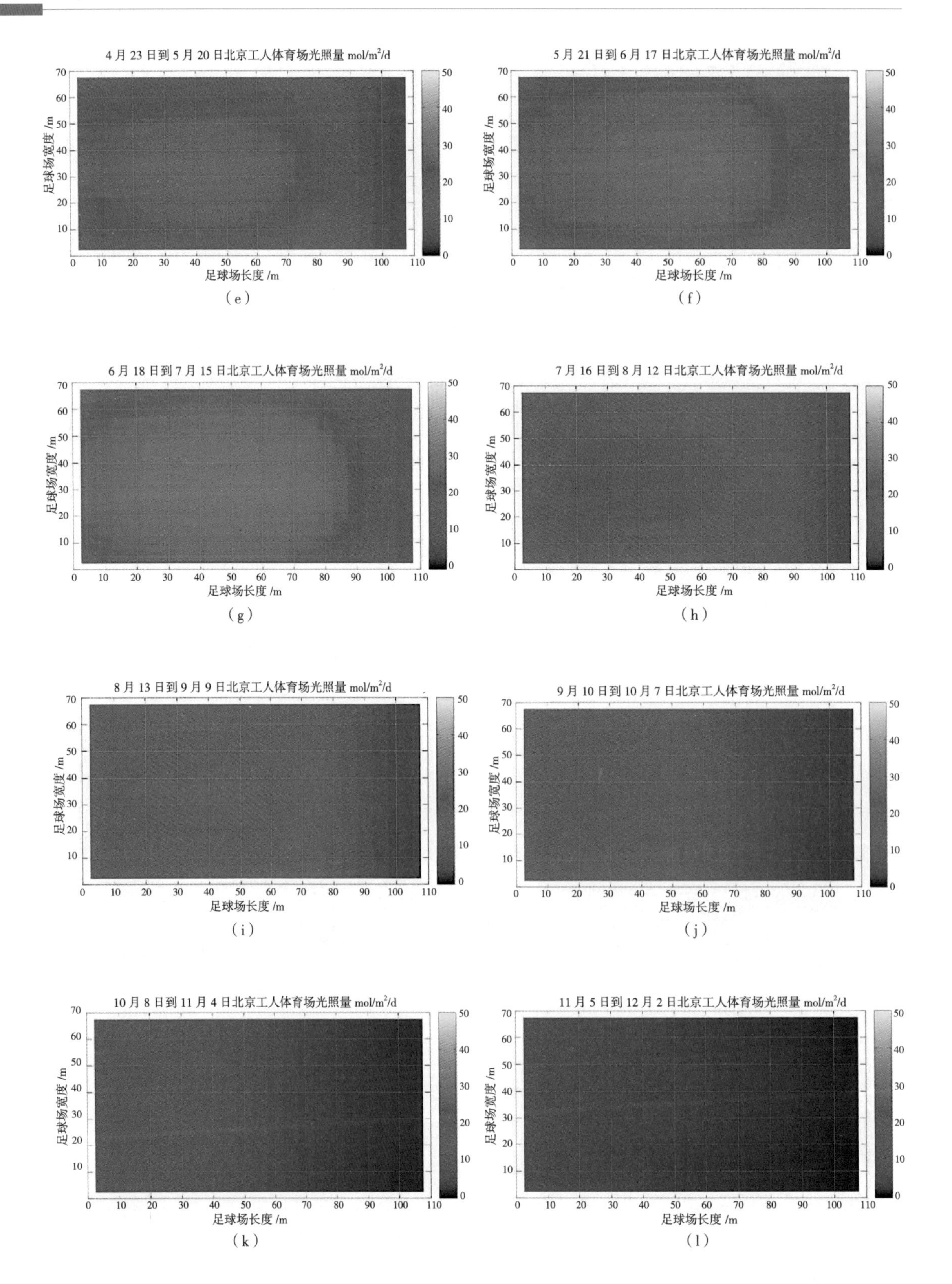

图 9.2-5　透光率分析图（续）

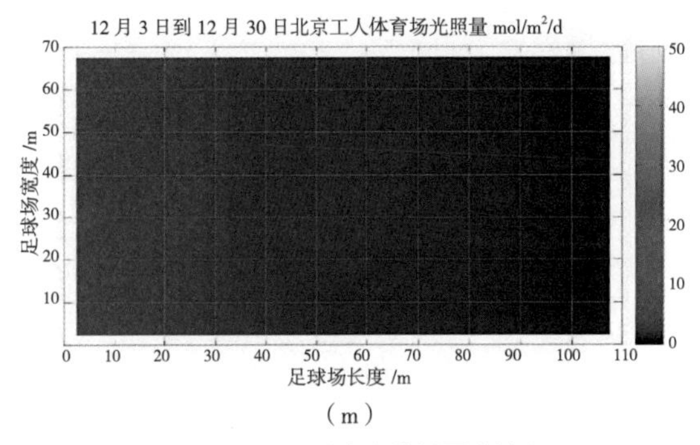

（m）

图 9.2-5　透光率分析图（续）

图 9.2-5 的结果显示，升级改造后的北京工人体育场的年平均透射率为 31%，其中 1、12 和 13 期（12 月 ~ 1 月）最暗，透射率仅为 14% ~ 18%，而最高的光照水平在 6 月和 7 月，传输率为 46% ~ 47%。这一结果表明，由于高看台和狭窄的屋顶开口，体育场内自然光照条件一般，并且球场对草坪的透光率较低。

9.2.4.2　工体人工照明补光分析

经过环境模拟及数据分析后我们得出，升级改造后的北京工人体育场需要额外的草坪补光照明来确保整个赛季都能维持高质量的比赛草坪场地。由于体育场结构和屋顶开口的大小，到达草坪表面的自然光不足。全年平均透光率为 31%，而冬季平均最低为 14%，夏季（高峰期）平均只有 47% 的外部光线到达草地。

根据给定的每年总共 73 小时的球场使用时间，草坪补光照明将显著提高球场质量。为了能够实现这一目标，采用高压钠灯（HPS）技术最适合北京的气候。

经过研究，采用人工照明补光后工体草坪可以全年保持最低 90% 的草场质量，这是一个非常高的草坪质量标准，与世界上一流的球场一样拥有顶级质量的草坪。图 9.2-6 显示了使用推荐草坪补光照明系统，对比没有任何额外补光照明的草坪质量：

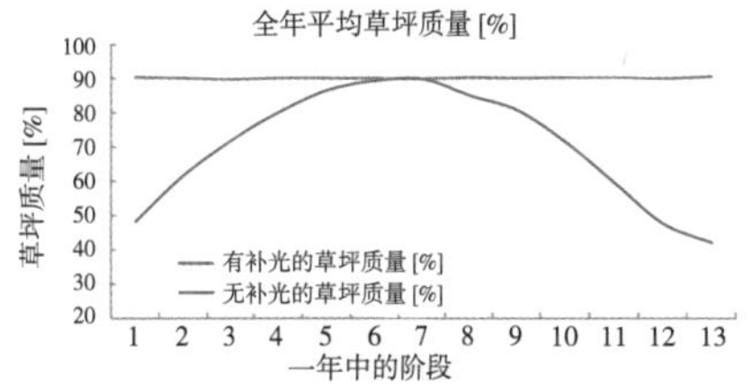

图 9.2-6　全年平均草坪质量分析图

9.2.4.3　补光养护重点

补光方案的制定应考虑体育场内不同季节的光照特点、草坪的使用情况以及草坪对光的需求，结合运动场所在地区的光照特点进行。建议的补光时长如图 9.2-7 所示。

一年中的时段	周数	开始日期	结束日期	室外温度 [°C]	室外太阳辐射量	平均球场透光率	补光时长 [小时/天	该时段总补光时长	C3/C4型草	草坪赛事使用时间	补光后草坪质量	无补光时草坪质量	电费 [kWh]
1	1-4	01 Jan	29 Jan	-3.6	107	16%	12	2,352	C3	0	90%	48%	121,605
2	5-8	29 Jan	26 Feb	-0.6	150	20%	10	1,960	C3	0	90%	62%	101,338
3	9-12	26 Feb	26 Mar	5.2	207	29%	10	1,960	C3	6.5	90%	72%	101,338
4	13-16	26 Mar	23 Apr	14.2	256	37%	7	1,274	C3	7.5	90%	80%	65,869
5	17-20	23 Apr	21 May	17.7	275	43%	3	490	C3	7.3	90%	86%	25,334
6	21-24	21 May	18 Jun	24.9	292	46%	1	98	C3	7.4	90%	89%	5,067
7	25-28	18 Jun	16 Jul	28.3	293	47%	0	0	C3	7.4	90%	90%	0
8	29-32	16 Jul	13 Aug	26.3	240	43%	4	686	C3	7.3	90%	85%	35,468
9	33-36	13 Aug	10 Sep	22.7	224	39%	6	1,176	C3	7.4	90%	81%	60,803
10	37-40	10 Sep	8 Okt	17.6	193	32%	11	2,058	C3	7.5	90%	71%	106,404
11	41-44	8 Okt	5 Nov	11.0	146	24%	14	2,744	C3	7.3	90%	59%	141,873
12	45-48	5 Nov	3 Dec	2.3	103	18%	17	3,332	C3	7	90%	48%	172,274
13	48-52	3 Dec	31 Dec	-4.1	95	14%	13	2,639	C3	0	90%	42%	136,444
Average/'	**-**	**-**	**-**	**12.4**	**198**	**31%**	**-**	**20,769**	**-**	**72.6**	**-**	**-**	**1,073,817**

图 9.2-7　补光时长图

9.3 大倾角屏幕安装技术

在体育场馆建筑中，大尺寸端屏的应用越来越普遍，但其安装方式多为竖直安装（或垂直吊挂或支架支撑），但在北京工人体育场改造复建项目（一期）中，因其独特的“碗”形屋面主体钢结构内环立面为向场心倾斜约290的建筑效果，如仍然采用传统端屏施工安装工艺，将无法达到与建筑结构协调一致、浑然一体的效果。

项目通过结合以往工程实践经仔细研究，研发了一种大倾角端屏安装施工方法。该施工采用竖向电动葫芦提升，横向手动葫芦调整的方法，替代传统安装工艺做法。此施工方法有效利用相邻主体钢结构构件设置吊挂点位，规避了主体钢结构构件对常规起重设备使用的限制，且便于安装角度的控制。该项技术已在工程中应用，具有良好的社会经济效益。

9.3.1 工艺流程及操作要点

9.3.1.1 场内二次拼装

（1）端屏单榀钢桁架场外加工，后运输至场内，如图9.3–1所示。

①主龙骨分段：每片钢架的各3根纵向主龙骨在车间分两段进行加工。

②桁架分段：钢架的各榀横向桁架在车间整体拼装完成，发运至现场。其余桁架之间的短连接构件车间喷漆后散发至现场。

（2）钢架拼装。

本工程钢桁架现场拼装如图9.3–2所示，在施工现场预留平整的加工场地，下方采用方钢及垫木支撑。

①纵向主龙骨布置。

先将纵向主龙骨方钢管按照图纸尺寸布置，通过水准仪校准，将主龙骨上平面统一调整到一个标高平面上。

②横向桁架拼装。

纵向主龙骨布置完成后，将横向桁架的安装位置根据图纸尺寸放样到主龙骨上，根据主龙骨

图9.3–1 单榀钢桁架进场

图9.3–2 二次拼装

上的留线，由中间向两侧依次拼装横向桁架。

③桁架连接构件安装。

横向各单榀桁架水平间距、垂直度及拉通线套方合格后，焊接连接构件形成空间体系。

9.3.1.2　吊挂点布置

在体育场主体罩棚钢结构内环梁上，利用全站仪找到适合吊装的四个点位做为悬挂电动葫芦的四个吊挂点，如图 9.3–3 所示，用于钢桁架吊装。定制钢丝绳套子挂到体育场罩棚主体钢结构内环梁上吊挂点位处，吊挂点部位均采用胶皮或其余软材质对钢构件进行保护，防止钢丝绳破坏钢梁防腐，同时也防止钢梁棱角对钢丝绳造成破坏。

9.3.1.3　吊挂电动葫芦

将电动葫芦上端挂钩与钢丝绳套子相连接完成挂设电动葫芦，如图 9.3–4 所示。

9.3.1.4　钢桁架起吊

利用起重设备将屏体钢桁架倒运至起吊有利位置后提升至预设高度，如图 9.3–5 所示。

图 9.3–3　吊挂点布置

图 9.3–4　吊挂电动葫芦

图 9.3–5　钢桁架起吊

9.3.1.5　钢架挂钩

将电动葫芦下方吊钩与架体吊点钢丝绳套子连接，如图 9.3–6 所示。架体离地高度不大时，上人挂钩；架体离地高度较高时，利用曲臂车将人送上架体（曲臂车与起重机同侧拉开间距平行布置，臂杆互不干扰），进行挂钩作业。

9.3.1.6　试吊摘钩

运行电动葫芦进行试吊，确定运行正常合格后，电动葫芦运行将钢桁架提升适当距离使起重机吊钩放松，随后进行起重机摘钩作业，如图 9.3–7 所示。

图 9.3–6　钢架挂钩

图 9.3–7　试吊摘钩

图 9.3–8　垂直提升

9.3.1.7　垂直提升

起重机收杆离开，人员由钢桁架撤下，电动葫芦运行进行垂直提升，如图 9.3–8 所示。

9.3.1.8　钢桁架就位临时固定

钢桁架提升至安装高度后，再次使用曲臂车将工作人员运送上到显示屏钢桁架内。钢桁架就位临时固定如图 9.3–9 所示。

9.3.1.9　水平布置电动葫芦调整角度

水平布置两个 10t 电动葫芦，如图 9.3–10 所示，一端与主体钢结构杆件相连，另一端系上大绳，在马道高度位置递送给已上到钢桁架内部的人员，将此端电葫芦钩挂在显示屏钢桁架后部底层 250 × 150 方管上（已预先布置钢丝绳套子）；用水平电动葫芦拉动钢桁架下部进行钢桁架角度调整，将钢桁架控制调整到设计角度，如图 9.3–11 所示。电动葫芦始终保持受力状态，直至与主体钢结构预留连接点位连接的吊杆全部焊接完成，再慢慢松开水平电动葫芦。

图 9.3–9　钢桁架就位临时固定

图 9.3–10　水平布置两个电动葫芦

图 9.3–11　钢桁架调整到设计角度

9.3.1.10　连接吊杆焊接

支座吊杆部位现场采用同直径 PVC 管测量放样，加工连接吊杆，与主体钢结构预留连接点及钢架体进行焊接连接，如图 9.3–12 ~ 图 9.3–14 所示。

图 9.3–12　同直径 PVC 管测量放样

图 9.3–13　连接吊杆

图 9.3–14　连接吊杆焊接

9.3.2　质量控制

9.3.2.1　焊接工艺检验标准

（1）焊接时注意焊接速度，哪边收缩幅度大就将哪边的焊接速度减缓。

焊接完成 2/3 时及时检查焊接变形，出现偏差在后 1/3 部分及时调整。遇到下雨时停止焊接，停雨后再焊时要再次清根。

（2）通用焊接工艺。

①梁柱焊接工艺。

平焊工艺见表 9.3–1（实芯焊丝）。

表 9.3–1　平焊工艺

焊接层数	焊丝直径（mm）	电流（A）	电压（V）	焊丝伸出长度（mm）	气体流量（L/min）	焊接速度（mm/min）	预热温度（℃）
全部	ϕ1.2	260 ~ 320	36 ~ 40	25	45	380	根据板厚.

②立焊焊接工艺。

立焊焊接工艺见表 9.3–2。

表 9.3-2 立焊工艺

焊接层数	焊丝直径（mm）	电流（A）	电压（V）	焊丝伸出长度（mm）	气体流量（L/min）	焊接速度（mm/min）	预热温度（℃）
首层	ϕ1.2	180 ~ 220	36 ~ 38	30	30 ~ 40	148 ~ 200	100 ~ 148
填充层	ϕ1.2	200 ~ 240	38 ~ 40	20 ~ 25	30 ~ 40	100 ~ 148	100 ~ 148
盖面层	ϕ1.2	180 ~ 220	36 ~ 38	15 ~ 20	30 ~ 40	148 ~ 200	100 ~ 148

9.3.2.2 质量控制措施

焊接外观质量检验

焊接质量检查是钢结构质量保证体系中的一个关键环节，焊接质量检查应该贯穿到焊接工作的全过程，包括焊前检查、焊接中的检查和焊接后的检查。

1. 一般规定

（1）现场检查应该包括所有钢材及焊接材料的规格、型号、材质及焊缝外观，其检查结果均应符合图纸和《钢结构焊接规范》GB 50661—2011、《钢结构工程施工质量验收标准》GB 50205—2020 以及相关规程标准的要求。

（2）检查焊工合格证及认可的施焊的范围。

（3）监督检查焊工必须严格按照焊接工艺技术文件要求及操作规程施焊。

（4）所有焊缝应冷却到环境温度后进行外观检查。

（5）外观检查一般用目测，裂纹检查应该配以 5 倍放大镜并在适合的光照条件下进行。

2. 焊缝外观检查的内容

（1）表面形状，包括焊缝表面的不规则、弧坑处理情况、焊缝的连接点、焊脚不规则的形状等。

（2）焊缝尺寸，包括对接焊缝的余高、宽度，角焊缝的焊脚尺寸等。

（3）焊缝表面缺陷，包括咬边、裂纹、焊瘤、弧坑气孔等。

3. 焊缝检查质量要求

所有焊缝表面应该均匀、平滑，无褶皱、间断或未焊满，并与母材平缓连接，严禁有裂纹、加渣、焊瘤、烧穿、弧坑、针状气孔和熔合性飞溅等缺陷。

参考文献

[1] 谢俊，顾亚军，陈娣，等．综合加固技术在北京工人体育场改建工程中的应用 [J]. 建筑结构，2007，37（S1）：622–623.

[2] 李建国，王轶，王立新．北京工人体育场加固设计综述 [J]. 建筑结构，2008，（1）：54–57+62.

[3] 方春，方桂富．河南省体育场控制爆破拆除 [J]. 爆破，2001（4）：45–46.

[4] 陈艳丹，文华．钢筋混凝土框架结构机械拆除施工仿真模拟 [J]. 西南科技大学学报，2017，32（03）：48–54.

[5] 北京建工集团有限责任公司，北京国际建设集团有限公司．JGJ 147—2016 建筑拆除工程安全技术规范 [S]. 北京：中国建筑工业出版社，2017.

[6] 中华人民共和国住房和城乡建设部．GB 50204—2015 混凝土结构工程施工质量验收规范 [S]. 北京：中国建筑工业出版社，2015.

[7] 中华人民共和国住房和城乡建设部．GB 50010—2010 混凝土结构设计规范（2015 年版）[S]. 北京：中国建筑工业出版社，2011.

[8] 中华人民共和国住房和城乡建设部．GB/T 50152—2012 混凝土结构试验方法标准 [S]. 北京：中国建筑工业出版社，2012.

[9] 中国建筑科学研究院有限公司，武汉东方建设集团有限公司．JGJ/T 74—2017 建筑工程大模板技术标准 [S]. 北京：中国建筑工业出版社，2018.

[10] 张文博．天津商业大学体育馆屋盖拱支单层网壳结构力学性能研究 [D]. 天津大学，2016.

[11] 陈思，葛银萍，吕航光．大跨度钢结构吊装及安装关键技术 [J]. 施工技术，2022，51（8）：26–30.

[12] 中华人民共和国住房和城乡建设部．GB 50009—2012 建筑结构荷载规范 [S]. 北京：中国建筑工业出版社，2012.

[13] 中华人民共和国住房和城乡建设部．GB 50661—2011 钢结构焊接规范 [S]. 北京：中国建筑工业出版社，2012.

[14] 曹刘坤，杨磊，沈浅灏．预应力混凝土肋梁楼板临时支撑应用及分析 [J]. 建筑施工，2021，43（10）：2060–2062.

[15] 田黎敏，郝际平，方敏勇，等．提前卸载临时支撑对大跨度空间结构施工过程的影响分析 [J]. 建筑钢结构进展，2013，15（2）：52–56.

[16] 张佳琳，陈潘，方园．双向长悬挑—大跨度钢桁架结构施工安装模拟分析 [J]. 建筑结构，2022，52（S1）：2951–2955.

[17] 中华人民共和国住房和城乡建设部．GB 50017—2017 钢结构设计标准（附条文说明）[S]. 北京：中国建筑工业出版社，2018.

[18] 罗尧治，郑延丰，谢俊乔，等 . 建筑施工临时支撑结构分类及稳定性分析 [J]. 建筑结构学报，2016，37（4）：143–150.

[19] 刘军，田龙强，刘光辉，等 . 不同形式临时支撑结构在施工全过程模拟中的适用性研究 [J]. 中国建筑金属结构，2022（7）：63–66.

[20] 中国建筑科学研究院 . JGJ 7—2010 空间网格结构技术规程 [S]. 北京：中国建筑工业出版社，2010.

[21] 雷军，黄春水 . 终轧温度对建筑用 Q460GJC 结构钢组织与力学性能的影响 [J]. 热加工工艺，2023，52（5）：66–69.

[22] 李静尧 . Q460GJ 钢设计指标研究 [D]. 重庆大学，2020.

[23] 班慧勇，施刚，石永久，等 . 建筑结构用高强度钢材力学性能研究进展 [J]. 建筑结构，2013，43（2）：88–94+67.

[24] 宋思颖，俊羽，樊雷，等 . 高性能建筑结构用钢 Q460 的动态和静态 CCT 曲线研究 [J]. 武汉科技大学学报，2017，44（6）：46–414.

[25] 寇涵 . Q460GJC 厚板及其焊缝连接力学性能研究 [D]. 重庆大学，2018.

[26] 王林 . 考虑三轴应力度和应变率效应的 Q460GJ 钢动力力学性能和断裂失效准则试验研究 [D]. 重庆大学，2017.

[27] 施刚，张建兴 . 高强度钢材 Q460C 及其焊缝的疲劳性能试验研究 [J]. 建筑结构，2014，44（17）：1–6.

[28] Yang B，Nie S，Xiong G，et al. Residual stresses in welded I–shaped sections fabricated from Q460GJ structural steel plates[J]. Journal of Constructional Steel Research，2016，122（JUL.）：261–273.

[29] Kang S B，Yang B，Zhou X，et al. Global buckling behaviour of welded Q460GJ steel box columns under axial compression[J]. Journal of Constructional Steel Research，2018，140（JAN.）：153–162.

[30] 张元杰，孙乐飞，陈英俊，等 .Q460GJC 高层建筑用钢焊接性能研究 [J]. 江西冶金，2017，37（1）：1–4.

[31] 符定梅，李业绩，刘菲，等 . 焊接工艺参数对 Q460GJC 钢热影响区最高硬度的影响 [J]. 钢铁研究，2017，45（3）：36–39.

[32] 王田，熊晓莉，马萌 .Q460 高强度钢材焊接 T 形截面残余应力影响参数实验研究 [J]. 中原工学院学报，2019，30（5）：31–35.

[33] 熊晓莉，王田，谌磊 . 国产 Q460 高强钢焊接 T 形截面残余应力分布试验研究 [J]. 建筑钢结构进展，2021，23（9）：42–53.

[34] 朱爱华，郑博，张宏帅，等 . 预热温度对 Q460 焊接温度场及残余应力的影响 [J]. 铸造技术，2016，37（9）：1957–1960.

[35] 张清华 . 双椭球热源模型参数标定及其在多道焊模拟中的应用 [D]. 中国石油大学（华东），2018.

[36] 马朝晖，王国栋，张汉谦，等 . 08MnNiVR（B610E）高强度调质钢板的焊接性能 [J]. 宝钢技术，2008（6）：34–38.

[37] 国家市场监督管理总局，国家标准化管理委员会 . GB/T 12771—2019 流体输送用不锈钢焊接钢管 [S]. 北京：中国标准出版社，2020.
[38] 杜兆宇 . 瑞金体育中心体育场钢屋盖整体稳定性能分析 [J]. 建筑结构，2017，47：707–711.
[39] 张克胜，刘文超 . 安哥拉卡宾达大学高碗钢结构安装及卸载计算分析 [J]. 施工技术，2020，49（4）：94–96.
[40] 胡桂良 . 某异形空间曲面钢结构支撑卸载分析研究 [D]. 广州大学，2016.
[41] 刘奔，谢任斌，钟广建，等 . 大跨度钢结构卸载技术的研究及应用 [J]. 建筑结构，2014，44（22）：56–59.
[42] 袁波，曹平周，杨文侠，等 . 哈尔滨万达滑雪场钢屋盖卸载方案研究 [J]. 建筑科学，2015，31（11）：114–119.
[43] 王泽曦，罗杰，肖建春 . 安顺市体育中心体育场大跨度悬挑结构卸载方案研究 [J]. 施工技术，2017，46（18）：26–29.
[44] 高颖，傅学怡，杨想兵 . 济南奥体中心体育场钢结构支撑卸载全过程模拟 [J]. 空间结构，2009，15（1）：20–26.
[45] 郭彦林，郭宇飞，刘学武 . 大跨度钢结构屋盖落架分析方法 [J]. 建筑科学与工程学报，2007（1）：52–58.
[46] 王赫 . 常见施工失稳事故分析与预防建议 [J]. 建筑技术，2012，43（9）：774–776.
[47] 中国建筑设计研究院，深圳市建工集团股份有限公司 . CJJ 142—2014 建筑屋面雨水排水系统技术规程 [S]. 北京：中国建筑工业出版社，2014.
[48] 中华人民共和国住房和城乡建设部 . JG/T 347—2012 聚碳酸酯（PC）实心板 [S]. 北京：中国标准出版社，2012.
[49] 中华人民共和国住房和城乡建设部 . GB 50205—2020 钢结构工程施工质量验收标准 [S]. 北京：中国计划出版社，2020.
[50] 中华人民共和国国家质量监督检验检疫总局，中国国家标准化管理委员会 . GB/T 20247—2006 声学 混响室吸声测量 [S]. 北京：中国标准出版社，2006.
[51] 中国建筑科学研究院 . JGJ/T 131—2012 体育场馆声学设计及测量规程 [S]. 北京：中国建筑工业出版社，2013.
[52] 中华人民共和国国家质量监督检验检疫总局，中国国家标准化管理委员会 . GB/T 28049—2011 厅堂、体育场馆扩声系统设计规范 [S]. 北京：中国标准出版社，2012.
[53] 中华人民共和国住房和城乡建设部 . GB/T 50948—2013 体育场建筑声学技术规范 [S]. 北京：中国计划出版社，2014.
[54] 深圳市创益科技发展有限公司 . JGJ/T 365—2015 太阳能光伏玻璃幕墙电气设计规范 [S]. 北京：中国建筑工业出版社，2015.
[55] 中华人民共和国国家卫生和计划生育委员会 . GB 19298—2014 食品安全国家标准 包装饮用水 [S]. 北京：中国标准出版社，2015.
[56] 中国建筑科学研究院 . JGJ 133—2001 金属与石材幕墙工程技术规范 [S]. 北京：中国建筑工业出版社，2001.

[57] 北京市质量技术监督局 . DB11/T 501—2017 大气污染物综合排放标准 [S]. 北京：中国环境科学出版社，2017.

[58] 宋彻，俞欣，陈永生 . 天津奥林匹克中心体育场钢屋盖分析及优化设计 [J]. 建筑结构，2009，39（11）：20–23+80.

[59] 王世明 . 长沙南站聚碳酸酯双曲采光屋面施工技术 [J]. 施工技术，2011，40（20）：1–3.

[60] 顾书英，许乾慰，张懿 . 聚碳酸酯板的特性及其在建筑领域的应用 [J]. 工程塑料应用，2013，41（1）：105–108.

[61] 中华人民共和国国家质量监督检验检疫总局，中国国家标准化管理委员会 . GB 12523—2011 建筑施工场界环境噪声排放标准 [S]. 北京：中国环境科学出版社，2012.

[62] 李晓刚 . 新型聚碳酸酯板屋面系统在深圳大运中心项目主体育馆中的应用 [J]. 建筑技术，2010，41（4）：365–368.